普通高等教育"十四五"系列教材
山东省本科教学改革研究项目重点课题研究成果
德州学院课程思政示范课程研究成果

数学分析选讲

主　编　刘艳芹　董立华
副主编　王子华　尹秀玲　闫立梅　沈延锋

中国铁道出版社有限公司
CHINA RAILWAY PUBLISHING HOUSE CO., LTD.

内 容 简 介

本书是为报考数学类专业硕士研究生的本科学生编写的。全书按专题选讲的形式编写，包括极限、一元函数的连续性、一元函数微分学、一元函数积分学、无穷级数、多元函数微分学、广义积分与含参量积分、多元函数积分学八章。每章配有一定量的典型练习题，其中的例题、习题大都精选自部分高校硕士研究生入学考试的试题或由平时教学积累、相关资料整理所得，具有与硕士生入学考试大致相当的难度。同时也介绍了数学分析教材中比较少见但又非常重要的一些定理和结论。

本书由浅入深、重点突出，对提高读者数学分析的水平和能力都有很大的帮助，可作为数学专业学生的选修课教材和考研参考书。

图书在版编目（CIP）数据

数学分析选讲/刘艳芹，董立华主编. —北京：中国铁道
出版社有限公司，2023.6
普通高等教育"十四五"系列教材
ISBN 978-7-113-30119-4

Ⅰ.①数… Ⅱ.①刘… ②董… Ⅲ.①数学分析-高等
学校-教材 Ⅳ.①O17

中国国家版本馆 CIP 数据核字（2023）第 057996 号

书　　名：**数学分析选讲**
作　　者：刘艳芹　董立华

策　　划：李志国　　　　　　　　　编辑部电话：(010)83527746
责任编辑：张松涛　许　璐
封面设计：尚明龙
责任校对：安海燕
责任印制：樊启鹏

出版发行：中国铁道出版社有限公司(100054，北京市西城区右安门西街8号)
网　　址：http://www.tdpress.com/51eds/
印　　刷：北京市泰锐印刷有限责任公司
版　　次：2023年6月第1版　2023年6月第1次印刷
开　　本：787 mm×1 092 mm　1/16　印张：12.25　字数：336 千
书　　号：ISBN 978-7-113-30119-4
定　　价：36.00 元

前　言

党的二十大报告指出："教育是国之大计、党之大计。培养什么人、怎样培养人、为谁培养人是教育的根本问题。育人的根本在于立德。全面贯彻党的教育方针，落实立德树人根本任务，培养德智体美劳全面发展的社会主义建设者和接班人。"在大数据背景下，良好的数学素养已成为各行各业创新人才的必备条件之一。《数学分析》作为数学类各专业的一门基础主干课程，是创新性应用型人才培养的核心课程。同时，由于它在内容上的极度丰富性，要想仅通过一本教程就尽得其精华，往往是难以实现的。因此，学完数学分析课程后的很多人，特别是准备报考硕士研究生的人，都还要进行一次甚至数次的再学习。

经过多年的教学实践，结合地方本科院校学生实际，编者编写了本书，希望学生通过学习抓住数学分析的重点，掌握解题的思路、方法和技巧，锻炼数学思维能力，提高应用和应试能力。

本书具有以下特点：

（1）结构严谨、内容充实。在结构上，基本遵循一般数学分析教科书的顺序，把数学分析的内容和解题方法做了高度的概括；在内容上，着眼于基本理论和基本解题方法与技巧的介绍，重点突出、概括性强、详略分明，便于掌握和应用。例题包括各种类型的题目，由浅入深，不重复、无遗漏，综合性强。

（2）思路清晰、真题测试。在例题的解答中，解题规范，详略得当，在适当的地方对问题的类型、解题思路和方法进行了归纳总结。通过例题的选解，可以起到举一反三、触类旁通的作用；书末附有十余套考研真题，以便于读者进行自测。

（3）思维导图、思政融入。根据教学内容，每章绘制了思维导图，脉络清晰，层次分明；挖掘课程思政元素，融入教材内容，落实立德树人根本任务。

本书主要由德州学院数学与大数据学院多名多年奋斗在教学一线的教师联合编写。由刘艳芹、董立华任主编，王子华、尹秀玲、闫立梅、沈延锋任副主编，王凯欣、张强恒（菏泽学院）、张凤丽（菏泽学院）、刘泽婷（北京体育大学）参与编写。另外青软创新科技集团股份有限公司及浪潮软件股份有限公司对本书的编写也提供了帮助和支持，谨在此一并致谢！

本书的出版,得到山东省本科教学改革课题和德州学院教材出版基金的资助。

本书的编写难免有疏漏与不妥之处,敬请有关专家、学者及读者提出宝贵的意见和建议,以待今后进一步修订和改正。

编　者

2022 年 11 月

目　录

第 1 章 极 限

极限理论是数学分析的核心,贯穿在数学分析的全部内容中.极限问题也是数学分析中困难问题之一.其中心问题一是极限的存在性,二是求极限的值.两个问题有着密切的关系:若求出了极限的值,自然极限的存在性也被证明;反之,证明了存在性,常常也就为计算极限值铺平了道路.

本章内容包括数列极限和函数极限.用于论证极限存在性的概念和定理很多,如极限定义、单调有界定理、柯西收敛准则、迫敛定理、Stloz 定理、泰勒展开、中值定理(包括微分中值定理和积分中值定理)、两个重要极限、等价无穷小代换、洛必达法则以及定积分定义等.

思维导图

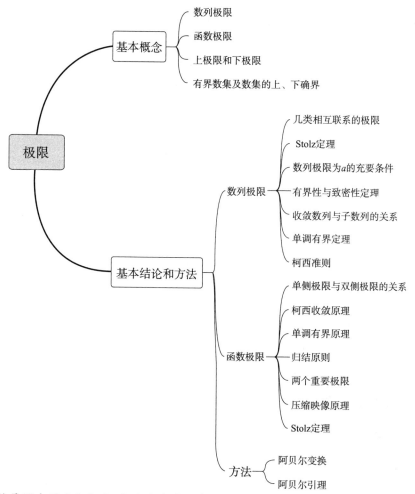

(注:思维导图中所述知仅点,部分内容采用在例题讲述时引出的方式体现。)

一、基本概念

(一)数列极限

(1)$\lim_{n\to\infty} a_n = A$：$\forall \varepsilon > 0$，$\exists N$，当 $n > N$ 时有 $|a_n - A| < \varepsilon$.

素养教育：从我国哲学家庄周所著的《庄子·天下》中"一尺之棰，日取其半，万世不竭"引入数列极限概念，之后介绍魏晋时期数学家刘徽在割圆术中提出"割之弥细，所失弥少，割之又割，以至于不可割，则与圆合体，而无所失矣"中的中国古代极限思想，增强民族自信心和民族自豪感，激发民族责任感.

(2)$\lim_{n\to\infty} a_n \neq A$：$\exists \varepsilon_0 > 0$，$\forall N$，$\exists n_0 > N$，但 $|a_{n_0} - A| \geqslant \varepsilon_0$.

(3)$\lim_{n\to\infty} a_n = +\infty$：$\forall M > 0$，$\exists N$，当 $n > N$ 时，有 $a_n > M$.

(4)$\lim_{n\to\infty} a_n = -\infty$：$\forall M > 0$，$\exists N$，当 $n > N$ 时，有 $a_n < -M$.

(5)$\lim_{n\to\infty} a_n = \infty$：$\forall M > 0$，$\exists N$，当 $n > N$ 时，有 $|a_n| > M$.

(6)$\lim_{n\to\infty} a_n$ 不存在：$\forall A \in \mathbf{R}$，$\exists \varepsilon_0 > 0$，$\forall N$，$\exists n_0 > N$ 但 $|a_{n_0} - A| \geqslant \varepsilon_0$.

素养教育：通过数列 $1, -1, 1, -1, \cdots$ 不存在极限，这个数列一会儿向 -1 接近，一会儿向 1 接近，最后不收敛，引导学生要设立一个明确的奋斗目标，向着这个目标一直努力才会有所成就，否则可能一无所获.

数列极限的符号，说明变量与常量、无限与有限、运动与静止的对立统一关系，让学生体会"持之以恒，积累的重要性"，培养学生学习自主性，增强自信心.

(二)函数极限

(1)$f(x) \to A (x \to x_0)$：$\forall \varepsilon > 0$，$\exists \delta > 0$，$\forall x \in (x_0 - \delta, x_0 + \delta)$，有 $|f(x) - A| < \varepsilon$.

(2)$f(x) \to +\infty (x \to \infty)$：$\forall M > 0$，$\exists G$，当 $|x| > G$ 时，有 $f(x) > M$.

(三)上极限和下极限

有界数列(或点列)$\{x_n\}$ 的最大聚点 $\overline{A}$ 与最小聚点 $\underline{A}$ 分别称为 $\{x_n\}$ 的上极限和下极限，记为 $\overline{A} = \overline{\lim_{n\to\infty}} x_n$，$\underline{A} = \underline{\lim_{n\to\infty}} x_n$.

(四)有界数集及数集的上、下确界

设 S 为 $\mathbf{R}$ 中的一个集合，若存在数 $M(L)$，使得对一切 $x \in S$，都有 $x \leqslant M(x \geqslant L)$，则称 S 为有上界(下界)的数集，数 $M(L)$ 称为 S 的一个上界(下界).

设 S 是 $\mathbf{R}$ 中的一个数集，若数 $\eta(\xi)$ 满足：

(1)对一切 $x \in S$，有 $x \leqslant \eta(x \geqslant \xi)$，即 $\eta(\xi)$ 是 S 的上(下)界；

(2)对任何 $\alpha < \eta(\beta > \xi)$，存在 $x_0 \in S$，使得 $x_0 > \alpha(x_0 < \beta)$，即 $\eta(\xi)$ 又是 S 的最小(大)上(下)界，则称 $\eta(\xi)$ 为数集 S 的上(下)确界，记作 $\eta = \sup S(\xi = \inf S)$.

二、基本结论和方法

(一)数列极限

(1)若 $\log_a n \leqslant n^k \leqslant c^n \leqslant n! \leqslant n^n (a > 0, a \neq 1, k > 0, c > 1)$，当 n 充分大时成立，则 $n \to \infty$ 时，$\dfrac{\log_a n}{n^k}$，$\dfrac{n^k}{c^n}$，$\dfrac{c^n}{n!}$，$\dfrac{n!}{n^n}$ 都以 0 为极限.

素养教育：引用唐代诗人李白的"故人西辞黄鹤楼，烟花三月下扬州. 孤帆远影碧空尽，唯见长江天际流",从"孤帆"渐行渐远直至不见来体会极限为零的变量.从中华民族灿烂文化的瑰宝——诗词中感受数学之美,提升人文素养.

(2)当 $n \to \infty$ 时,$\sqrt[n]{a}$,$\sqrt[n]{n}$,$\sqrt[n]{n^k}$　$(a>0,k>0)$ 都以 1 为极限.

(3)若 $\lim\limits_{n \to \infty} a_n = a$ 则

$$\lim_{n \to \infty}\frac{a_1+a_2+\cdots+a_n}{n}=a; \quad \lim_{n \to \infty}\frac{a_1+2a_2+\cdots+na_n}{1+2+\cdots+n}=a;$$

$$\lim_{n \to \infty}\sqrt[n]{a_1 a_2 \cdots a_n}=a \quad (a_n>0).$$

(4)设 $a_n>0$,且 $\lim\limits_{n \to \infty}\dfrac{a_{n+1}}{a_n}$ 存在,则

$$\lim_{n \to \infty}\sqrt[n]{a_n}=\lim_{n \to \infty}\frac{a_{n+1}}{a_n}.$$

(5)若 $\{y_n\}$ 严格单调增加且趋于 $+\infty$,$\lim\limits_{n \to \infty}\dfrac{x_{n+1}-x_n}{y_{n+1}-y_n}=a(-\infty \leqslant a \leqslant +\infty)$,则

$$\lim_{n \to \infty}\frac{x_n}{y_n}=a.$$

若 $\{y_n\}$ 单调下降,$\lim\limits_{n \to \infty}y_n=0$,$\lim\limits_{n \to \infty}\dfrac{x_{n+1}-x_n}{y_{n+1}-y_n}=a(-\infty \leqslant a \leqslant +\infty)$,则

$$\lim_{n \to \infty}\frac{x_n}{y_n}=a.$$

注 1:这两个结论分别称为"$\dfrac{\infty}{\infty}$"和"$\dfrac{0}{0}$"型 Stolz 定理.

注 2: Stolz 定理中对分子没有要求.

(6)$\lim\limits_{n \to \infty}a_n=a$ 的充要条件是 $\forall \{a_{n_k}\} \subset \{a_n\}$,都有 $\lim\limits_{k \to \infty}a_{n_k}=a$.

(7)$\lim\limits_{n \to \infty}a_n=a$ 的充要条件是 $\forall k \in \mathbf{N}$,都有 $\lim\limits_{n \to \infty}a_{n+k}=a$.

(8)$\lim\limits_{n \to \infty}a_n=a$ 的充要条件是 $\lim\limits_{n \to \infty}a_{2n+1}=\lim\limits_{n \to \infty}a_{2n}=a$.

(9)$\lim\limits_{n \to \infty}a_n=a$ 的充要条件是 $\forall \varepsilon>0$,在 $U(a;\varepsilon)$ 外含有 $\{a_n\}$ 的最多只有有限个项.

(10)$\lim\limits_{n \to \infty}a_n=a \Rightarrow \lim\limits_{n \to \infty}|a_n|=|a|$,反之不然,只有当 $a=0$ 时,才有

$$\lim_{n \to \infty}a_n=a \Leftrightarrow \lim_{n \to \infty}|a_n|=|a|, \quad \lim_{n \to \infty}a_n=a \Leftrightarrow \lim_{n \to \infty}|a_n-a|=0.$$

(11)a 是数集 E 的聚点 $\Leftrightarrow E$ 中存在各项互异的数列 $\{a_n\} \subset E$,使 $\lim\limits_{n \to \infty}a_n=a$.

(12)$\{a_n\}$ 收敛 $\Rightarrow \{a_n\}$ 有界 $\Rightarrow \{a_n\}$ 有收敛的子列,反之不成立.

(13)有界数列 $\{a_n\}$ 若不收敛,则必存在两个子列收敛于不同的数或者至少有一个发散的子列.若数列 $\{a_n\}$ 有两个子列收敛于不同的数,则 $\{a_n\}$ 发散.

(14)单调增加有上界的数列必有极限,其极限是该数列的上确界;单调减少有下界的数列必有极限,其极限是该数列的下确界.

素养教育:通过单调有界数列必收敛到其上(下)确界,让学生体会量变与质变的辩证关系.

(15)柯西准则:$\{a_n\}$ 收敛 $\Leftrightarrow \forall \varepsilon>0$,$\exists N$,$\forall n>N$ 及任意正整数 p,有 $|a_{n+p}-a_n|<\varepsilon$,此时称 $\{a_n\}$ 为柯西列.

(二)函数极限

(1)$\lim\limits_{x \to x_0}f(x)=A \Leftrightarrow \lim\limits_{x \to x_0^+}f(x)=\lim\limits_{x \to x_0^-}f(x)$.

(2)柯西收敛原理.

$\lim\limits_{x \to x_0}f(x)$ 存在 $\Leftrightarrow \forall \varepsilon>0$,$\exists \delta>0$,$\forall x',x'' \in D(f)$,只要 $0<|x'-x_0|<\delta$,$0<|x''-x_0|<\delta$,就有

$$|f(x')-f(x'')|<\varepsilon.$$

注：当 $x\to\infty$，$x\to+\infty$，$x\to-\infty$，$x\to x_0^+$，$x\to x_0^-$ 时，也有相应的柯西收敛原理．

(3) 单调有界原理：在 $\mathring{U}(x_0;\delta)$ 单调有界的函数一定有极限．

(4) 在 $\mathring{U}_+(x_0;\delta)$ 有定义且单调有界的函数 $f(x)$ 一定存在右极限 $\lim\limits_{x\to x_0^+}f(x)$．

(5) 在 $\mathring{U}_-(x_0;\delta)$ 有定义且单调有界的函数 $f(x)$ 一定存在左极限 $\lim\limits_{x\to x_0^-}f(x)$．

(6) 归结原则：$\lim\limits_{x\to x_0}f(x)=a\Leftrightarrow\forall\{x_n\}\subset D(f)$，$x_n\neq x_0$，$\lim\limits_{n\to\infty}x_n=x_0$，有
$$\lim\limits_{n\to\infty}f(x_n)=a.$$

注：当 $x\to\infty$，$x\to+\infty$，$x\to-\infty$，$x\to x_0^+$，$x\to x_0^-$ 时，也有相应的归结原则．

素养教育：由归结原则将函数极限的存在问题转化为数列极限的存在问题，培养学生利用转化的方法解决问题．

(7) $\lim\limits_{x\to x_0}f(x)$ 不存在 $\Leftrightarrow$ 存在 $\{x_n\}$，$\{y_n\}$，$x_n\to x_0$，$y_n\to x_0$，$(n\to\infty)$，但 $\lim\limits_{n\to\infty}x_n\neq\lim\limits_{n\to\infty}y_n$．

(8) $\varliminf\limits_{n\to\infty}a_n\leqslant\varlimsup\limits_{n\to\infty}a_n$，$\lim\limits_{n\to\infty}a_n=a\Leftrightarrow\varliminf\limits_{n\to\infty}a_n=\varlimsup\limits_{n\to\infty}a_n$．

(9) 四个重要极限：$\lim\limits_{x\to0}\dfrac{\sin x}{x}=1$，$\lim\limits_{x\to\infty}x\sin\dfrac{1}{x}=1$，$\lim\limits_{x\to\infty}\left(1+\dfrac{1}{x}\right)^x=\mathrm{e}$，$\lim\limits_{x\to0}(1+x)^{\frac{1}{x}}=\mathrm{e}$．

素养教育：由两个重要极限计算其他函数的极限，培养学生由繁化简的能力．

(10) 压缩映像原理：设存在 $k\in[0,1)$，使对 $\forall x,y\in(-\infty,+\infty)$，有
$$|f(x)-f(y)|\leqslant k|x-y|.$$

对 $\forall x_n\in(-\infty,+\infty)$，令 $x_{n+1}=f(x_n)$，$n=1,2,\cdots$，则 $\lim\limits_{n\to\infty}x_n$ 存在，且 $x^*=\lim\limits_{n\to\infty}x_n$ 为 $f(x)$ 的唯一不动点，即 $f(x^*)=x^*$．

(11) Stolz 定理 $\left(\dfrac{\infty}{\infty}\right)$：设 $f(x)$，$g(x)$ 在 $[a,+\infty)$ 有定义，满足 $g(x)$ 单调增加且 $\lim\limits_{x\to\infty}g(x)=+\infty$，$\lim\limits_{x\to+\infty}\dfrac{f(x+T)-f(x)}{g(x+T)-g(x)}=l(T>0)$，则 $\lim\limits_{x\to+\infty}\dfrac{f(x)}{g(x)}=l$．

Stolz 定理 $\left(\dfrac{0}{0}\right)$：设 $f(x)$，$g(x)$ 在 $[a,+\infty)$ 有定义，满足 $g(x)$ 单调减少且
$$\lim\limits_{x\to\infty}g(x)=0,\quad\lim\limits_{x\to\infty}f(x)=0,\quad\lim\limits_{x\to+\infty}\dfrac{f(x+T)-f(x)}{g(x+T)-g(x)}=l\quad(T>0),$$
则
$$\lim\limits_{x\to+\infty}\dfrac{f(x)}{g(x)}=l.$$

素养教育：由数列极限的性质类推得到函数极限的性质，由数列极限存在的条件类推得到函数极限存在的条件，培养学生类比的学习方法．

三、例题选讲

求极限的常用方法：用极限定义验证极限，用单调有界定理证明极限的存在性并求其值，用柯西收敛准则证明极限的存在性．用迫敛定理、归结原则、两个重要极限、洛必达法则、不动点定理、泰勒展开式、级数的收敛性、等价无穷小代换、中值定理、定积分的定义、Stolz 定理、含参积分、阿贝尔变换等求解极限．

阿贝尔变换：设 ε_i，$v_i(i=1,2,\cdots,n)$ 为两组实数，若令 $\sigma_k=\sum\limits_{i=1}^k v_i(k=1,2,\cdots,n)$，$v_1=\sigma_1$，$v_k=\sigma_k-\sigma_{k-1}(k=2,3,\cdots,n)$．则 $\sum\limits_{i=1}^n\varepsilon_i v_i=\sum\limits_{i=1}^{n-1}(\varepsilon_i-\varepsilon_{i+1})\sigma_i+\varepsilon_n\sigma_n$．

阿贝尔引理:设 $\{\varepsilon_n\}$,$\{v_n\}$ 满足:(1)$\{\varepsilon_n\}$ 单调;(2)$\{\sigma_i\}$ 有界且 $|\sigma_i|\leqslant M,i=1,2,3,\cdots,n$,则

记 $\varepsilon=\max_i\{|\varepsilon_i|\}$,$\sigma_k=v_1+v_2+\cdots+v_k$,有 $\left|\sum_{i=1}^n\varepsilon_iv_i\right|\leqslant 3\varepsilon M.$

例 1 (温州大学) 设 $x_1>0$,$x_{n+1}=\dfrac{3(1+x_n)}{3+x_n}$,$n=1,2,\cdots$,证明 $\{x_n\}$ 收敛,并求其极限.

证明 由于

$$\left|x_{n+1}-x_n\right|=\left|\frac{6(x_n-x_{n-1})}{(3+x_n)(3+x_{n-1})}\right|=\frac{6|x_n-x_{n-1}|}{(3+x_n)(3+x_{n-1})}\leqslant\frac{2}{3}|x_n-x_{n-1}|.$$

设 $n<m$,有

$$|x_m-x_n|\leqslant\sum_{k=n}^{m-1}|x_{k+1}-x_k|\leqslant\sum_{k=n}^{m-1}\left(\frac{2}{3}\right)^{k-1}|x_2-x_1|\leqslant 3\cdot\left(\frac{2}{3}\right)^{n-1}|x_2-x_1|,$$

且 $\lim\limits_{n\to\infty}\left(\dfrac{2}{3}\right)^{n-1}=0$,所以对 $\forall\varepsilon>0$,存在 N,当 $n>N$ 时,有 $\left(\dfrac{2}{3}\right)^{n-1}<\varepsilon$,由柯面准则知 $\{x_n\}$ 收敛.

设 $\lim\limits_{n\to\infty}x_n=a$,则有 $a=\dfrac{3(1+a)}{3+a}$,解得 $a=\sqrt{3}$.

例 2 判断下列命题是否正确.

(1)单调数列 $\{a_n\}$ 中有一个子数列 $\{a_{n_k}\}$ 收敛,则 $\{a_n\}$ 收敛;

(2)数列 $\{a_n\}$ 的子数列 $\{a_{2n}\}$ 和 $\{a_{2n+1}\}$ 收敛,则 $\{a_n\}$ 收敛;

(3)数列 $\{a_n\}$ 收敛,则数列 $\{|a_n|\}$ 收敛,其逆命题也成立;

(4)$\sum\limits_{n=1}^{\infty}a_n$ 收敛,则 $a_n=o\left(\dfrac{1}{n}\right)$.

解 (1)正确. 不妨设 $\{a_n\}$ 单调增加,即 $a_n\leqslant a_{n+1}(n=1,2,\cdots)$. 又设

$$\lim_{k\to\infty}a_{n_k}=a,\text{则}\ a=\sup\{a_n\}. \tag{1-1}$$

可证:$a_n\leqslant a$,$\forall n\in\mathbf{N}$. 用反证法,若 $\exists m_0\in\mathbf{N}$,使 $a_{m_0}>a$. 那么 $\exists n_k\in\mathbf{N}$,有 $n_k>m_0$,$a<a_{m_0}\leqslant a_{n_k}$. 这与式(1-1)矛盾,因此 $\{a_n\}$ 单调递增有上界 a,从而有极限,即证 $\{a_n\}$ 收敛.

注:还可证 $\lim\limits_{n\to\infty}a_n=a$,由 $\{a_n\}$ 收敛知,$\forall\varepsilon>0$,$\exists N_1$ 当 $n,n_k>N_1$ 时,有

$$|a_n-a_{n_k}|<\frac{\varepsilon}{2}.$$

又 $\lim\limits_{k\to\infty}a_{n_k}=a$,对上述 ε,存在 N_2,当 $n_k>N_2$ 时,有 $|a_{n_k}-a|<\dfrac{\varepsilon}{2}$. 再令 $N=\max\{N_1,N_2\}$,当 $n>N$ 时,有

$$|a_n-a|\leqslant|a_n-a_{n_k}|+|a_{n_k}-a|<\frac{\varepsilon}{2}+\frac{\varepsilon}{2}=\varepsilon.$$

因此 $\lim\limits_{n\to\infty}a_n=a$.

(2)错误. 例如数列 $1,0,1,0,1,0,\cdots$,其中 $\{a_{2n}\}$ 和 $\{a_{2n+1}\}$ 都收敛,但 $\{a_n\}$ 不收敛.

(3)错误. 逆命题并不成立,比如 $\{|(-1)^n|\}$ 收敛,但 $\{(-1)^n\}$ 不收敛.

(4)错误. 比如 $\sum(-1)^n\dfrac{1}{n}$ 收敛,但 $\lim\limits_{n\to+\infty}\dfrac{(-1)^n\frac{1}{n}}{\frac{1}{n}}\neq 0.$

例 3 求下列极限.

(1)$\lim\limits_{n\to+\infty}(n!)^{1/n^2}$;

(2)$f(x)$ 在 $[-1,1]$ 上连续,恒不为 0,求 $\lim\limits_{x\to 0}\dfrac{\sqrt[3]{1+f(x)\sin x}-1}{3^x-1}.$

解 (1)因 $1 \leqslant (n!)^{1/n^2} \leqslant (n^n)^{1/n^2} = n^{\frac{1}{n}}$，$\lim\limits_{n \to +\infty} n^{\frac{1}{n}} = 1$，所以由迫敛定理，得 $\lim\limits_{n \to +\infty} (n!)^{1/n^2} = 1$.

(2)当 $x \to 0$ 时，有
$$3^x = e^{x\ln 3} = 1 + x\ln 3 + o(x),$$
$$\sqrt[3]{1 + f(x)\sin x} = (1 + f(x)\sin x)^{\frac{1}{3}} = 1 + \frac{1}{3}f(x)\sin x + o(x),$$
$$\lim_{x \to 0} \frac{\sqrt[3]{1 + f(x)\sin x} - 1}{3^x - 1} = \lim_{x \to 0} \frac{\frac{1}{3}f(x)\sin x + o(x)}{x\ln 3 + o(x)} = \frac{f(0)}{3\ln 3}.$$

例 4 设 $\lim\limits_{n \to \infty} x_n = a, \xi_n = \dfrac{x_1 + x_2 + \cdots + x_n}{n}$，求证 $\lim\limits_{n \to \infty} \xi_n = a$.

证明 由 Stolz 定理有
$$\lim_{n \to \infty} \xi_n = \lim_{n \to \infty} \frac{x_1 + x_2 + \cdots + x_n}{n}$$
$$= \lim_{n \to \infty} \frac{(x_1 + x_2 + \cdots + x_n) - (x_1 + x_2 + \cdots + x_{n-1})}{n - (n-1)}$$
$$= \lim_{n \to \infty} x_n = a.$$

例 5 用 ε-N 方法证明：$\lim\limits_{n \to \infty} \sqrt[n]{n+1} = 1$.

证明 令 $\sqrt[n]{1+n} - 1 = t$，则 $t > 0$，且
$$1 + n = (1+t)^n \geqslant 1 + nt + \frac{n(n-1)}{2}t^2 \geqslant \frac{n(n-1)}{2}t^2,$$
$$\left| \sqrt[n]{1+n} - 1 \right| = t \leqslant \sqrt{\frac{2(n+1)}{n(n-1)}} \leqslant \sqrt{\frac{4n}{n(n-1)}} \leqslant \frac{2}{\sqrt{n-1}},$$

$\forall \varepsilon > 0$，取 $N = \left[\dfrac{4}{\varepsilon^2} + 1\right]$，当 $n > N$ 时，有 $\left| \sqrt[n]{1+n} - 1 \right| \leqslant \dfrac{2}{\sqrt{n-1}} < \varepsilon$. 所以 $\lim\limits_{n \to \infty} \sqrt[n]{1+n} = 1$.

注：该题目也可以用迫敛性证明.

例 6 计算极限 $\lim\limits_{n \to \infty} \sqrt[n]{1+a^n}$ $(a > 0)$.

解 (1)当 $a \geqslant 1$ 时，有 $a < \sqrt[n]{1+a^n} \leqslant \sqrt[n]{2}a$. 又因为 $\lim\limits_{n \to \infty} \sqrt[n]{2} = 1$. 所以 $\lim\limits_{n \to \infty} \sqrt[n]{1+a^n} = a$.

(2)当 $0 < a < 1$ 时，作变换 $b = \dfrac{1}{a}$，则 $b > 1$. 此时有
$$\lim_{n \to \infty} \sqrt[n]{1+a^n} = \lim_{n \to \infty} \sqrt[n]{1 + \left(\frac{1}{b}\right)^n} = \lim_{n \to \infty} \frac{1}{b} \cdot \sqrt[n]{1+b^n} = \frac{1}{b} \cdot b = 1.$$

注：$\lim\limits_{n \to \infty} \sqrt[n]{a_1^n + a_2^n + \cdots + a_k^n} = \max\{a_1, a_2, \cdots, a_k\}, a_i > 0, i = 1, 2, \cdots, k$.

例 7 （河北工业大学） 证明 $\lim\limits_{n \to \infty} \sin n$ 不存在.

证明 用反证法，设 $\lim\limits_{n \to \infty} \sin n = a$. 则 $\lim\limits_{n \to \infty} \sin(n+2) = a$，则
$$\sin(n+2) - \sin n = 2\sin 1 \cos(n+1).$$
$$\Rightarrow \lim_{n \to \infty} 2\sin 1 \cos(n+1) = \lim_{n \to \infty}(\sin(n+2) - \sin n) = 0.$$
$$\Rightarrow \lim_{n \to \infty} \cos n = 0 \Rightarrow \cos 2n = 0.$$

又
$$a^2 = \lim_{n \to \infty} \sin^2 n = \lim_{n \to \infty}(1 - \cos^2 n) = 1, \cos 2n = \cos^2 n - \sin^2 n,$$
两边取极限有
$$0 = -a^2 = -1,$$
矛盾，所以 $\lim\limits_{n \to \infty} \sin n$ 不存在.

注:该题目可以用柯西准则及归结原则证明.

例 8 计算 $\lim\limits_{n\to\infty}\cos\dfrac{x}{2}\cos\dfrac{x}{4}\cdots\cos\dfrac{x}{2^n}$ （$x\neq0$ 是实数,n 为自然数）.

解 由于 $\left(\cos\dfrac{x}{2}\cos\dfrac{x}{4}\cdots\cos\dfrac{x}{2^n}\right)\sin\dfrac{x}{2^n}=\dfrac{1}{2^n}\sin x$,所以

$$\lim_{n\to\infty}\cos\frac{x}{2}\cos\frac{x}{4}\cdots\cos\frac{x}{2^n}=\lim_{n\to\infty}\frac{\frac{1}{2^n}\sin x}{\sin\frac{x}{2^n}}=\lim_{n\to\infty}\frac{\sin x}{x}\cdot\frac{\frac{x}{2^n}}{\sin\frac{x}{2^n}}=\frac{\sin x}{x}.$$

例 9 设 $|x|<1$,求 $\lim\limits_{n\to\infty}(1+x)(1+x^2)(1+x^4)\cdots(1+x^{2^n})$.

解 由于 $(1-x)(1+x)(1+x^2)(1+x^4)\cdots(1+x^{2^n})=1-x^{2^{n+1}}$,

所以 $\qquad \lim\limits_{n\to\infty}(1+x)(1+x^2)(1+x^4)\cdots(1+x^{2^n})=\lim\limits_{n\to\infty}\dfrac{1}{1-x}(1-x^{2^{n+1}})=\dfrac{1}{1-x}.$

例 10 试证数列 $x_n=\dfrac{11\cdot12\cdot13\cdot\cdots\cdot(n+10)}{2\cdot5\cdot8\cdot\cdots\cdot(3n-1)}(n=1,2,3,\cdots)$ 有极限,并求此极限.

证明 （用单调有界定理证明）当 $x\geq6$ 时,可证 $\dfrac{n+10}{3n-1}<1$. 即 $\dfrac{x_{n+1}}{x_n}<1$,故当 $x\geq6$ 时,$\{x_n\}$ 为单调减小,且有下界 0,故 $\lim\limits_{n\to\infty}x_n$ 存在.

或考虑正项级数 $\sum\limits_{n=1}^{\infty}x_n$,由于 $\lim\limits_{n\to\infty}\dfrac{x_{n+1}}{x_n}=\lim\limits_{n\to\infty}\dfrac{n+11}{3n+2}=\dfrac{1}{3}<1$,由此可知级数 $\sum\limits_{n=1}^{\infty}x_n$ 收敛. 所以 $\lim\limits_{n\to\infty}x_n=0$.

或反证法:假设 $\lim\limits_{n\to\infty}x_n=a\neq0$,则 $\lim\limits_{n\to\infty}\dfrac{x_{n+1}}{x_n}=\dfrac{a}{a}=1$,而 $\lim\limits_{n\to\infty}\dfrac{x_{n+1}}{x_n}=\lim\limits_{n\to\infty}\dfrac{n+11}{3n+2}=\dfrac{1}{3}\neq1$.
所以 $\lim\limits_{n\to\infty}x_n=0$.

例 11 （石油大学） 求 $\lim\limits_{n\to\infty}\left(\dfrac{1}{n+1}+\dfrac{1}{n+2}+\cdots+\dfrac{1}{n+n}\right)$.

解 因为

$$\frac{1}{n+1}+\frac{1}{n+2}+\cdots+\frac{1}{n+n}=\frac{1}{n}\left(\frac{1}{1+\frac{1}{n}}+\frac{1}{1+\frac{2}{n}}+\cdots+\frac{1}{1+\frac{n}{n}}\right)=\sum_{k=1}^{n}\frac{1}{1+\frac{k}{n}}\cdot\frac{1}{n}, \qquad (1\text{-}2)$$

令 $f(x)=\dfrac{1}{1+x},0\leq x\leq1$,则由定积分定义知

$$\int_0^1\frac{1}{1+x}\mathrm{d}x=\lim_{n\to\infty}\sum_{k=1}^{n}\frac{1}{1+\frac{k}{n}}\cdot\frac{1}{n}, \qquad (1\text{-}3)$$

又

$$\int_0^1\frac{1}{1+x}\mathrm{d}x=\ln 2, \qquad (1\text{-}4)$$

则由式(1-2)至式(1-4)得:$\lim\limits_{n\to\infty}\left(\dfrac{1}{n+1}+\dfrac{1}{n+2}+\cdots+\dfrac{1}{n+n}\right)=\ln 2.$

注:该题目也可以用结论 $1+\dfrac{1}{2}+\dfrac{1}{3}+\cdots+\dfrac{1}{n}=\ln n+c+\varepsilon_n$（其中 c 为欧拉常数,$\lim\limits_{n\to\infty}\varepsilon_n=0$）证明.

例 12 求 $\lim\limits_{n\to\infty}\tan^n\left(\dfrac{\pi}{4}+\dfrac{1}{n}\right)$.

解 令 $y=\tan^x\left(\dfrac{\pi}{4}+\dfrac{1}{x}\right)$，则 $\ln y=x\ln\tan\left(\dfrac{\pi}{4}+\dfrac{1}{x}\right)$，那么

$$\lim_{x\to\infty}\ln y=\lim_{x\to\infty}\frac{\ln\tan\left(\dfrac{\pi}{4}+\dfrac{1}{x}\right)}{\dfrac{1}{x}}=\lim_{x\to\infty}\frac{\cot\left(\dfrac{\pi}{4}+\dfrac{1}{x}\right)\cdot\sec^2\left(\dfrac{\pi}{4}+\dfrac{1}{x}\right)\cdot\left(-\dfrac{1}{x^2}\right)}{\left(-\dfrac{1}{x^2}\right)}=2.$$

则 $\lim\limits_{x\to\infty}y=e^2$，由归结原则有 $\lim\limits_{n\to\infty}\tan^n\left(\dfrac{\pi}{4}+\dfrac{1}{n}\right)=e^2.$

例 13 （温州大学） 若 $a_n>0$ $(n=1,2,\cdots)$，且 $\exists C>0$，当 $m<n$ 时，有 $a_n\leqslant Ca_m$，已知 $\{a_n\}$ 存在子数列 $\{a_{n_k}\}\to 0(k\to\infty)$，试证 $\lim\limits_{n\to\infty}a_n=0.$

证明 $\forall\varepsilon>0$，由 $\{a_{n_k}\}\to 0$，$\exists$ 自然数 N_1，当 $k>N_1$ 时，有 $|a_{n_k}|<\dfrac{\varepsilon}{C}$. 再令 $N=n_{N_1+1}$，于是当 $n>N$ 时，$n>n_{N_1+1}$，$|a_n-0|=a_n\leqslant C\cdot a_{n_{N_1+1}}<C\cdot\dfrac{\varepsilon}{C}=\varepsilon.$ 所以 $\lim\limits_{n\to\infty}a_n=0.$

例 14 （洛必达法则） 求极限 $\lim\limits_{x\to 0}\left(\dfrac{a^x+b^x+c^x}{3}\right)^{\frac{1}{x}}$ $(a>0,b>0,c>0).$

解 令 $y=\left(\dfrac{a^x+b^x+c^x}{3}\right)^{\frac{1}{x}}$，则 $\ln y=\dfrac{1}{x}\ln\dfrac{a^x+b^x+c^x}{3}$，所以

$$\begin{aligned}\lim_{x\to 0}\ln y&=\lim_{x\to 0}\frac{1}{x}\ln\frac{a^x+b^x+c^x}{3}\\&=\lim_{x\to 0}\frac{3}{a^x+b^x+c^x}\cdot\frac{1}{3}(a^x\ln a+b^x\ln b+c^x\ln c)\\&=\frac{1}{3}(\ln a+\ln b+\ln c)=\ln\sqrt[3]{abc}.\end{aligned}$$

所以
$$\lim_{x\to 0}\left(\frac{a^x+b^x+c^x}{3}\right)^{\frac{1}{x}}=\sqrt[3]{abc}.$$

例 15 求极限 $\lim\limits_{n\to\infty}\dfrac{n^n}{3^n\cdot n!}.$

解 令 $a_n=\dfrac{n^n}{3^n n!}$，考虑级数 $\sum\limits_{n=1}^{\infty}a_n$，由于

$$\lim_{n\to\infty}\frac{a_{n+1}}{a_n}=\lim_{n\to\infty}\frac{(n+1)^{n+1}}{3^{n+1}\cdot(n+1)!}\cdot\frac{3^n\cdot n!}{n^n}=\lim_{n\to\infty}\frac{1}{3}\cdot\left(1+\frac{1}{n}\right)^n=\frac{e}{3}<1.$$

所以级数 $\sum\limits_{n=1}^{\infty}a_n$ 收敛. 故由级数收敛的必要性知 $\lim\limits_{n\to\infty}\dfrac{n^n}{3^n\cdot n!}=\lim\limits_{n\to\infty}a_n=0.$

例 16 设数列 $\{a_n\}$ 有一个子列 $\{a_{n_k}\}$ 收敛，且 $\{a_{n_k}\}\bigcap\{a_{2n}\}$、$\{a_{n_k}\}\bigcap\{a_{2n+1}\}$ 都有无穷多个元素，而 $\{a_{2n}\}$ 及 $\{a_{2n+1}\}$ 都为单调数列，问 $\{a_n\}$ 是否收敛? 为什么?

答 收敛. 设 $\lim\limits_{k\to\infty}a_{n_k}=l$. 由于 $\{a_{n_k}\}\bigcap\{a_{2n}\}$ 与 $\{a_{n_k}\}\bigcap\{a_{2n+1}\}$ 都有无穷多个元素，所以 $\{a_{2n}\}$ 中有子列收敛于 l. 同理 $\{a_{2n+1}\}$ 中也有子列收敛于 l. 而且 $\{a_{2n}\}$ 和 $\{a_{2n+1}\}$ 都是单调数列，所以 $\lim\limits_{n\to\infty}a_{2n}=l$，$\lim\limits_{n\to\infty}a_{2n+1}=l.$ 此即 $\lim\limits_{n\to\infty}a_n=l.$

例 17 设数列 $\{x_n\}$ 满足：$x_0=1,x_{n+1}=\sqrt{2x_n},n=1,2,3,\cdots$，证明：$\{x_n\}$ 收敛，并求 $\lim\limits_{n\to\infty}x_n.$

证明 因 $x_0=1,x_1=\sqrt{2}=2^{\frac{1}{2}},x_2=\sqrt{2x_1}=2^{\frac{3}{4}}$. 用数学归纳法可证

$$x_n=2^{\frac{2^n-1}{2^n}}=2^{1-\frac{1}{2^n}}\quad(n=0,1,2,\cdots)\tag{1-5}$$

因为 $\dfrac{2^{n-1}-1}{2^{n-1}}<\dfrac{2^n-1}{2^n}$. 由式 (1-5) 知 $x_{n-1}<x_n(n=0,1,\cdots)$，即 $\{x_n\}$ 单调递增. 再由式 (1-5) 知 $1\leqslant$

$x_n < 2$，所以由单调有界定理知 $\{x_n\}$ 收敛．设 $\lim\limits_{n\to\infty} x_n = a$，则 $a \geqslant 1$．由 $x_{n+1} = \sqrt{2x_n}$，两边取极限有 $a = \sqrt{2a}$．即 $a^2 = 2a, a \neq 0, a = 2$，即 $\lim\limits_{n\to\infty} x_n = 2$.

或者写出其通项 $x_n = \sqrt{2x_{n-1}} = \cdots = \sqrt{2\sqrt{2\cdots\sqrt{2}}} = 2^{\frac{1}{2}+\frac{1}{2^2}+\cdots+\frac{1}{2^n}} = 2^{1-\frac{1}{2^n}} \to 2 \quad (n\to\infty)$.

例 18　设 $\{a_n\}$ 无上界，证明：存在子列 $\{a_{n_k}\}$，使得 $a_{n_k} \to +\infty (k\to+\infty)$.

证明　由于 $\{a_n\}$ 无上界，存在 $n_1 \in \mathbf{N}$，使 $a_{n_1} > 1$，同理，存在 $n_2 \in \mathbf{N}(n_2 > n_1)$ 使 $a_{n_2} > 2, \cdots$，这样继续下去，$\forall M \in \mathbf{N}$，存在 $n_m \in \mathbf{N}$，使 $a_{n_m} > M(M=1,2,\cdots)$，其中

$$n_1 < n_2 < \cdots < n_m < \cdots,$$

所以对于这个子列 $\{a_{n_k}\}$，有 $\lim\limits_{k\to+\infty} a_{n_k} = +\infty$.

例 19　（曲阜师范大学）　设 $f(x)$ 在 $[1,+\infty)$ 上是正的连续单调递减函数，且

$$d_n = \sum_{k=1}^{n} f(k) - \int_1^n f(x)\mathrm{d}x.$$

证明：数列 $\{d_n\}$ 收敛.

证明　由假设及积分中值定理，得

$$d_{n+1} - d_n = \left(\sum_{k=1}^{n+1} f(k) - \int_1^{n+1} f(x)\mathrm{d}x\right) - \left(\sum_{k=1}^{n} f(k) - \int_1^n f(x)\mathrm{d}x\right)$$

$$= f(n+1) - \int_n^{n+1} f(x)\mathrm{d}x = f(n+1) - f(\xi).$$

式中，$\xi \in (n, n+1)$，所以 $d_{n+1} - d_n \leqslant 0$，即 $\{d_n\}$ 单调递减．又由于

$$d_n = (f(1)+f(2)+\cdots+f(n)) - \left(\int_1^2 f(x)\mathrm{d}x + \int_2^3 f(x)\mathrm{d}x + \cdots + \int_{n-1}^n f(x)\mathrm{d}x\right)$$

$$= (f(1)-f(\xi_1)) + (f(2)-f(\xi_2)) + \cdots + (f(n-1)-f(\xi_{n-1})) + f(n),$$

式中，$\xi_k \in (k, k+1), k=1,2,\cdots,n-1$．所以 $f(k)-f(\xi_k) \geqslant 0$，而 $f(n) > 0$．则有 $d_n \geqslant f(n) > 0, (n=1,2,\cdots)$，即 $\{d_n\}$ 单调递减有下界，故数列 $\{d_n\}$ 收敛.

例 20　（华中科技大学）　求极限

$$\lim_{m,n\to\infty} \frac{\left(1+\frac{1}{n}\right)^{n\sin\frac{1}{m}} - \left(1+\frac{1}{n}\right)^{n\ln\left(1+\frac{1}{m}\right)}}{1-\cos\frac{1}{m}}.$$

解　设 $f(x) = \left(1+\frac{1}{n}\right)^{nx}$，则由微分中值定理，得

$$f\left(\sin\frac{1}{m}\right) - f\left(\ln\left(1+\frac{1}{m}\right)\right) = \left(1+\frac{1}{n}\right)^{n\sin\frac{1}{m}} - \left(1+\frac{1}{n}\right)^{n\ln\left(1+\frac{1}{m}\right)} = \left(1+\frac{1}{n}\right)^{n\xi_{m,n}}\left(\sin\frac{1}{m} - \ln\left(1+\frac{1}{m}\right)\right)$$

$\xi_{m,n}$ 在 $\sin\frac{1}{m}$ 和 $\ln\left(1+\frac{1}{m}\right)$ 之间．因为

$$\lim_{x\to0} \frac{\sin x - \ln(1+x)}{1-\cos x} = \lim_{x\to0} \frac{\sin x - \ln(1+x)}{\frac{x^2}{2}}$$

$$= \lim_{x\to0} \frac{\cos x - \frac{1}{1+x}}{x} = \lim_{x\to0} \frac{(1+x)\cos x - 1}{x}$$

$$= \lim_{x\to0} (\cos x - (1+x)\sin x) = 1.$$

由归结原则知

$$\lim_{m,n\to\infty}\frac{\sin\frac{1}{m}-\ln\left(1+\frac{1}{m}\right)}{1-\cos\frac{1}{m}}=1,$$

又 $m,n\to\infty$ 时,$\xi_{m,n}\to0$. 因此得

$$\lim_{m,n\to\infty}\frac{\left(1+\frac{1}{n}\right)^{n\sin\frac{1}{m}}-\left(1+\frac{1}{n}\right)^{n\ln\left(1+\frac{1}{m}\right)}}{1-\cos\frac{1}{m}}=\lim_{m,n\to\infty}\frac{\left(1+\frac{1}{n}\right)^{n\xi_{m,n}}\left[\sin\frac{1}{m}-\ln\left(1+\frac{1}{m}\right)\right]}{1-\cos\frac{1}{m}}$$

$$=\lim_{m,n\to\infty}\left(1+\frac{1}{n}\right)^{n\xi_{m,n}}=e^0=1.$$

例 21 （北京大学） 设 $a_n\neq0(n=1,2,\cdots)$ $\lim_{n\to+\infty}a_n=0$,若 $\lim_{n\to\infty}\frac{a_{n+1}}{a_n}=l$,证明 $|l|\leqslant1$.

证明 用反证法,若 $|l|>1$,取 C 满足 $|l|>C>1$,由题意有 $\lim_{n\to\infty}\left|\frac{a_{n+1}}{a_n}\right|=|l|$. 则 $\exists N>0$,当 $n>N$ 时,有 $\left|\frac{a_{n+1}}{a_n}\right|>C$,所以

$$|a_{n+1}|>C|a_n|>C^2|a_{n-1}|>\cdots>C^{n-N+1}|a_N|. \tag{1-6}$$

由 $C>1$,式(1-6)两边取极限可得 $\lim_{n\to\infty}|a_{n+1}|=+\infty$,这与 $\lim_{n\to\infty}a_n=0$ 的假设矛盾,所以 $|l|\leqslant1$.

例 22 （湖南大学） 设函数 $f(x)$ 在 $x=0$ 处可微,又设函数

$$\varphi(x)=\begin{cases}x+\frac{1}{2} & x<0,\\[2mm]\dfrac{\sin\frac{1}{2}x}{x} & x>0,\end{cases}$$

求

$$I=\lim_{x\to0}\frac{xf(x)(1+x)^{-\frac{x+1}{x}}+\varphi(x)\displaystyle\int_0^{2x}\cos t^2\,\mathrm{d}t}{x\varphi(x)}.$$

解 由已知 $\lim_{x\to0}f(x)=f(0)$,$\lim_{x\to0}\varphi(x)=\frac{1}{2}$,所以

$$\lim_{x\to0}\frac{f(x)}{\varphi(x)}=\frac{\lim_{x\to0}f(x)}{\lim_{x\to0}\varphi(x)}=\frac{f(0)}{\frac{1}{2}}=2f(0).$$

因 $\lim_{x\to0}(1+x)\cdot(1+x)^{\frac{1}{x}}=\mathrm{e}.$ 且

$$\lim_{x\to0}\frac{\displaystyle\int_0^{2x}\cos t^2\,\mathrm{d}t}{x}=\lim_{x\to0}2\cdot\cos(2x)^2=2.$$

将以上各式代入,得

$$I=\lim_{x\to0}\left(\frac{f(x)}{\varphi(x)}\cdot\frac{1}{(1+x)\cdot(1+x)^{\frac{1}{x}}}+\frac{\displaystyle\int_0^{2x}\cos t^2\,\mathrm{d}t}{x}\right)=\frac{2f(0)}{\mathrm{e}}+2.$$

例 23 （1）计算 $\lim_{x\to0}\frac{\sin x-\tan x}{x-\sin x}$; （2）已知 $\lim_{x\to2}\frac{x^2+ax+b}{x^2-x-2}=2$,求 a,b.

解 （1） $\lim_{x\to0}\frac{\sin x-\tan x}{x-\sin x}=\lim_{x\to0}\frac{\cos x-\sec^2 x}{1-\cos x}=\lim_{x\to0}\frac{1}{\cos^2 x}\cdot\frac{\cos^3 x-1}{1-\cos x}$

$$=-\lim_{x\to0}\frac{1-\cos^3 x}{1-\cos x}=-\lim_{x\to0}(1+\cos x+\cos^2 x)=-3.$$

（2）$\lim\limits_{x\to2}(x^2-x-2)=0$，又已知分数极限存在．所以

$$0=\lim_{x\to2}(x^2+ax+b)=4+2a+b,$$

则
$$b=-4-2a. \tag{1-7}$$

$$2=\lim_{x\to2}\frac{x^2+ax-4-2a}{x^2-x-2}=\lim_{x\to2}\frac{(x-2)(x+a+2)}{(x+1)(x-2)}=\lim_{x\to2}\frac{x+a+2}{x+1}=\frac{a+4}{3}.$$

所以 $a=2$ 并将其代入式(1-7)有 $b=-8$．

例 24　求极限 $\lim\limits_{x\to0}\dfrac{x-\int_0^x e^{t^2}\,dt}{x^2\sin 2x}$．

解　用等价无穷小代换 $\sin x\sim x,e^x-1\sim x(x\to0)$．则有

$$\lim_{x\to0}\frac{x-\int_0^x e^{t^2}\,dt}{x^2\sin 2x}=\lim_{x\to0}\frac{x-\int_0^x e^{t^2}\,dt}{2x^3}=\lim_{x\to0}\frac{1-e^{x^2}}{6x^2}=\lim_{x\to0}\frac{-x^2}{6x^2}=-\frac{1}{6}.$$

例 25　求极限 $\lim\limits_{\varepsilon\to0}\int_0^1\dfrac{1}{\varepsilon x^3+1}\,dx$．

解　由积分中值定理有

$$\int_0^1\frac{1}{\varepsilon x^3+1}\,dx=\frac{1}{\varepsilon\alpha^3+1}\quad(0<\alpha<1),$$

所以

$$\lim_{\varepsilon\to0}\int_0^1\frac{1}{\varepsilon x^3+1}\,dx=\lim_{\varepsilon\to0}\frac{1}{\varepsilon\alpha^3+1}=1.$$

例 26　设 $f(x)$ 在 $[1,+\infty)$ 上连续可微，$\lim\limits_{x\to+\infty}(f'(x)+f(x))=A$．证明：$\lim\limits_{x\to+\infty}f(x)=A$．

证明　由 $\lim\limits_{x\to+\infty}e^x=+\infty$，得

$$\lim_{x\to+\infty}f(x)=\lim_{x\to+\infty}\frac{e^x f(x)}{e^x}=\lim_{x\to+\infty}\frac{e^x(f(x)+f'(x))}{e^x}=A.$$

类似地：若 $\lim\limits_{x\to+\infty}(2f'(x)+f(x))=0$．则 $\lim\limits_{x\to+\infty}f(x)=0$（提示：考虑 $\lim\limits_{x\to+\infty}e^{\frac{x}{2}}=+\infty$）．

例 27　设 $f(x)$ 在 $(-\infty,+\infty)$ 可导，求 $\lim\limits_{r\to0}\dfrac{1}{r}\left(f\left(t+\dfrac{r}{a}\right)-f\left(t-\dfrac{r}{a}\right)\right)$，其中 r 与 a,t 无关．

解

$$\lim_{r\to0}\frac{1}{r}\left(f\left(t+\frac{r}{a}\right)-f\left(t-\frac{r}{a}\right)\right)$$

$$=\lim_{r\to0}\left(\frac{1}{a}\left(\frac{f\left(t+\frac{r}{a}\right)-f(t)}{\frac{r}{a}}\right)+\frac{1}{a}\left(\frac{f\left(t-\frac{r}{a}\right)-f(t)}{-\frac{r}{a}}\right)\right)=\frac{2}{a}f'(t).$$

例 28　求极限 $\lim\limits_{n\to\infty}\left(1-\dfrac{1}{2}+\dfrac{1}{3}-\dfrac{1}{4}+\cdots+(-1)^{n-1}\dfrac{1}{n}\right)$．

解　当 $|x|<1$ 时，$\ln(1+x)=\sum\limits_{n=1}^{\infty}(-1)^{n-1}\dfrac{x^n}{n}$，且该级数在 $x=1$ 处收敛，所以级数的和函数 $s(x)$ 在 $x=1$ 处左连续，因此

$$\lim_{n\to\infty}\left(1-\frac{1}{2}+\frac{1}{3}-\frac{1}{4}+\cdots+(-1)^{n-1}\frac{1}{n}\right)=\sum_{n=1}^{\infty}(-1)^{n-1}\frac{1}{n}=s(1)=\lim_{x\to1-0}s(x)$$

$$=\lim_{x\to1-0}\ln(1+x)=\ln 2.$$

例 29 设 $\{a_n\}$ 严格递增，$\lim\limits_{n\to\infty} a_n = +\infty$，且 $a_n > 0, n=1,2,\cdots$，$\sum\limits_{k=1}^{\infty} b_k$ 收敛于 B，证明：

$$\lim_{n\to\infty}\frac{\sum\limits_{k=1}^{n} a_k b_k}{a_n} = 0.$$

证明 令 $B_n = \sum\limits_{i=1}^{n} b_i$，则 $\lim\limits_{n\to\infty} B_n = B$，由阿贝尔变换有

$$\frac{\sum\limits_{k=1}^{n} a_k b_k}{a_n} = \frac{a_n B_n + \sum\limits_{i=1}^{n-1}(a_i - a_{i+1})B_i}{a_n} = B_n + \frac{\sum\limits_{i=1}^{n-1}(a_i - a_{i+1})B_i}{a_n}.$$

令 $S_n = \sum\limits_{i=1}^{n-1}(a_i - a_{i+1})B_i$，由 Stolz 定理则知

$$\lim_{n\to\infty}\frac{\sum\limits_{k=1}^{n} a_k b_k}{a_n} = \lim_{n\to\infty}\frac{a_n B_n + \sum\limits_{i=1}^{n-1}(a_i - a_{i+1})B_i}{a_n} = \lim_{n\to\infty} B_n + \lim_{n\to\infty}\frac{S_n}{a_n}$$

$$= \lim_{n\to\infty} B_n + \lim_{n\to\infty}\frac{S_{n+1}-S_n}{a_{n+1}-a_n} = \lim_{n\to\infty} B_n + \lim_{n\to\infty}\frac{B_n(a_n - a_{n+1})}{a_{n+1}-a_n} = 0.$$

四、练习题

1.（石油大学） 设 $x_1 = 2, x_{n+1} = \frac{1}{2}\left(x_n + \frac{1}{x_n}\right), n=1,2,\cdots$，证明：$\{x_n\}$ 收敛.

2.（上海交通大学） 设 $x_1 > 0, x_{n+1} = x_n + \frac{1}{x_n}, n=1,2,\cdots$，证明：$\lim\limits_{n\to\infty}\frac{a_n}{\sqrt{2n}} = 1$.

3.（中南大学） 设 $f(x)$ 在 $[0,1]$ 上可积，且 $\int_0^1 f(x)\mathrm{d}x = 1$，求 $\lim\limits_{n\to\infty}\frac{1}{n}\sum\limits_{k=1}^{n} f\left(\frac{2k+1}{2n}\right)$.

4.（华中科技大学） 求 $\lim\limits_{n\to\infty}\dfrac{6n^2 \sqrt[n]{2n^2}\left(\sin\frac{1}{n} - \arctan\frac{1}{n}\right)}{\ln n\ln\left(1+\frac{1}{n\ln n}\right)}$.

5. 设 $a_n > 0$，证明 $\sum\limits_{n=1}^{\infty}\dfrac{a_n}{(1+a_1)(1+a_2)\cdots(1+a_n)}$ 收敛.

6. 设 $\lim\limits_{n\to\infty}\dfrac{n^\alpha}{n^\beta - (n-1)^\beta} = 2018$，求 α, β.

7. 利用单调有界定理证明数列 $x_n = 1 + \frac{1}{2} + \cdots + \frac{1}{n} - \ln n (n=1,2,\cdots)$ 收敛；利用柯西准则证明 $\{a_n\}$ 发散，其中 $a_n = 1 + \frac{1}{2} + \cdots + \frac{1}{n}$.

8.（北京科技大学） 设 S 为有界数集，证明若 $\sup S = a \notin S$，则存在严格增数列 $\{x_n\} \subset S$，使得 $\lim\limits_{n\to\infty} x_n = a$.

9. 证明 (1) $\lim\limits_{n\to\infty}\dfrac{1^p + 2^p + \cdots + n^p}{n^{p+1}} = \dfrac{1}{p+1}$；(2) $\lim\limits_{n\to\infty}\left(\dfrac{1}{p^{n+1}} + \cdots + \dfrac{1}{p^{2n}}\right) = 0$ $(p>1)$.

10.（南京理工大学） 设 $f(x)$ 在 $(0,+\infty)$ 可导，且 $\lim\limits_{x\to 0^+} f'(x) = 0$，证明 $\lim\limits_{x\to 0^+} f(x)$ 存在.

11. 求 (1) $\lim\limits_{x\to 0}(3x + \mathrm{e}^x)^{\frac{3}{x}}$；(2) $\lim\limits_{x\to\infty}\left(\dfrac{x-c}{x+c}\right)^x = \mathrm{e}$；(3) $\lim\limits_{x\to 0}\left(\dfrac{\cos x}{\cos 2x}\right)^{\frac{2}{x^2}}$.

12.（东华大学）　已知 $\lim\limits_{x\to 0}\dfrac{\ln\left(1+\dfrac{f(x)}{\tan 2x}\right)}{2^x-1}=5$，求 $\lim\limits_{x\to 0}\dfrac{f(x)}{x^2}$.

13.（重庆大学）　用定义证明 $\lim\limits_{x\to 1}\dfrac{1}{\sqrt{25x^2-9}}=\dfrac{1}{4}$.

14. 设 $f(x)$ 在 $(0,+\infty)$ 连续，$\lim\limits_{x\to+\infty}f(x)=a$，求 $\lim\limits_{n\to\infty}\int_0^1 f(nx)\mathrm{d}x$.

15. 求极限 (1) $\lim\limits_{x\to 0}\dfrac{\mathrm{e}^{x^3}-1}{1-\cos\sqrt{x-\sin x}}$；(2) $\lim\limits_{x\to 0}x\left[\dfrac{1}{x}\right]$.（$\left[\dfrac{1}{x}\right]$ 表示不大于 $\dfrac{1}{x}$ 的最大整数）

16. 求极限 (1) $\lim\limits_{x\to 0^+}\ln x\,\ln(1-x)$；(2) $\lim\limits_{x\to 0}\dfrac{\displaystyle\int_0^{\frac{x}{2}}\mathrm{d}t\int_{\frac{x}{2}}^t \mathrm{e}^{-(t-u)^2}\,\mathrm{d}u}{1-\mathrm{e}^{-\frac{x^2}{4}}}$.

17. 求 $\lim\limits_{x\to 0}\dfrac{1}{x^6}(\cos^2 x\sin^2 x-x^2(1-x^2)^{\frac{4}{3}})$.

18.（重庆大学）　证明不等式：

(1) $\dfrac{1}{\sqrt{2n+1}}<\sqrt{2n+1}-\sqrt{2n-1}<\dfrac{1}{\sqrt{2n-1}}$；

(2) 令 $x_n=1+\dfrac{1}{\sqrt{3}}+\dfrac{1}{\sqrt{5}}+\cdots+\dfrac{1}{\sqrt{2n-1}}-\sqrt{2n-1}$，证明 $\{x_n\}$ 收敛.

19.（中南大学）　证明：(1) $1+\dfrac{1}{\sqrt{2}}+\cdots+\dfrac{1}{\sqrt{n}}\geqslant 2\sqrt{n+1}-2$；

(2) 令 $x_n=1+\dfrac{1}{\sqrt{2}}+\cdots+\dfrac{1}{\sqrt{n}}-2\sqrt{n}$，证明 $\{x_n\}$ 收敛；

(3)（华中科技大学）　证明公式：$1+\dfrac{1}{\sqrt{2}}+\cdots+\dfrac{1}{\sqrt{n}}=2\sqrt{n}+c+\varepsilon_n$.

其中 c 是与 n 无关的常数，且 $\lim\limits_{n\to\infty}\varepsilon_n=0$.

第2章 一元函数的连续性

连续概念是数学分析的基本概念,闭区间上连续函数的性质是重点内容,一致连续概念是其中的难点.本章内容包括函数连续的概念、一致连续的概念、闭区间上连续函数的性质以及函数一致连续的条件等.

📝 **思维导图**

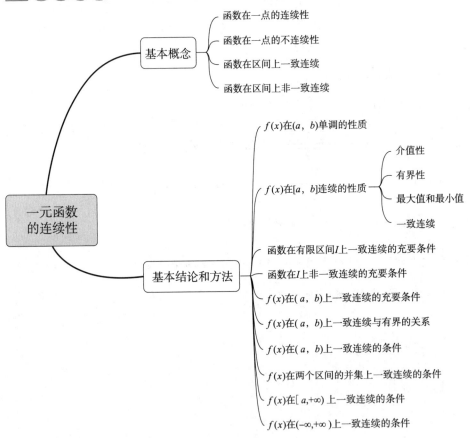

一、基本概念

(一)函数在一点的连续性

若 $f(x)$ 在 x_0 的某邻域内有定义且满足下列条件之一,则称 $f(x)$ 在 x_0 连续.

(1) $\lim\limits_{x \to x_0} f(x) = f(x_0)$.

(2) $\forall \varepsilon > 0, \exists \delta > 0$,当 $|x - x_0| < \delta$ 时,有 $|f(x) - f(x_0)| < \varepsilon$.

(3) $\forall \{x_n\} \subset D(f)$,$\lim\limits_{n \to \infty} x_n = x_0$,有 $\lim\limits_{n \to \infty} f(x_n) = f(x_0)$.

(4) $f(x_0 + 0) = f(x_0 - 0) = f(x_0)$.

（二）函数在一点的不连续性

若 $f(x)$ 在 x_0 满足下列条件之一，则称 $f(x)$ 在 x_0 不连续，并称 x_0 是 $f(x)$ 的间断点.

（1）$\lim\limits_{x\to x_0}f(x)$ 存在但不等于 $f(x_0)$ 或 $f(x)$ 在 x_0 无定义（则称 x_0 为 $f(x)$ 的可去间断点）.

（2）$f(x_0+0)$，$f(x_0-0)$ 都存在但不相等（则称 x_0 为 $f(x)$ 的跳跃间断点）.

（3）$f(x_0+0)$，$f(x_0-0)$ 至少有一个不存在.

注：（1）、（2）两种情况称为第一类间断点，（3）称为第二类间断点.

（4）$\exists \varepsilon_0>0$，对 $\forall \delta>0$，$\exists x':|x'-x_0|<\delta$，但 $|f(x')-f(x_0)|\geqslant\varepsilon_0$.

（5）$\exists \varepsilon_0>0$，$\exists\{x_n\}:x_n\to x_0(n\to\infty)$，但 $\{f(x_n)\}$ 不以 $f(x_0)$ 为极限.

（三）函数在区间上一致连续

$f(x)$ 在区间 I 上一致连续 $\Leftrightarrow \forall\varepsilon>0$，$\exists\delta>0$，$\forall x',x''\in I$，只要 $|x'-x''|<\delta$，就有 $|f(x')-f(x'')|<\varepsilon$.

（四）函数在区间上非一致连续

$f(x)$ 在区间 I 上非一致连续 $\Leftrightarrow \exists\varepsilon_0>0$，$\forall\delta>0$，$\exists x',x''\in I$，虽然 $|x'-x''|<\delta$，但有 $|f(x')-f(x'')|\geqslant\varepsilon_0$.

素养教育：用反证法证明函数不一致连续，引导学生学会数学中的否定方法.

二、基本结论和方法

（1）$f(x)$ 在 (a,b) 单调 $\Rightarrow f(x)$ 在 (a,b) 内至多有第一类间断点.

（2）$f(x)$ 在 $[a,b]$ 上连续，则 $f(x)$ 在 $[a,b]$ 上①具有介值性；②具有有界性；③具有最大值和最小值；④一致连续.

素养教育：由介值性定理推出根的存在定理，培养学生由一般到特殊的能力.

（3）$f(x)$ 在有限区间 I 上一致连续 $\Leftrightarrow$ 若 $\{x_n\}\subset I$ 为柯西列，则 $\{f(x_n)\}$ 也为柯西列（例2）.

（4）$f(x)$ 在 I 上非一致连续 $\Leftrightarrow \exists\{x_n\},\{y_n\}\subset I$，虽然 $|x_n-y_n|\to0(n\to\infty)$，但 $\lim\limits_{n\to\infty}|f(x_n)-f(y_n)|\neq0$（注意该结论的肯定描述）.

（5）$f(x)$ 在 (a,b) 上一致连续 $\Leftrightarrow f(x)$ 在 (a,b) 上连续，且 $f(a+0)$，$f(b-0)$ 都存在.

（6）$f(x)$ 在 (a,b) 上一致连续 $\Rightarrow f(x)$ 在 (a,b) 上有界.

（7）若 $f(x)$ 在 (a,b) 上连续，且导函数有界，则 $f(x)$ 在 (a,b) 上一致连续.

（8）若 $f(x)$ 在 (a,b) 上连续，且满足利普希茨连续条件，则 $f(x)$ 在 (a,b) 上一致连续.

（9）若 $f(x)$ 在 I_1、I_2 上一致连续，且 c 为 I_1 的右端点 $c\in I_1$，c 为 I_2 的左端点 $c\in I_2$ 则 $f(x)$ 在 $I=I_1\bigcup I_2$ 上一致连续.

（10）若 $f(x)$ 在 $[a,+\infty)$ 上连续，且 $\lim\limits_{x\to+\infty}f(x)=A$ 存在，则 $f(x)$ 在 $[a,+\infty)$ 上一致连续、有界、有最大值或最小值.

（11）若 $f(x)$ 在 $(-\infty,+\infty)$ 上连续，且 $\lim\limits_{x\to+\infty}f(x)=A$，$\lim\limits_{x\to-\infty}f(x)=B$ 存在，则 $f(x)$ 在 $(-\infty,+\infty)$ 上一致连续.

三、例题选讲

例 1 设 $f(x)=\begin{cases}\dfrac{x}{\sqrt{1-\cos x}} & x\neq0\\ \sqrt{2} & x=0\end{cases}$，讨论 $f(x)$ 在 $x=0$ 的连续性.

解 由于 $\lim\limits_{x\to 0^+}f(x)=\lim\limits_{x\to 0^+}\dfrac{x}{\sqrt{1-\cos x}}=\lim\limits_{x\to 0^+}\dfrac{x}{\sqrt{2}\left|\sin\frac{x}{2}\right|}=\lim\limits_{x\to 0^+}\dfrac{x}{\sqrt{2}\sin\frac{x}{2}}=\sqrt{2}$;

$$\lim\limits_{x\to 0^-}f(x)=\lim\limits_{x\to 0^-}\dfrac{x}{\sqrt{1-\cos x}}=\lim\limits_{x\to 0^-}\dfrac{x}{\sqrt{2}\left|\sin\frac{x}{2}\right|}=\lim\limits_{x\to 0^-}\dfrac{x}{-\sqrt{2}\sin\frac{x}{2}}=-\sqrt{2}.$$

所以 $f(x)$ 在 $x=0$ 处右连续而非左连续,因此 $f(x)$ 在 $x=0$ 点不连续.

例 2 证明 $f(x)$ 在有限区间 I 上一致连续 $\Leftrightarrow$ 若 $\{x_n\}\subset I$ 为柯西列,则 $\{f(x_n)\}$ 也为柯西列.

证明 (必要性) 由于 $f(x)$ 在 I 上一致连续,$\forall\varepsilon>0$,$\exists\delta>0$,$\forall x',x''\in I$,只要 $|x'-x''|<\delta$,就有 $|f(x')-f(x'')|<\varepsilon$,对于上述 δ,由 $\{x_n\}$ 为柯西列知 $\exists N$,$\forall m,n>N$,有 $|x_n-x_m|<\delta$,从而有 $|f(x_m)-f(x_n)|<\varepsilon$,所以 $\{f(x_n)\}$ 为柯西列.

(充分性) 若 $f(x)$ 在 I 上非一致连续,则 $\exists\varepsilon_0>0$,$\exists\{x_n\},\{y_n\}\subset I$.虽然有 $\lim\limits_{n\to\infty}|x_n-y_n|=0$,但有 $|f(x_n)-f(y_n)|\geqslant\varepsilon_0$,另一方面,$\{x_n\}$,$\{y_n\}$ 有界,所以存在收敛的子列 $\{x_{n_k}\}$,$\{y_{n_k}\}$.由于 $\lim\limits_{n\to\infty}|x_n-y_n|=0$,则 $\{x_{n_1},y_{n_1},x_{n_2},y_{n_2},\cdots\}$ 是柯西列,但 $\{f(x_{n_1}),f(y_{n_1}),f(x_{n_2}),f(y_{n_2}),\cdots\}$ 不收敛,故非柯西列,产生矛盾,所以 $f(x)$ 在 I 上一致连续.

例 3 证明 $f(x)$ 在 (a,b) 上一致连续 $\Leftrightarrow f(x)$ 在 (a,b) 上连续,且 $f(a+0)$,$f(b-0)$ 存在.

证明 (必要性) 由于 $f(x)$ 在 (a,b) 上一致连续,$\forall\varepsilon>0$,$\exists\delta>0$,$\forall x',x''\in(a,b)$ 只要 $|x'-x''|<\delta$,就有 $|f(x')-f(x'')|<\varepsilon$,故 $\forall x',x''\in(a,a+\delta)$ 时,有 $|f(x')-f(x'')|<\varepsilon$. 由柯西准则知,$\lim\limits_{x\to a^+}f(x)$ 存在,同理可证 $\lim\limits_{x\to b^-}f(x)$ 也存在.

(充分性) 作辅助函数 $F(x)=\begin{cases}f(a+0) & x=a\\ f(x) & x\in(a,b)\\ f(b-0) & x=b\end{cases}$,则 $F(x)$ 在 $[a,b]$ 上连续,由康托定理知,

$F(x)$ 在 $[a,b]$ 上一致连续,进而 $f(x)$ 在 (a,b) 上一致连续.

例 4 设 $f(x)$ 在区间 I 上连续且无上、下界,求证 $f(x)$ 的值域为 **R**.

证明 若 $\exists y_0\in\mathbf{R}$,但不存在 $\xi\in I$,使 $f(\xi)=y_0$,即 $\forall x\in I$,都有 $f(x)\neq y_0$. 由于 $f(x)$ 无上界,则 $\forall M$,$\exists x_0\in I$,使 $f(x_0)>M$,即 $\exists x_1\in I$,使 $f(x_1)>y_0$. 同理,由于 $f(x)$ 无下界,$\exists x_2\in I$,使 $f(x_2)<y_0$,即 $f(x_2)<y_0<f(x_1)$,由于 $f(x)$ 在区间 I 上连续,则在 $[x_1,x_2]$($[x_2,x_1]$)上连续,由闭区间上连续函数的介值性质知,$\exists x_0\in(x_1,x_2)$ 或 (x_2,x_1) 使得 $f(x_0)=y_0$,与 $f(x_0)\neq y_0$ 矛盾,所以 $f(x)$ 的值域为 **R**.

例 5 设 $f(x)$ 在 $(0,1)$ 内有定义,且函数 $\mathrm{e}^xf(x)$ 与 $\mathrm{e}^{-f(x)}$ 在 $(0,1)$ 内单调不减,求证:$f(x)$ 在 $(0,1)$ 内连续.

证明 $\forall x_0\in(0,1)$,由于 $\mathrm{e}^{-f(x)}$ 单调不减,所以当 $x>x_0$ 时,$\mathrm{e}^{-f(x)}\geqslant\mathrm{e}^{-f(x_0)}$,因此,$f(x_0)\geqslant f(x)$,因此有 $\lim\limits_{x\to x_0^+}f(x)=f(x_0+0)\leqslant f(x_0)$;另一方面,由于 $\mathrm{e}^xf(x)$ 单调不减,所以当 $x>x_0$ 时有 $\mathrm{e}^xf(x)\geqslant\mathrm{e}^{x_0}f(x_0)$. 因此,$\lim\limits_{x\to x_0^+}\mathrm{e}^xf(x)\geqslant\lim\limits_{x\to x_0^+}\mathrm{e}^{x_0}f(x_0)$,即

$$\lim\limits_{x\to x_0^+}f(x)=f(x_0+0)\geqslant f(x_0).$$

综上可知,$\lim\limits_{x\to x_0^+}f(x)=f(x_0)$,即 $f(x)$ 在 x_0 点右连续. 同理可证 $f(x)$ 在 x_0 点左连续. 所以 $f(x)$ 在 x_0 点连续. 由 x_0 的任意性知 $f(x)$ 在 $(0,1)$ 内连续.

例 6 设 $f(x)$ 在 $[0,2a]$ 上连续,$f(0)=f(2a)$,证明 $\exists\xi\in[0,a]$,使得 $f(\xi)=f(\xi+a)$.

证明 令 $F(x)=f(x+a)-f(x)$,$x\in[0,a]$,则 $F(x)$ 在 $[0,a]$ 上连续,且

$$F(0)\cdot F(a)=(f(a)-f(0))\cdot(f(2a)-f(a))$$
$$=(f(a)-f(0))\cdot(f(0)-f(a))=-(f(0)-f(a))^2.$$

若 $f(0)=f(a)$，则取 $\xi=0$ 或 a；若 $f(0)\neq f(a)$，则 $F(0)\cdot F(a)<0$，$\exists\xi\in(0,a)$，使得 $F(\xi)=0$，即 $f(\xi)=f(\xi+a)$．

例 7　设 $f(x)$ 在 $(-\infty,+\infty)$ 上有定义，且(1)具有介值性质，(2)对任意有理数 r，集合 $\{x\mid f(x)=r\}$ 为闭集，证明 $f(x)$ 在 $(-\infty,+\infty)$ 连续．

证明　若 $f(x)$ 在某一点 x_0 处不连续，则 $\exists\varepsilon_0>0$，对 $\forall\frac{1}{n}>0$，$\exists x_n$，虽然 $|x_n-x_0|<\frac{1}{n}$，但 $|f(x_n)-f(x_0)|\geqslant\varepsilon_0$，即 $\lim\limits_{n\to\infty}x_n=x_0$，但 $\{f(x_n)\}$ 在 $(f(x_0)-\varepsilon,f(x_0)+\varepsilon)$ 之外，从而，在 $(f(x_0)-\varepsilon,f(x_0)+\varepsilon)$ 之外至少有一侧(不妨设右侧)含有 $f(x_n)$ 的无穷多项 $f(x_{n_k})$．

任取一有理数 r，使 $f(x_0)<r<f(x_0)+\varepsilon<f(x_{n_k})$，由介值性质，对每一 x_{n_k}，$\exists\xi_k$ 在 x_0 与 x_{n_k} 之间使得 $f(\xi_k)=r(k=1,2,\cdots)$，因 $x_{n_k}\to x_0$，所以 $\xi_k\to x_0(k\to\infty)$，这说明 x_0 是集合 $\{x\mid f(x)=r\}$ 的一个聚点．

由已知条件(2)知 $x_0\in\{x\mid f(x)=r\}$，即 $f(x_0)=r$ 与 $f(x_0)<r$ 矛盾，所以 $f(x)$ 在 $(-\infty,+\infty)$ 连续．

类似题目：设 $f(x)$ 在 $(-\infty,+\infty)$ 有定义，且具有介值性质，若对 $\forall\{x_n\}\to x$，且 $f\{x_n\}\to r\in\mathbf{Q}$，有 $f(x)=r$，则 $f(x)$ 在 $(-\infty,+\infty)$ 上连续．

例 8　设 $f(x)$ 在闭区间 $[0,1]$ 上连续，且仅取有理函数值，若 $\int_0^1 f(x)\mathrm{d}x=5$，求 $f(0)$．

解　先证 $f(x)$ 在 $[0,1]$ 上为常数．若 $f(x)$ 在 $[0,1]$ 上不为常数，$\exists x_1,x_2\in[0,1]$，$x_1<x_2$，使 $f(x_1)\neq f(x_2)$．设 $f(x_1)<f(x_2)$，取无理数 α，使 $f(x_1)<\alpha<f(x_2)$．由 $f(x)$ 在 $[0,1]$ 连续性知 $\exists\mu\in[0,1]$，使 $f(\mu)=\alpha$ 与已知矛盾，所以 $f(x)$ 在 $[0,1]$ 上为常数．

设 $f(x)=c$，则由 $\int_0^1 f(x)\mathrm{d}x=5$ 知 $f(x)=5$，因此 $f(0)=5$．

例 9　证明：不存在 $\mathbf{R}$ 上的连续函数 $f(x)$ 使 $f(f(x))=-x$．

证明　若存在连续函数 $f(x)$，使 $f(f(x))=-x,x\in\mathbf{R}$，令 $f(x)=y$，则 $f(y)=-x$，所以 $-y=f(f(y))=f(-x)$，即 $f(-x)=-f(x)$，所以 $f(x)$ 为奇函数，且 $f(0)=0$．若 $\exists\xi\neq0$，使 $f(\xi)=0$，则 $-\xi=f(f(\xi))=f(0)=0$，即 $\xi=0$ 矛盾，因此 $f(x)$ 在 $\mathbf{R}$ 上有唯一零点 $x=0$．

$\forall a>0$，令 $f(a)=b$，则 $b\neq0$．若 $b=f(a)>0$，则 $f(b)=f(f(a))=-a<0$，由介值性质知，在 a，b 之间存在 ξ，使 $f(\xi)=0$，与 $f(x)$ 有唯一零点矛盾．若 $f(a)=b<0$，则 $f(b)=f(f(a))=-a<0$，设 $f(b)=c$，则 $f(c)=f(f(b))=-b>0$，在 b,c 之间存在 $\mu<0$，使 $f(\mu)=0$ 与 $f(x)$ 有唯一零点矛盾．由此可知，$\forall a\in(0,+\infty)$，$f(f(a))=-a$ 不成立，同理 $\forall a<0$，$f(f(a))=-a$ 也不成立．

例 10　设 $f(x)$ 在 $(-\infty,+\infty)$ 上连续，且 $\forall x,y\in(-\infty,+\infty)$，有 $f(x+y)=f(x)+f(y)$，求 $f(x)$ 的表达式．

解　由已知得，对任意的正整数 n，有 $f(nx)=nf(x)$，所以 $f(x)=f\left(n\cdot\frac{x}{n}\right)=nf\left(\frac{x}{n}\right)$．因此 $f\left(\frac{x}{n}\right)=\frac{1}{n}f(x)$，对任意的正整数 n,m，有 $f\left(\frac{mx}{n}\right)=\frac{m}{n}f(x)$，所以对任意的正有理数 r，有 $f(rx)=rf(x)$，又 $f(0)=0$，所以 $0=f(r-r)=f(r)+f(-r)$，即 $f(-r)=-f(r)$，所以对任意的有理数 r，有 $f(rx)=rf(x)$，取 $x=1$ 得 $f(r)=rf(1)=cr,c=f(1)$．对任意的 $x_0\in\mathbf{R}$，取 $r_n\in\mathbf{Q}$，$\lim\limits_{n\to\infty}r_n=x_0$，有 $f(r_n)=cr_n$，令 $n\to\infty$ 得，$f(x_0)=cx_0$，由 x_0 的任意性得 $f(x)$ 的表达式为 $f(x)=cx$．

例 11　设 $f(x)$ 在 $[a,+\infty)$ 上一致连续，$\phi(x)$ 在 $[a,+\infty)$ 上连续，且 $\lim\limits_{x\to+\infty}(f(x)-\phi(x))=0$，求证 $\phi(x)$ 在 $[a,+\infty)$ 一致连续．

证明　由 $\lim\limits_{x\to+\infty}(f(x)-\phi(x))=0$，知 $\forall\varepsilon>0$，$\exists X>a$，当 $x>X$ 时，有 $|f(x)-\phi(x)|<\frac{\varepsilon}{3}$，又

$f(x)$一致连续,$\exists\delta_1>0$,$\forall x',x''\in[a,+\infty)$,只要$|x'-x''|<\delta_1$,就有$|f(x')-f(x'')|<\dfrac{\varepsilon}{3}$,所以,$\forall x',x''>X$,$|x'-x''|<\delta_1$时,有

$$|\phi(x')-\phi(x'')|\leqslant|\phi(x')-f(x')|+|f(x')-f(x'')|+|f(x'')-\phi(x'')|<\varepsilon.$$

已知$\phi(x)$在$[a,X+1]$上连续,所以一致连续,$\exists\delta_2>0$,$\forall x_1,x_2\in[a,X+1]$,只要$|x_1-x_2|<\delta_2$,就有$|\phi(x_1)-\phi(x_2)|<\varepsilon$,取$\delta=\min\{\delta_1,\delta_2,1\}$,$\forall x',x''\in[a,+\infty)$,只要$|x'-x''|<\delta$,就有$|\phi(x')-\phi(x'')|<\varepsilon$,所以$\phi(x)$在$[a,+\infty)$一致连续.

例 12 （重庆大学、苏州大学） 证明:$f(x)=\sin\dfrac{1}{x}$在$[a,+\infty)$上一致连续($a>0$),但在$(0,+\infty)$上非一致连续.

证明 因为

$$\left|\sin\frac{1}{x'}-\sin\frac{1}{x''}\right|=2\left|\cos\frac{\frac{1}{x'}+\frac{1}{x''}}{2}\sin\frac{\frac{1}{x'}-\frac{1}{x''}}{2}\right|\leqslant2\left|\sin\frac{\frac{1}{x'}-\frac{1}{x''}}{2}\right|\leqslant\left|\frac{1}{x'}-\frac{1}{x''}\right|$$

$$=\frac{|x'-x''|}{x'x''}\leqslant\frac{|x'-x''|}{a^2},$$

所以$\forall\varepsilon>0$,取$\delta=a^2\varepsilon$,$\forall x',x''\in[a,+\infty)$,只要$|x'-x''|<\delta$,就有$\left|\sin\dfrac{1}{x'}-\sin\dfrac{1}{x''}\right|<\varepsilon$,所以$f(x)$在$[a,+\infty)$上一致连续.

取$x_n=\dfrac{1}{2n\pi+\dfrac{\pi}{2}}$,$y_n=\dfrac{1}{2n\pi}$,则$|x_n-y_n|\to0(n\to\infty)$,但$\left|\sin\dfrac{1}{x_n}-\sin\dfrac{1}{y_n}\right|=1$,所以$f(x)$在$(0,+\infty)$上非一致连续.

例 13 （重庆大学） 设函数$f(x)$在$[a,b]$上连续,$f(a)=f(b)=0$,$f'(a)\cdot f'(b)>0$,证明$f(x)$在(a,b)内至少有一个零点.

证明 不妨设$f'(a)>0$,$f'(b)>0$,则$f'(a)=\lim\limits_{x\to a^+}\dfrac{f(x)-f(a)}{x-a}=\lim\limits_{x\to a^+}\dfrac{f(x)}{x-a}>0$,$\exists x_1\in U_+(a)$,使$f(x_1)>0$,同理$\exists x_2\in U_-(b)$,使得$f(x_2)<0$.在$[x_1,x_2]$上,$f(x)$连续,且$f(x_1)f(x_2)<0$,则至少存在一点$x_0\in(x_1,x_2)\subset(a,b)$,使得$f(x_0)=0$.

例 14 （苏州大学） 设$f(x)$在(a,b)内连续,$f'(x)$在(a,b)单调,则$f'(x)$在(a,b)内连续.

证明 $\forall x_0\in(a,b)$,由于$f'(x)$在(a,b)单调,则在x_0点有左右极限,由导数极限定理知

$$f'_+(x_0)=\lim_{x\to x_0^+}\frac{f(x)-f(x_0)}{x-x_0}=\lim_{x\to x_0^+}\frac{f'(x_0+\theta(x-x_0))(x-x_0)}{x-x_0}$$
$$=\lim_{x\to x_0^+}f'(x_0+\theta(x-x_0))=f'(x_0+0)=f'(x_0)\quad(0<\theta<1).$$

同理可得,$f'_-(x_0)=f'(x_0-0)=f'(x_0)$,所以$f'(x)$在$x_0$连续,由$x_0$的任意性,知$f'(x)$在$(a,b)$内连续.

例 15 设$f(x)$在$(a,+\infty)$上可导,且$\lim\limits_{x\to\infty}f'(x)=+\infty$,则$f(x)$在$(a,+\infty)$上非一致连续.

证明 对$\forall\delta>0$,由$\lim\limits_{x\to\infty}f'(x)=+\infty$可知,$\exists X>0$,$\forall x>X$时,有$f'(x)>\dfrac{1}{\delta}$,取$x_1,x_2\in(X,+\infty)$,且$|x_1-x_2|=\dfrac{\delta}{2}<\delta$,但有$|f(x_1)-f(x_2)|=|f'(\xi)||x_1-x_2|>\dfrac{1}{\delta}\cdot\dfrac{\delta}{2}=\dfrac{1}{2}$,由此可知,取$\varepsilon_0=\dfrac{1}{2}$,对$\forall\delta>0$,$\exists x_1,x_2\in(a,+\infty)$,$|x_1-x_2|=\dfrac{\delta}{2}<\delta$,但$|f(x_1)-f(x_2)|=|f'(\xi)|>$

$\dfrac{1}{2}$,所以,$f(x)$在$(a,+\infty)$上非一致连续.

例 16　设 $f(x)$在(a,b)内连续,$\lim\limits_{x\to a^+}f(x)=A<0$,$\lim\limits_{x\to b^-}f(x)=B>0$,证明存在$\xi\in(a,b)$,使 $f(\xi)=0$.

证明　定义 $f(a)=A,f(b)=B$,则 $f(x)$在$[a,b]$上连续,又 $A\cdot B<0$,由零点定理知,存在 $\xi\in(a,b)$,使得 $f(\xi)=0$.

例 17　讨论函数 $f(x)=\begin{cases}\dfrac{1}{q}&x=\dfrac{p}{q}(p,q\text{ 是互素正整数})\\[2mm]0&x=0,1\text{ 及无理数}\end{cases}$ 在$[0,1]$上不连续点的类型.

解　先证 $f(x)$在$[0,1]$上无理点都连续,设无理点 $\xi\in[0,1]$,由于 $|f(x)-f(\xi)|=f(x)$.$\forall\varepsilon>0$,若 x 为无理点,总有 $|f(x)-f(\xi)|=f(x)=0<\varepsilon$. 若 $x=\dfrac{p}{q}$,在$[0,1]$中既约分数的分母不大于 n 的仅有有限个,选其中最接近 ξ 的,记为 x',取 $\delta=|\xi-x'|$,则当 $\left|\dfrac{p}{q}-\xi\right|<\delta$ 时,有 $|f(x)-f(\xi)|=\dfrac{1}{q}<\dfrac{1}{n}<\varepsilon$,所以 $f(x)$在$[0,1]$上无理点都连续.

再证 $f(x)$在$(0,1)$内有理点不连续,设有理数 $\dfrac{p}{q}\in(0,1)$,取无理数列$\{x_n\}$,使 $\lim\limits_{n\to\infty}x_n=\dfrac{p}{q}$,则 $\lim\limits_{n\to\infty}f(x_n)=0$;取有理数列$\{y_n\}$,使 $\lim\limits_{n\to\infty}y_n=\dfrac{p}{q}$,则 $\lim\limits_{n\to\infty}f(y_n)=\dfrac{1}{q}$,因此 $\lim\limits_{n\to\infty}f(x)$不存在,即 $\dfrac{p}{q}\in(0,1)$ 是 $f(x)$的第二类间断点.

例 18　(北京科技大学)　设 $f(x)$在$(-\infty,+\infty)$上一致连续,则存在非负实数 a,b 使对一切 $x\in(-\infty,+\infty)$,都有 $|f(x)|\leqslant a|x|+b$.

证明　由于 $f(x)$在$(-\infty,+\infty)$上一致连续,取 $\varepsilon=1$,存在 $\delta>0$,使当 $x_1,x_2\in(-\infty,+\infty)$ 且 $|x_1-x_2|<\delta$ 时,有 $|f(x_1)-f(x_2)|<1$,$\forall x\in\mathbf{R}$ 且 $x\neq0$,存在自然数 n,使 $\dfrac{1}{n}|x|<\delta\leqslant\dfrac{1}{n-1}|x|$,即用点 $\dfrac{1}{n}x,\dfrac{2}{n}x,\cdots,\dfrac{n-1}{n}x$ 分线段$[0,x](x>0)$或$[x,0](x<0)$,则

$$|f(x)-f(0)|\leqslant\left|f(x)-f\left(\dfrac{n-1}{n}x\right)\right|+\left|f\left(\dfrac{n-1}{n}x\right)-f\left(\dfrac{n-2}{n}x\right)\right|+\cdots+\left|f\left(\dfrac{1}{n}x\right)-f(0)\right|,$$

上式右端每一项都小于 1,所以

$$|f(x)|-|f(0)|\leqslant|f(x)-f(0)|<n,$$

即 $|f(x)|<|f(0)|+n$. 由于 $\delta\leqslant\dfrac{1}{n-1}|x|$,则 $n\leqslant\dfrac{|x|}{\delta}+1$ 所以 $|f(x)|<|f(0)|+\dfrac{|x|}{\delta}+1$,取 $a=\dfrac{1}{\delta}$,$b=|f(0)|+1$,则有 $|f(x)|\leqslant a|x|+b$.

四、练习题

1. 已知 $f(x)=\begin{cases}x^{2x}&x>0\\x+1&x\leqslant0\end{cases}$,讨论 $f(x)$在 $x=0$ 点的连续性.

2. 已知 $f(x)=\begin{cases}x(1-x)&x\in\mathbf{Q}\\x(1+x)&x\in\overline{\mathbf{Q}}\end{cases}$,讨论 $f(x)$的连续性.

3. (苏州大学)　设 $f(x)\in C[a,b]$,且 $f([a,b])\subset[a,b]$,证明:$\exists x_0\in[a,b]$ 使 $f(x_0)=x_0$.

4. (东北大学)　证明 $f(x)=\sqrt[3]{x}$ 在$[0,+\infty)$上一致连续;$f(x)=e^x$ 在$(-\infty,+\infty)$上非一致连续.

5. 设函数 $f(x)$ 在 $[0,+\infty)$ 上连续, 在 $(0,+\infty)$ 内处处可导, 且 $\lim\limits_{x\to+\infty}|f'(x)|=A$, 证明当且仅当 $A<+\infty$ 时, $f(x)$ 在 $[0,+\infty)$ 上一致连续.

6. (上海大学)　若 $f(x)$ 为 $(-\infty,+\infty)$ 上的周期连续函数, 则 $f(x)$ 在 $(-\infty,+\infty)$ 上一致连续. 问 $g(x)=\cos^2 x+\cos x^2$ 是否是周期函数?

7. (湖北大学)　设函数 $f(x)$ 在 $[0,1]$ 上连续, $f(0)=f(1)$, 则对任何自然数 n, $\exists\xi\in[0,1]$ 使得 $f\left(\xi+\dfrac{1}{n}\right)=f(\xi)$.

8. 设 $f(x)$ 在 $[0,1]$ 上非负连续, 且 $f(0)=f(1)=0$, 则对任意一个实数 $l(0<l<1)$, 必有实数 x_0, 使 $f(x_0)=f(x_0+l)$.

9. (北京工业大学)　设 $f(x)\in C[a,b]$, 且 $f(a)f(b)<0$, 不直接用介值性定理证明: $\exists c\in(a,b)$ 使 $f(c)=0$. (提示: 用闭区间套定理)

10. (中国科学院)　设 $f(x)$ 在 $(-\infty,+\infty)$ 有二阶连续的导数, 且 $f(0)=0$, 令

$$g(x)=\begin{cases}\dfrac{f(x)}{x} & x\neq 0 \\ f'(0) & x=0\end{cases}.$$

证明: $(1)g(x)$ 在 $(-\infty,+\infty)$ 上连续; $(2)g(x)$ 在 $(-\infty,+\infty)$ 上可微; $(3)g'(x)$ 在 $(-\infty,+\infty)$ 上连续.

11. (哈尔滨工业大学)　设 $f(x)\in C[a,b]$, $\forall x\in[a,b]$, $\exists y\in[a,b]$ 使 $|f(y)|\leqslant\dfrac{1}{2}|f(x)|$, 求证: $\exists\xi\in(a,b)$ 使 $f(\xi)=0$.

12. 设 $f(x)$ 在 $(-\infty,+\infty)$ 上连续, 对 $\forall x,y\in\mathbf{R}$, 有 $f(x+y)=f(x)\cdot f(y)$, 证明 $f(x)$ 在 $(-\infty,+\infty)$ 可微.

13. 证明若 $f(x)$ 是区间 I 上的一一对应连续函数, 则 $f(x)$ 是 I 上的严格单调函数.

14. 设函数 $f(x)$ 映 $[a,b]$ 为自身, 且对 $\forall x,y\in[a,b]$, 有
$$|f(x)-f(y)|\leqslant|x-y|, \quad \forall x_1\in[a,b].$$

令 $x_{n+1}=\dfrac{1}{2}(x_n+f(x_n))$, $n=1,2,\cdots$. 证明: 数列 $\{x_n\}$ 有极限 x_0, 且 $f(x_0)=x_0$.

15. (1) 设函数 $f(x)$ 在 (a,b) 上连续, 且 $\lim\limits_{x\to a^+}f(x)=-\infty$, $\lim\limits_{x\to b^-}f(x)=-\infty$, 证明: $f(x)$ 在 (a,b) 上有最大值; (2) 设 $f(x)$ 在 $[a,b]$ 上连续, 在 (a,b) 内可导, 且 $f(a)<0$, $f(b)>0$, 又有一点 $c\in(a,b)$, $f(c)>0$, 证明存在一点 $\xi\in(a,b)$, 使 $f(\xi)+f'(\xi)=0$.

16. 设 $f(x)$ 在 $[a,a+2\alpha]$ 上连续, 证明存在 $x\in[a,a+\alpha]$, 使得
$$f(x+\alpha)-f(x)=\dfrac{1}{2}(f(a+2\alpha)-f(a)).$$

17. 设 $f(x)=\dfrac{x+2}{x+1}\sin\dfrac{1}{x}$, 证明: $(1)f(x)$ 在 $[a,+\infty)(a>0)$ 上一致连续; $(2)f(x)$ 在 $(0,a)$ $(a>0)$ 上非一致连续;

18. 设 $F(x)=\begin{cases}\dfrac{\int_0^x tf(t)\,\mathrm{d}t}{x^2}, & x\neq 0 \\ c & x=0\end{cases}$, 其中 $f(x)$ 具有连续的导数且 $f(0)=0$. (1) 若 $F(x)$ 连续, 求 c; (2) 在 (1) 的结果下, $F'(x)$ 是否连续?

第3章　一元函数微分学

导数和微分是数学分析的基本概念,微分中值定理及其应用是本章的重点内容. 泰勒公式和导数极限定理是本章的难点. 本章内容包括函数的导数、微分、凹凸性和极值的概念、微分中值定理及其推广、凸函数的性质和充要条件、函数的极值条件等.

✎ 思维导图

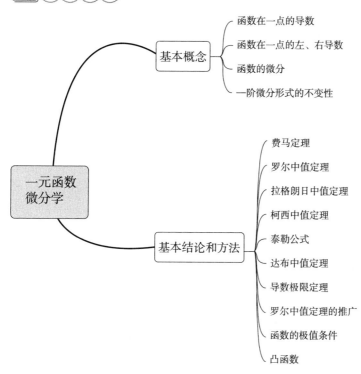

一、基本概念

（一）函数在一点的导数

设函数 $f(x)$ 在点 x_0 的某邻域内有定义,若极限 $\lim\limits_{x \to x_0} \dfrac{f(x)-f(x_0)}{x-x_0}$ 存在,则称函数 $f(x)$ 在点 x_0 可导,并称该极限值为 $f(x)$ 在点 x_0 的导数,记作 $f'(x_0)$.

素养教育:明代数学家王文素在 16 世纪就已率先发现并使用了导数,比牛顿的"流数术"理论早了一百多年,增强民族自信心和民族自豪感.

（二）$f(x)$ 在一点的左、右导数

设函数 $f(x)$ 在点 x_0 的某左邻域内有定义,若极限 $\lim\limits_{x \to x_0^-} \dfrac{f(x)-f(x_0)}{x-x_0}$ 存在,则该极限值为 $f(x)$ 在点 x_0 左的导数,记做 $f'_-(x_0)$. 同理可定义右导数 $f'_+(x_0)$.

（三）函数的微分

设函数 $f(x)$ 在点 x_0 的某邻域内有定义，当给 x_0 一个增量 $\Delta x,x_0+\Delta x\in U(x_0)$ 时，若存在常数 A，使相应的函数值增量 $\Delta y=A\Delta x+o(\Delta x)$，则称函数 $f(x)$ 在点 x_0 可微，并称 $A\Delta x$ 为 $f(x)$ 在 x_0 的微分，记做 $\mathrm{d}y|_{x=x_0}=A\Delta x$.

素养教育：由微分可以近似计算三角函数表、对数表中的值等，体会数学在实际中的应用．

（四）一阶微分形式的不变性

无论 x 是自变量还是复合函数的中间变量，都有 $\mathrm{d}y=f'(x)\mathrm{d}x$ 成立．

二、基本结论和方法

(1)**费马定理**　设 $f(x)$ 在 x_0 的某邻域内有定义，且 $f(x)$ 在 x_0 可导，若 x_0 是 $f(x)$ 的极值点，则 $f'(x_0)=0$.

(2)**罗尔中值定理**　若 $f(x)$ 满足如下条件：①在闭区间 $[a,b]$ 上连续；②在开区间 (a,b) 内可导；③$f(a)=f(b)$，则在 (a,b) 内至少存在一点 ξ，使得 $f'(\xi)=0$.

(3)**拉格朗日中值定理**　若 $f(x)$ 满足如下条件：①在闭区间 $[a,b]$ 上连续；②在开区间 (a,b) 内可导，则在 (a,b) 内至少存在一点 ξ，使得 $f'(\xi)=\dfrac{f(b)-f(a)}{b-a}$.

素养教育：介绍和学习数学家拉格朗日的成就，学习数学家对真理的追求精神和严谨的科学态度，坚定拼搏的信念．

(4)**柯西中值定理**　若 $f(x),g(x)$ 满足如下条件：①在闭区间 $[a,b]$ 上都连续；②在开区间 (a,b) 内都可导；③$f'(x)$ 和 $g'(x)$ 不同时为 0；④$g(a)\neq g(b)$，则在 (a,b) 内至少存在一点 ξ，使得 $\dfrac{f'(\xi)}{g'(\xi)}=\dfrac{f(b)-f(a)}{g(b)-g(a)}$.

素养教育：介绍和学习数学家柯西的成就，学习数学家对真理的追求精神和严谨的科学态度，坚定拼搏的信念．同时，拉格朗日中值定理是罗尔中值定理的推广，柯西中值定理是拉格朗日中值定理的推广，学习由特殊到一般的推广方法．

(5)**泰勒公式**　若函数 $f(x)$ 在点 x_0 存在直至 n 阶导数，则有 $f(x)=T_n(x)+R_n(x)$.
式中，

$$T_n(x)=f(x_0)+f'(x_0)(x-x_0)+\frac{f''(x_0)}{2}(x-x_0)^2+\cdots+\frac{f^{(n)}(x_0)}{n!}$$

为 $f(x)$ 在点 x_0 的泰勒多项式．$R_n(x)=f(x)-T_n(x)$ 称为泰勒公式的余项．

$R_n(x)=o((x-x_0)^{n+1})$ 称为皮亚诺余项；

$R_n(x)=\dfrac{f^{(n+1)}(\xi)}{(n+1)!}(x-x_0)^{n+1}$ 称为拉格朗日余项（ξ 在 x 与 x_0 之间）；

$R_n(x)=\dfrac{1}{n!}\displaystyle\int_{x_0}^{x}f^{(n+1)}(t)(x-t)^n\mathrm{d}t$ 称为积分型余项；

特别地，当 $x_0=0$ 时，$R_n(x)=\dfrac{1}{n!}f^{(n+1)}(\theta x)(1-\theta)^n x^{n+1}$ 称为柯西型余项．

素养教育：介绍数学家泰勒的成就，学习数学家对真理的追求精神和严谨的科学态度，坚定拼搏的信念．同时，由泰勒公式在近似计算中的应用，培养学生"以直代曲"的近似计算能力．

(6)**达布中值定理**　若函数 $f(x)$ 在 $[a,b]$ 上可导，且 $f'_+(a)\neq f'_-(b)$，k 为介于 $f'_+(a)$ 与 $f'_-(b)$ 之间的任意实数，则至少存在一点 $\xi\in(a,b)$，使得 $f'(\xi)=k$.

（7）**导数极限定理**　设函数 $f(x)$ 在 x_0 的某邻域 $U(x_0)$ 内连续，在 $\overset{\circ}{U}(x_0)$ 可导，且极限 $\lim\limits_{x\to x_0} f'(x)$ 存在，则 $f(x)$ 在 x_0 可导，且 $f'(x_0)=\lim\limits_{x\to x_0} f'(x)$.

注 1：若 $f(x)$ 在 (a,b) 内可导，则 $f'(x)$ 在 (a,b) 内至多有第二类间断点.

注 2：在 (a,b) 内有第一类间断点的函数没有原函数.

（8）① $f(x)$ 在 x_0 点连续，$f(x_0)\ne0$，则 $f(x)$ 在 x_0 点可导 $\Leftrightarrow |f(x)|$ 在 x_0 可导.

证明　$f(x_0)\ne0$，不妨设 $f(x_0)>0$，由局部保号性知，$\exists\delta>0$，$\forall x\in(x_0-\delta,x_0+\delta)$，有 $f(x)>0$，因此

$$\frac{f(x)-f(x_0)}{x-x_0}=\frac{|f(x)|-|f(x_0)|}{x-x_0},$$

由此可知 $f(x)$ 在 x_0 点可导 $\Leftrightarrow |f(x)|$ 在 x_0 可导.

② $|f(x)|$ 在 x_0 可导，$f(x)$ 在 x_0 点不一定可导，如：

$$f(x)=\begin{cases} 1 & x\in\mathbf{Q}\\ -1 & x\in\bar{\mathbf{Q}} \end{cases}.$$

（9）$f(x)$ 在 x_0 点连续，$f(x_0)\ne0$，则 $f(x)$ 在 x_0 点可导 $\Leftrightarrow f^2(x)$ 在 x_0 可导.

（10）**罗尔中值定理的推广**

①设 $f(x)$ 在 (a,b) 内可导，$f(a+0)=f(b-0)=A$，则存在 $\xi\in(a,b)$ 使得 $f'(\xi)=0$.

②设 $f(x)$ 在 $(-\infty,+\infty)$ 内可导，$\lim\limits_{x\to+\infty}f(x)=\lim\limits_{x\to-\infty}f(x)=A$，则存在 $\xi\in(-\infty,+\infty)$ 使得 $f'(\xi)=0$.（提示：令 $x=\tan t$，得 $f(x)=g(t)$，再对 $g(t)$ 在 $t\in\left(-\dfrac{\pi}{2},\dfrac{\pi}{2}\right)$ 上使用情形①计算即可.

③设 $f(x)$ 在 $(-\infty,b)$ 内可导，且 $\lim\limits_{x\to-\infty}f(x)=\lim\limits_{x\to b^-}f(x)=A$，则 $\exists\xi\in(-\infty,b)$，使得 $f'(\xi)=0$.

证明　若 $f(x)=A$，则 $f'(x)=0$ 恒成立；若 $f(x_0)\ne A$，不妨设 $f(x_0)>A$，由于 $\lim\limits_{x\to-\infty}f(x)=A$，对 $\varepsilon=\dfrac{f(x_0)-A}{2}>0$，$\exists M>0$，$\forall x<-M$，有

$$f(x)<A+\varepsilon=\frac{f(x_0)+A}{2}<f(x_0).$$

取 $x_1<\min\{-M,x_0\}$ 有 $f(x_1)<f(x_0)$. 又 $\lim\limits_{x\to b^-}f(x)=A$，对 $\varepsilon=\dfrac{f(x_0)-A}{2}>0$，$\exists\delta>0$，$\forall x\in(b-\varepsilon,b)$，有 $f(x)<f(x_0)$，取 $x_2\in(b-\delta,b)$，且 $x_2>x_0$ 有 $f(x_2)<f(x_0)$，取 $\mu\in(\max\{f(x_1),f(x_2)\},f(x_0))$，则 $f(x_1)<\mu<f(x_0)$，$f(x_2)<\mu<f(x_0)$.

由介值性知，$\exists\xi_1\in(x_1,x_0)$，$\xi_2\in(x_0,x_2)$，使 $f(\xi_1)=f(\xi_2)=\mu$，在 $[\xi_1,\xi_2]$ 上应用罗尔中值定理，知 $\exists\xi\in(\xi_1,\xi_2)\subset(-\infty,b)$，使 $f'(\xi)=0$.

④设 $f(x)$ 在 (a,b) 内可导，且 $\lim\limits_{x\to a^+}f(x)=\lim\limits_{x\to b^-}f(x)=+\infty$，则 $\exists\xi\in(a,b)$，使得 $f'(\xi)=0$.

证明　由已知 $\exists x_0\in(a,b)$，使得 $f(x_0)>0$，由于 $\lim\limits_{x\to a^+}f(x)=+\infty$，则 $\exists\delta>0$，当 $x_1\in(a,a+\delta)$ 时，有 $f(x_1)>f(x_0)$，同理 $\exists x_2\in(b-\delta,b)$，且 $x_2>x_1$ 有 $f(x_2)>f(x_0)$.

若 $f(x_1)=f(x_2)$，则在 $[x_1,x_2]$ 上应用罗尔中值定理，知 $\exists\xi\in(x_1,x_2)\subset(a,b)$，使 $f'(\xi)=0$. 若 $f(x_1)\ne f(x_2)$，不妨设 $f(x_1)<f(x_2)$，$f(x_0)<f(x_1)<f(x_2)$，则在 $[x_0,x_2]$ 上存在一点 x_3，使 $f(x_3)=f(x_1)$，在 $[x_1,x_3]$ 上应用罗尔中值定理，知 $\exists\xi\in(x_1,x_3)\subset(a,b)$，使 $f'(\xi)=0$.

（11）**函数的极值条件**

①可导函数 $f(x)$ 在 x_0 取极值的必要条件是 $f'(x_0)=0$.

②可导函数 $f(x)$ 在 x_0 取极值的第一充分条件：$f(x)$ 在 x_0 连续,在 $\overset{\circ}{U}(x_0;\delta)$ 可导,若 $x\in\overset{\circ}{U}_+(x_0;\delta)$ 时 $f'(x)\leqslant0(\geqslant0)$,若 $x\in\overset{\circ}{U}_-(x_0;\delta)$ 时 $f'(x)\geqslant0(\leqslant0)$,则 $f(x)$ 在 x_0 处取得极大值(极小值).

③可导函数 $f(x)$ 在 x_0 取极值的第二充分条件：设 $f(x)$ 在 $U(x_0;\delta)$ 上一阶可导,在 x_0 处二阶可导,且 $f'(x_0)=0,f''(x_0)\neq0$. 若 $f''(x_0)<0$,则 $f(x)$ 在 x_0 处取得极大值;若 $f''(x_0)>0$,则 $f(x)$ 在 x_0 处取得极小值.

④可导函数 $f(x)$ 在 x_0 取极值的第三充分条件：设 $f(x)$ 在 $U(x_0;\delta)$ 存在直到 $n-1$ 阶导数,在 x_0 处 n 阶可导,且 $f^{(k)}(x_0)=0(k=1,2,\cdots,n-1),f^{(n)}(x_0)\neq0$,则当 n 为偶数时,$f(x)$ 在 x_0 处取得极值,且当 $f^{(n)}(x_0)<0$ 时 $f(x)$ 在 x_0 处取得极大值,反之取极小值;当 n 为奇数时,$f(x)$ 在 x_0 处不取极值.

素养教育：通过观察函数曲线,可以看到极大值在曲线顶端,极小值在曲线底端,极值的局部性和最值的整体性反映生活中的"高峰"和"低谷". 人生道路是曲折的,但所有的曲折都是暂时的,以此培养学生抵抗挫折的能力和宽阔的胸襟.

(12)**凸函数** 设 $f(x)$ 为定义在区间 I 上的函数,若对 I 上的任意两点 x_1,x_2 和任意实数 $\lambda\in(0,1)$ 总有 $f(\lambda x_1+(1-\lambda)x_2)\leqslant\lambda f(x_1)+(1-\lambda)f(x_2)$,则称 $f(x)$ 为 I 上的凸函数. 反之,如果总有 $f(\lambda x_1+(1-\lambda)x_2)\geqslant\lambda f(x_1)+(1-\lambda)f(x_2)$,则称 $f(x)$ 为 I 上的凹函数.

①$f(x)$ 为 I 上的凸函数的充要条件是：对于 I 上的任意三点 $x_1<x_2<x_3$,总有

$$\frac{f(x_2)-f(x_1)}{x_2-x_1}\leqslant\frac{f(x_3)-f(x_2)}{x_3-x_2}.$$

同理可证：$f(x)$ 为 I 上的凸函数的充要条件是：对于 I 上的任意三点 $x_1<x_2<x_3$,总有

$$\frac{f(x_2)-f(x_1)}{x_2-x_1}\leqslant\frac{f(x_3)-f(x_1)}{x_3-x_1}\leqslant\frac{f(x_3)-f(x_2)}{x_3-x_2}.$$

②若 $f(x)$ 为区间 I 上的可导函数,则下列命题互相等价：

a. $f(x)$ 为 I 上的凸函数;b. $f'(x)$ 为 I 上的增函数;c. 对 I 上的任意两点 x_1,x_2,有
$$f(x_2)\geqslant f(x_1)+f'(x_1)(x_2-x_1).$$

③若 $f(x)$ 是定义在开区间 (a,b) 上可导的凸(凹)函数,则 $x_0\in(a,b)$ 为 $f(x)$ 的极小(大)值点的充要条件是 x_0 为 $f(x)$ 的稳定点,即 $f'(x_0)=0$.

④设 $f(x)$ 为区间 (a,b) 上的凸函数,不恒为常数,则 $f(x)$ 不取最大值.

注：若 $f(x)$ 是区间 (a,b) 上的凸的连续函数,那么 $f(x)\leqslant\max\{f(a),f(b)\}$.

⑤(天津工业大学) 若 $f(x)$ 在 (a,b) 内是凸函数,则 $f(x)$ 在任意闭子区间 $[\alpha,\beta]\subset(a,b)$ 上满足利普希茨连续条件.

三、例题选讲

例 1 求下面函数的二阶导数 $f''(0)$：

$$f(x)=\begin{cases}x^4\sin\dfrac{1}{x} & x\neq0\\0 & x=0\end{cases}.$$

解 因

$$f'(0)=\lim_{x\to0}\frac{x^4\sin\dfrac{1}{x}-0}{x-0}=\lim_{x\to0}x^3\sin\frac{1}{x}=0,$$

且当 $x\neq0$ 时,有

$$f'(x) = 4x^3 \sin\frac{1}{x} - x^2 \cos\frac{1}{x},$$

因此

$$f''(0) = \lim_{x \to 0} \frac{4x^3 \sin\dfrac{1}{x} - x^2 \cos\dfrac{1}{x} - 0}{x - 0} = \lim_{x \to 0}\left(4x^2 \sin\frac{1}{x} - x\cos\frac{1}{x}\right) = 0.$$

素养教育：要求高阶导数，必须先求一阶导数，再逐步求导，最后求得 n 阶导数．在学习、生活及工作中，做任何事情都要一步一个脚印，没有捷径可循，更不能一蹴而就，培养学生脚踏实地的做事态度．

例 2　设 $f'(\ln x) = \begin{cases} 1 & 0 < x \leqslant 1 \\ x & x > 1 \end{cases}$，且 $f(0) = 0$，求 $f(x)$ 的表达式．

解　令 $\ln x = t$，$x = e^t$，当 $t > 0$ 时，$x > 1$，此时 $f'(t) = e^t$，因此 $f(t) = e^t + c_1$，又 $t < 0$ 时，$0 < x < 1$，此时 $f'(t) = 1$，$f(t) = t + c_2$，又由已知 $f(t)$ 在 $t = 0$ 可导，则连续 $\lim\limits_{x \to 0^-} f(x) = \lim\limits_{x \to 0^+} f(x) = f(0) = 0$，得 $c_1 = -1$，$c_2 = 0$，所以

$$f(x) = \begin{cases} e^x - 1 & x > 0 \\ x & x \leqslant 0 \end{cases}.$$

例 3　设 $f(x)$ 在 $(-\infty, +\infty)$ 上有定义，对 $\forall x, y \in (-\infty, +\infty)$，有 $f(x+y) = f(x) \cdot f(y)$，且 $f'(0) = 1$，证明 $f'(x) = f(x)$．

证明　由已知 $f(x+0) = f(x)f(0) \Rightarrow f(0) = 1$，可得

$$f'(x) = \lim_{\Delta x \to 0} \frac{f(x + \Delta x) - f(x)}{\Delta x} = \lim_{\Delta x \to 0} \frac{f(x)(f(\Delta x) - 1)}{\Delta x}$$

$$= f(x) \lim_{\Delta x \to 0} \frac{f(0 + \Delta x) - f(0)}{\Delta x} = f(x)f'(0) = f(x),$$

所以结论成立．

例 4　设 $f(x)$ 在 $[0,1]$ 上连续，在 $(0,1)$ 内可导，且

$$|xf'(x) - f(x) + f(0)| \leqslant Mx^2, \quad x \in (0,1), \text{其中 } M \text{ 为常数}.$$

证明：$f'_+(0)$ 存在．

证明　令

$$g(x) = \frac{f(x) - f(0)}{x}, \quad 0 < x < 1,$$

则

$$g'(x) = \frac{xf'(x) - f(x) + f(0)}{x^2},$$

因此

$$|g'(x)| = \frac{|xf'(x) - f(x) + f(0)|}{x^2} \leqslant \frac{Mx^2}{x^2} = M, \quad x \in (0,1).$$

所以 $g(x)$ 在 $(0,1)$ 上一致连续，$\lim\limits_{x \to 0^+} g(x)$ 存在，即 $f'_+(0)$ 存在．

例 5　设 $f(x) = \begin{cases} ax^2 + bx + c & x < 0 \\ \ln(1+x) & x \geqslant 0 \end{cases}$，选取 a, b, c 使 $f(x)$ 处处具有一阶连续导数，但在 $x = 0$ 处不存在二阶导数．

解　显然在 $x \neq 0$ 处具有一阶连续导数，要使 $f(x)$ 在 $x = 0$ 可导必须连续，所以 $f(0+0) = f(0-0) = f(0)$，得到 $c = 0$，又

$$f'_-(0) = \lim_{x \to 0^-} \frac{f(x) - f(0)}{x} = \lim_{x \to 0^-} \frac{ax^2 + bx}{x} = b,$$

$$f'_+(0) = \lim_{x \to 0^+} \frac{f(x) - f(0)}{x} = \lim_{x \to 0^+} \frac{\ln(1+x)}{x} = 1,$$

按要求 $f'_+(0) = f'_-(0) = f'(0) = b = 1$.

另一方面，当 $x < 0$ 时，$f'(x) = 2ax + 1$，从而 $f'_-(0) = 1$；当 $x > 0$ 时，$f'(x) = \frac{1}{1+x}$，从而 $f'_+(0) = 1$，因此，$f'_-(0) = f'_+(0) = f'(0) = 1$，所以 $f'(x)$ 在 $x = 0$ 连续，即当 $b = 1, c = 0$ 时，$f(x)$ 处处具有一阶连续导数.

由于

$$f''_-(0) = \lim_{x \to 0^-} \frac{f'(x) - f'(0)}{x} = \lim_{x \to 0^-} \frac{2ax + 1 - 1}{x} = 2a,$$

$$f''_+(0) = \lim_{x \to 0^+} \frac{f'(x) - f'(0)}{x} = \lim_{x \to 0^+} \frac{\frac{1}{1+x} - 1}{x} = -1.$$

所以，当 $2a \neq -1$ 时，$f''(0)$ 不存在.

例 6 （曲阜师范大学） 设 $f(x)$ 在 $[a, b]$ 上连续，在 (a, b) 内可导，且 $f(a) = f(b) = 0$，证明：对 $\forall \alpha \in \mathbf{R}$，$\exists \xi \in (a, b)$，使 $\alpha f(\xi) = f'(\xi)$.

证明 设 $F(x) = f(x) e^{-\alpha x}$，则 $F(x)$ 在 $[a, b]$ 满足罗尔中值定理的条件，$\exists \xi \in (a, b)$，使 $F'(\xi) = 0$，即 $f'(\xi) e^{-\alpha \xi} - \alpha f(\xi) e^{-\alpha \xi} = 0$，所以 $\alpha f(\xi) = f'(\xi)$.

例 7 设 $f(x)$ 在 $[a, b]$ 可微，且 $f'(x)$ 严格单调上升，若 $f(a) = f(b)$，证明对 $\forall x \in (a, b)$ 有 $f(x) < f(a) = f(b)$.

证明 $\forall x \in (a, b)$，由拉格朗日中值定理知，$\exists \xi \in (a, x)$，使

$$f'(\xi) = \frac{f(x) - f(a)}{x - a},$$

$\exists \eta \in (x, b)$，使

$$f'(\eta) = \frac{f(b) - f(x)}{b - x}.$$

由于 $f'(x)$ 严格单调上升，所以 $f'(\xi) < f'(\eta)$，因此

$$\frac{f(x) - f(a)}{x - a} < \frac{f(b) - f(x)}{b - x} = \frac{f(a) - f(x)}{b - x},$$

即

$$(f(x) - f(a))\left(\frac{1}{x - a} + \frac{1}{b - x}\right) < 0,$$

即

$$(f(x) - f(a)) \frac{b - a}{(x - a)(b - x)} < 0,$$

所以

$$f(x) < f(a) = f(b).$$

例 8 （中国人民大学） 设 $f(x)$ 在 $[x_1, x_2]$ 上可微，$0 < x_1 < x_2$，证明 $\exists \xi \in (x_1, x_2)$，使

$$\frac{x_1 f(x_2) - x_2 f(x_1)}{x_1 - x_2} = f(\xi) - \xi f'(\xi).$$

证明 设 $F(x) = \frac{f(x)}{x}$，$G(x) = \frac{1}{x}$，则 $F(x), G(x)$ 在 $[x_1, x_2]$ 上满足柯西中值定理的条件，则 $\exists \xi \in (x_1, x_2)$，使

$$\frac{F(x_2) - F(x_1)}{G(x_2) - G(x_1)} = \frac{\frac{f(x_2)}{x_2} - \frac{f(x_1)}{x_1}}{\frac{1}{x_2} - \frac{1}{x_1}} = \frac{F'(\xi)}{G'(\xi)} = \frac{\left(\frac{f(x)}{x}\right)'_\xi}{\left(\frac{1}{x}\right)'_\xi} = f(\xi) - \xi f'(\xi).$$

例 9 （首都师范大学） 设 $f(x)$ 在 (a,b) 上二阶可导，且 $f(a)=f(b)=0$，$\exists c\in(a,b)$ 使 $f(c)>0$，证明至少存在一点 $\xi\in(a,b)$，使 $f''(\xi)<0$.

证明 由于 $f(x)$ 在 (a,b) 上二阶可导，则 $f(x)$ 在 $[a,c]$，$[c,b]$ 上满足拉格朗日中值定理的条件，则

$$f(c)-f(a)=f'(\xi_1)(c-a)，\quad \xi_1\in(a,c)$$
$$f(b)-f(c)=f'(\xi_2)(b-c)，\quad \xi_2\in(c,b).$$

由 $f(c)>0$，$f(a)=f(b)=0$ 得，$f'(\xi_1)>0$，$f'(\xi_2)<0$，又 $a<\xi_1<\xi_2<b$，在 $[\xi_1,\xi_2]$ 上使用拉格朗日中值定理，得

$$f'(\xi_2)-f'(\xi_1)=f''(\xi)(\xi_2-\xi_1)，\quad \xi\in(\xi_1,\xi_2)，$$

所以
$$f''(\xi)<0.$$

例 10 设 $f(x)$、$g(x)$ 在 $[a,b]$ 上连续、在 (a,b) 可导，$g'(x)\neq0$，证明 $\exists\xi\in(a,b)$，使

$$\frac{f(a)-f(\xi)}{g(\xi)-g(b)}=\frac{f'(\xi)}{g'(\xi)}.$$

证明 将

$$\frac{f(a)-f(\xi)}{g(\xi)-g(b)}=\frac{f'(\xi)}{g'(\xi)}$$

变形为

$$(f(a)-f(\xi))g'(\xi)-(g(\xi)-g(b))f'(\xi)=0，$$

做辅助函数

$$F(x)=(f(a)-f(x))(g(x)-g(b))，$$

则 $F(x)$ 在 $[a,b]$ 上满足罗尔中值定理的条件，所以存在 $\xi\in(a,b)$，使 $F'(\xi)=0$，即

$$(f(a)-f(\xi))g'(\xi)-(g(\xi)-g(b))f'(\xi)=0.$$

则结论成立.

例 11 设 $f(x)$、$g(x)$ 在 $[a,b]$ 上连续，$g(x)$ 在 (a,b) 内可微，且 $g(x)>0$，$g'(x)\neq0$，证明 $\exists\xi\in(a,b)$ 使得

$$g'(\xi)\int_a^b f(x)\mathrm{d}x=f(\xi)g(\xi)\ln\frac{g(b)}{g(a)}.$$

证明 原式变形为

$$\frac{\int_a^b f(x)\mathrm{d}x}{\ln g(b)-\ln g(a)}=\frac{f(\xi)}{\dfrac{g'(\xi)}{g(\xi)}}=\frac{\left(\int_a^x f(t)\mathrm{d}t\right)'_\xi}{(\ln g(x))'_\xi}$$

因此，做辅助函数

$$F(x)=\int_a^x f(t)\mathrm{d}t，\quad x\in(a,b)，\quad G(x)=\ln g(x)$$

在 $[a,b]$ 上应用柯西中值定理即可.

例 12 设 $f(x)$ 在 $[-1,1]$ 上三阶可导，且 $f(-1)=f(0)=0$，$f(1)=1$，$f'(0)=0$，证明 $\exists\xi\in(-1,1)$，使 $f'''(\xi)=3$.

证明 将 $f(-1)$，$f(1)$ 分别在 $x=0$ 处展开，得

$$0 = f(-1) = f(0) + f'(0)(-1-0) + \frac{f''(0)}{2}(-1-0)^2 + \frac{f'''(\xi_1)}{3!}(-1-0)^3, \xi_1 \in (-1,0)$$

$$\Rightarrow f''(0) = \frac{f'''(\xi_1)}{3},$$

$$1 = f(1) = f(0) + f'(0)(1-0) + \frac{f''(0)}{2}(1-0)^2 + \frac{f'''(\xi_2)}{3!}(1-0)^3, \xi_2 \in (0,1)$$

$$\Rightarrow 1 = \frac{f''(0)}{2} + \frac{f'''(\xi_2)}{6}.$$

由此得到

$$\frac{f'''(\xi_1) + f'''(\xi_2)}{6} = 1 \Rightarrow \frac{f'''(\xi_1) + f'''(\xi_2)}{2} = 3$$

由导数介值性(达布中值定理)知,∃$\xi \in [\xi_1, \xi_2]$,使得 $f'''(\xi) = 3$.

例 13 (苏州大学) 设 $f(x)$ 是 $(-\infty, +\infty)$ 上的无穷可微函数,$f\left(\frac{1}{n}\right) = \frac{n^2}{n^2+1}$,求 $f^{(k)}(0)$.

解 由 $f\left(\frac{1}{n}\right) = \frac{n^2}{n^2+1} = \frac{1}{1+\frac{1}{n^2}}$ 得,$f(x) = \frac{1}{1+x^2}, x \in \mathbf{R}$. 所以 $f(x)$ 在 0 点的泰勒展开式为

$$f(x) = f(0) + f'(0)x + \frac{f''(0)}{2}x^2 + \cdots + \frac{f^{(2n)}(0)}{(2n)!}x^{2n} + \frac{f^{(2n+1)}(0)}{(2n+1)!}x^{2n+1} + \cdots.$$

又

$$f(x) = \frac{1}{1+x^2} = \frac{1}{1-(-x^2)} = 1 + (-x^2) + (-x^2)^2 + \cdots + (-x^2)^{2n} + \cdots,$$

所以有

$$f(0) = 1, \quad f^{(2n+1)}(0) = 0, \quad \frac{f^{(2n)}(0)}{(2n)!} = (-1)^n.$$

因此,当 $k = 2n$ 时,$f^{(k)}(0) = (-1)^n(2n)!$;当 $k = 2n+1$ 时,$f^{(k)}(0) = 0$.

例 14 (华中师范大学) 设 $f(x)$ 在 $[0,1]$ 上二阶可导,且 $f(0) = f(1) = 0$,$\min\limits_{x \in [0,1]} f(x) = -1$,证明:存在 $\xi \in (0,1)$,使 $f''(\xi) \geqslant 8$.

证明 由于 $f(x)$ 在 $[0,1]$ 上连续,且 $f(0) = f(1) = 0$,$\min\limits_{x \in [0,1]} f(x) = -1$,则存在 $x_0 \in (0,1)$,使 $f(x_0) = -1$,由费马定理知,$f'(x_0) = 0$,将 $f(0), f(1)$ 分别在 x_0 处展开,得

$$0 = f(0) = f(x_0) + f'(x_0)(0 - x_0) + \frac{f''(\xi_1)}{2!}(0 - x_0)^2$$

$$= f(x_0) + \frac{f''(\xi_1)}{2}x_0^2, \quad \xi_1 \in (0, x_0),$$

$$0 = f(1) = f(x_0) + \frac{f''(\xi_2)}{2}(1 - x_0)^2, \quad \xi_2 \in (x_0, 1),$$

所以

$$f''(\xi_1) = \frac{2}{x_0^2}, \quad f''(\xi_2) = \frac{2}{(1-x_0)^2}, \quad x_0 \in (0,1),$$

则当 $0 \leqslant x_0 \leqslant \frac{1}{2}$ 时,$f''(\xi_1) = \frac{2}{x_0^2} \geqslant 8$;当 $\frac{1}{2} \leqslant x_0 < 1$ 时,$f''(\xi_2) = \frac{2}{(1-x_0)^2} \geqslant 8$.

例 15 设 $f(x)$ 在 $[a,b]$ 上有二阶导数,证明 ∃$\xi \in (a,b)$,使得

$$\int_a^b f(x) \mathrm{d}x = (b-a)f\left(\frac{a+b}{2}\right) + \frac{1}{24}f''(\xi)(b-a)^3.$$

证明 设 $F(x)=\int_a^x f(t)\mathrm{d}t$,将 $F(x)$ 在 $\dfrac{a+b}{2}$ 处展开,得

$$F(x)=F\left(\frac{a+b}{2}\right)+F'\left(\frac{a+b}{2}\right)\left(x-\frac{a+b}{2}\right)+\frac{F''\left(\frac{a+b}{2}\right)}{2}\left(x-\frac{a+b}{2}\right)^2+\frac{F'''(c)}{3!}\left(x-\frac{a+b}{2}\right)^3,$$

$$F(a)=F\left(\frac{a+b}{2}\right)+F'\left(\frac{a+b}{2}\right)\left(\frac{a-b}{2}\right)+\frac{F''\left(\frac{a+b}{2}\right)}{2}\left(\frac{a-b}{2}\right)^2+\frac{F'''(\xi_1)}{3!}\left(\frac{a-b}{2}\right)^3$$

$$=F\left(\frac{a+b}{2}\right)+f\left(\frac{a+b}{2}\right)\left(\frac{a-b}{2}\right)+\frac{f'\left(\frac{a+b}{2}\right)}{2}\left(\frac{a-b}{2}\right)^2+\frac{f''(\xi_1)}{3!}\left(\frac{a-b}{2}\right)^3, \tag{3-1}$$

$$F(b)=F\left(\frac{a+b}{2}\right)+F'\left(\frac{a+b}{2}\right)\left(\frac{b-a}{2}\right)+\frac{F''\left(\frac{a+b}{2}\right)}{2}\left(\frac{b-a}{2}\right)^2+\frac{F'''(\xi_2)}{3!}\left(\frac{b-a}{2}\right)^3$$

$$=F\left(\frac{a+b}{2}\right)+f\left(\frac{a+b}{2}\right)\left(\frac{b-a}{2}\right)+\frac{f'\left(\frac{a+b}{2}\right)}{2}\left(\frac{b-a}{2}\right)^2+\frac{f''(\xi_2)}{3!}\left(\frac{b-a}{2}\right)^3, \tag{3-2}$$

式(3-2)-式(3-1)得

$$\int_a^b f(x)\mathrm{d}x=F(b)-F(a)=(b-a)f\left(\frac{a+b}{2}\right)+\frac{1}{48}(f''(\xi_1)+f''(\xi_2))(b-a)^3,$$

而 $\dfrac{f''(\xi_1)+f''(\xi_2)}{2}$ 介于 $f''(\xi_1)$ 和 $f''(\xi_2)$ 之间,由达布中值定理知,$\exists\,\xi\in(\xi_1,\xi_2)\subset(a,b)$ 使

$$f''(\xi)=\frac{f''(\xi_1)+f''(\xi_2)}{2},$$

所以有
$$\int_a^b f(x)\mathrm{d}x=(b-a)f\left(\frac{a+b}{2}\right)+\frac{1}{24}f''(\xi)(b-a)^3.$$

例 16 (华中理工大学) 设 $f(x)$ 在 $[0,1]$ 有二阶导数,$f(0)=f(1)=0$,$|f''(x)|\leqslant 1$,$x\in[0,1]$,证明:(1) $|f'(x)|\leqslant\dfrac{1}{2}$. (2)若 $0\leqslant f(x)\leqslant 1$,$x\in(0,1)$,则 $f(x)$ 在 $[0,1]$ 内有唯一不动点.

证明 (1)$\forall x\in(0,1)$,将 $f(0),f(1)$ 在 x 处展开得

$$f(0)=f(x)+f'(x)(-x)+\frac{f''(\xi)}{2}x^2, \quad \xi\in(0,x),$$

$$f(1)=f(x)+f'(x)(1-x)+\frac{f''(\eta)}{2}(1-x)^2, \quad \eta\in(x,1),$$

两式相减得 $f'(x)=\dfrac{x^2}{2}f''(\xi)-(1-x)^2\dfrac{f''(\eta)}{2}$,所以

$$|f'(x)|\leqslant\frac{x^2}{2}+\frac{(1-x)^2}{2}=\frac{1}{2}+x^2-x=\frac{1}{2}+x(x-1)\leqslant\frac{1}{2}, \quad x\in(0,1).$$

(2)由(1)知 $|f(x)-f(y)|=f'(\xi)|x-y|\leqslant\dfrac{1}{2}|x-y|$,$\forall x,y\in[0,1]$,由压缩映像原理知,$f(x)$ 有唯一不动点.

例 17 设 $f(x)$ 在 $[a,b]$ 上连续,$a<x_1<x_2<b$,证明 $\exists\,\xi\in(a,b)$,使得对 $\forall t_1>0$,$t_2>0$,有 $t_1 f(x_1)+t_2 f(x_2)=(t_1+t_2)f(\xi)$.

证明 对 $\forall t_1>0$,$t_2>0$,有

$$\min\{f(x_1),f(x_2)\}\leqslant\frac{t_1}{t_1+t_2}f(x_1)+\frac{t_2}{t_1+t_2}f(x_2)\leqslant\max\{f(x_1),f(x_2)\},$$

又有

$$\min_{x \in (x_1,x_2)} f(x) \leqslant \frac{t_1}{t_1+t_2} f(x_1) + \frac{t_2}{t_1+t_2} f(x_2) \leqslant \max_{x \in (x_1,x_2)} f(x),$$

由连续函数的介值性质知,$\exists \xi \in (x_1,x_2) \subset (a,b)$,使

$$f(\xi) = \frac{t_1}{t_1+t_2} f(x_1) + \frac{t_2}{t_1+t_2} f(x_2),$$

即

$$t_1 f(x_1) + t_2 f(x_2) = (t_1+t_2) f(\xi).$$

例 18 (西安交通大学) 设 $f(x)$ 在 $[0,1]$ 上可导,且满足条件 $f(0)=0$,$|f'(x)| \leqslant \frac{1}{2}|f(x)|$,证明在 $[0,1]$ 上 $f(x)=0$.

证明 由拉格朗日中值定理,有 $f(x)-f(0)=f'(\xi_1)x, 0<\xi_1<x$,即 $f(x)=xf'(\xi_1)$,因此

$$|f'(x)| \leqslant \frac{1}{2}|f(x)| \leqslant \frac{1}{2}x|f'(\xi_1)| \leqslant \frac{1}{4}x|f(\xi_1)|, \quad (0<x<1).$$

在 $[0,\xi_1]$ 上再用拉格朗日中值定理,有

$$f(\xi_1)=\xi_1 f'(\xi_2), \quad 0<\xi_2<\xi_1,$$

$$\frac{f(\xi_1)}{\xi_1}=f'(\xi_2),$$

即

所以有

$$|f'(x)| \leqslant \frac{1}{2}|f(x)| \leqslant \frac{1}{4}x|f(\xi_1)| \leqslant \frac{1}{8}x\xi_1|f(\xi_2)|,$$

这样继续下去,有

$$0 \leqslant |f'(x)| \leqslant \frac{1}{2^{n+1}}x\xi_1\xi_2 \cdots \xi_{n-1} f(\xi_n), \quad \text{其中}, 0<\xi_n<\xi_{n-1}<\cdots<\xi_1<x<1.$$

由于 $f(x)$ 在 $[0,1]$ 上连续,所以 $f(x)$ 在 $[0,1]$ 上有界,即 $\exists M>0$,使 $|f(x)| \leqslant M$. 所以

$$0 < |f'(x)| \leqslant \frac{1}{2^{n+1}}M.$$

因此,$\lim\limits_{n \to \infty} f'(x)=0$,所以 $f'(x)=0$,$f(x)=c$,由 $f(0)=0$ 得 $f(x)=0$.

类似地:设 $f(x) \in C[0,1]$,$f(0)=0$,在 $(0,1)$ 中 $|f'(x)| \leqslant |f(x)|$,证明 $f(x) \equiv 0$. (提示:首先证明 $x \in \left(0,\frac{1}{2}\right]$ 时结论成立,类似可证 $x \in \left[\frac{1}{2},1\right)$ 时的情形).

例 19 设 $f(x)$ 在 $(-\infty,+\infty)$ 上有界且二阶可导,证明:存在 $x_0 \in (-\infty,+\infty)$,使 $f''(x_0)=0$.

证明 若对 $\forall x \in (-\infty,+\infty)$,$f''(x) \neq 0$,则由达布中值定理知,$f''(x)$ 恒大于 0(或恒小于 0),不妨设对 $\forall x \in (-\infty,+\infty)$,有 $f''(x_0)>0$,则 $f'(x)$ 连续且严格增加,$f(x)$ 是凹的,对 $\forall c \in (-\infty,+\infty)$,过点 $(c,f(c))$ 的切线方程为 $y=f'(c)(x-c)+f(c)$,则对 $\forall x \in (-\infty,+\infty)$,有 $f(x) \geqslant f'(c)(x-c)+f(c)$.

(1)若 $\exists c_0 \in (-\infty,+\infty)$,使 $f'(c_0)>0$,则当 $x \to +\infty$ 时 $f(x) \to +\infty$ 与 $f(x)$ 有界矛盾;

(2)若对 $\forall x \in (-\infty,+\infty)$,$f'(x)<0$,则由 $f'(x)$ 连续且严格增加知,$\exists c_1 \in (-\infty,+\infty)$ 使 $f'(c_1)<0$,则当 $x \to -\infty$ 时 $f(x) \to +\infty$ 与 $f(x)$ 有界矛盾. 所以结论成立.

例 20 (北京科技大学) 设 $f(x)$ 在 $[0,1]$ 上连续,在 $(0,1)$ 内可导,且 $f(0)=0$,$f(1)=1$,试证明:对于任意给定的正数 a 和 b,在 $(0,1)$ 内存在不同的 ξ,η 使得 $\dfrac{a}{f(\xi)} + \dfrac{b}{f(\eta)} = a+b$.

证明 因为 $0<\dfrac{a}{a+b}<1$,所以 $\exists c \in (0,1)$ 使 $f(c)=\dfrac{a}{a+b}$,则有

$$f(c)-f(0)=\frac{a}{a+b}-0=f'(\xi) \cdot c, \quad \text{即} \frac{a}{f'(\xi)}=(a+b)c, \tag{3-3}$$

$$f(1)-f(c)=1-\frac{a}{a+b}=f'(\eta)\cdot(1-c),\quad 即\ \frac{b}{f'(\eta)}=(a+b)(1-c),\qquad (3\text{-}4)$$

则式(3-3)+式(3-4)有 $\dfrac{a}{f(\xi)}+\dfrac{b}{f(\eta)}=a+b$.

例 21　（哈尔滨工业大学）　设 $f(x)$ 在 $[a,b]$ 上连续,在 (a,b) 可微,$f'(x)$ 在 (a,b) 内单调增加,则对任意 $x_1,x_2\in[a,b]$ 及 $\lambda\in[0,1]$ 有 $f(\lambda x_1+(1-\lambda)x_2)\leqslant\lambda f(x_1)+(1-\lambda)f(x_2)$.

证明　显然当 $\lambda=0$ 或 $\lambda=1$ 时,结论成立. 因此只讨论 $\lambda\in(0,1)$ 即可.

$\forall x_1,x_2\in[a,b]$,不失一般性,设 $x_1<x_2$,且令 $x=\lambda x_1+(1-\lambda)x_2$,所以 $x_1<x<x_2$. 由拉格朗日中值定理知 $\exists\xi\in(x_1,x),\eta\in(x,x_2)$ 使

$$
\begin{aligned}
\lambda(f(x)-f(x_1))+(1-\lambda)(f(x)-f(x_2))&=\lambda f'(\xi)(x-x_1)+(1-\lambda)f'(\eta)(x-x_2)\\
&=\lambda f'(\xi)(1-\lambda)(x_2-x_1)+(1-\lambda)f'(\eta)\lambda(x_1-x_2)\\
&=\lambda(1-\lambda)(x_2-x_1)(f'(\xi)-f'(\eta))\leqslant 0.
\end{aligned}
$$

所以　　　　　　　　　　　　$f(x)\leqslant\lambda f(x_1)+(1-\lambda)f(x_2)$,

即　　　　　　　　　　　　$f(\lambda x_1+(1-\lambda)x_2)\leqslant\lambda f(x_1)+(1-\lambda)f(x_2)$.

四、练习题

1.（武汉大学）　设 $F(x)=\displaystyle\int_{-1}^{x}\sqrt{|t|}\ln|t|\,\mathrm{d}t$,求 $F'(0)$.

2.（山东大学）　作一函数在 $(-\infty,+\infty)$ 内二阶可导,使得 $f''(x)$ 在 $x=0$ 处不连续,其余处处连续.

3.（中国科学院）　设函数 $f(x)$ 在 $x=0$ 连续,且 $\lim\limits_{x\to 0}\dfrac{f(2x)-f(x)}{x}=A$,求证 $f'(0)$ 存在,且 $f'(0)=A$.

4.（武汉大学）　设函数 $f(x)=|\sin x|,x\in(-1,1)$,证明 $f''(0)$ 不存在;说明 $x=0$ 是否为 $f''(x)$ 的可去间断点.

5. 设 $f(x)=\begin{cases}|x| & x\neq 0\\ 1 & x=0\end{cases}$,证明不存在一个函数以 $f(x)$ 为导函数.

6.（中国人民大学）　设函数 $f(x)$ 连续,$f'(0)$ 存在,且对于任何的 $x,y\in(-\infty,+\infty)$,有 $f(x+y)=\dfrac{f(x)+f(y)}{1-4f(x)f(y)}$,(1)证明 $f(x)$ 在 $(-\infty,+\infty)$ 可微;(2)若 $f'(0)=\dfrac{1}{2}$,求 $f(x)$.

7.（武汉大学）　设函数 $f(x)$ 在 x_0 的某邻域 I 内有定义,证明导数 $f'(x_0)$ 存在的充要条件是存在函数 $g(x)$ 在 I 内有定义,在 x_0 连续,有 $f(x)=f(x_0)+(x-x_0)g(x),x\in I$,且 $f'(x_0)=g(x_0)$.

8.（中国科学院）　设 $0<x<y<1$,或 $1<x<y$,则 $\dfrac{y}{x}>\dfrac{y^x}{x^y}$.

9.（河北工业大学）　设函数 $f(x)$ 在 $[a,b]$ 连续,在 (a,b) 内可导,证明必有 $\xi\in(a,b)$,使 $\dfrac{bf(b)-af(a)}{b-a}=f(\xi)+\xi f'(\xi)$.

10.（复旦大学,南京大学,东北师范大学）　设 $f(x)$ 在 $[0,2]$ 上二阶可导,且 $|f(x)|\leqslant 1$,$|f''(x)|\leqslant 1$,证明:$|f'(x)|\leqslant 2$.

类似地:设 $f(x)$ 在 $[0,1]$ 上二阶可导,且当 $x\in[0,1]$ 时,恒有 $|f(x)|\leqslant 1$,$|f''(x)|\leqslant 2$,证明:$x\in[0,1]$ 时有 $|f'(x)|\leqslant 3$.

11.（厦门大学） 设 $f(x)$ 在 $[0,+\infty)$ 上有连续二阶导数，又设 $f(0)>0$，$f'(0)<0$，$f''(x)<0$，则 $\left(0,-\dfrac{f(0)}{f'(0)}\right)$ 内至少有一点 ξ，使 $f(\xi)=0$.

12.（南开大学） 设函数 $f(x)$ 在 $[a,b]$ 连续，在 (a,b) 内二阶可导，则存在 $\xi\in(a,b)$，使

$$f(b)-2f\left(\frac{a+b}{2}\right)+f(a)=\frac{(b-a)^2}{4}f''(\xi).$$

13. 设 $f(x)$ 在 $(a,+\infty)$ 上连续，且 $x>a$ 时，$f'(x)>k>0$（k 为常数），证明：当 $f(a)<0$ 时，方程 $f(x)=0$ 在区间 $\left(a,a-\dfrac{f(a)}{k}\right)$ 内有且只有一个根.

14. 设函数 $f(x)$ 在 $[a,b]$ 连续，在 (a,b) 内可导，且 $f(a)=f(b)$，证明：若 $f(x)$ 在 $[a,b]$ 上不等于一常数，则必有两点 $\xi,\eta\in(a,b)$，使得 $f'(\xi)>0$，$f'(\eta)<0$.

15. 设函数 $f(x)$ 在 $(0,+\infty)$ 上单调下降，可微，若当 $x\in(0,+\infty)$ 时，$0<f(x)<|f'(x)|$ 成立，则当 $0<x<1$ 时，必有 $xf(x)>\dfrac{1}{x}f\left(\dfrac{1}{x}\right)$.

16.（华中科技大学） 设 $a,b>0$，证明不等式 $\dfrac{a^3}{x^2}+\dfrac{b^3}{(1-x)^2}\geqslant(a+b)^3$，$(0<x<1)$.

17. 设 $f(x)$ 在 $(0,+\infty)$ 内可导，且 $f'(x)$ 单调增加（减少），$f(0)=0$，证明 $g(x)=\dfrac{f(x)}{x}$ 在 $(0,+\infty)$ 内单调增加（减少）.

18. 证明 $\dfrac{x(1-x)}{\sin\pi x}<\dfrac{1}{\pi}$，$x\in(0,1)$.

19.（辽宁师范大学） 求 $f_p(x)=p^2x^2(1-x)^2$ 在 $[0,1]$ 上的最大值. 设最大值为 $g(p)$，求 $\lim\limits_{p\to+\infty}g(p)$.

20. 设 $f''(x)$ 在 $(a,+\infty)$ 上存在，且 $f(a+0)=f(+\infty)=0$，证明 $\exists x_0\in(a,+\infty)$，使 $f''(x_0)=0$.

21. 设 $F(x)=\begin{cases}\displaystyle\int_{-\sqrt{x}}^{\sqrt{x}}\frac{1}{\sqrt{2\pi}}e^{-\frac{t^2}{2}}\mathrm{d}t & x>0 \\ 0 & x\leqslant 0\end{cases}$，求 $\dfrac{\mathrm{d}F}{\mathrm{d}x}$.

22.（东华大学） 设 $f(x)$ 在 $[0,1]$ 上连续，证明存在 $\xi\in(0,1)$ 使 $\displaystyle\int_0^\xi f(x)\mathrm{d}x=(1-\xi)f(\xi)$.

23.（天津工业大学） 设 $f(x)$ 在 $[0,1]$ 上连续，在 $(0,1)$ 可导，$f(0)=0$ 且 $\forall x\in(0,1)$ 有 $f(x)>0$，证明存在 $\xi\in(0,1)$ 使 $\dfrac{2f'(\xi)}{f(\xi)}=\dfrac{f'(1-\xi)}{f(1-\xi)}$.

24.（北京科技大学） 设 $f(x)\in C[a,b]$，在 (a,b) 内可导，且 $f'(x)\neq0$，试证明存在 $\exists\xi,\eta\in(a,b)$ 使 $\dfrac{f'(\xi)}{f'(\eta)}=\dfrac{e^b-e^a}{b-a}\cdot e^{-\eta}$.

25.（华中科技大学、武汉大学） 设 $f(x)$ 在 $(0,1]$ 上可导，$\lim\limits_{x\to 0^+}f(x)=A$，求证：$f(x)$ 在 $(0,1]$ 上一致连续.（提示：用柯西中值定理）

26.（上海大学） 设 $f(x)$ 是 $[0,+\infty)$ 上的凸函数，求证 $H(x)=\dfrac{1}{x}\displaystyle\int_0^x f(t)\mathrm{d}t$ 也是 $[0,+\infty)$ 上的凸函数.

27.(哈尔滨工业大学,北京科技大学) 设 $f(x)$ 在 (a,b) 内二次可微,且 $f''(x)>0,\lambda_i>0$ 且 $\sum\limits_{i=1}^{n}\lambda_i=1. x,x_i\in(a,b);i=1,2,\cdots,n.$ 求证: $f(\sum\limits_{i=1}^{n}\lambda_i x_i)<\sum\limits_{i=1}^{n}\lambda_i f(x_i).$

(提示:令 $C=\sum\limits_{i=1}^{n}\lambda_i x_i,$ 将 $f(x_i)$ 在 C 点逐一展开,并分别乘以 λ_i 再将它们相加即可.)

注意:若 $f''(x)<0,$ 则 $f(\sum\limits_{i=1}^{n}\lambda_i x_i)>\sum\limits_{i=1}^{n}\lambda_i f(x_i).$

28.(北京科技大学) 设 $f(x)$ 在 $[0,b]$ 上连续,且 $\int_0^x f(t)\mathrm{d}t\geq bf(x)\geq 0,\forall x\in[0,b]$,证明: $f(x)\equiv 0.$

第4章 一元函数积分学

积分理论是数学分析的核心内容. 不定积分与定积分的性质和计算方法是重点内容,积分中值定理及其推广是本章的难点. 本章内容包括不定积分的概念、性质、计算方法,定积分的概念、性质、计算方法和可积条件、积分中值定理及其推广等.

4.1 不定积分

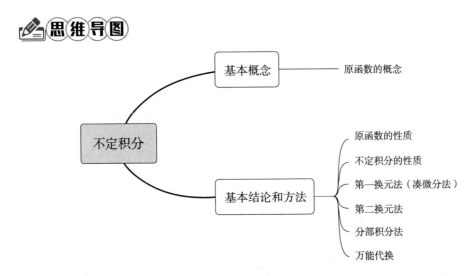

一、基本概念

若 $\forall x \in I$,有 $F'(x) = f(x)$,则称 $F(x)$ 是 $f(x)$ 在 I 上的一个原函数.

二、基本结论和方法

(1)若 $F(x)$ 是 $f(x)$ 在 I 上的一个原函数,则 $F(x) + C$ 也是 $f(x)$ 在 I 上的一个原函数.

(2) $F(x)$,$G(x)$ 都是 $f(x)$ 在 I 上的原函数 $\Leftrightarrow F(x) = G(x) + C$. 则有不定积分 $\int f(x)\mathrm{d}x = \{F(x) + C \mid C \in \mathbf{R}\}$,即 $\int f(x)\mathrm{d}x$ 是一个集合.

(3)存在第一类间断点的函数无原函数.

(4)设 $f(x) \in C[a,b]$,则 $F(x) = \int_a^x f(t)\mathrm{d}t$ 在 $[a,b]$ 上可导,且 $F'(x) = f(x)$,即 $F(x)$ 为 $f(x)$ 在 $[a,b]$ 上的一个原函数.

素养教育:原函数存在但不一定能用初等函数表示.可引用唐代诗人贾岛的"松下问童子,言师采药去.只在此山中,云深不知处",形象地感受虽然原函数存在却难以求出.从中华民族灿烂文化的瑰宝——诗词中感受数学之美,提升人文素养.

三、例题选讲

不定积分是数学分析中最重要的内容之一,基本的计算方法有:第一换元积分法(凑微分法)、第二换元积分法、分部积分法和万能代换,在此不对不定积分的各种解法逐一讲解,仅通过典型题目介绍一些技巧.

素养教育:一道计算不定积分的题目,可采用直接积分法,也可采用凑微分的方法,培养学生的逻辑思维,开放性的思维与灵活处理问题的能力.第二换元积分法从形式上看是第一换元积分法的逆行,能够培养逆向思维能力.在分部积分公式 u,v 的选取中,原则是将复杂不易求的问题转化为简单易求的问题,引导学生拓展思路,化繁为简,提高解决问题的能力.

例 1　求下列不定积分.

$(1) \displaystyle\int \frac{\ln(1+x)-\ln x}{x(x+1)}\mathrm{d}x$;　$(2) \displaystyle\int \frac{\arctan\sqrt{x}}{\sqrt{x}(1+x)}\mathrm{d}x$;　$(3)\displaystyle\int \tan\sqrt{1+x^2}\,\frac{x}{\sqrt{1+x^2}}\mathrm{d}x$;

$(4)\displaystyle\int \frac{1-x^7}{x(1+x^7)}\mathrm{d}x$;　$(5)\displaystyle\int \frac{x+\sin x}{1+\cos x}\mathrm{d}x$;　$(6)\displaystyle\int \frac{\sin x\cos x}{\sin x+\cos x}\mathrm{d}x$.

解　(1)由于 $(\ln(1+x)-\ln x)'=-\dfrac{1}{x(1+x)}$,所以

$$原积分 =-\int (\ln(1+x)-\ln x)(\ln(1+x)-\ln x)'\mathrm{d}x =-\frac{1}{2}(\ln(1+x)-\ln x)^2 +C.$$

(2)原积分 $= 2\displaystyle\int \frac{\arctan\sqrt{x}}{1+(\sqrt{x})^2}\mathrm{d}(\sqrt{x}) = 2\int \arctan\sqrt{x}\,\mathrm{d}(\arctan\sqrt{x}) = (\arctan\sqrt{x})^2 +C.$

(3)原积分 $= \dfrac{1}{2}\displaystyle\int \tan\sqrt{1+x^2}\,\frac{\mathrm{d}(1+x^2)}{\sqrt{1+x^2}} = \int \tan\sqrt{1+x^2}\,\mathrm{d}(\sqrt{1+x^2}) =-\ln\left| \cos\sqrt{1+x^2}\right| +C.$

(4)原积分 $= \displaystyle\int \frac{(1-x^7)}{x^7(1+x^7)}x^6\mathrm{d}x = \frac{1}{7}\int \frac{(1-x^7)}{x^7(1+x^7)}\mathrm{d}(x^7) \xlongequal{令\,x^7=t} \frac{1}{7}\int \frac{(1-t)}{t(1+t)}\mathrm{d}t$

$\qquad= \dfrac{1}{7}\displaystyle\int \left(\frac{1}{t}-\frac{2}{1+t}\right)\mathrm{d}t = \frac{1}{7}\ln\left| \frac{x^7}{(1+x^7)^2}\right| +C.$

(5)原积分 $= \displaystyle\int \frac{x+2\sin\frac{x}{2}\cos\frac{x}{2}}{2\cos^2\frac{x}{2}}\mathrm{d}x = \int x\mathrm{d}\left(\tan\frac{x}{2}\right) +\int \tan\frac{x}{2}\mathrm{d}x = x\tan\frac{x}{2} +C.$

(6)原积分 $= \dfrac{1}{2}\displaystyle\int \frac{2\sin x\cos x+1-1}{\sin x+\cos x}\mathrm{d}x = \frac{1}{2}\int \frac{(\sin x+\cos x)^2}{\sin x+\cos x}\mathrm{d}x -\frac{1}{2}\int \frac{1}{\sin x+\cos x}\mathrm{d}x$

$\qquad= \dfrac{1}{2}(\sin x-\cos x) -\dfrac{1}{2}\displaystyle\int \frac{\mathrm{d}\left(x+\frac{\pi}{4}\right)}{\sqrt{2}\sin\left(x+\frac{\pi}{4}\right)} +C$

$\qquad= \dfrac{1}{2}(\sin x-\cos x) -\dfrac{1}{2\sqrt{2}}\displaystyle\int \csc\left(x+\frac{\pi}{4}\right)\mathrm{d}\left(x+\frac{\pi}{4}\right) +C$

$\qquad= \dfrac{1}{2}(\sin x-\cos x) -\dfrac{1}{2\sqrt{2}}\ln\left|\tan\left(\frac{x}{2}+\frac{\pi}{8}\right)\right| +C.$

例 2　求下列不定积分.

$(1)\displaystyle\int \sqrt{\frac{\ln(x+\sqrt{1+x^2})}{1+x^2}}\mathrm{d}x$;　$(2)\displaystyle\int \frac{3\sin x+4\cos x}{2\sin x+\cos x}\mathrm{d}x$;　$(3)\displaystyle\int \frac{\mathrm{d}x}{\sqrt{(x-a)(b-x)}}(a<b)$;

$$(4) \int \frac{\mathrm{d}x}{1+\frac{1}{2}\cos x}; \quad (5) \int \frac{\ln x}{(1+x^2)^{\frac{3}{2}}}\mathrm{d}x.$$

解 (1)令 $t=\ln(x+\sqrt{1+x^2})$，则 $\mathrm{d}t=\dfrac{\mathrm{d}x}{\sqrt{1+x^2}}$，所以

$$\int \sqrt{\frac{\ln(x+\sqrt{1+x^2})}{1+x^2}}\mathrm{d}x = \int \sqrt{t}\,\mathrm{d}t = \frac{2}{3}t^{\frac{3}{2}}+c = \frac{2}{3}\left[\ln(x+\sqrt{1+x^2})\right]^{\frac{3}{2}}+c.$$

注：处理这类题目的基本原则是：选择最复杂的式子作为新的变量，则可将其去掉.

(2)注意到 $(2\sin x+\cos x)'=2\cos x-\sin x$，可令

$$3\sin x+4\cos x=a(2\sin x+\cos x)+b(2\cos x-\sin x),$$

解之得 $a=2,b=1$，从而

$$\int \frac{3\sin x+4\cos x}{2\sin x+\cos x}\mathrm{d}x = \int \frac{2(2\sin x+\cos x)+(2\cos x-\sin x)}{2\sin x+\cos x}\mathrm{d}x$$
$$= \int 2\mathrm{d}x+\int \frac{(2\sin x+\cos x)'}{2\sin x+\cos x}\mathrm{d}x$$
$$= 2x+\ln|2\sin x+\cos x|+c.$$

注：本例的解法为形如 $\int \dfrac{c\sin x+d\cos x}{a\sin x+b\cos x}\mathrm{d}x (bc\neq ad)$ 的不定积分提供了一般的方法.

(3)由于 $\dfrac{x-a}{b-a}+\dfrac{b-x}{b-a}=1$，故可令 $\dfrac{x-a}{b-a}=\sin^2 t, \dfrac{b-x}{b-a}=\cos^2 t$. 于是有

$$\mathrm{d}x=2(b-a)\sin t\cos t\,\mathrm{d}t,$$

从而

$$\int \frac{\mathrm{d}x}{\sqrt{(x-a)(b-x)}} = 2\int \mathrm{d}t = 2t+c = 2\arctan\sqrt{\frac{x-a}{b-a}}+c.$$

本例的解法依赖于题目的结构，若用第二换元积分法求解，那将是非常复杂的.

$$(4) \int \frac{\mathrm{d}x}{1+\frac{1}{2}\cos x} = \int \frac{\mathrm{d}x}{1+\frac{1}{2}\left(\cos^2\frac{x}{2}-\sin^2\frac{x}{2}\right)} = \int \frac{2\mathrm{d}\left(\tan\frac{x}{2}\right)}{\frac{3}{2}+\frac{1}{2}\tan^2\frac{x}{2}} = \frac{4}{\sqrt{3}}\arctan\frac{1}{\sqrt{3}}\tan\frac{x}{2}+c.$$

$$(5) \int \frac{\ln x}{(1+x^2)^{\frac{3}{2}}}\mathrm{d}x = \int \ln x\,\mathrm{d}\left(\frac{x}{\sqrt{1+x^2}}\right) = \frac{x\ln x}{\sqrt{1+x^2}} - \int \frac{\mathrm{d}x}{\sqrt{1+x^2}}$$
$$= \frac{x\ln x}{\sqrt{1+x^2}} - \ln(x+\sqrt{1+x^2})+c.$$

注：该题是用分部积分法求解的，其中 u,v 的选取是比较难的，对此我们可采用如下方法处理. 取

$$u=\ln x, \quad \mathrm{d}v=\frac{\mathrm{d}x}{(1+x^2)^{\frac{3}{2}}},$$

而

$$\int \mathrm{d}v = \int \frac{\mathrm{d}x}{(1+x^2)^{\frac{3}{2}}} \xlongequal{令 x=\tan t} \int \cos t\,\mathrm{d}t = \sin t+c = \frac{x}{\sqrt{1+x^2}}+c.$$

这样就可取 $v=\dfrac{x}{\sqrt{1+x^2}}$. 再如，要计算 $\int \dfrac{x^3\arccos x}{\sqrt{1-x^2}}\mathrm{d}x$. 取 $u=\arccos x, \mathrm{d}v=\dfrac{x^3\mathrm{d}x}{\sqrt{1-x^2}}$，此时

$$\int \mathrm{d}v = \int \frac{x^3\mathrm{d}x}{\sqrt{1-x^2}} = -\frac{1}{2}\int \frac{x^2}{\sqrt{1-x^2}}\mathrm{d}(1-x^2)$$

$$=-\int x^2 \mathrm{d}(\sqrt{1-x^2}) = -\frac{x^2+2}{3}\sqrt{1-x^2}+c.$$

故取 $v=-\dfrac{x^2+2}{3}\sqrt{1-x^2}$.

注:在被积函数中若出现了 $\ln x, \arcsin x, \arctan x$ 等函数时,一般要选取它们作为 u,这是因为通过求导可将这些符号去掉.

例 3　求 $\displaystyle\int \frac{\mathrm{d}x}{1+x^4}$.

解　因为

$$\int \frac{\mathrm{d}x}{1+x^4} = \frac{1}{2}\int \frac{(x^2+1)-(x^2-1)}{1+x^4}\mathrm{d}x = \frac{1}{2}\int \frac{x^2+1}{1+x^4}\mathrm{d}x - \frac{1}{2}\int \frac{x^2-1}{1+x^4}\mathrm{d}x \xlongequal{\text{def}} I_1 - I_2.$$

又

$$I_1 = \frac{1}{2}\int \frac{1+\frac{1}{x^2}}{x^2+\frac{1}{x^2}}\mathrm{d}x = \frac{1}{2}\int \frac{\mathrm{d}\left(x-\frac{1}{x}\right)}{\left(x-\frac{1}{x}\right)^2+2} = \frac{1}{2\sqrt{2}}\arctan\frac{x^2-1}{\sqrt{2}x}+c_1,$$

$$I_2 = \frac{1}{2}\int \frac{1-\frac{1}{x^2}}{x^2+\frac{1}{x^2}}\mathrm{d}x = \frac{1}{2}\int \frac{\mathrm{d}\left(x+\frac{1}{x}\right)}{\left(x+\frac{1}{x}\right)^2-2} = \frac{1}{4\sqrt{2}}\ln\left|\frac{x^2-\sqrt{2}x+1}{x^2+\sqrt{2}x+1}\right|+c_2.$$

所以

$$\int \frac{\mathrm{d}x}{1+x^4} = \frac{1}{2\sqrt{2}}\arctan\frac{x^2-1}{\sqrt{2}x} - \frac{1}{4\sqrt{2}}\ln\left|\frac{x^2-\sqrt{2}x+1}{x^2+\sqrt{2}x+1}\right|+c.$$

例 4　设 $P_n(x)$ 是 x 的 n 次多项式,计算 $\displaystyle\int \frac{P_n(x)}{(x-a)^{n+1}}\mathrm{d}x$.

解　将 $P_n(x)$ 在 a 点作泰勒展开

$$P_n(x) = \sum_{k=0}^{n} \frac{P_n^{(k)}(a)}{k!}(x-a)^k.$$

于是有

$$\int \frac{P_n(x)}{(x-a)^{n+1}}\mathrm{d}x = \sum_{k=0}^{n-1} \frac{P_n^{(k)}(a)}{k!}\int \frac{\mathrm{d}x}{(x-a)^{n-k+1}} + \frac{P_n^{(n)}(a)}{n!}\int \frac{\mathrm{d}x}{x-a}$$

$$=-\sum_{k=0}^{n-1} \frac{P_n^{(k)}(a)}{k!(n-k)(x-a)^{n-k}} + \frac{P_n^{(n)}(a)}{n!}\ln|x-a|+c.$$

例 5　设 n 次多项式 $p(x) = \displaystyle\sum_{i=0}^{n} a_i x^i$,其系数满足关系 $\displaystyle\sum_{i=1}^{n} \frac{a_i}{(i-1)!} = 0$,证明:不定积分 $\displaystyle\int p\left(\frac{1}{x}\right)\mathrm{e}^x \mathrm{d}x$ 是初等函数.

证明　由于 $\displaystyle\int p\left(\frac{1}{x}\right)\mathrm{e}^x \mathrm{d}x = \int a_0\mathrm{e}^x \mathrm{d}x + \int\left(\frac{a_1}{x}+\frac{a_2}{x^2}+\cdots+\frac{a_n}{x^n}\right)\mathrm{e}^x \mathrm{d}x$. 由此可见,只需计算 $a_i\displaystyle\int \frac{\mathrm{e}^x}{x^i}\mathrm{d}x(i=2,\cdots,n)$ 即可. 而

$$a_i\int \frac{\mathrm{e}^x}{x^i}\mathrm{d}x = -\frac{a_i}{i-1}\int \mathrm{e}^x\mathrm{d}\left(\frac{1}{x^{i-1}}\right) = -\frac{a_i\mathrm{e}^x}{(i-1)x^{i-1}} + \frac{a_i}{i-1}\int \frac{\mathrm{e}^x}{x^{i-1}}\mathrm{d}x = \cdots$$

$$=-\frac{a_i\mathrm{e}^x}{(i-1)x^{i-1}} - \frac{a_i}{(i-1)(i-2)}\cdot\frac{\mathrm{e}^x}{x^{i-2}} - \cdots - \frac{a_i}{(i-1)(i-2)\cdots2}\cdot\frac{\mathrm{e}^x}{x^2} + \frac{a_i}{(i-1)!}\int \frac{\mathrm{e}^x}{x}\mathrm{d}x$$

$$\xlongequal{\text{def}} f_i(x) + \frac{a_i}{(i-1)!} \int \frac{\mathrm{e}^x}{x} \mathrm{d}x.$$

式中, $f_i(x)$ 是初等函数. 所以

$$\int p\left(\frac{1}{x}\right) \mathrm{e}^x \mathrm{d}x = \int a_0 \mathrm{e}^x \mathrm{d}x + \sum_{i=1}^{n} f_i(x) + \sum_{i=1}^{n} \frac{a_i}{(i-1)!} \int \frac{\mathrm{e}^x}{x} \mathrm{d}x.$$

显然, 当 $\sum\limits_{i=1}^{n} \dfrac{a_i}{(i-1)!} = 0$ 时, $\int p\left(\dfrac{1}{x}\right)\mathrm{e}^x \mathrm{d}x$ 是初等函数.

例 6 (北京工业大学) 求 $\int \max(1, |x|) \mathrm{d}x$.

解 由于

$$\max(1, |x|) = \begin{cases} -x & x < -1 \\ 1 & -1 \leqslant x \leqslant 1, \\ x & x > 1 \end{cases}$$

所以

$$\int \max(1, |x|) \mathrm{d}x = \begin{cases} -\dfrac{x^2}{2} + c_1 & x < -1 \\ x + c_2 & -1 \leqslant x \leqslant 1, \\ \dfrac{x^2}{2} + c_3 & x > 1 \end{cases}$$

由原函数的连续性, 若记 $c_2 = c$, 则 $c_1 = -\dfrac{1}{2} + c$, $c_3 = \dfrac{1}{2} + c$. 故

$$\int \max(1, |x|) \mathrm{d}x = \begin{cases} -\dfrac{x^2}{2} - \dfrac{1}{2} + c & x < -1 \\ x + c & -1 \leqslant x \leqslant 1, \\ \dfrac{x^2}{2} + \dfrac{1}{2} + c & x > 1 \end{cases}$$

注: 对分段函数 $f(x)$ 求原函数(或不定积分) $F(x)$, 虽然是逐段求出的, 但必须有 $F'(x) = f(x)$. 为此 $F(x)$ 首先应该连续, 这样就可利用 $F(x)$ 在分段点的连续性确定出各常数之间的关系. 像本例, 由 $F(x)$ 在 $x = -1$ 处的连续性可得

$$F(-1-0) = F(-1+0) = F(-1),$$

即

$$-\frac{1}{2} + c_1 = -1 + c,$$

故

$$c_1 = -\frac{1}{2} + c.$$

又由 $F(x)$ 在 $x = 1$ 处的连续性可得

$$F(1-0) = F(1+0) = F(1),$$

即

$$1 + c = \frac{1}{2} + c_3,$$

故

$$c_3 = \frac{1}{2} + c.$$

例 7 设 $y = y(x)$ 是由方程 $y^2(x-y) = x^2$ 所确定的隐函数, 试求 $\int \dfrac{\mathrm{d}x}{y^2}$.

解 欲将 y 从所给的方程中解出来是非常困难的, 甚至是不可能的. 因此, 我们必须引入参数形式. 令 $y = tx$, 代入所给的方程可得 $x = \dfrac{1}{t^2(1-t)}$, 则 $y = \dfrac{1}{t(1-t)}$, $\mathrm{d}x = \dfrac{3t-2}{t^3(1-t)^2} \mathrm{d}t$, 故

$$\int \frac{\mathrm{d}x}{y^2} = \int \left(3 - \frac{2}{t}\right)\mathrm{d}t = 3t - 2\ln t + c = \frac{3y}{x} - 2\ln \frac{y}{x} + c.$$

四、练习题

1. 求下列不定积分：

(1) $\displaystyle\int \frac{1+\ln x}{(x\ln x)^2}\mathrm{d}x$；　(2) $\displaystyle\int \frac{\sin x + \cos x}{\sqrt[3]{\sin x - \cos x}}\mathrm{d}x$；　(3) $\displaystyle\int \frac{\mathrm{d}x}{\sqrt{x(1-x)}}$；

(4) $\displaystyle\int \frac{\mathrm{d}x}{x(2+x^{10})}$；　(5) $\displaystyle\int \frac{\cos x - \sin x}{1+\sin x\cos x}\mathrm{d}x$；　(6) $\displaystyle\int \mathrm{e}^{\sin x}\frac{x\cos^3 x - \sin x}{\cos^2 x}\mathrm{d}x$.

2. 求下列不定积分：(1) $\displaystyle\int \sqrt{\frac{x}{1-x\sqrt{x}}}\mathrm{d}x$；(2) $\displaystyle\int \frac{x\mathrm{e}^x}{(x+1)^2}\mathrm{d}x$.

3. 求不定积分：(1) $I = \displaystyle\int \frac{\mathrm{d}x}{\sqrt{\tan x}}$；(2) $I = \displaystyle\int \sqrt{\tan x}\,\mathrm{d}x$；(3) $I = \displaystyle\int \frac{\mathrm{d}x}{\sin^4 x + \cos^4 x}$. (提示：令 $t^2 = \tan x$，然后由例 3 可得结果)

4. 求下列不定积分(加减配项法)

(1) $\displaystyle\int \frac{x^4+1}{x^6+1}\mathrm{d}x$；　(2) $\displaystyle\int \frac{1}{x^8(1+x^2)}\mathrm{d}x$；　(3) $\displaystyle\int \frac{1}{1+x^3}\mathrm{d}x$.

5. 求不定积分(乘除配项与综合运用法)：

(1) $\displaystyle\int \frac{3x+4}{(1+x^2)^2}\mathrm{d}x$；　(2) $\displaystyle\int \frac{1}{(1-x^2)^3}\mathrm{d}x$.

6. (北京交通大学)　计算积分 $\displaystyle\int x\sin ax\cos bx\,\mathrm{d}x(a,b$ 为非零常数，$a^2 \neq b^2)$.

7. (河海大学)　计算积分 $\displaystyle\int \frac{2x+2}{(x-1)(x^2+1)^2}\mathrm{d}x$.

8. (南京航空航天大学)　计算 $\displaystyle\int \frac{\arcsin x}{x^2}\mathrm{d}x$.

9. (扬州大学)　求 $\displaystyle\int \frac{\mathrm{d}x}{\sin^2 x + 2\cos^2 x}$.

10. 设 $y = y(x)$ 是由方程 $(x^2+y^2)^2 = 2a^2(x^2-y^2)$ 所确定的隐函数，求 $\displaystyle\int \frac{\mathrm{d}x}{y(x^2+y^2+a^2)}$.
(提示：仿例 7)

4.2 定积分

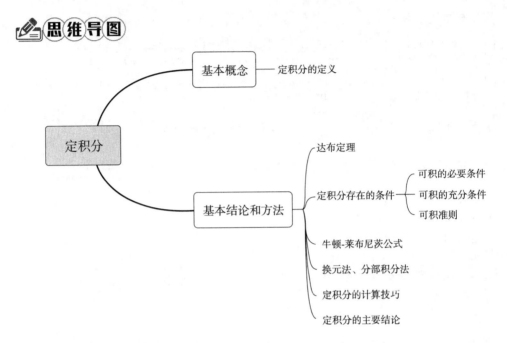

一、基本概念

定积分的定义：设 $f(x)$ 是定义在 $[a,b]$ 上的一个函数，J 是一个确定的实数. 若对任给的正数 ε，总存在某一正数 δ，使得对 $[a,b]$ 的任何分法 T，以及在其上任意选取的点集 $\{\xi_i\}$，只要 $\|T\| < \delta$，就有

$$\left| \sum_{i=1}^{n} f(\xi_i) \Delta x_i - J \right| < \varepsilon,$$

则称函数 $f(x)$ 在区间 $[a,b]$ 上可积或黎曼可积；数 J 称为 $f(x)$ 在 $[a,b]$ 上的定积分或黎曼积分，记作

$$J = \int_a^b f(x) \mathrm{d}x.$$

素养教育：在求曲边梯形的面积时，体会化整为零的思想，引导学生在生活中将大而复杂的问题尽可能分成小而简单的问题去解决. 培养学生勇于探索的科学精神，学会用所学知识解决生活中遇到的实际问题. 同时，通过定积分概念的四步骤，引导学生遇到困难不要畏惧，可以化繁为简，化难为易，从小处着手，逐步解决问题.

二、基本结论和方法

(1) **达布定理** 设 $f(x)$ 在 $[a,b]$ 上有界，则

$$\lim_{\|T\| \to 0} \overline{S}(T) = L = \inf_{(T)} \overline{S}(T), \qquad \lim_{\|T\| \to 0-} \underline{S}(T) = l = \sup_{(T)} \underline{S}(T).$$

(2) 定积分存在的条件.

① 可积的必要条件：$f(x)$ 在区间 $[a,b]$ 上可积，则 $f(x)$ 在 $[a,b]$ 上有界.

② 可积的充分条件：

a. $f(x)$在区间$[a,b]$上连续，则$f(x)$在$[a,b]$上可积；

b. $f(x)$在$[a,b]$上单调，则$f(x)$在$[a,b]$上可积；

c. $f(x)$在$[a,b]$上有界，且有有限个不连续点，则$f(x)$在$[a,b]$上可积；

d. $f(x)$在$[a,b]$上有界，α_n 为 $f(x)$的不连续点$(n=1,2,\cdots)$，且 $\alpha_n \to \alpha(n\to\infty)$，则 $f(x)$在$[a,b]$上可积．

③可积准则（可积的充要条件）：设 $f(x)$在$[a,b]$上有界，则 $f(x)$在$[a,b]$上可积$\Leftrightarrow \forall \varepsilon>0,\exists \delta>0$，对$[a,b]$的任意分割 T，只要 $\|T\|<\delta$，有

$$\sum_{i=1}^{n}\omega_i(f)\Delta x_i = \bar{S}(T) - \underline{S}(T) < \varepsilon \Leftrightarrow \lim_{\|T\|\to 0}(\bar{S}(T)-\underline{S}(T))=0$$

$$\Leftrightarrow \lim_{\|T\|\to 0}\bar{S}(T) = \lim_{\|T\|\to 0-}\underline{S}(T)$$

$$\Leftrightarrow \forall \varepsilon>0,\exists [a,b]\text{的一个分法 }T，使\ \bar{S}(T)-\underline{S}(T)<\varepsilon$$

$$\Leftrightarrow \forall \varepsilon>0,\forall \sigma>0,\exists \delta>0，对[a,b]\text{的任意分法 }T，只要 \|T\|<\delta，那$$

些对应于振幅 $\omega_i'\geqslant\varepsilon$ 的小区间长度之和 $\sum_{\omega_i'\geqslant\varepsilon}\Delta x_i < \sigma$．

（3）**牛顿-莱布尼茨公式**　若 $f(x)$在$[a,b]$上连续，则对 $f(x)$在$[a,b]$上的任何原函数 $F(x)$都有 $\int_a^b f(x)\mathrm{d}x = F(b)-F(a)$．

牛顿-莱布尼茨公式进行如下减弱，也可得到相同结论：

命题 1　$f(x)$在$[a,b]$上可积，且有原函数 $F(x)$（即 $F'(x)=f(x)$），则

$$\int_a^b f(x)\mathrm{d}x = F(b)-F(a).$$

命题 2　若 $f(x)$在$[a,b]$上可积，$F(x)$在$[a,b]$上连续，在(a,b)内除有限个点外均有 $F'(x)=f(x)$，则 $\int_a^b f(x)\mathrm{d}x = F(b)-F(a)$．（本命题证明见下面的例2）

素养教育：通过学习牛顿与莱布尼茨的数学成就，学习数学家对真理的追求精神和严谨的科学态度，坚定拼搏的信念．利用牛顿-莱布尼茨公式可把求定积分的问题转化为求不定积分，体会辩证唯物主义中的事物都是相互联系的思想；利用定积分求数列极限，感受辩证唯物主义中的事物都是相互联系的思想．

（4）换元法、分部积分法（注意：定积分的换元法必须和积分区间联系起来，不仅要考虑换元后的积分是否好算，而且还要考虑在积分区间上所作的换元变换是否可行！）

（5）定积分的计算技巧：

①设 $f(x)$是以 T 为周期的连续函数，a 为任意常数，则

$$\int_a^{a+T} f(x)\mathrm{d}x = \int_0^T f(x)\mathrm{d}x;$$

$$\int_a^{a+nT} f(x)\mathrm{d}x = n\int_0^T f(x)\mathrm{d}x,\quad n\in \mathbf{N}_+.$$

②设 $f(x)$在$[a,b]$上连续，则

$$\int_a^b f(x)\mathrm{d}x = \int_a^b f(a+b-x)\mathrm{d}x = \frac{1}{2}\int_a^b (f(x)+f(a+b-x))\mathrm{d}x$$

$$= \int_a^{\frac{a+b}{2}}(f(x)+f(a+b-x))\mathrm{d}x = \int_{\frac{a+b}{2}}^b (f(x)+f(a+b-x))\mathrm{d}x.$$

这个公式对不易求出原函数的定积分，使用起来非常有效！在后面将举例说明这一点．

③设 $f(x)$ 在 $[-l,l]$ $(l>0)$ 上连续,则

$$\int_{-l}^{l} f(x)\mathrm{d}x = \begin{cases} 2\int_{0}^{l} f(x)\mathrm{d}x & \text{当 } f(x) \text{ 为偶函数时} \\ 0 & \text{当 } f(x) \text{ 为奇函数时} \end{cases}.$$

④设 $f(x)$ 为连续函数,则

$$\int_{0}^{\frac{\pi}{2}} f(\sin x)\mathrm{d}x = \int_{0}^{\frac{\pi}{2}} f(\cos x)\mathrm{d}x, \int_{0}^{\pi} xf(\sin x)\mathrm{d}x = \frac{\pi}{2}\int_{0}^{\pi} f(\sin x)\mathrm{d}x.$$

由此可知

$$\int_{0}^{\frac{\pi}{2}} \sin^n x\mathrm{d}x = \int_{0}^{\frac{\pi}{2}} \cos^n x\mathrm{d}x = \begin{cases} \dfrac{(2k-1)!!}{(2k)!!} \dfrac{\pi}{2} & n = 2k, k = 1, 2, \cdots \\ \dfrac{(2k)!!}{(2k+1)!!} & n = 2k+1, k = 0, 1, 2, \cdots \end{cases}.$$

素养教育:把定积分的计算与不定积分的计算相比较,发现它们的共同点与不同点,培养学生比较学习的能力.

(6)定积分的主要结论:

① $f(x), g(x) \in \mathrm{R}[a,b] \Rightarrow \max\{f(x), g(x)\} \in \mathrm{R}[a,b]$.

$f(x), g(x) \in \mathrm{R}[a,b] \Rightarrow \min\{f(x), g(x)\} \in \mathrm{R}[a,b]$.

式中,$\mathrm{R}[a,b]$ 表示区间 $[a,b]$ 上黎曼可积函数构成的集合,后同.

② $f(x) \in \mathrm{R}[a,b] \Leftrightarrow f^{+}(x), f^{-}(x) \in \mathrm{R}[a,b]$. 其中

$$f^{+}(x) = \max\{f(x), 0\} = \frac{f(x) + |f(x)|}{2} = \begin{cases} f(x) & f(x) \geqslant 0 \\ 0 & f(x) < 0 \end{cases},$$

$$f^{-}(x) = -\min\{f(x), 0\} = \frac{|f(x)| - f(x)}{2} = \begin{cases} -f(x) & f(x) \leqslant 0 \\ 0 & f(x) > 0 \end{cases}.$$

③设 $f(x)$ 在 $[a,b]$ 上有界,则

$$\omega(f) = M - m = \sup_{x \in [a,b]} f(x) - \inf_{x \in [a,b]} f(x) = \sup\{|f(x) - f(y)| \mid x, y \in [a,b]\}.$$

④ $f, f^2, |f|$ 三者可积性之间的关系:

a. $f(x) \in \mathrm{R}[a,b] \Rightarrow f^2(x), |f(x)| \in \mathrm{R}[a,b]$.

b. $f^2(x) \in \mathrm{R}[a,b] \Rightarrow |f(x)| \in \mathrm{R}[a,b], f^2(x) \in \mathrm{R}[a,b] \nRightarrow f(x) \in \mathrm{R}[a,b]$.

c. $|f(x)| \in \mathrm{R}[a,b] \Rightarrow f^2(x) \in \mathrm{R}[a,b], |f(x)| \in \mathrm{R}[a,b] \nRightarrow f(x) \in \mathrm{R}[a,b]$.

例如,

$$f(x) = \begin{cases} 1 & x \in \mathbf{Q} \\ -1 & x \in \overline{\mathbf{Q}} \end{cases}.$$

三、例题选讲

例 1 证明:$f(x) \in \mathrm{R}[a,b] \Leftrightarrow \forall \varepsilon > 0, \exists [a,b]$ 的一个分法 T,使 $\overline{S}(T) - \underline{S}(T) < \varepsilon$.

证明 (必要性)显然.

(充分性)因为 $\forall \varepsilon > 0, \exists [a,b]$ 的一个分法 T,使 $\overline{S}(T) - \underline{S}(T) < \varepsilon$,又

$$L = \inf_{(T)} \overline{S}(T), \quad l = \sup_{(T)} \underline{S}(T).$$

及

$$\underline{S}(T) \leqslant l \leqslant L \leqslant \overline{S}(T),$$

所以

$$0 \leqslant L - l \leqslant \overline{S}(T) - \underline{S}(T) < \varepsilon.$$

令 $\varepsilon \to 0$,得 $L = l$,所以

$$f(x) \in R[a,b].$$

例 2　证明命题 2：若 $f(x)$ 在 $[a,b]$ 上可积，$F(x)$ 在 $[a,b]$ 上连续，在 (a,b) 内除有限个点外均有 $F'(x)=f(x)$，则 $\int_a^b f(x)\mathrm{d}x = F(b)-F(a)$.

证明　对 $[a,b]$ 的任意分法 $T: a=x_0 < x_1 < \cdots < x_n = b$，（只要求采用使 $F'(x)=f(x)$ 不成立的点作为分点），于是

$$F(b)-F(a) = \sum_{i=1}^n (F(x_i)-F(x_{i-1}))$$

$$= \sum_{i=1}^n F'(\xi_i)\Delta x_i = \sum_{i=1}^n f(\xi_i)\Delta x_i \quad (x_{i-1} < \xi_i < x_i, \ \Delta x_i = x_i - x_{i-1}),$$

因此

$$F(b)-F(a) = \lim_{\|T\| \to 0} \sum_{i=1}^n f(\xi_i)\Delta x_i = \int_a^b f(x)\mathrm{d}x.$$

例 3　举例说明：可积与存在原函数之间没有蕴含关系．

解　一方面利用导函数必定具有介值性，可通过反例说明：一个在 $[a,b]$ 上可积的函数（存在第一类间断点）不存在原函数，例如黎曼函数；

另一方面利用可积函数必须有界，可构造出一个函数 $f(x)$，它在 $[a,b]$ 上存在原函数 $F(x)$，但 $f(x)=F'(x)$ 在 $[a,b]$ 上无界，从而不可积，例如：

$$F(x) = \begin{cases} x^2 \sin \dfrac{1}{x^2} & x \neq 0 \\ 0 & x = 0 \end{cases},$$

$$f(x) = F'(x) = \begin{cases} 2x\sin \dfrac{1}{x^2} - \dfrac{2}{x}\cos \dfrac{1}{x^2} & x \neq 0 \\ 0 \left(= \lim_{x \to 0} x\sin \dfrac{1}{x^2}\right) & x = 0 \end{cases},$$

$f(x)$ 在任何包含原点的闭区间上无界，是不可积的．再如：

$$f(x) = \begin{cases} \dfrac{3}{2} x^{\frac{1}{2}} \sin \dfrac{1}{x} - \dfrac{1}{\sqrt{x}} \cos \dfrac{1}{x} & x \in (0,1] \\ 0 & x = 0 \end{cases}$$

在 $[0,1]$ 上无界，所以 $f(x) \notin R[0,1]$，但 $f(x)$ 在 $[0,1]$ 上有原函数

$$F(x) = \begin{cases} x^{\frac{3}{2}} \sin \dfrac{1}{x} & x \in (0,1] \\ 0 & x = 0 \end{cases}.$$

例 4　计算：$\int_0^\pi \ln(2+\cos x)\mathrm{d}x$.

解

$$\int_0^\pi \ln(2+\cos x)\mathrm{d}x = x\ln(2+\cos x)\Big|_0^\pi - \int_0^\pi x\mathrm{d}\ln(2+\cos x)$$

$$= \int_0^\pi \frac{x\sin x}{2+\cos x}\mathrm{d}x = \frac{\pi}{2}\int_0^\pi \frac{\sin x}{2+\cos x}\mathrm{d}x$$

$$= -\frac{\pi}{2}\ln(2+\cos x)\Big|_0^\pi = \frac{\pi}{2}\ln 2.$$

例 5　设 $f(x)$ 在 $[a,b]$ 上有界且有无穷个不连续点 $\alpha_n (n=1,2,\cdots)$，且 $\alpha_n \to \alpha_0 (n \to \infty)$，证明 $f(x) \in R[a,b]$.

证明　设 $\exists M>0$，使 $|f(x)| \leqslant M, x \in [a,b]$，因为 $\alpha_n \to \alpha_0 (n \to \infty)$，所以 $\alpha_0 \in [a,b]$. 不妨设 $a <$

$\alpha_0<b,\forall\varepsilon>0,\exists[c,d]\subset[a,b]$，使 $\alpha_0\in[c,d]$，且 $2M(d-c)<\dfrac{\varepsilon}{3}$，又因为 $\alpha_n\to\alpha_0(n\to\infty)$，所以在 $[a,c],[d,b]$ 内至多含有 α_n 中的有限项，故

$$f(x)\in\mathrm{R}[a,c],\quad f(x)\in\mathrm{R}[d,b],$$

所以存在 $[a,c]$ 上的分法 T_1

$$a=x_0<x_1<\cdots<x_k=c$$

使

$$\sum_{i=1}^{k}\omega_i(f)\Delta x_i<\frac{\varepsilon}{3};$$

存在 $[d,b]$ 上的分法 T_2

$$d=x_{k+1}<x_{k+2}<\cdots<x_n=b$$

使

$$\sum_{i=k+1}^{n}\omega_i(f)\Delta x_i<\frac{\varepsilon}{3}.$$

对 $[a,b]$ 上的分法 $T=T_1\bigcup T_2$：

$$a=x_0<x_1<\cdots<x_k=c<d=x_{k+1}<x_{k+2}<\cdots<x_n=b$$

有

$$\sum_{i=1}^{n}\omega_i(f)\Delta x_i=\sum_{i=1}^{k}\omega_i(f)\Delta x_i+\omega_{[c,d]}(f)(d-c)+\sum_{i=k+1}^{n}\omega_i(f)\Delta x_i<\frac{\varepsilon}{3}+\frac{\varepsilon}{3}+\frac{\varepsilon}{3}=\varepsilon.$$

由可积的充要条件知 $f(x)\in\mathrm{R}[a,b]$.

例 6 求 $I=\displaystyle\int_0^{2\pi}\frac{\mathrm{d}x}{2+\sin x}$.

分析 在 $[0,2\pi]$ 上直接作变换 $t=\tan\dfrac{x}{2}$ 不满足换元法的条件，正确的做法是，先把 $[0,2\pi]$ 分成若干个小区间，把不在 $\left(-\dfrac{\pi}{2},\dfrac{\pi}{2}\right)$ 内的部分平移至其内，然后再用变换 $t=\tan\dfrac{x}{2}$ 求解.

解 由于被积函数 $f(x)=\dfrac{1}{2+\sin x}$ 是以 2π 为周期的连续函数，故有

$$I=\int_0^{2\pi}f(x)\mathrm{d}x=\int_{-\pi}^{\pi}f(x)\mathrm{d}x=\int_{-\pi}^{-\frac{\pi}{2}}f(x)\mathrm{d}x+\int_{-\frac{\pi}{2}}^{\frac{\pi}{2}}f(x)\mathrm{d}x+\int_{\frac{\pi}{2}}^{\pi}f(x)\mathrm{d}x.$$

对 $\displaystyle\int_{-\pi}^{-\frac{\pi}{2}}f(x)\mathrm{d}x$，作变换 $t=-\pi-x$，则有

$$\int_{-\pi}^{-\frac{\pi}{2}}f(x)\mathrm{d}x=-\int_0^{-\frac{\pi}{2}}\frac{\mathrm{d}t}{2+\sin(-(\pi+t))}=\int_{-\frac{\pi}{2}}^{0}\frac{\mathrm{d}t}{2+\sin t}.$$

对 $\displaystyle\int_{\frac{\pi}{2}}^{\pi}f(x)\mathrm{d}x$，作变换 $t=\pi-x$，类似上面则有

$$\int_{\frac{\pi}{2}}^{\pi}\frac{\mathrm{d}x}{2+\sin x}=\int_0^{\frac{\pi}{2}}\frac{\mathrm{d}t}{2+\sin t}.$$

于是有

$$I=2\int_{-\frac{\pi}{2}}^{\frac{\pi}{2}}f(x)\mathrm{d}x.$$

令 $t=\tan\dfrac{x}{2}$，则有

$$I=2\int_{-1}^{1}\frac{\mathrm{d}t}{t^2+t+1}=2\int_{-1}^{1}\frac{\mathrm{d}\left(t+\frac{1}{2}\right)}{\left(t+\frac{1}{2}\right)^2+\frac{3}{4}}=\frac{4}{\sqrt{3}}\arctan\frac{2}{\sqrt{3}}\left(t+\frac{1}{2}\right)\bigg|_{-1}^{1}$$

$$=\frac{4}{\sqrt{3}}\left(\arctan\sqrt{3}+\arctan\frac{1}{\sqrt{3}}\right)=\frac{2\pi}{\sqrt{3}}.$$

例 7　求下列定积分.

(1) $I = \int_0^{\frac{\pi}{2}} \dfrac{\mathrm{d}x}{1+\tan^\alpha x}$　$(\alpha > 0)$；　(2) $I = \int_0^1 \dfrac{\ln(1+x)}{1+x^2}\mathrm{d}x$.

解　利用 $\int_a^b f(x)\mathrm{d}x = \dfrac{1}{2}\int_a^b (f(x)+f(a+b-x))\mathrm{d}x$.

(1)
$$I = \int_0^{\frac{\pi}{2}} \frac{\mathrm{d}x}{1+\tan^\alpha x} = \frac{1}{2}\int_0^{\frac{\pi}{2}}\left(\frac{1}{1+\tan^\alpha x}+\frac{1}{1+\tan^\alpha\left(\frac{\pi}{2}-x\right)}\right)\mathrm{d}x$$

$$= \frac{1}{2}\int_0^{\frac{\pi}{2}}\left(\frac{1}{1+\tan^\alpha x}+\frac{\tan^\alpha x}{1+\tan^\alpha x}\right)\mathrm{d}x = \frac{1}{2}\cdot\frac{\pi}{2}=\frac{\pi}{4}.$$

(2) 作变换 $x=\tan t$，则可将积分化为

$$I = \int_0^1 \frac{\ln(1+x)}{1+x^2}\mathrm{d}x = \int_0^{\frac{\pi}{4}}\ln(1+\tan t)\mathrm{d}t$$

$$= \frac{1}{2}\int_0^{\frac{\pi}{4}}\left(\ln(1+\tan t)+\ln\left(1+\tan\left(\frac{\pi}{4}-t\right)\right)\right)\mathrm{d}t$$

$$= \frac{1}{2}\int_0^{\frac{\pi}{4}}\left(\ln(1+\tan t)+\ln\frac{2}{1+\tan t}\right)\mathrm{d}t = \frac{1}{2}\int_0^{\frac{\pi}{4}}\ln 2\,\mathrm{d}t = \frac{\pi}{8}\ln 2.$$

例 8　设函数 $S(x) = \int_0^x |\cos t|\,\mathrm{d}t$.

(1) 当 n 为正整数，且 $n\pi \leqslant x < (n+1)\pi$ 时，证明：
$$2n \leqslant S(x) < 2(n+1);$$

(2) 计算 $\lim\limits_{x\to+\infty}\dfrac{S(x)}{x}$.

证明　(1) 因为 $|\cos t|\geqslant 0$，且 $n\pi\leqslant x<(n+1)\pi$，所以
$$\int_0^{n\pi}|\cos t|\,\mathrm{d}t \leqslant S(x) \leqslant \int_0^{(n+1)\pi}|\cos t|\,\mathrm{d}t.$$

又因为 $|\cos t|$ 是以 π 为周期的函数，所以
$$\int_0^{n\pi}|\cos t|\,\mathrm{d}t = n\int_0^{\pi}|\cos t|\,\mathrm{d}t = 2n,$$
$$\int_0^{(n+1)\pi}|\cos t|\,\mathrm{d}t = 2(n+1).$$

所以当 $n\pi\leqslant x<(n+1)\pi$ 时，有
$$2n\leqslant S(x)<2(n+1).$$

(2) 由(1)知，当 $n\pi\leqslant x<(n+1)\pi$ 时，有
$$\frac{2n}{(n+1)\pi}\leqslant\frac{S(x)}{x}\leqslant\frac{2(n+1)}{n\pi}.$$

令 $x\to+\infty$ 可得 $\lim\limits_{x\to+\infty}\dfrac{S(x)}{x}=\dfrac{2}{\pi}$.

注：本例的一般形式为：设 $f(x)$ 是以 T 为周期的非负连续函数，则
$$\lim_{x\to+\infty}\frac{1}{x}\int_0^x f(t)\mathrm{d}t = \frac{1}{T}\int_0^T f(x)\mathrm{d}x.$$

事实上，对 $\forall x>0$，$\exists n\in\mathbf{N}_+$，使得 $nT\leqslant x<(n+1)T$，而 $f(x)\geqslant 0$，故有
$$n\int_0^T f(t)\mathrm{d}t = \int_0^{nT}f(t)\mathrm{d}t \leqslant \int_0^x f(t)\mathrm{d}t < \int_0^{(n+1)T}f(t)\mathrm{d}t = (n+1)\int_0^T f(t)\mathrm{d}t.$$

于是有
$$\frac{n}{(n+1)T}\int_0^T f(t)\mathrm{d}t \leqslant \frac{1}{x}\int_0^x f(t)\mathrm{d}t < \frac{n+1}{nT}\int_0^T f(t)\mathrm{d}t,$$

令 $x \to +\infty$,可得结论.

例 9 (扬州大学) 求积分 $I = \int_0^{n\pi} x|\sin x| \mathrm{d}x$.

解 因分段函数求积分时,可将积分区间按分段点分开. 所以有

$$I = \sum_{k=0}^{n-1} \int_{k\pi}^{(k+1)\pi} x|\sin x| \mathrm{d}x \xrightarrow{\text{令} x = t + k\pi} \sum_{k=0}^{n-1} \int_0^\pi (t + k\pi) \sin t \mathrm{d}t$$

$$= \sum_{k=0}^{n-1} \left(\int_0^\pi t\sin t \mathrm{d}t + k\pi \int_0^\pi \sin t \mathrm{d}t \right) = \pi \sum_{k=0}^{n-1} (1 + 2k) = n^2 \pi.$$

例 10 计算积分.

(1)设 $f(x) = \int_0^x \dfrac{\sin t}{\pi - t} \mathrm{d}t$,求 $\int_0^\pi f(x) \mathrm{d}x$;

(2)设 $f(x) = \int_1^{x^2} \mathrm{e}^{-t^2} \mathrm{d}t$,求 $\int_0^1 xf(x) \mathrm{d}x$.

解 当被积函数中含有"变限积分"时,常用分部积分法(或化成二重积分,然后交换积分顺序).

(1)
$$\int_0^\pi f(x) \mathrm{d}x = xf(x)\Big|_0^\pi - \int_0^\pi \frac{x\sin x}{\pi - x} \mathrm{d}x = \pi \int_0^\pi \frac{\sin t}{\pi - t} \mathrm{d}t - \int_0^\pi \frac{x\sin x}{\pi - x} \mathrm{d}x$$

$$= \int_0^\pi \frac{\pi - x}{\pi - x} \sin x \mathrm{d}x = \int_0^\pi \sin x \mathrm{d}x = 2.$$

(2)
$$\int_0^1 xf(x) \mathrm{d}x = \int_0^1 f(x) \mathrm{d}\left(\frac{1}{2} x^2 \right) = \frac{x^2}{2} f(x) \Big|_0^1 - \int_0^1 x^3 \mathrm{e}^{-x^4} \mathrm{d}x$$

$$= \frac{1}{4} \int_0^1 \mathrm{e}^{-x^4} \mathrm{d}(-x^4) = \frac{1}{4} \left(\frac{1}{\mathrm{e}} - 1 \right).$$

四、练习题

1.(哈尔滨工业大学) 计算 $I = \displaystyle\int_{-\frac{1}{2}}^{\frac{1}{2}} \left(x^{2\,018} \ln(x + \sqrt{1 + x^2}) + \dfrac{x\arcsin x}{\sqrt{1 - x^2}} \right) \mathrm{d}x$.

2.(东华大学) 求积分 $I = \displaystyle\int_{\frac{\pi}{6}}^{\frac{\pi}{3}} \dfrac{\sin^3 x}{\sin^3 x + \cos^3 x} \mathrm{d}x$.

3.(河海大学) 计算积分 $I = \displaystyle\int_0^\pi \dfrac{x\sin x}{1 + \cos^2 x} \mathrm{d}x$.

4.(浙江大学) 计算积分 $I = \displaystyle\int_0^{2\pi} \dfrac{x\sin x}{1 + \cos^2 x} \mathrm{d}x$.

5.(重庆大学) 求定积分 $I = \displaystyle\int_0^{\frac{\pi}{2}} \dfrac{\sin x}{\sin x + \cos x} \mathrm{d}x$.

6.(东华大学) 证明: $\displaystyle\int_0^\pi \dfrac{\sin(2n+1)x}{\sin x} \mathrm{d}x = \int_0^\pi \dfrac{\sin(2n-1)x}{\sin x} \mathrm{d}x$. 并求其值.

7.(辽宁大学) 设 $f(x)$ 的一个原函数是 $x\ln(1+x)$. 求 $I = \displaystyle\int_0^1 x^3 f'(1 - x^2) \mathrm{d}x$.

8.(东北大学) 计算 $I = \displaystyle\int_{-\frac{\pi}{2}}^{\frac{\pi}{2}} \dfrac{\mathrm{e}^x \sin^4 x}{1 + \mathrm{e}^x} \mathrm{d}x$.

9. 求定积分:(1) $I = \displaystyle\int_0^{\frac{\pi}{2}} \dfrac{\sin^3 x}{\sin x + \cos x} \mathrm{d}x$; (2) $I = \displaystyle\int_0^{\frac{\pi}{2}} \sin^6 x \mathrm{d}x$; (3) $I = \displaystyle\int_{-\frac{\pi}{4}}^{\frac{\pi}{4}} \dfrac{\sin^2 x}{1 + \mathrm{e}^{-x}} \mathrm{d}x$.

10. 求积分 $\displaystyle\lim_{x \to +\infty} \frac{1}{x} \int_0^x (t - [t]) \mathrm{d}t$.

11. 求积分 $I = \displaystyle\int_{-2}^2 \min\left\{ \frac{1}{|x|}, x^2 \right\} \mathrm{d}x$. (提示:被积函数是偶函数)

4.3　定积分的性质及其应用

 思维导图

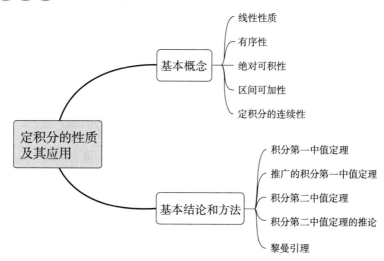

一、基本概念

(1)**线性性质**　$f(x),g(x)\in R[a,b]$,则 $\alpha f(x)\pm\beta g(x)\in R[a,b]$且
$$\int_a^b(\alpha f(x)\pm\beta g(x))\mathrm{d}x=\alpha\int_a^bf(x)\mathrm{d}x\pm\beta\int_a^bg(x)\mathrm{d}x.$$

(2)$f(x),g(x)\in R[a,b]$,则 $f(x)\cdot g(x)\in R[a,b]$.

(3)**有序性**　$f(x),g(x)\in R[a,b],f(x)\leqslant g(x),x\in[a,b]$,则 $\int_a^bf(x)\mathrm{d}x\leqslant\int_a^bg(x)\mathrm{d}x$.

(4)**绝对可积性**　$f(x)\in R[a,b]$,则$|f(x)|\in R[a,b]$,且 $\left|\int_a^bf(x)\mathrm{d}x\right|\leqslant\int_a^b|f(x)|\mathrm{d}x$.

(5)**区间可加性**　$\int_a^bf(x)\mathrm{d}x=\int_a^cf(x)\mathrm{d}x+\int_c^bf(x)\mathrm{d}x$.

(6)若 $f(x)\in R[a,b]$,则 $F(x)=\int_a^xf(t)\mathrm{d}t\in C[a,b]$.

(7)若 $f(x)\in C[a,b]$,则 $F'(x)=f(x),x\in[a,b]$.

(8)$f(x)\in R[a,b]\nRightarrow\left(\int_a^xf(t)\mathrm{d}t\right)'=f(x)$.（例如黎曼函数）

(9)$f(x)\in C[a,b],\varphi(x),\phi(x)$在$[a,b]$上可导,$a\leqslant\varphi(x),\phi(x)\leqslant b,x\in[a,b]$. 则
$$\left(\int_{\varphi(x)}^{\phi(x)}f(t)\mathrm{d}t\right)'=f(\phi(x))\phi'(x)-f(\varphi(x))\varphi'(x).$$

(10)设 $f(x)\in C[a,b],F'(x)=f(x),x\in[a,b]$. 则 $\int_a^bf(x)\mathrm{d}x=F(b)-F(a)$.

(11)设 $f(x)\in R[a,b]$,且 $\int_a^bf(x)\mathrm{d}x<0$. 则存在$[\alpha,\beta]\subset[a,b]$使 $x\in[\alpha,\beta]$时 $f(x)<0$.

(12)设 $f(x)\in R[a,b]$,则
①$\forall\varepsilon>0$,则存在区间$[\alpha,\beta]\subset[a,b]$,使得 $f(x)$在$[\alpha,\beta]$上的振幅 $\omega_f<\varepsilon$.

②$f(x)$连续点在$[a,b]$上处处稠密(即任意$[\alpha,\beta]\subset[a,b]$,$f(x)$在$[\alpha,\beta]$内有连续点或者$f(x)$在$[a,b]$内至少有一个连续点).

③若$f(x)\geqslant0$,则$\int_a^b f(x)\mathrm{d}x=0$的充要条件是$f(x)$在连续点恒取零值.

(13)**定积分的连续性** 设函数$f(x)$和$f_h(x)=f(x+h)$在$[a,b]$上可积,则有

$$\lim_{h\to0}\int_a^b|f_h(x)-f(x)|\mathrm{d}x=0.$$

(14)设$f(x),g(x)$均在$[a,b]$上有界,仅在有限个点上$f(x)\neq g(x)$,若$f(x)\in\mathrm{R}[a,b]$,则$g(x)\in\mathrm{R}[a,b]$,且$\int_a^b f(x)\mathrm{d}x=\int_a^b g(x)\mathrm{d}x$.

(15)①设$f(x)\in\mathrm{C}[a,b]$,且$\int_a^b x^n f(x)\mathrm{d}x=0,n=0,1,2,\cdots$,则$f(x)\equiv0,x\in[a,b]$.

②设$f(x)\in\mathrm{R}[a,b]$,且$\int_a^b x^n f(x)\mathrm{d}x=0,n=0,1,2,\cdots$,则$f(x)$在每一连续点处为零.

(16)①$f(x)\in\mathrm{C}[a,b]$,$\forall\varphi(x)\in\mathrm{C}[a,b]$,有$\int_a^b f(x)\varphi(x)\mathrm{d}x=0$,则$f(x)\equiv0,x\in[a,b]$.

②$f(x)\in\mathrm{R}[a,b]$,$\forall\varphi(x)\in\mathrm{R}[a,b]$,有$\int_a^b f(x)\varphi(x)\mathrm{d}x=0$,则$f(x)$在连续点处恒为零.

二、基本结论和方法

(1)**积分第一中值定理** 若$f(x)$在$[a,b]$上连续,则至少存在一点$\xi\in[a,b]$,使得

$$\int_a^b f(x)\mathrm{d}x=f(\xi)(b-a).$$

素养教育:利用把积分第一中值定理的证明转化为连续函数的介值性问题,培养把未知转化为已知的能力.

(2)**推广的积分第一中值定理** 若$f(x)$与$g(x)$都在$[a,b]$上连续,且$g(x)$在$[a,b]$上不变号,则至少存在一点$\xi\in[a,b]$,使得$\int_a^b f(x)g(x)\mathrm{d}x=f(\xi)\int_a^b g(x)\mathrm{d}x$.(当$g(x)\equiv1$时,即为积分第一中值定理).

(3)**积分第二中值定理** 设$f(x)$在$[a,b]$上可积(连续),①若$g(x)$在$[a,b]$上是减函数,且$g(x)\geqslant0$,则存在$\xi\in[a,b]$,使得$\int_a^b f(x)g(x)\mathrm{d}x=g(a)\int_a^\xi f(x)\mathrm{d}x$;②若$g(x)$在$[a,b]$上是增函数,则存在$\eta\in[a,b]$,使得$\int_a^b f(x)g(x)\mathrm{d}x=g(b)\int_\eta^b f(x)\mathrm{d}x$.

(4)**积分第二中值定理的推论**

推论1 设$f(x)$在$[a,b]$上可积,若$g(x)$为单调函数,则存在$\xi\in[a,b]$,使得

$$\int_a^b f(x)g(x)\mathrm{d}x=g(a)\int_a^\xi f(x)\mathrm{d}x+g(b)\int_\xi^b f(x)\mathrm{d}x.$$

推论2 若$f(x)$在$[a,b]$上连续,$g(x)$为连续可微的单调函数,则$\exists\xi\in[a,b]$,使得

$$\int_a^b f(x)g(x)\mathrm{d}x=g(a)\int_a^\xi f(x)\mathrm{d}x+g(b)\int_\xi^b f(x)\mathrm{d}x.$$

(5)**黎曼引理**

①**黎曼引理** 设$f(x)$在$[a,b]$上可积,则

$$\lim_{p\to+\infty}\int_a^b f(x)\sin px\mathrm{d}x=0,\qquad\lim_{p\to+\infty}\int_a^b f(x)\cos px\mathrm{d}x=0.$$

②**推广的黎曼引理** 设$f(x)$在$[a,b]$上可积,$g(x)$是以T为周期的周期函数,且在$[0,T]$上可

积,则 $\lim\limits_{p\to+\infty}\int_a^b f(x)g(px)\mathrm{d}x=\dfrac{1}{T}\int_0^T g(x)\mathrm{d}x\cdot\int_a^b f(x)\mathrm{d}x.$

三、例题选讲

例 1 证明下列极限

(1) $\lim\limits_{n\to\infty}\int_0^{\frac{\pi}{2}}\mathrm{e}^x\cos^n x\,\mathrm{d}x=0$;(2) $\lim\limits_{n\to\infty}\int_{n^2}^{n^2+n}\dfrac{1}{\sqrt{x}}\mathrm{e}^{-\frac{1}{x}}\mathrm{d}x=1.$

证明 (1) 因为 $\mathrm{e}^x,\cos^n x$ 都在 $\left[0,\dfrac{\pi}{2}\right]$ 上连续,且 $\cos^n x\geqslant 0$,所以由积分第一中值定理,有

$$\int_0^{\frac{\pi}{2}}\mathrm{e}^x\cos^n x\,\mathrm{d}x=\mathrm{e}^\xi\int_0^{\frac{\pi}{2}}\cos^n x\,\mathrm{d}x,\xi\in\left[0,\dfrac{\pi}{2}\right].$$

$\forall\varepsilon>0$,取 $0<\delta\leqslant\varepsilon$,再由积分第一中值定理,有

$$\int_0^{\frac{\pi}{2}}\cos^n x\,\mathrm{d}x=\int_0^\delta\cos^n x\,\mathrm{d}x+\int_\delta^{\frac{\pi}{2}}\cos^n x\,\mathrm{d}x$$

$$=\int_0^\delta\cos^n x\,\mathrm{d}x+\cos^n\eta\cdot\left(\dfrac{\pi}{2}-\delta\right),\quad\eta\in\left[\delta,\dfrac{\pi}{2}\right].$$

$$\left|\int_0^{\frac{\pi}{2}}\mathrm{e}^x\cos^n x\,\mathrm{d}x\right|\leqslant\mathrm{e}^2\int_0^\delta|\cos x|^n\mathrm{d}x+\mathrm{e}^2\cdot\dfrac{\pi}{2}\cos^n\delta\leqslant\mathrm{e}^2\delta+\dfrac{\pi}{2}\mathrm{e}^2\cos^n\delta.$$

因为 $\lim\limits_{n\to\infty}\cos^n\delta=0$,所以对上述 $\varepsilon>0$,$\exists N>0$,当 $n>N$ 时,有 $\cos^n\delta<\varepsilon$. 于是,当 $n>N$ 时,有

$$\left|\int_0^{\frac{\pi}{2}}\mathrm{e}^x\cos^n x\,\mathrm{d}x\right|<\mathrm{e}^2\left(\dfrac{\pi}{2}+1\right)\varepsilon.$$

(2)由第一积分中值定理,有

$$\int_{n^2}^{n^2+n}\dfrac{1}{\sqrt{x}}\mathrm{e}^{-\frac{1}{x}}\mathrm{d}x=\dfrac{1}{\sqrt{\xi}}\mathrm{e}^{-\frac{1}{\xi}}\cdot n,\quad\xi\in[n^2,n^2+n].$$

因为

$$\left(\dfrac{1}{\sqrt{x}}\mathrm{e}^{-\frac{1}{x}}\right)'=\dfrac{1}{x\sqrt{x}}\mathrm{e}^{-\frac{1}{x}}\left(\dfrac{1}{x}-\dfrac{1}{2}\right)<0\quad(x>2),$$

所以当 $x>2$ 时,$\dfrac{1}{\sqrt{x}}\mathrm{e}^{-\frac{1}{x}}$ 是减函数,故有

$$\dfrac{n}{\sqrt{n^2+n}}\mathrm{e}^{-\frac{1}{n^2+n}}\leqslant\dfrac{n}{\sqrt{\xi}}\mathrm{e}^{-\frac{1}{\xi}}\leqslant\dfrac{n}{\sqrt{n^2}}\mathrm{e}^{-\frac{1}{n^2}}=\mathrm{e}^{-\frac{1}{n^2}},$$

由

$$\lim\limits_{n\to\infty}\dfrac{n}{\sqrt{n^2+n}}\mathrm{e}^{-\frac{1}{n^2+n}}=\lim\limits_{n\to\infty}\mathrm{e}^{-\frac{1}{n^2}}=1$$

可知,原极限等于 1.

类似地:设 $f(x)$ 在 $[0,1]$ 上可积,求证:$\lim\limits_{n\to\infty}\int_0^1\sqrt[n]{x}f(x)\mathrm{d}x=\int_0^1 f(x)\mathrm{d}x.$

例 2 (重庆大学) 设 $f(x),g(x)$ 是 $[a,b]$ 上的正值连续函数,求证:

$$\lim\limits_{n\to\infty}\left(\int_a^b (f(x))^n g(x)\mathrm{d}x\right)^{\frac{1}{n}}=\max\limits_{x\in[a,b]}f(x).$$

证明 设 $f(x)$ 在 $[a,b]$ 上的最大值为 M,且在 ξ 点取到,即 $f(\xi)=M$,对 $\forall\varepsilon>0,\exists\delta>0$,使 $\forall x\in[\xi-\delta,\xi+\delta]\bigcap[a,b]=[\alpha,\beta]$,有

$$f(\xi)-\varepsilon<f(x)\leqslant f(\xi).$$

上式两边 n 次方,并乘以 $g(x)$ 有

$$(f(\xi)-\varepsilon)^n g(x)<f^n(x)g(x)\leqslant f^n(\xi)g(x).$$

在$[\alpha,\beta]$上积分,再开 n 次方有

$$(f(\xi)-\varepsilon)\left(\int_\alpha^\beta g(x)\mathrm{d}x\right)^{\frac{1}{n}} < \left(\int_\alpha^\beta f^n(x)g(x)\mathrm{d}x\right)^{\frac{1}{n}} \leqslant f(\xi)\left(\int_\alpha^\beta g(x)\mathrm{d}x\right)^{\frac{1}{n}}.$$

进而,有

$$(f(\xi)-\varepsilon)\left(\int_\alpha^\beta g(x)\mathrm{d}x\right)^{\frac{1}{n}} < \left(\int_a^b f^n(x)g(x)\mathrm{d}x\right)^{\frac{1}{n}} \leqslant f(\xi)\left(\int_a^b g(x)\mathrm{d}x\right)^{\frac{1}{n}}.$$

注意到 $\lim\limits_{n\to\infty}\left(\int_\alpha^\beta g(x)\mathrm{d}x\right)^{\frac{1}{n}} = \lim\limits_{n\to\infty}\left(\int_a^b g(x)\mathrm{d}x\right)^{\frac{1}{n}} = 1$,可得

$$f(\xi)-\varepsilon \leqslant \lim\limits_{n\to\infty}\left(\int_a^b f^n(x)g(x)\mathrm{d}x\right)^{\frac{1}{n}} \leqslant f(\xi).$$

由 $\varepsilon>0$ 的任意性,可知结论成立.

类似地有下面两个题目:

(1)设 $f(x)$ 在$[a,b]$上连续,且 $f(x)\geqslant 0$,证明

$$\lim\limits_{n\to\infty}\left(\int_a^b (f(x))^n\mathrm{d}x\right)^{\frac{1}{n}} = \max\limits_{x\in[a,b]}f(x).$$

提示:设 $M=\max\limits_{x\in[a,b]}f(x)$,分 $M\equiv 0$ 和 $M>0$ 两种情况讨论.

(2)设 $f(x)$,$g(x)$ 是 $[a,b]$ 上的连续函数,且 $f(x)>0$,$g(x)\geqslant 0$,求极限 $\lim\limits_{n\to\infty}\left(\int_a^b g(x)\sqrt[n]{f(x)}\mathrm{d}x\right)$.

提示:设 $0<m=\min\limits_{x\in[a,b]}f(x)\leqslant\max\limits_{x\in[a,b]}f(x)=M$,则有

$$\sqrt[n]{m}\int_a^b g(x)\mathrm{d}x \leqslant \int_a^b g(x)\sqrt[n]{f(x)}\mathrm{d}x \leqslant \sqrt[n]{M}\int_a^b g(x)\mathrm{d}x.$$

由此易知,原极限等于 $\int_a^b g(x)\mathrm{d}x$.

例 3 (华中科技大学) 设函数 $f(x)$ 在$[0,1]$上连续可微且至少有一个零点,则

$$\int_0^1 |f(x)|\mathrm{d}x \leqslant \int_0^1 |f'(x)|\mathrm{d}x.$$

证明 设 x_0 是 $f(x)$ 在$[0,1]$上的一个零点,即 $f(x_0)=0$. $\forall x\in[0,1]$,因为 $f(x)$ 在$[0,1]$上连续可微,则有 $f(x)=\int_{x_0}^x f'(t)\mathrm{d}t$,且

$$|f(x)| = \left|\int_{x_0}^x f'(t)\mathrm{d}t\right| \leqslant \int_{x_0}^x |f'(t)|\mathrm{d}t \leqslant \int_0^1 |f'(t)|\mathrm{d}t.$$

所以

$$\int_0^1 |f(x)|\mathrm{d}x \leqslant \int_0^1 \left(\int_0^1 |f'(t)|\mathrm{d}t\right)\mathrm{d}x = \int_0^1 |f'(t)|\mathrm{d}t = \int_0^1 |f'(x)|\mathrm{d}x.$$

例 4 设 $f(x)$ 为$[a,b]$上的正值连续函数,证明:

$$\frac{1}{b-a}\int_a^b \ln f(x)\mathrm{d}x \leqslant \ln\left(\frac{1}{b-a}\int_a^b f(x)\mathrm{d}x\right).$$

证明 1 将$[a,b]$ n 等分,即 $a=x_0<x_1<x_2<\cdots<x_n=b$. 因为 $f(x)>0$,所以有

$$\frac{1}{b-a}\cdot\frac{b-a}{n}\sum_{i=1}^n f(x_i) = \frac{1}{n}\sum_{i=1}^n f(x_i) \geqslant \sqrt[n]{f(x_1)f(x_2)\cdots f(x_n)}.$$

再取对数有

$$\ln\left(\frac{1}{b-a}\cdot\frac{b-a}{n}\sum_{i=1}^n f(x_i)\right) \geqslant \frac{1}{n}\sum_{i=1}^n \ln f(x_i) = \frac{1}{b-a}\cdot\frac{b-a}{n}\sum_{i=1}^n \ln f(x_i).$$

令 $n\to\infty$ 有

$$\frac{1}{b-a}\int_a^b \ln f(x)\mathrm{d}x \leqslant \ln\left(\frac{1}{b-a}\int_a^b f(x)\mathrm{d}x\right).$$

证明2 因为 $y=\ln x$ 为凹函数,所以

$$\ln\left(\frac{1}{n}\sum_{i=1}^n f(x_i)\right)\geqslant \frac{1}{n}\sum_{i=1}^n \ln f(x_i),$$

即

$$\ln\left(\frac{1}{b-a}\sum_{i=1}^n f(x_i)\cdot\frac{b-a}{n}\right)\geqslant \frac{1}{b-a}\sum_{i=1}^n \ln f(x_i)\cdot\frac{b-a}{n},$$

令 $n\to\infty$ 有

$$\frac{1}{b-a}\int_a^b \ln f(x)\mathrm{d}x \leqslant \ln\left(\frac{1}{b-a}\int_a^b f(x)\mathrm{d}x\right).$$

例 5 (华中科技大学) 设 $f(x)\in C[0,1]$,证明:$\lim\limits_{n\to\infty} n\int_0^1 x^n f(x)\mathrm{d}x = f(1)$.

分析 因为 $(n+1)\int_0^1 x^n\mathrm{d}x = 1$,所以只需证

$$\lim_{n\to\infty}\left(n\int_0^1 x^n f(x)\mathrm{d}x - (n+1)\int_0^1 x^n f(1)\mathrm{d}x\right)= 0.$$

因为 $\lim\limits_{n\to\infty}\int_0^1 x^n\mathrm{d}x = 0$,所以只需证 $\lim\limits_{n\to\infty} n\int_0^1 x^n(f(x)-f(1))\mathrm{d}x = 0$.

证明 $\forall \varepsilon>0$,由 $\lim\limits_{x\to1^-} f(x)=f(1)$,所以 $\exists\delta>0$(不妨设 $\delta<1$),当 $0<1-x<\delta$ 时有 $|f(x)-f(1)|<\frac{\varepsilon}{2}$,且 $\exists M>0$,使 $\forall x\in[0,1]$,有 $|f(x)|\leqslant M$,所以

$$\left|n\int_0^1 x^n(f(x)-f(1))\mathrm{d}x\right|\leqslant n\int_0^1 x^n|f(x)-f(1)|\mathrm{d}x$$
$$= n\int_0^{1-\delta} x^n|f(x)-f(1)|\mathrm{d}x + n\int_{1-\delta}^1 x^n|f(x)-f(1)|\mathrm{d}x$$
$$< 2Mn\frac{(1-\delta)^{n+1}}{n+1}+\frac{\varepsilon}{2}\cdot\frac{n}{n+1}<2M(1-\delta)^{n+1}+\frac{\varepsilon}{2}.$$

因为 $\lim\limits_{n\to\infty}2M(1-\delta)^{n+1}=0$,所以 $\exists N$,当 $n>N$ 时,有 $2M(1-\delta)^{n+1}<\frac{\varepsilon}{2}$,则

$$\left|n\int_0^1 x^n(f(x)-f(1))\mathrm{d}x\right|<2M(1-\delta)^{n+1}+\frac{\varepsilon}{2}<\frac{\varepsilon}{2}+\frac{\varepsilon}{2}=\varepsilon,$$

因而有 $\lim\limits_{n\to\infty} n\int_0^1 x^n f(x)\mathrm{d}x = f(1)$.

例 6 设函数 $f(x)$ 在 $[0,1]$ 上有连续的二阶导数,$f(0)=f(1)=0$,$f(x)\neq0$,$x\in(0,1)$,证明:$\int_0^1\left|\frac{f''(x)}{f(x)}\right|\mathrm{d}x\geqslant 4$.

证明 因为在 $(0,1)$ 内 $f(x)\neq0$,由 $f(x)$ 连续可知 $f(x)$ 在 $(0,1)$ 内恒正或恒负(否则由介值性定理知 $f(x)$ 在 $(0,1)$ 内必有零点,这与 $f(x)\neq0$ 矛盾),不妨设 $f(x)>0$,因为 $f(x)\in C[0,1]$,所以 $\exists c\in(0,1)$,使 $f(c)=\max\{f(x):0\leqslant x\leqslant1\}>0$.

由拉格朗日中值公式以及 $f(0)=f(1)=0$,$\exists\xi\in(0,c)$,$\exists\eta\in(c,1)$ 使得

$$f'(\xi)=\frac{f(c)-f(0)}{c-0}=\frac{f(c)}{c},\quad f'(\eta)=\frac{f(1)-f(c)}{1-c}=\frac{f(c)}{c-1}.$$

所以有

$$\int_0^1\left|\frac{f''(x)}{f(x)}\right|\mathrm{d}x\geqslant\frac{1}{f(c)}\int_0^1|f''(x)|\mathrm{d}x\geqslant\frac{1}{f(c)}\int_\xi^\eta|f''(x)|\mathrm{d}x$$

$$\geqslant \frac{1}{f(c)}\left|\int_{\xi}^{\eta} f''(x)\mathrm{d}x\right| = \frac{1}{f(c)}|f'(\eta)-f'(\xi)| = \left|\frac{1}{c-1}-\frac{1}{c}\right| \geqslant 4.$$

例7 设 $f(x)$ 在 $[a,b]$ 上可导，且 $f'(x)$ 单调下降，$f'(x)\geqslant m>0, x\in[a,b]$，则

$$\left|\int_a^b \cos f(x)\mathrm{d}x\right| \leqslant \frac{2}{m}.$$

证明 由 $f'(x)>0, x\in[a,b]$ 知，$f(x)$ 连续且严格上升，故 f^{-1} 存在、可导且严格上升，并有

$$0<(f^{-1}(y))' = \frac{1}{f'(x)} \leqslant \frac{1}{m}.$$

作代换 $y=f(x)$，并利用积分第二中值定理就有

$$\int_a^b \cos f(x)\mathrm{d}x = \int_{f(a)}^{f(b)} \cos y(f^{-1}(y))'\mathrm{d}y = (f^{-1})'(f(b))\int_{\xi}^{f(b)} \cos y\mathrm{d}y,$$

式中，$f(a)<\xi<f(b)$，所以

$$\left|\int_a^b \cos f(x)\mathrm{d}x\right| = \left|(f^{-1})'(f(b))\int_{\xi}^{f(b)} \cos y\mathrm{d}y\right| \leqslant 2(f^{-1})'(f(b)) \leqslant \frac{2}{m}.$$

例8 设 $f(x)\in C[a,b]$，对 $\forall \varphi(x)\in C[a,b]$，且 $\int_a^b \varphi(x)\mathrm{d}x=0$，都有 $\int_a^b f(x)\varphi(x)\mathrm{d}x=0$，证明：$f(x)\equiv C, x\in[a,b]$.

证明 令

$$\varphi_0(x) = f(x) - \frac{1}{b-a}\int_a^b f(x)\mathrm{d}x,$$

则 $\varphi_0(x)\in C[a,b]$，且 $\int_a^b \varphi_0(x)\mathrm{d}x=0$，（只需证 $\varphi_0(x)\equiv0$，即 $\varphi_0^2(x)\equiv0$）由已知有

$$\int_a^b f(x)\varphi_0(x)\mathrm{d}x = 0,$$

所以

$$\int_a^b \varphi_0^2(x)\mathrm{d}x = \int_a^b \left(\varphi_0(x)f(x) - \varphi_0(x)\cdot\frac{1}{b-a}\int_a^b f(x)\mathrm{d}x\right)\mathrm{d}x$$

$$= \int_a^b f(x)\varphi_0(x)\mathrm{d}x - \frac{1}{b-a}\int_a^b f(x)\mathrm{d}x\int_a^b \varphi_0(x)\mathrm{d}x = 0.$$

所以 $\varphi_0^2(x)\equiv0$，即 $\varphi_0(x)\equiv0$，所以 $f(x) = \frac{1}{b-a}\int_a^b f(x)\mathrm{d}x \equiv C$. 即 $f(x)$ 为常数.

例9 利用积分第二中值定理证明：(1) $\lim\limits_{x\to+\infty}\frac{1}{x}\int_0^x \sqrt{t}\sin t\mathrm{d}t = 0$；(2) $\exists \theta\in[-1,1]$，使 $\int_a^b \sin x^2\mathrm{d}x = \frac{\theta}{a}(0<a<b)$.

证明 (1) 由积分第二中值定理知，$\exists \xi_x\in[0,x]$ 使

$$\left|\frac{1}{x}\int_0^x \sqrt{t}\sin t\mathrm{d}t\right| = \left|\frac{\sqrt{x}}{x}\int_{\xi_x}^x \sin t\mathrm{d}t\right| = \frac{1}{\sqrt{x}}|\cos\xi_x - \cos x| \leqslant \frac{2}{\sqrt{x}} \to 0, (x\to\infty).$$

所以

$$\lim_{x\to+\infty}\frac{1}{x}\int_0^x \sqrt{t}\sin t\mathrm{d}t = 0.$$

(2) 令 $t=x^2$，将原积分化为适宜用积分第二中值定理的形式，即 $\exists \xi\in[a^2,b^2]$ 使

$$I = \int_a^b \sin x^2\mathrm{d}x = \frac{1}{2}\int_{a^2}^{b^2} \frac{\sin t}{\sqrt{t}}\mathrm{d}t = \frac{1}{2a}\int_{a^2}^{\xi} \sin t\mathrm{d}t = \frac{1}{2a}(\cos a^2 - \cos\xi).$$

然后取 $\theta=\frac{1}{2}(\cos a^2-\cos\xi)$，显然 $|\theta|\leqslant1$. 从而得 $\int_a^b \sin x^2\mathrm{d}x = \frac{\theta}{a}, \theta\in[-1,1]$.

例 10　(河海大学)设 $f(x)$ 在 $[0,1]$ 上连续可微,且 $f(0)=0,0 \leqslant f'(x) \leqslant 1$,证明

$$\left(\int_0^1 f(x)\mathrm{d}x\right)^2 \geqslant \int_0^1 f^3(x)\mathrm{d}x.$$

证明　方法(一)：令

$$F(t) = \left(\int_0^t f(x)\mathrm{d}x\right)^2 - \int_0^t f^3(x)\mathrm{d}x, \quad t \in [0,1],$$

因为 $F(0)=0$,因此只需证明：$F(t)$ 单调增加,则 $F(1) \geqslant F(0)=0$,即结论成立.

因为

$$F'(t) = 2\int_0^t f(x)\mathrm{d}x \cdot f(t) - f^3(t) = f(t)\left(2\int_0^t f(x)\mathrm{d}x - f^2(t)\right),$$

令 $G(t) = 2\int_0^t f(x)\mathrm{d}x - f^2(t)$,且 $G(0)=0,G'(t)=2f(t)-2f(t)f'(t)=2f(t)(1-f'(t))$,又因为 $0 \leqslant f'(x) \leqslant 1$,所以 $f(x)$ 单调增加且 $f(t) \geqslant f(0)=0$,而 $f'(x) \leqslant 1$,所以 $G'(t) \geqslant 0$,所以 $F'(t) \geqslant 0$,即 $F(t)$ 为单调增加函数,所以 $F(1) \geqslant F(0)=0$,即结论成立.

方法(二)：令

$$F(x) = \left(\int_0^x f(t)\mathrm{d}t\right)^2, \quad G(x) = \int_0^x f^3(t)\mathrm{d}t, \quad x \in [0,1].$$

应用柯西中值定理得

$$\frac{\left(\int_0^1 f(t)\mathrm{d}t\right)^2}{\int_0^1 f^3(t)\mathrm{d}t} = \frac{F(1)-F(0)}{G(1)-G(0)} = \frac{F'(\xi)}{G'(\xi)} = \frac{2\int_0^\xi f(t)\mathrm{d}t}{f^2(\xi)}, \quad \xi \in (0,1),$$

令

$$\overline{F}(x) = 2\int_0^x f(t)\mathrm{d}t, \quad \overline{G}(x) = f^2(x), \quad x \in [0,1],$$

再次应用柯西中值定理得

$$\frac{\left(\int_0^1 f(t)\mathrm{d}t\right)^2}{\int_0^1 f^3(t)\mathrm{d}t} = \frac{\overline{F}(\xi)-\overline{F}(0)}{\overline{G}(\xi)-\overline{G}(0)} = \frac{\overline{F}'(\eta)}{\overline{G}'(\eta)} = \frac{1}{f'(\eta)} \geqslant 1, \quad \eta = (0,\xi).$$

例 11　设 $f(x) \in C[-1,1]$,证明：

$$\lim_{h \to 0} \int_{-1}^1 \frac{h}{h^2+x^2} f(x)\mathrm{d}x = \pi f(0).$$

证明　只考虑 $h>0$ 的情形(对 $h<0$ 的情形可类似处理).直接对 $\int_{-1}^1 \frac{h}{h^2+x^2} f(x)\mathrm{d}x$ 进行计算是不容易的,因此可考虑用第一积分中值定理将 $f(x)$ 提到积分号外边.

$$\int_{-1}^1 \frac{h}{h^2+x^2} f(x)\mathrm{d}x = \int_{-1}^{-\sqrt{h}} \frac{h}{h^2+x^2} f(x)\mathrm{d}x + \int_{-\sqrt{h}}^{\sqrt{h}} \frac{h}{h^2+x^2} f(x)\mathrm{d}x + \int_{\sqrt{h}}^1 \frac{h}{h^2+x^2} f(x)\mathrm{d}x$$

$$= f(\xi_1)\arctan\frac{x}{h}\Big|_{-1}^{-\sqrt{h}} + f(\xi_2)\arctan\frac{x}{h}\Big|_{-\sqrt{h}}^{\sqrt{h}} + f(\xi_3)\arctan\frac{x}{h}\Big|_{\sqrt{h}}^1$$

$$= I_1 + I_2 + I_3.$$

式中,$\xi_1 \in [-1,-\sqrt{h}],\xi_2 \in [-\sqrt{h},\sqrt{h}],\xi_3 \in [\sqrt{h},1],h>0$ 适当小.由于 $f(x) \in C[-1,1]$,所以 $f(x)$ 有界,设 $|f(x)| \leqslant M$,于是有

$$|I_1| \leqslant M \left| \arctan \frac{1}{h} - \arctan \frac{1}{\sqrt{h}} \right| \to M \left(\frac{\pi}{2} - \frac{\pi}{2} \right) = 0 \quad (h \to 0^+),$$

$$|I_3| \leqslant M \left| \arctan \frac{1}{h} - \arctan \frac{1}{\sqrt{h}} \right| \to 0 \quad (h \to 0^+),$$

$$I_2 = 2 \lim_{h \to 0^+} f(\xi_2) \arctan \frac{1}{\sqrt{h}} = 2 f(0) \cdot \frac{\pi}{2} = \pi f(0).$$

综上有

$$\lim_{h \to 0} \int_{-1}^{1} \frac{h}{h^2 + x^2} f(x) \mathrm{d}x = \pi f(0).$$

例 12 设 $f(x) \in \mathrm{R}[-1,1]$，且在点 $x=0$ 处连续，设

$$\Phi_n(x) = \begin{cases} (1-x)^n & x \in [0,1] \\ \mathrm{e}^{nx} & x \in [-1,0] \end{cases}.$$

证明：$\lim\limits_{n \to \infty} \frac{n}{2} \int_{-1}^{1} f(x) \Phi_n(x) \mathrm{d}x = f(0)$.

证明 因为 $f(x) \in \mathrm{R}[-1,1]$，所以 $f(x)$ 有界，设 $|f(x)| \leqslant M, \forall x \in [-1,1]$. 又因为 $f(x)$ 在点 $x=0$ 处连续，所以 $\forall \varepsilon > 0, \exists \delta > 0$，当 $x \in (-\delta, \delta)$ 时，有 $|f(x) - f(0)| < \varepsilon$. 通过计算易知 $\lim\limits_{n \to \infty} \int_{-1}^{1} \frac{n}{2} \Phi_n(x) \mathrm{d}x = 1$，因此，欲证结论成立，只需证 $\lim\limits_{n \to \infty} \int_{-1}^{1} \frac{n}{2} \Phi_n(x)(f(x)-f(0)) \mathrm{d}x = 0$. 为此，将积分分为三段进行估计：

$$\int_{-1}^{1} \frac{n}{2} \Phi_n(x)(f(x)-f(0)) \mathrm{d}x$$
$$= \int_{-1}^{-\delta} \frac{n}{2} \Phi_n(x)(f(x)-f(0)) \mathrm{d}x + \int_{-\delta}^{\delta} \frac{n}{2} \Phi_n(x)(f(x)-f(0)) \mathrm{d}x + \int_{\delta}^{1} \frac{n}{2} \Phi_n(x)(f(x)-f(0)) \mathrm{d}x$$
$$= I_1 + I_2 + I_3,$$

而

$$|I_1| \leqslant 2M \int_{-1}^{-\delta} \frac{n}{2} \mathrm{e}^{nx} \mathrm{d}x = M(\mathrm{e}^{-n\delta} - \mathrm{e}^{-n}) \to 0 \quad (n \to \infty),$$

$$|I_3| \leqslant 2M \int_{\delta}^{1} \frac{n}{2}(1-x)^n \mathrm{d}x = \frac{nM}{(n+1)}(1-\delta)^{n+1} \to 0 \quad (n \to \infty),$$

$$|I_2| \leqslant \varepsilon \int_{-\delta}^{\delta} \frac{n}{2} \Phi_n(x) \mathrm{d}x = \varepsilon \left(\int_{-\delta}^{0} \frac{n}{2} \mathrm{e}^{nx} \mathrm{d}x + \int_{0}^{\delta} \frac{n}{2}(1-x)^n \mathrm{d}x \right)$$
$$= \varepsilon \left(\frac{1}{2}(1-\mathrm{e}^{-n\delta}) - \frac{n}{2(n+1)}((1-\delta)^{n+1}-1) \right) \to \varepsilon \quad (n \to \infty).$$

综上可知，原结论成立.

例 13 若 $f'(x) \in \mathrm{C}[a,b]$，则

$$\max_{x \in [a,b]} |f(x)| \leqslant \left| \frac{1}{b-a} \int_{a}^{b} f(x) \mathrm{d}x \right| + \int_{a}^{b} |f'(x)| \mathrm{d}x.$$

证明 设 $|f(x_0)| = \max\{|f(x)| : x \in [a,b]\}, \forall x \in [a,b]$，有 $f(x) = f(x_0) + \int_{x_0}^{x} f'(t) \mathrm{d}t$. 所以 $|f(x_0)| \leqslant |f(x)| + \left| \int_{x_0}^{x} f'(t) \mathrm{d}t \right|$. 又 $\int_{a}^{b} f(x) \mathrm{d}x = f(\xi)(b-a)(a < \xi < b)$，取 $x = \xi$ 就有

$$|f(x_0)| \leqslant |f(\xi)| + \left| \int_{x_0}^{\xi} f'(t) \mathrm{d}t \right| \leqslant \left| \frac{1}{b-a} \int_{a}^{b} f(x) \mathrm{d}x \right| + \int_{x_0}^{\xi} |f'(x)| \mathrm{d}x$$
$$\leqslant \left| \frac{1}{b-a} \int_{a}^{b} f(x) \mathrm{d}x \right| + \int_{a}^{b} |f'(x)| \mathrm{d}x.$$

结论得证.

注:例 12 是"核"积分的极限问题(积分核为"$\dfrac{h}{h^2+x^2}$"),例 13 中由于 $f(x)$ 的条件较弱,不能应用第一积分中值定理,因此给出了另外一种作法. 但上面两个例子的做法均是处理"核"积分极限问题的有效方法.

例 14（上海大学）　设 $f(x)$ 在 $[1,+\infty)$ 上可导,$f(1)=1$,且 $f'(x)=\dfrac{1}{x^2+f^2(x)}$,求证:$\lim\limits_{x\to+\infty}f(x)<1+\dfrac{\pi}{4}$.

证明　因为 $f'(x)>0$,所以 $f(x)$ 严格单调递增,$f(x)\geqslant f(1)=1$,又

$$f(x)-f(1)=\int_1^x f(t)\mathrm{d}t=\int_1^x\frac{1}{t^2+f^2(t)}\mathrm{d}t$$
$$<\int_1^x\frac{1}{t^2+1}\mathrm{d}t=\arctan x-\frac{\pi}{4},$$

令上式中 $x\to+\infty$,有

$$\lim_{x\to+\infty}f(x)<f(1)+\frac{\pi}{2}-\frac{\pi}{4}=1+\frac{\pi}{4}.$$

四、练习题

1. 设 $f(x)\in C[A,B]$,$A<a<b<B$,证明:
$$\lim_{h\to0}\int_a^b\frac{f(x+h)-f(x)}{h}\mathrm{d}x=f(b)-f(a).$$

2. 证明:$\int_0^{\sqrt{2\pi}}\sin x^2\mathrm{d}x>0$.

3. 设 $a>0$,$f'(x)\in C[0,a]$,则 $|f(0)|\leqslant\dfrac{1}{a}\int_0^a|f(x)|\mathrm{d}x+\int_0^a|f'(x)|\mathrm{d}x$.

4. 设 $f(x)$ 在 $[0,2\pi]$ 上单调,则 $\lim\limits_{p\to\infty}\int_0^{2\pi}f(x)\sin px\mathrm{d}x=0$.

5. 设 $f(x)\in C[0,+\infty)$ 且严格单调,$f(0)=0$,又设 $g(x)$ 为 $f(x)$ 的反函数且有
$$F(x)=xf(x)-\int_0^{f(x)}g(t)\mathrm{d}t.$$
证明:$F(x)$ 在 $[0,+\infty)$ 上可导,且 $\forall x\in[0,+\infty)$,有 $F'(x)=f(x)$.

6.（华中科技大学）　设 $f(x)$ 在 $[a,b]$ 上两次连续可微,令 $c=\dfrac{a+b}{2}$,证明:
$$\int_a^b f(x)\mathrm{d}x=(b-a)f(c)+\frac{1}{2}\int_a^b(b-x)^2 f''(x)\mathrm{d}x+\frac{1}{2}\int_a^c(x-a)^2 f''(x)\mathrm{d}x.$$

7.（东南大学）　(1)设 $f(x)$ 在 $[0,2]$ 上二阶连续可微,$f'(0)=f'(2)=0$. 证明:$\exists\xi\in[0,2]$ 使 $3\int_0^2 f(x)\mathrm{d}x=3(f(0)+f(2))+4f''(\xi)$.

(2)又若在(1)中只假定 $f(x)$ 在 $[0,2]$ 上存在二阶导数而不要求二阶导数连续,那么(1)中结论是否成立?

8.（重庆大学）　(1)设 $y=\varphi(x)(x\geqslant0)$ 是严格增加的函数,$\varphi(0)=0$,$x=\psi(y)$ 是其反函数,证明:$\int_0^a\varphi(x)\mathrm{d}x+\int_0^b\psi(y)\mathrm{d}y\geqslant ab(a,b\geqslant0)$. 并给出上述不等式的几何意义(要求图示);(2)用上述不等式证明:$ab\leqslant\dfrac{a^p}{p}+\dfrac{b^q}{q}$,$a,b>0$,$p>1$,$\dfrac{1}{p}+\dfrac{1}{q}=1$.

9.(东北大学) 设 $f(x)$ 是 R 上的连续可微函数,$f(0)=f(1)=0$,若 $\int_0^1 x^2 f^2(x)\mathrm{d}x=1$,证明:$\int_0^1 x^4 (f'(x))^2\mathrm{d}x \geqslant \dfrac{9}{4}$.

10.(东北大学) 设 $f(x)$ 在 $[a,b]$ 上有连续导函数,$f(a)=f(b)=0$,且 $\int_a^b f^2(x)\mathrm{d}x=1$ 证明:$\int_a^b xf(x)f'(x)\mathrm{d}x=-\dfrac{1}{2}$.

11.(中南大学) 设 $g_1(x)$ 和 $g_2(x)$ 满足:$\int_a^x g_1(t)\mathrm{d}t \leqslant \int_a^x g_2(t)\mathrm{d}t, a \leqslant x \leqslant b$,及 $\int_a^b g_1(t)\mathrm{d}t = \int_a^b g_2(t)\mathrm{d}t$,又设 $f(x)$ 可微、非增,则 $\int_a^b f(x)g_1(x)\mathrm{d}x \leqslant \int_a^b f(x)g_2(x)\mathrm{d}x$.

12. 设 $f(x)$ 在 $[a,b]$ 上有连续的二阶导数 $f''(x)$ 且 $f(a)=f(b)=0$,证明:

(1) $\int_a^b f(x)\mathrm{d}x = \dfrac{1}{2}\int_a^b (x-a)(x-b)f''(x)\mathrm{d}x$;

(2) $\left| \int_a^b f(x)\mathrm{d}x \right| \leqslant \dfrac{1}{12}(b-a)^3 \max_{a \leqslant x \leqslant b} |f''(x)|$.

13.(北京航空航天大学) 设 $f(x)$ 在 $[a,b]$ 上可导,且 $f'(x) \in R[a,b]$,$f(a)=0$,证明:

(1) $|f(x)| \leqslant \int_a^x |f'(t)|\mathrm{d}t, x \in [a,b]$;

(2) $2\int_a^b f^2(x)\mathrm{d}x \leqslant (b-a)^2 \int_a^b (f'(x))^2\mathrm{d}x$.

14.(武汉大学) 设 $f(x) \in C[0,1]$,证明:$\lim\limits_{h \to 0^+} \int_0^1 \dfrac{h}{h^2+x^2}f(x)\mathrm{d}x = \dfrac{\pi}{2}f(0)$.

15.(重庆大学) 设 $f(x) \in C[0,1]$,$\int_0^1 f(x)\mathrm{d}x=0$,$\int_0^1 xf(x)\mathrm{d}x=1$,则 $\exists x_0 \in (0,1)$,使 $|f(x_0)| \geqslant 4$.

16. 证明:当 $m < 2$ 时,$\lim\limits_{x \to 0^+} \dfrac{1}{x^m}\int_0^x \sin\dfrac{1}{t}\mathrm{d}t = 0$.

17. 证明:$\int_0^1 \dfrac{x^{n-1}}{1+x}\mathrm{d}x = \dfrac{1}{2n} + \dfrac{1}{4n^2} + o\left(\dfrac{1}{n^2}\right)$,$(n \to \infty)$.

18. 设 $f(x) \in C\left[0,\dfrac{\pi}{2}\right]$,$\int_0^{\frac{\pi}{2}} f(x)\sin x\mathrm{d}x = \int_0^{\frac{\pi}{2}} f(x)\cos x\mathrm{d}x = 0$,证明:$f(x)$ 在 $\left(0,\dfrac{\pi}{2}\right)$ 内至少有两个零点.

第 5 章　无穷级数

级数理论是数学分析的重要理论知识．本章的重点为数项级数收敛和函数项级数一致收敛的判别法、幂级数展开、傅里叶级数展开，数项级数收敛和函数项级数一致收敛的判别法为难点．本章内容包括数项级数收敛的概念、性质、敛散性的判别法、函数列与函数项级数一致收敛的概念、性质、判别法、和函数的性质、幂级数的收敛域、分析性质、幂级数展开、傅里叶级数的基本概念、傅里叶级数展开与相关结论．

5.1　数项级数

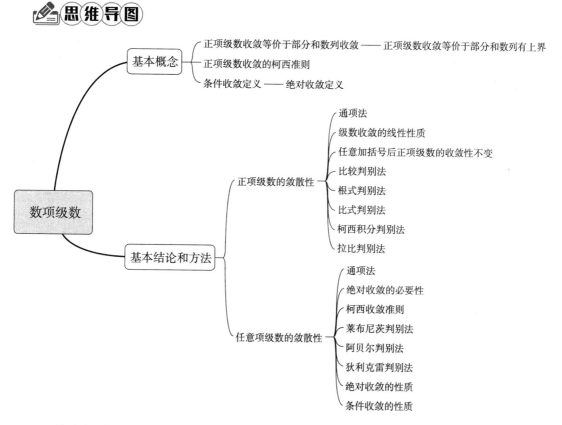

一、基本概念

设 $\displaystyle\sum_{n=1}^{\infty} u_n, u_n \geqslant 0$，令 $\displaystyle S_n = \sum_{k=1}^{n} u_k$．

(1) $\displaystyle\sum_{n=1}^{\infty} u_n$ 收敛 $\Leftrightarrow \{S_n\}$ 收敛 $\Leftrightarrow \{S_n\}$ 有上界．

素养教育 1:数项级数的和为部分和数列的极限,正项级数的和又是递增部分和数列的极限,培养学生把未知转化为已知的创新能力.

素养教育 2:反过来得到级数发散的等价性,级数发散阐释了量变到质变的哲学原理.

(2) $\sum\limits_{n=1}^{\infty} u_n$ 收敛 $\Leftrightarrow \forall \varepsilon > 0, \exists N,$ 当 $n > N$ 时,对 $\forall p \in N,$ 有 $|u_{n+1} + u_{n+2} + \cdots + u_{n+p}| < \varepsilon.$

素养教育:类比级数收敛与数列收敛的柯西准则,引导学生养成总结和归纳的学习习惯.

(3)条件收敛与绝对收敛.

素养教育:通过例题,引导学生掌握条件收敛与绝对收敛的区别,培养学生严谨的学习态度.

二、基本结论和方法

(一)正项级数的敛散性

(1)通项法: $\lim\limits_{n \to \infty} u_n \neq 0 \Rightarrow \sum\limits_{n=1}^{\infty} u_n$ 发散.

(2) $\sum\limits_{n=1}^{\infty} u_n$ 收敛, $\sum\limits_{n=1}^{\infty} v_n$ 收敛,则 $\sum\limits_{n=1}^{\infty} (\alpha u_n \pm \beta v_n)$ 收敛.

(3) $\sum\limits_{n=1}^{\infty} u_n$ 收敛,则对其项任意加括号后所得到的级数也收敛,且其和不变.

(4)常用的判别法:比较判别法、根式(柯西)判别法、比式(拉朗贝尔)判别法等.

素养教育:借助不同的级数案例,让学生总结各类判别法的适用范围,并比较判别法的优劣,养成良好的思维习惯.

(5)柯西积分判别法:设 $f(x) \geqslant 0, x \in [1, +\infty), f(x)$ 单调下降,则 $\sum\limits_{n=1}^{\infty} f(n)$ 收敛 $\Leftrightarrow \left\{\int_1^n f(x)\mathrm{d}x\right\}$ 收敛 $\Leftrightarrow \int_1^A f(x)\mathrm{d}x$ 关于 A 在 $[1, +\infty)$ 上有上界.

素养教育:积分判别法将级数与积分相联系,体现了离散与连续的对立统一性.

(6)拉比判别法:令 $R_n = n\left(\dfrac{u_n}{u_{n+1}} - 1\right),$ 则

①若 $\exists N,$ 当 $n > N$ 时, $R_n \geqslant r > 1,$ 则 $\sum\limits_{n=1}^{\infty} u_n$ 收敛;

②若 $\exists N,$ 当 $n > N$ 时, $R_n \leqslant 1,$ 则 $\sum\limits_{n=1}^{\infty} u_n$ 发散;

③若 $\lim\limits_{n \to \infty} R_n = r > 1,$ 则 $\sum\limits_{n=1}^{\infty} u_n$ 收敛;若 $\lim\limits_{n \to \infty} R_n = r < 1,$ 则 $\sum\limits_{n=1}^{\infty} u_n$ 发散;当 $r = 1$ 时,不能判定.

(二)任意项级数的敛散性

(1)通项法:若 $\lim\limits_{n \to \infty} u_n \neq 0,$ 则 $\sum\limits_{n=1}^{\infty} u_n$ 发散.

(2)若 $\sum\limits_{n=1}^{\infty} |u_n|$ 收敛,则 $\sum\limits_{n=1}^{\infty} u_n$ 收敛.

素养教育:该性质告诉学生,绝对收敛和条件收敛是不同的概念,是更强、更严格的概念,其逆否命题可以验证数项级数非绝对收敛,培养学生的严谨思维和逆向思维.

(3)常用的判别法:柯西收敛准则、莱布尼茨判别法、阿贝尔判别法、狄利克雷判别法.

①柯西收敛准则:级数 $\sum\limits_{n=1}^{\infty} u_n$ 收敛的充要条件是:任给正数 $\varepsilon,$ 总存在正整数 $N,$ 当 $m > N$ 时,对任意的正整数 $p,$ 都有 $|u_{m+1} + u_{m+2} + \cdots + u_{m+p}| < \varepsilon.$

②莱布尼茨判别法:若交错级数 $\sum\limits_{n=1}^{\infty} u_n$ 满足:数列 $\{u_n\}$ 单调递减; $\lim\limits_{n\to\infty} u_n = 0$,则该级数收敛.

③阿贝尔判别法:若 $\{a_n\}$ 为单调有界数列,且级数 $\sum b_n$ 收敛,则级数 $\sum a_n b_n = a_1 b_1 + a_2 b_2 + \cdots + a_n b_n + \cdots$ 收敛.

④狄利克雷判别法:若数列 $\{a_n\}$ 单调递减,且 $\lim\limits_{n\to\infty} a_n = 0$,又级数 $\sum b_n$ 的部分和数列有界,则级数 $\sum a_n b_n = a_1 b_1 + a_2 b_2 + \cdots + a_n b_n + \cdots$ 收敛.

注:阿贝尔判别法、狄利克雷判别法是判别条件收敛的有用方法,莱布尼茨判别法是狄利克雷判别法的特殊情况.

素养教育:介绍国际著名数学家的故事,引导学生学习数学家对真理的追求精神和严谨的科学态度,坚定拼搏的信念.

(4)记 $u_n^+ = \dfrac{|u_n| + u_n}{2}$, $u_n^- = \dfrac{|u_n| - u_n}{2}$,则

① $\sum\limits_{n=1}^{\infty} |u_n|$ 收敛 $\Leftrightarrow \sum\limits_{n=1}^{\infty} u_n^+$ 与 $\sum\limits_{n=1}^{\infty} u_n^-$ 都收敛;

② $\sum\limits_{n=1}^{\infty} u_n^+$ 与 $\sum\limits_{n=1}^{\infty} u_n^-$ 一个收敛、一个发散,则 $\sum\limits_{n=1}^{\infty} u_n$ 发散;

③ $\sum\limits_{n=1}^{\infty} u_n$ 条件收敛,则 $\sum\limits_{n=1}^{\infty} u_n^+$ 与 $\sum\limits_{n=1}^{\infty} u_n^-$ 都发散.

(5)级数乘积:

① $\sum\limits_{n=1}^{\infty} u_n$, $\sum\limits_{n=1}^{\infty} v_n$ 一个条件收敛,一个绝对收敛,和分别为 A 和 B,则它们的柯西乘积 $\sum\limits_{n=1}^{\infty} c_n$ 收敛到 AB;

② $\sum\limits_{n=1}^{\infty} u_n$, $\sum\limits_{n=1}^{\infty} v_n$ 都绝对收敛,和分别为 A 和 B,则它们的柯西乘积 $\sum\limits_{n=1}^{\infty} c_n$ 绝对收敛,且 $u_i v_j$ 按任意方式排列所得级数绝对收敛且收敛到 AB.

三、例题选讲

例 1　判断下列级数的敛散性.

(1) $\sum\limits_{n=1}^{\infty} \dfrac{4^n (n!)^2}{n^{2n}}$; (2) $\sum\limits_{n=1}^{\infty} \dfrac{\sin \frac{1}{n}}{\ln n}$; (3) $\sum\limits_{n=1}^{\infty} \left(\dfrac{1}{n^p} - \sin \dfrac{1}{n^p} \right), (p > 0)$;

(4) $\sum\limits_{n=1}^{\infty} \left(\dfrac{1}{n^p} - \ln\left(1 + \dfrac{1}{n^p}\right) \right), (p > 0)$; (5) $\sum\limits_{n=1}^{\infty} \dfrac{x^n n!}{n^n}, (x > 0)$;

(6) $\sum\limits_{n=1}^{\infty} \dfrac{(2n-1)!!}{(2n)!!} \cdot \dfrac{1}{2n+1}$; (7) $\sum\limits_{n=2}^{\infty} \dfrac{1}{(\ln n)^{\ln n}}$;

(8)(武汉大学)　判断 $\sum\limits_{n=1}^{\infty} \arctan \dfrac{1}{2n^2}$ 的敛散性,并求其值.

解　(1) 因为 $\lim\limits_{n\to\infty} \dfrac{u_{n+1}}{u_n} = \lim\limits_{n\to\infty} \dfrac{4}{\left(1 + \frac{1}{n}\right)^{2n}} = \dfrac{4}{e^2} < 1$,所以级数收敛.

(2)因为 $\lim\limits_{n\to\infty} \dfrac{\frac{\sin \frac{1}{n}}{\ln n}}{\frac{1}{n \ln n}} = 1$, 而 $\sum\limits_{n=2}^{\infty} \dfrac{1}{n \ln n}$ 发散,所以 $\sum\limits_{n=1}^{\infty} \dfrac{\sin \frac{1}{n}}{\ln n}$ 发散.

(3)因为 $\lim\limits_{x \to 0} \dfrac{x - \sin x}{x^3} = \dfrac{1}{6}$,所以

$$\lim\limits_{n \to \infty} \frac{\dfrac{1}{n^p} - \sin \dfrac{1}{n^p}}{\dfrac{1}{n^{3p}}} = \frac{1}{6},$$

所以 $\sum\limits_{n=1}^{\infty} \left(\dfrac{1}{n^p} - \sin \dfrac{1}{n^p} \right)$ 与 $\sum\limits_{n=1}^{\infty} \dfrac{1}{n^{3p}}$ 的敛散性一致,故当 $p > \dfrac{1}{3}$ 时收敛,当 $0 < p \leqslant \dfrac{1}{3}$ 时发散.

(4)因为 $\lim\limits_{x \to 0} \dfrac{x - \ln(1+x)}{x^2} = \dfrac{1}{2}$,所以

$$\lim\limits_{n \to \infty} \frac{\dfrac{1}{n^p} - \ln\left(1 + \dfrac{1}{n^p}\right)}{\dfrac{1}{n^{2p}}} = \frac{1}{2}.$$

所以 $\sum\limits_{n=1}^{\infty} \left(\dfrac{1}{n^p} - \ln\left(1 + \dfrac{1}{n^p}\right) \right)$ 与 $\sum\limits_{n=1}^{\infty} \dfrac{1}{n^{2p}}$ 的敛散性一致,故当 $p > \dfrac{1}{2}$ 时收敛,当 $0 < p \leqslant \dfrac{1}{2}$ 时发散.

(5)利用比式(拉朗贝尔)判别法或根式(柯西)判别法可判定当 $0 < x < \mathrm{e}$ 时收敛,当 $x \geqslant \mathrm{e}$ 时发散.

(6)利用拉比判别法,因为 $\lim\limits_{n \to \infty} n\left(\dfrac{u_n}{u_{n+1}} - 1 \right) = \dfrac{3}{2} > 1$,所以级数收敛.

(7)**证明** 因为 $(\ln n)^{\ln n} = n^{\ln \ln n}$,所以当 $n > 2\,000$ 时,$\ln \ln n > 2$,因而当 $n > 2\,000$ 时,有 $\dfrac{1}{(\ln n)^{\ln n}} = \dfrac{1}{n^{\ln \ln n}} < \dfrac{1}{n^2}$,所以 $\sum\limits_{n=2}^{\infty} \dfrac{1}{(\ln n)^{\ln n}}$ 收敛.

(8)**解** 因为 $\arctan x \sim x, (x \to 0)$,则

$$\lim\limits_{n \to \infty} \frac{\arctan \dfrac{1}{2n^2}}{\dfrac{1}{2n^2}} = 1,$$

又 $\sum\limits_{n=1}^{\infty} \dfrac{1}{2n^2}$ 收敛,所以 $\sum\limits_{n=1}^{\infty} \arctan \dfrac{1}{2n^2}$ 也收敛. 又因为

$$\arctan \frac{1}{2n^2} = \arctan(2n+1) - \arctan(2n-1),$$

所以

$$\sum\limits_{k=1}^{n} \arctan \frac{1}{2k^2} = \sum\limits_{k=1}^{n} (\arctan(2k+1) - \arctan(2k-1)) \to \frac{\pi}{4}, (n \to \infty).$$

即

$$\sum\limits_{n=1}^{\infty} \arctan \frac{1}{2n^2} = \frac{\pi}{4}.$$

例 2 讨论级数 $\sum\limits_{n=1}^{\infty} \left| \sin(\sqrt{n^2+1}\,\pi) \right|^p, (p > 0)$ 的敛散性.

解 因为

$$\sin(\sqrt{n^2+1}\,\pi) = (-1)^n \sin \frac{\pi}{\sqrt{n^2+1}+n},$$

所以

$$\left| \sin(\sqrt{n^2+1}\,\pi) \right|^p = \left| \sin \frac{\pi}{\sqrt{n^2+1}+n} \right|^p,$$

又因为

$$\lim\limits_{n \to \infty} \frac{\left| \sin \sqrt{n^2+1}\,\pi \right|^p}{\left| \dfrac{\pi}{\sqrt{n^2+1}+n} \right|^p} = 1,$$

所以 $\sum\limits_{n=1}^{\infty}\big|\sin(\sqrt{n^2+1}\,\pi)\big|^p$ 与 $\sum\limits_{n=1}^{\infty}\Big(\dfrac{\pi}{\sqrt{n^2+1}+n}\Big)^p$ 的敛散性一致,故当 $p>1$ 时收敛,当 $0<p\leqslant 1$ 时发散.

例 3　证明:若 $\{a_n\}$ 为递减正数列,则 $\sum\limits_{n=1}^{\infty}a_n$ 与 $\sum\limits_{m=0}^{\infty}2^m a_{2^m}$ 同敛散.

证明　因为对正项级数任意加括号不改变其敛散性,所以由

$$\sum_{n=1}^{\infty}a_n = a_1 + (a_2+a_3) + (a_4+a_5+a_6+a_7) + (a_8+\cdots+a_{15}) + \cdots$$

$$\leqslant a_1 + 2a_2 + 4a_4 + 8a_8 + \cdots = \sum_{m=0}^{\infty}2^m a_{2^m}$$

和

$$\sum_{n=1}^{\infty}a_n = a_1 + a_2 + (a_3+a_4) + (a_5+a_6+a_7+a_8) + (a_9+\cdots+a_{16}) + \cdots$$

$$\geqslant a_1 + a_2 + 2a_4 + 2^2 a_{2^3} + 2^3 a_{2^4} + \cdots = a_1 + \frac{1}{2}\sum_{m=1}^{\infty}2^m a_{2^m}$$

知,级数 $\sum\limits_{n=1}^{\infty}a_n$ 与 $\sum\limits_{m=0}^{\infty}2^m a_{2^m}$ 同敛散.

利用这个结果可证明:当 $p>1$ 时,下列级数收敛.

(1) $\sum\limits_{n=2}^{\infty}\dfrac{1}{n(\ln n)^p}$;　(2) $\sum\limits_{n=3}^{\infty}\dfrac{1}{n\ln n(\ln\ln n)^p}$.

证明　(1) $\left\{\dfrac{1}{n(\ln n)^p}\right\}$ 是递减正数列,且 $2^m a_{2^m} = 2^m\dfrac{1}{2^m(\ln 2^m)^p} = \dfrac{1}{(\ln 2)^p}\cdot\dfrac{1}{m^p}$. 由

$$\sum_{m=1}^{\infty}2^m a_{2^m} = \frac{1}{(\ln 2)^p}\sum_{m=1}^{\infty}\frac{1}{m^p}$$ 收敛,知原级数收敛.

(2) $\left\{\dfrac{1}{n\ln n(\ln\ln n)^p}\right\}$ 是递减正数列,且

$$2^m a_{2^m} = 2^m\frac{1}{2^m\ln 2^m(\ln\ln 2^m)^p} = \frac{1}{m\ln 2(\ln m+\ln\ln 2)^p},$$

而

$$\frac{1}{m\ln 2(\ln m+\ln\ln 2)^p}\Big/\frac{1}{m(\ln m)^p}\to\frac{1}{\ln 2}>0\quad(m\to\infty),$$

由(1)知,级数 $\sum\limits_{m=2}^{\infty}\dfrac{1}{m\ln 2(\ln m+\ln\ln 2)^p}$ 收敛,从而原级数收敛.

由此可见,当 $p>1$ 时,正项级数 $\sum\limits_{n=1}^{\infty}\dfrac{1}{n^p}$,$\sum\limits_{n=2}^{\infty}\dfrac{1}{n(\ln n)^p}$,$\sum\limits_{n=3}^{\infty}\dfrac{1}{n\ln n(\ln\ln n)^p}$ 都收敛,后者依次比前者收敛更慢. 类似地可继续写出收敛得更慢的正项级数(从这也可说明不存在收敛最慢的正项级数). 当 $p\leqslant 1$ 时,它们都发散.

例 4　(北京科技大学)　设正项级数 $\sum\limits_{n=1}^{\infty}a_n$ 收敛,且 $\mathrm{e}^{a_n}=a_n+\mathrm{e}^{a_n+b_n}$ $(n=1,2,\cdots)$,证明:$\sum\limits_{n=1}^{\infty}b_n$ 收敛.

证明　由 $\mathrm{e}^{a_n}=a_n+\mathrm{e}^{a_n+b_n}$,可得 $b_n=\ln(\mathrm{e}^{a_n}-a_n)-a_n$,所以只需证 $\sum\limits_{n=1}^{\infty}\ln(\mathrm{e}^{a_n}-a_n)$ 收敛,因为 $\sum\limits_{n=1}^{\infty}a_n$ 收敛,所以 $\lim\limits_{n\to\infty}a_n=0$,又因为

$$\lim_{x\to 0}\frac{\ln(\mathrm{e}^x-x)}{x}=\lim_{x\to 0}\frac{\mathrm{e}^x-1}{\mathrm{e}^x-x}=0,$$

所以

$$\lim_{n\to\infty}\frac{\ln(e^{a_n}-a_n)}{a_n}=0,$$

由比较判别法的极限形式知 $\displaystyle\sum_{n=1}^{\infty}\ln(e^{a_n}-a_n)$ 收敛,从而有 $\displaystyle\sum_{n=1}^{\infty}b_n$ 收敛.

例 5 (中南大学) 设 $\lim\limits_{n\to\infty}na_n$ 存在,且 $\displaystyle\sum_{n=1}^{\infty}n(a_n-a_{n-1})$ 收敛,证明: $\displaystyle\sum_{n=1}^{\infty}a_n$ 收敛.

解 因为 $\lim\limits_{n\to\infty}na_n$ 存在,所以 $\displaystyle\sum_{n=1}^{\infty}\left(na_n-(n-1)a_{n-1}\right)$ 收敛,又因为 $\displaystyle\sum_{n=1}^{\infty}n(a_n-a_{n-1})$ 收敛及

$$\sum_{i=1}^{n}a_{i-1}=\sum_{i=1}^{n}\left(ia_i-(i-1)a_{i-1}\right)-\sum_{i=1}^{n}i(a_i-a_{i-1})$$

知 $\displaystyle\sum_{n=1}^{\infty}a_n$ 收敛.

例 6 若 $\lim\limits_{n\to\infty}\left(n^{2n\sin\frac{1}{n}}a_n\right)=1$,级数 $\displaystyle\sum_{n=1}^{\infty}a_n$ 是否收敛?试证明之.

解 由

$$\lim_{n\to\infty}\left(n^{2n\sin\frac{1}{n}}a_n\right)=\lim_{n\to\infty}\frac{a_n}{n^{-2n\sin\frac{1}{n}}}=1$$

及

$$\lim_{n\to\infty}n^{-2n\sin\frac{1}{n}}=\lim_{n\to\infty}\left(\frac{1}{n^2}\right)^{n\sin\frac{1}{n}}=0$$

可知,当 $n\to\infty$ 时,a_n 与 $n^{-2n\sin\frac{1}{n}}$ 为等价无穷小量. 又由 $0\leqslant n^{-2n\sin\frac{1}{n}}\sim\dfrac{1}{n^2}(n\to\infty)$ 知,$\displaystyle\sum_{n=1}^{\infty}a_n$ 收敛.

例 7 (上海财经大学) 记 $u_n^+=\dfrac{|u_n|+u_n}{2}$,$u_n^-=\dfrac{|u_n|-u_n}{2}$,$\displaystyle\sum_{n=1}^{\infty}u_n$ 条件收敛,求证: $\displaystyle\sum_{n=1}^{\infty}u_n^+$ 与 $\displaystyle\sum_{n=1}^{\infty}u_n^-$ 都发散,并且

$$\frac{\displaystyle\sum_{n=1}^{\infty}u_n^-}{\displaystyle\sum_{n=1}^{\infty}u_n^+}=1.$$

证明 由于 $\displaystyle\sum_{n=1}^{\infty}u_n$ 条件收敛,并且

$$\sum_{n=1}^{\infty}u_n^+=\frac{1}{2}\left(\sum_{n=1}^{\infty}|u_n|+\sum_{n=1}^{\infty}u_n\right),\quad \sum_{n=1}^{\infty}u_n^-=\frac{1}{2}\left(\sum_{n=1}^{\infty}|u_n|-\sum_{n=1}^{\infty}u_n\right),$$

所以 $\displaystyle\sum_{n=1}^{\infty}u_n^+$ 与 $\displaystyle\sum_{n=1}^{\infty}u_n^-$ 都发散于无穷大. 令

$$p_n=\sum_{k=1}^{n}u_k^+,\quad q_n=\sum_{k=1}^{n}u_k^-.$$

则 $\lim\limits_{n\to\infty}p_n=\displaystyle\sum_{n=1}^{\infty}u_n^+=+\infty$,从而

$$\frac{\displaystyle\sum_{n=1}^{\infty}u_n^+}{\displaystyle\sum_{n=1}^{\infty}u_n^-}=\lim_{n\to\infty}\frac{q_n}{p_n}=1-\lim_{n\to\infty}\frac{\displaystyle\sum_{k=1}^{n}u_k}{p_n}=1.$$

例 8 （河北工业大学）　设函数 $f(x)$ 满足：(1) 在 $[0,+\infty)$ 上单调增加；(2) $\lim\limits_{x\to+\infty} f(x)=A$；(3) $f''(x)$ 存在且 $f''(x)<0,x\in[0,+\infty)$，则 (1) $\sum\limits_{n=1}^{\infty}(f(n+1)-f(n))$ 收敛；(2) $\sum\limits_{n=1}^{\infty}f'(n)$ 收敛.

证明　(1) 由 $\lim\limits_{x\to+\infty}f(x)=A$，知 $\lim\limits_{n\to\infty}f(n)=A$，因而有 $\sum\limits_{n=1}^{\infty}(f(n+1)-f(n))$ 收敛.

(2) 由 $f''(x)<0,x\in[0,+\infty)$ 知 $f'(x)$ 单调下降，因为 $f(x)$ 单调增加，所以 $f'(x)\geqslant0$，又因为 $f(n+1)-f(n)=f'(\xi_n)\geqslant f'(n+1),(n<\xi_n<n+1)$，由 (1) 及比较判别法知 $\sum\limits_{n=1}^{\infty}f'(n+1)$ 收敛，因而 $\sum\limits_{n=1}^{\infty}f'(n)$ 收敛.

例 9 （安徽大学）若 $\sum\limits_{n=1}^{\infty}u_n$ 是收敛的正项级数，并且数列 $\{u_n\}$ 单调下降，证明：$\lim\limits_{n\to\infty}nu_n=0$.

证明　因为 $\sum\limits_{n=1}^{\infty}u_n$ 收敛，所以 $\forall\varepsilon>0,\exists N$，当 $n>N$ 时，有 $|u_{n+1}+u_{n+2}+\cdots+u_{2n}|<\dfrac{\varepsilon}{2}$，又 $\{u_n\}$ 单调下降，所以

$$nu_{2n}\leqslant u_{n+1}+u_{n+2}+\cdots+u_{2n}<\frac{\varepsilon}{2},$$

则 $0\leqslant2nu_{2n}<\varepsilon$，因而有 $\lim\limits_{n\to\infty}2nu_{2n}=0$. 又

$$0\leqslant(2n+1)u_{2n+1}\leqslant2nu_{2n}+u_{2n+1}\to0\quad(n\to\infty),$$

所以 $\lim\limits_{n\to\infty}(2n+1)u_{2n+1}=0$. 则 $\lim\limits_{n\to\infty}nu_n=0$.

例 10 （数学 I）设 $u_n\neq0$，且 $\lim\limits_{n\to\infty}\dfrac{n}{u_n}=1$，考察级数 $\sum\limits_{n=1}^{\infty}(-1)^{n+1}\left(\dfrac{1}{u_n}+\dfrac{1}{u_{n+1}}\right)$ 的绝对收敛性.

解　由 $\lim\limits_{n\to\infty}\dfrac{n}{u_n}=1$ 可知，$\lim\limits_{n\to\infty}\dfrac{1}{u_n}=0$. 而

$$S_n=\sum\limits_{k=1}^{n}(-1)^{k+1}\left(\frac{1}{u_k}+\frac{1}{u_{k+1}}\right)=\frac{1}{u_1}+(-1)^{n+1}\frac{1}{u_{n+1}}.$$

所以 $\lim\limits_{n\to\infty}S_n=\dfrac{1}{u_1}$，即所考察的级数收敛. 但由

$$\left|\frac{1}{u_n}+\frac{1}{u_{n+1}}\right|=\frac{1}{n}\left|\frac{n}{u_n}+\frac{n}{u_{n+1}}\right|\sim\frac{2}{n},\quad(n\to\infty)$$

可知，$\sum\limits_{n=1}^{\infty}\left|\dfrac{1}{u_n}+\dfrac{1}{u_{n+1}}\right|$ 发散，故原级数为条件收敛.

例 11 （南京理工大学）　设 $f(x)$ 为 $[-1,1]$ 上定义的函数，$f'''(x)$ 连续，证明：$\sum\limits_{n=1}^{\infty}\left(n\left(f\left(\dfrac{1}{n}\right)-f\left(-\dfrac{1}{n}\right)\right)-2f'(0)\right)$ 收敛.

证明　因 $f'''(x)$ 连续，则 $\exists M>0$，使 $|f'''(x)|\leqslant M,\forall x\in[-1,1]$，又由泰勒公式有

$$f(x)=f(0)+f'(0)x+\frac{f''(0)}{2}x^2+\frac{f'''(\xi)}{3!}x^3,\quad\xi\in(0,x),$$

并且

$$f\left(\frac{1}{n}\right)=f(0)+f'(0)\frac{1}{n}+\frac{f''(0)}{2}\left(\frac{1}{n}\right)^2+\frac{f'''(\xi_1)}{3!}\left(\frac{1}{n}\right)^3,\quad\xi_1\in\left(0,\frac{1}{n}\right),$$

$$f\left(-\frac{1}{n}\right)=f(0)-f'(0)\frac{1}{n}+\frac{f''(0)}{2}\left(\frac{1}{n}\right)^2-\frac{f'''(\xi_2)}{3!}\left(\frac{1}{n}\right)^3,\quad\xi_2\in\left(-\frac{1}{n},0\right).$$

上两式相减，则有

$$\left| n\left(f\left(\frac{1}{n}\right)-f\left(-\frac{1}{n}\right)\right)-2f'(0)\right|\leqslant\frac{|f'''(\xi_1)+f'''(\xi_2)|}{3!}\cdot\frac{1}{n^2}\leqslant\frac{M}{3}\cdot\frac{1}{n^2},$$

而数项级数 $\sum\limits_{n=1}^{\infty}\dfrac{1}{n^2}$ 收敛,所以 $\sum\limits_{n=1}^{\infty}\left(n\left(f\left(\dfrac{1}{n}\right)-f\left(-\dfrac{1}{n}\right)\right)-2f'(0)\right)$ (绝对)收敛.

例 12 讨论级数 $\sum\limits_{n=1}^{\infty}\dfrac{(-1)^{n-1}}{n^{p+\frac{1}{n}}}$ 的绝对收敛与条件收敛.

解 (1)当 $p\leqslant 0$ 时,通项不趋于零,级数发散.

(2)当 $p>1$ 时, $\left|\dfrac{(-1)^{n-1}}{n^{p+\frac{1}{n}}}\right|<\dfrac{1}{n^p}$,此时原级数绝对收敛.

(3)当 $0<p\leqslant 1$ 时, $\sum\limits_{n=1}^{\infty}\dfrac{(-1)^{n-1}}{n^p}$ 收敛, $\left\{\dfrac{1}{n^{\frac{1}{n}}}\right\}$ 单调有界,由阿贝尔判别法知级数收敛,又

$$\frac{\left|\dfrac{(-1)^{n-1}}{n^{p+\frac{1}{n}}}\right|}{\dfrac{1}{n^p}}\to 1\quad(n\to\infty)$$

故此时原级数条件收敛.

例 13 (上海理工大学) 设 $a_n>0,(n=1,2,\cdots)$,数列 $\{a_n\}$ 单调减少,级数 $\sum\limits_{n=1}^{\infty}(-1)^n a_n$ 发散,试判别级数 $\sum\limits_{n=1}^{\infty}\left(\dfrac{1}{1+a_n}\right)^n$ 的敛散性.

解 因为 $\{a_n\}$ 单调减少有下界,因此 $\lim\limits_{n\to\infty}a_n$ 存在,设 $\lim\limits_{n\to\infty}a_n=A$,则 $A\geqslant 0$,若 $A=0$,则级数 $\sum\limits_{n=1}^{\infty}(-1)^n a_n$ 为莱布尼茨型级数,因而收敛,矛盾,因此 $A>0$,所以

$$\lim_{n\to\infty}\sqrt[n]{\left(\frac{1}{1+a_n}\right)^n}=\frac{1}{1+A}<1$$

由柯西判别法知级数 $\sum\limits_{n=1}^{\infty}\left(\dfrac{1}{1+a_n}\right)^n$ 收敛.

例 14 设 $x_n=1+\dfrac{1}{\sqrt{2}}+\cdots+\dfrac{1}{\sqrt{n}}-2\sqrt{n}$,证明: $\lim\limits_{n\to\infty}x_n$ 存在.

证明 记 $x_0=0$,则 $x_n=\sum\limits_{k=1}^{n}(x_k-x_{k-1})$ 是 $\sum\limits_{n=1}^{\infty}(x_n-x_{n-1})$ 的部分和,因为

$$x_k-x_{k-1}=\frac{1}{\sqrt{k}}-2\sqrt{k}+2\sqrt{k-1}=\frac{1}{\sqrt{k}}-\frac{2}{\sqrt{k}+\sqrt{k-1}}$$

$$=\frac{\sqrt{k-1}-\sqrt{k}}{\sqrt{k}(\sqrt{k}+\sqrt{k-1})}=\frac{-1}{\sqrt{k}(\sqrt{k}+\sqrt{k-1})^2},$$

又

$$\lim_{k\to\infty}\frac{\dfrac{1}{\sqrt{k}(\sqrt{k}+\sqrt{k-1})^2}}{\dfrac{1}{k^{\frac{3}{2}}}}=1$$

而 $\sum\limits_{k=1}^{\infty}\dfrac{1}{k^{\frac{3}{2}}}$ 收敛,所以 $\sum\limits_{n=1}^{\infty}(x_n-x_{n-1})$ 收敛,即 $\lim\limits_{n\to\infty}x_n$ 存在.

例 15 （哈尔滨工业大学）　设级数 $\sum_{n=1}^{\infty} a_n$ 收敛，级数 $\sum_{n=1}^{\infty}(b_{n+1}-b_n)$ 绝对收敛，证明：级数 $\sum_{n=1}^{\infty} a_n b_n$ 收敛.

证明　因为 $\sum_{n=1}^{\infty}(b_{n+1}-b_n)$ 收敛，设 $s=\sum_{n=1}^{\infty}(b_{n+1}-b_n)$，则 $\lim_{n\to\infty}\sum_{k=1}^{n}(b_{k+1}-b_k)=s$，即 $\lim_{n\to\infty} b_{n+1}=s+b_1$，设 $A_n=\sum_{k=1}^{n} a_k$，由 $\sum_{n=1}^{\infty} a_n$ 收敛知，$\exists M>0$，使 $|A_n|\leqslant M(n=1,2,\cdots)$，由阿贝尔变换有

$$\sum_{k=1}^{n} a_k b_k = b_n A_n - \sum_{i=1}^{n-1}(b_{i+1}-b_i)A_i$$

式中，$A_i=a_1+a_2+\cdots+a_i$，由 $\sum_{n=1}^{\infty}(b_{n+1}-b_n)$ 绝对收敛及 $\{A_n\}$ 有界知 $\sum_{n=1}^{\infty}(b_{n+1}-b_n)A_n$ 绝对收敛，所以 $\sum_{n=1}^{\infty}(b_{n+1}-b_n)A_n$ 收敛，所以 $\lim(b_n A_n - \sum_{i=1}^{n-1}(b_{i+1}-b_i)A_i)$ 存在（有限），即 $\sum_{n=1}^{\infty} a_n b_n$ 收敛.

例 16 （石油大学）　设 $a_1=2,a_{n+1}=\frac{1}{2}\left(a_n+\frac{1}{a_n}\right)$，求证：$\lim_{n\to\infty} a_n$ 存在，并且级数 $\sum_{n=1}^{\infty}\left(\frac{a_n}{a_{n+1}}-1\right)$ 收敛.

证明　因为 $a_{n+1}=\frac{1}{2}\left(a_n+\frac{1}{a_n}\right)\geqslant 1,a_{n+1}-a_n=\frac{1}{2}\left(-a_n+\frac{1}{a_n}\right)=\frac{1-a_n^2}{2a_n}\leqslant 0$，由单调有界定理，$\lim_{n\to\infty} a_n$ 存在，设极限为 $\lim_{n\to\infty} a_n=a$. 由于 $a_n\geqslant a_{n+1}\geqslant 1$，级数 $\sum_{n=1}^{\infty}\left(\frac{a_n}{a_{n+1}}-1\right)$ 为正项级数. 又

$$\frac{a_n}{a_{n+1}}-1=\frac{a_n-a_{n+1}}{a_{n+1}}\leqslant a_n-a_{n+1}$$

而正项级数 $\sum_{n=1}^{\infty}(a_n-a_{n+1})=\lim_{n\to\infty}(a_1-a_{n+1})=a_1-a$，则由比较原则知，级数 $\sum_{n=1}^{\infty}\left(\frac{a_n}{a_{n+1}}-1\right)$ 收敛.

四、练习题

1.（南京理工大学）　问 α 取何值时，级数 $\sum_{n=1}^{\infty}\left(\frac{1}{n}-\sin\frac{1}{n}\right)^{\alpha}$ 收敛？

2.（扬州大学）　判断级数 $\sum_{n=1}^{\infty}\left(\frac{1}{n}-\ln\left(1+\frac{1}{n}\right)\right)$ 的敛散性.

3. 判断级数 $\sum_{n=1}^{\infty}\frac{n!}{(x+1)(x+2)\cdots(x+n)},x>0$.（提示：利用拉比判别法）

4. 判断级数(1) $\sum_{n=1}^{\infty}\frac{1}{3^{\ln n}}$；　(2) $\sum_{n=2}^{\infty}\frac{1}{\ln n!}$ 的敛散性.

5. 若 $\sum_{n=1}^{\infty} u_n$ 收敛，$u_n>0$，证明当 $p>\frac{1}{2}$ 时，$\sum_{n=1}^{\infty}\frac{\sqrt{u_n}}{n^p}$ 收敛.

6. 设 $\{nu_n\}$ 有界，则 $\sum_{n=1}^{\infty} u_n^2$ 收敛，因而 $\sum_{n=1}^{\infty}\frac{u_n}{n}$ 收敛.

7. 设 $u_n\geqslant 0,\sum_{n=1}^{\infty} u_n$ 收敛，则 $\sum_{n=1}^{\infty}\sqrt{u_n u_{n+1}}$ 也收敛，反之如何？又若 $\{u_n\}$ 单调，且 $\sum_{n=1}^{\infty}\sqrt{u_n u_{n+1}}$ 收敛，那么 $\sum_{n=1}^{\infty} u_n$ 是否收敛？

8.（北京科技大学） 判断下列级数的敛散性：

(1) $\displaystyle\sum_{n=1}^{\infty} \frac{e^n n!}{n^n}$ ； (2) $\displaystyle\sum_{n=1}^{\infty} (-1)^n \frac{\ln(n+1)}{n+1}$.

9. 判断级数 $\displaystyle\sum_{n=1}^{\infty} \sin(\sqrt{n^2+a^2}\,\pi)$ 的敛散性．

（提示：$a_n = \sin(\sqrt{n^2+a^2}\,\pi) = (-1)^n \sin\dfrac{\pi a^2}{\sqrt{n^2+a^2}+n}$ ，则原级数为莱布尼茨型级数）

10. 判断级数 $\displaystyle\sum_{n=1}^{\infty} \sin\left(n\pi + \frac{1}{\ln n}\right)$ 是绝对收敛，条件收敛，还是发散？

11. 设偶函数 $f(x)$ 的二阶导数 $f''(x)$ 在 $x=0$ 的某邻域内连续，且 $f(0)=1, f''(0)=2$，证明：$\displaystyle\sum_{n=1}^{\infty}\left(f\left(\frac{1}{n}\right)-1\right)$ 绝对收敛．

12. 设级数 $\displaystyle\sum_{n=1}^{\infty} a_n$ 收敛，证明：$\displaystyle\lim_{n\to\infty}\frac{a_1+2a_2+\cdots+na_n}{n}=0$.

（提示：令 $\displaystyle\sum_{n=1}^{\infty} a_n = s, s_n = \sum_{k=1}^{n} a_k$ ，再用阿贝尔变换）

13.（东北大学） 判别级数 $\displaystyle\sum_{n=2}^{\infty} \frac{\sin nx}{\ln n}$ 的敛散性．

14.（苏州大学） 函数 $f(x)$ 在 $x-0$ 邻域中有二阶导数，且 $\displaystyle\lim_{x\to\infty}\frac{f(x)}{x}=0$，证明：

(1) $\displaystyle\sum_{n=1}^{\infty} f\left(\frac{1}{n}\right)$ 绝对收敛；(2)若数列 $\{a_n\}$ 满足 $\dfrac{a_{n+1}}{a_n}=1+f\left(\dfrac{1}{n}\right)$，则 $\displaystyle\lim_{n\to\infty} a_n$ 存在且大于 0.

15.（浙江大学） 设 $f(x)$ 在区间 $(-1,1)$ 内具有直到三阶的连续导数，且 $f(0)=0$，$\displaystyle\lim_{x\to\infty}\frac{f'(x)}{x}=0$，试证：$\displaystyle\sum_{n=2}^{\infty} nf\left(\frac{1}{n}\right)$ 绝对收敛．

16.（东南大学） 证明：$\displaystyle\sum_{n=1}^{\infty} (-1)^{n-1}(\sqrt[n]{n}-1)$ 条件收敛．

17.（上海理工大学） 证明：$a_n>0, a_n>a_{n+1} (n=1,2,\cdots), \displaystyle\lim_{n\to\infty} a_n=0$，则级数 $\displaystyle\sum_{n=1}^{\infty} (-1)^n$ $\dfrac{a_1+a_2+\cdots+a_n}{n}$ 收敛．（提示：用莱布尼茨判别法或狄利克雷判别法）

18. 设级数 $\displaystyle\sum_{n=1}^{\infty} a_n$ 与 $\displaystyle\sum_{n=0}^{\infty} |b_n - b_{n+1}|$ 都收敛，证明：对每一个正整数 q，级数 $\displaystyle\sum_{n=1}^{\infty} a_n b_n^q$ 收敛．

5.2　函数列与函数项级数

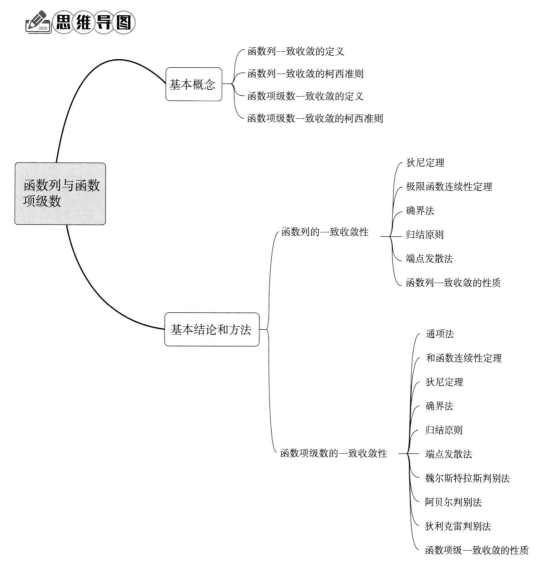

一、基本概念

（1）函数列 $\{f_n(x)\}$ 在 D 上一致收敛于 $f(x)$ $\Leftrightarrow$ $\forall \varepsilon > 0$，$\exists N$，$\forall n > N$，$\forall x \in D$ 有 $|f_n(x) - f(x)| < \varepsilon$.

素养教育：通过例题将一致收敛与收敛进行比较，引导学生寻找反例，养成严谨的学习态度，掌握概念的本质差别.

（2）函数列 $\{f_n(x)\}$ 在 D 上非一致收敛于 $f(x)$ $\Leftrightarrow$ $\exists \varepsilon_0 > 0$，$\forall N$，$\exists n_0 > N$，$\exists x_0 \in D$ 有 $|f_{n_0}(x_0) - f(x_0)| \geqslant \varepsilon_0$.

（3）用柯西准则判别：一致收敛、非一致收敛.

（4）函数项级数的一致收敛的定义.

素养教育:函数项级数的一致收敛性可转化为数项级数的收敛性,引导学生化繁为简,化难为易,逐步提高解决问题的能力.

(5)用柯西准则判别函数项级数:一致收敛、非一致收敛.

素养教育:类比级数收敛的柯西准则,培养学生总结和归纳的学习能力.

二、基本结论和方法

(一)函数列的一致收敛性

1. 判别法及其性质

(1)**狄尼定理**　函数列$\{f_n(x)\}$满足:(1)$f(x),f_n(x)\in C[a,b]$,$n=1,2,\cdots$;(2)$\forall x\in[a,b]$,$\{f_n(x)\}$单调;(3)$\forall x\in[a,b]$,$\lim\limits_{n\to\infty}f_n(x)=f(x)$,则$\{f_n(x)\}$在$[a,b]$上一致收敛于$f(x)$.

(2)**极限函数连续性定理**　函数列$\{f_n(x)\}$满足:(1)$f_n(x)\in C(D)$,$n=1,2,\cdots$;(2)$\{f_n(x)\}$在D上收敛于$f(x)$;(3)$f(x)\notin C(D)$,则$\{f_n(x)\}$在D上非一致收敛于$f(x)$.

素养教育:逆否命题的应用有利于培养学生的逆向思维和发散思维.

(3)**确界法**　函数列$\{f_n(x)\}$在D上一致收敛于$f(x)\Leftrightarrow\lim\limits_{n\to\infty}\sup\limits_{x\in D}|f_n(x)-f(x)|=0$.

(4)**归结原则**　函数列$\{f_n(x)\}$在D上一致收敛于$f(x)\Leftrightarrow\forall\{x_n\}\subset D$,有$\lim\limits_{n\to\infty}|f_n(x_n)-f(x_n)|=0$.

素养教育:类比于函数极限的归结原则,将函数列收敛与数列收敛相联系,引导学生进行知识点的系统化学习的思维训练.

(5)$\{f_n(x)\}$在D上非一致收敛于$f(x)\Leftrightarrow\exists\{x_n\}\subset D$,使$\lim\limits_{n\to\infty}|f_n(x_n)-f(x_n)|\neq0$.

(6)**端点发散法**　若$f_n(x)$在c点左(右)连续$(n=1,2,\cdots)$,但$\{f_n(c)\}$发散,则在任何开区间$(c-\delta,c)$(或$(c,c+\delta)$)$(\delta>0)$内,$\{f_n(x)\}$非一致收敛.

2. 函数列$\{f_n(x)\}$一致收敛的性质

(1)若$\{f_n(x)\}$,$\{g_n(x)\}$在D上分别一致收敛于$f(x)$和$g(x)$,则$\{\alpha f_n(x)+\beta g_n(x)\}$在$D$上一致收敛于$\alpha f(x)+\beta g(x)$.

(2)$\{f_n(x)\}$在D_1和D_2上一致收敛于$f(x)$,则$\{f_n(x)\}$在$D_1\bigcup D_2$上一致收敛于$f(x)$.

(3)若$\{f_n(x)\}$在D上一致收敛于$f(x)$,且存在$M_n>0$,使$\forall x\in D$,$|f_n(x)|\leqslant M_n$,则$\{f_n(x)\}$在D上一致有界,从而$f(x)$在D上有界.

(4)(2007年浙江大学)　若$\{f_n(x)\}$,$\{g_n(x)\}$在D上分别一致收敛于$f(x)$和$g(x)$,且假定$f(x)$和$g(x)$都在D上有界.则$\{f_n(x)g_n(x)\}$在D上一致收敛于$f(x)g(x)$.

(5)若$\{f_n(x)\}$,$\{g_n(x)\}$在D上分别一致收敛于$f(x)$和$g(x)$,且存在$M_n>0$,使$\forall x\in D$,$|f_n(x)|\leqslant M_n$,$|g_n(x)|\leqslant M_n$,则$\{f_n(x)g_n(x)\}$在D上一致收敛于$f(x)g(x)$.

(6)若$\{f_n(x)\}$在D上一致收敛于$f(x)$,且$g(x)$在D上有界,$|g(x)|\leqslant M$,$\forall x\in D$,则$\{f_n(x)g(x)\}$在D上一致收敛于$f(x)g(x)$.

(7)极限函数的分析性质(极限次序可交换性、连续性、可积性、可微性).

素养教育:在一致收敛的条件下,函数列的极限函数有良好的分析性质,引导学生理解一致收敛条件和概念的重要性,下大力气突破该学习难点.

(二)函数项级数的一致收敛性

1. 函数项级数$\sum\limits_{n=1}^{\infty}u_n(x)$一致收敛的判别方法

(1)用柯西准则判别:一致收敛、非一致收敛.

素养教育:类比级数收敛的柯西准则,培养学生总结和归纳的学习能力.

(2)**通项法**　若 $\{u_n(x)\}$ 不一致收敛于零,则 $\sum\limits_{n=1}^{\infty}u_n(x)$ 在 D 上非一致收敛.

(3)**和函数连续性定理**　若函数项级数 $\sum\limits_{n=1}^{\infty}u_n(x)$ 在 D 上各项连续,但和函数在 D 上不连续,则函数项级数 $\sum\limits_{n=1}^{\infty}u_n(x)$ 在 D 上非一致收敛.

　　素养教育:一致收敛的函数项级数的性质的证明可以转化为一致收敛的函数列的性质,培养学生转化与联系的思想方法.

(4)**狄尼定理**　函数项级数 $\sum\limits_{n=1}^{\infty}u_n(x)$ 满足:(1)$\forall x\in[a,b]$,$\sum\limits_{n=1}^{\infty}u_n(x)=s(x)$;(2)$s(x),u_n(x)\in$ $C[a,b],n=1,2,\cdots$; (3) $\forall x\in[a,b]$,$\{u_n(x)\}$ 同号,则 $\sum\limits_{n=1}^{\infty}u_n(x)$ 在 $[a,b]$ 上一致收敛于 $s(x)$.

(5)**确界法**　函数项级数 $\sum\limits_{n=1}^{\infty}u_n(x)$ 在 D 上一致收敛 $\Leftrightarrow\lim\limits_{n\to\infty}\sup\limits_{x\in D}|s_n(x)-s(x)|=0$.

(6)**归 结 原 则**　函 数 项 级 数 $\sum\limits_{n=1}^{\infty}u_n(x)$ 在 D 上 一 致 收 敛 $\Leftrightarrow\forall\{x_n\}\subset D$,有 $\lim\limits_{n\to\infty}$ $|s_n(x_n)-s(x_n)|=0$.

(7)函数项级数 $\sum\limits_{n=1}^{\infty}u_n(x)$ 在 D 上非一致收敛 $\Leftrightarrow\exists\{x_n\}\subset D$,使 $\lim\limits_{n\to\infty}|s_n(x_n)-s(x_n)|\neq 0$.

(8)**端点发散法**　若 $u_n(x)$ 在 c 点左(右)连续 $(n=1,2,\cdots)$,但 $\sum\limits_{n=1}^{\infty}u_n(c)$ 发散,则在任何开区间 $(c-\delta,c)$(或$(c,c+\delta))(\delta>0)$内,$\sum\limits_{n=1}^{\infty}u_n(x)$ 非一致收敛.(用柯西准则反证)

(9)**魏尔斯特拉斯判别法**

①若 $\exists N,\forall n>N,\forall x\in D$,有 $|u_n(x)|\leqslant a_n$,且 $\sum\limits_{n=1}^{\infty}a_n$ 收敛,则 $\sum\limits_{n=1}^{\infty}u_n(x)$ 在 D 上一致收敛.

②若 $|u_n(x)|\leqslant v_n(x),n=1,2,\cdots,x\in D$,且 $\sum\limits_{n=1}^{\infty}v_n(x)$ 在 D 上一致收敛,则 $\sum\limits_{n=1}^{\infty}u_n(x)$ 在 D 上一致收敛.

③若 $\forall x\in D,v_n(x)\leqslant u_n(x)\leqslant w_n(x),n=1,2,\cdots$,且 $\sum\limits_{n=1}^{\infty}v_n(x)$ 和 $\sum\limits_{n=1}^{\infty}w_n(x)$ 都在 D 上一致收敛,则 $\sum\limits_{n=1}^{\infty}u_n(x)$ 在 D 上一致收敛.(柯西准则证明)

(10)**阿贝尔判别法**　若函数项级数 $\sum\limits_{n=1}^{\infty}u_n(x)v_n(x)$ 满足:① $\sum\limits_{n=1}^{\infty}v_n(x)$ 在 D 上一致收敛; ②$\forall x\in D,\{u_n(x)\}$ 单调且一致有界,则 $\sum\limits_{n=1}^{\infty}u_n(x)v_n(x)$ 在 D 上一致收敛.

(11)**狄利克雷判别法**　若 $\sum\limits_{n=1}^{\infty}u_n(x)v_n(x)$ 满足:① $V_n(x)=\sum\limits_{k=1}^{n}v_k(x)$ 在 D 上一致有界; ②$\forall x\in D,\{u_n(x)\}$ 单调一致收敛于零,则 $\sum\limits_{n=1}^{\infty}u_n(x)v_n(x)$ 在 D 上一致收敛.

2. 函数项级数 $\sum\limits_{n=1}^{\infty}u_n(x)$ 一致收敛的性质:

(1)设 x_0 是数集 D 的聚点,若① $\sum\limits_{n=1}^{\infty}u_n(x)$ 在 $D\backslash\{x_0\}$ 上一致收敛于 $s(x)$;②$\forall n,\lim\limits_{x\to x_0}u_n(x)=a_n$, 则级数 $\sum\limits_{n=1}^{\infty}a_n$ 收敛,极限 $\lim\limits_{x\to x_0}s(x)$ 存在,且 $\lim\limits_{x\to x_0}s(x)=\sum\limits_{n=1}^{\infty}a_n$.

（2）和函数的分析性质（连续性、逐项可积性、逐项可微性）.

素养教育：将函数项级数与函数列的一致收敛的定义、性质、各种判别法、和函数的分析性质进行对比和推广来学习，学生很容易掌握，从复习回顾中引入新知，遵循学生的认知规律.

三、例题选讲

（一）函数列专题研究

例 1 讨论函数列 $f_n(x) = \dfrac{x^n}{1+x^n}$ 在 $0 \leqslant x \leqslant b < 1$ 上的一致收敛性.

解 因 $f(x) = \lim\limits_{n \to \infty} f_n(x) = 0, x \in [0, b](b < 1)$，且

$$\sup_{x \in [0,b]} | f_n(x) - f(x) | = \sup_{x \in [0,b]} \left| \frac{x^n}{1+x^n} \right| \leqslant b^n \to 0 (n \to \infty),$$

所以函数列 $\{f_n(x)\}$ 在 $0 \leqslant x \leqslant b < 1$ 上一致收敛于 0.

例 2 （中国科学院） 设 $f(x)$ 在 $[a, b]$ 上有连续的导函数 $f'(x)$ 及 $a < \beta < b$. 对于每一个自然数 $n > \dfrac{1}{b - \beta}$，定义函数列

$$f_n(x) = n\left(f\left(x + \frac{1}{n}\right) - f(x)\right), \quad a \leqslant x \leqslant \beta.$$

试证当 $n \to \infty$ 时，函数列 $\{f_n(x)\}$ 在 $[a, \beta]$ 上一致收敛于 $f'(x)$.

证明 由 $f'(x)$ 在 $[a, \beta]$ 上连续知 $f'(x)$ 在 $[a, \beta]$ 上也一致连续，故 $\forall \varepsilon > 0, \exists \delta > 0, \forall x_1, x_2 \in [a, \beta]$，只要 $|x_1 - x_2| < \delta$，就有 $|f'(x_1) - f'(x_2)| < \varepsilon$.
由微分中值定理，$\forall x \in [a, \beta], \exists \xi_n \in (a, \beta)$，使

$$f'(\xi_n) = n\left(f\left(x + \frac{1}{n}\right) - f(x)\right) = f_n(x).$$

于是，若令 $N = \dfrac{1}{\delta}$，则当 $n > \max\left\{N, \dfrac{1}{b - \beta}\right\}$ 时，$\forall x \in [a, \beta]$ 有

$$| f_n(x) - f'(x) | = | f'(\xi_n) - f'(x) | < \varepsilon.$$

即 $\{f_n(x)\}$ 在 $[a, \beta]$ 上一致收敛于 $f'(x)$.

例 3 在区间 $[0, 1]$ 上证明：（1）函数列 $\left\{\left(1 + \dfrac{x}{n}\right)^n\right\}$ 的一致收敛性；（2）函数列 $\{f_n(x)\}$ 的一致收敛性. 其中

$$f_n(x) = \frac{1}{e^{\frac{x}{n}} + \left(1 + \dfrac{x}{n}\right)^n}, \quad n = 1, 2, \cdots;$$

（3）（天津工业大学） 求极限 $\lim\limits_{n \to \infty} \displaystyle\int_0^1 \dfrac{\mathrm{d}x}{e^{\frac{x}{n}} + \left(1 + \dfrac{x}{n}\right)^n}$.

（1）**证明** 方法（一）： 用狄尼定理证明.

方法（二）： 因为 $\left(e^x - \left(1 + \dfrac{x}{n}\right)^n\right)' = e^x - \left(1 + \dfrac{x}{n}\right)^{n-1} > 0$，所以 $e^x - \left(1 + \dfrac{x}{n}\right)^n$ 关于 x 单调上升，故当 $x \in [0, 1]$ 时，有

$$0 \leqslant e^x - \left(1 + \frac{x}{n}\right)^n \leqslant e - \left(1 + \frac{1}{n}\right)^n \to 0 \quad (n \to \infty),$$

所以在 $[0, 1]$ 上，$\left\{\left(1 + \dfrac{x}{n}\right)^n\right\}$ 一致收敛于函数 e^x.

方法（三）：由 $\left(1+\dfrac{x}{n}\right)^n < e^x < \left(1+\dfrac{x}{n}\right)^{n+1}, x\in[0,1], \forall n$，可得

$$0 < e^x - \left(1+\dfrac{x}{n}\right)^n < \left(1+\dfrac{x}{n}\right)^{n+1} - \left(1+\dfrac{x}{n}\right)^n = \left(1+\dfrac{x}{n}\right)^n \cdot \dfrac{x}{n} < e^x \cdot \dfrac{x}{n} \leqslant \dfrac{e}{n} \to 0 \quad (n\to\infty).$$

故在 $[0,1]$ 上，$\left\{\left(1+\dfrac{x}{n}\right)^n\right\}$ 一致收敛于函数 e^x.

（2）因为

$$f(x) = \lim_{n\to\infty} f_n(x) = \lim_{n\to\infty} \dfrac{1}{e^{\frac{x}{n}} + \left(1+\dfrac{x}{n}\right)^n} = \dfrac{1}{1+e^x}$$

所以在 $[0,1]$ 上，有

$$\left| \dfrac{1}{1+e^x} - \dfrac{1}{e^{\frac{x}{n}} + \left(1+\dfrac{x}{n}\right)^n} \right| = \left| \dfrac{e^{\frac{x}{n}} + \left(1+\dfrac{x}{n}\right)^n - 1 - e^x}{(1+e^x)\left(e^{\frac{x}{n}} + \left(1+\dfrac{x}{n}\right)^n\right)} \right|$$

$$\leqslant \left| e^x - \left(1+\dfrac{x}{n}\right)^n \right| + |e^{\frac{x}{n}} - 1| \leqslant \left(e^x - \left(1+\dfrac{x}{n}\right)^n\right) + \left(e^{\frac{1}{n}} - 1\right)$$

$$\leqslant \dfrac{e}{n} + \left(e^{\frac{1}{n}} - 1\right) \to 0 \quad (n\to\infty).$$

所以 $\{f_n(x)\}$ 在 $[0,1]$ 上一致收敛于函数 $\dfrac{1}{1+e^x}$.

（3）由（2）知，可积性定理的条件成立，极限运算与积分运算可交换顺序，故

$$\lim_{n\to\infty} \int_0^1 \dfrac{dx}{e^{\frac{x}{n}} + \left(1+\dfrac{x}{n}\right)^n} = \int_0^1 \dfrac{dx}{1+e^x} = \int_0^1 \dfrac{e^{-x} dx}{1+e^{-x}} = -\ln(1+e^{-x})\,\big|_0^1 = \ln 2 - \ln\left(1+\dfrac{1}{e}\right).$$

例 4　（武汉理工大学）　设 $f_n(x) = \sqrt{n}\,x e^{-2nx}$，求证 $\{f_n(x)\}$ 在 $[0,1]$ 上一致收敛于 $f(x)=0$.

证明　令 $f_n'(x) = \sqrt{n}\,e^{-2nx} - 2n\sqrt{n}\,x e^{-2nx} = 0$，则得到稳定点 $x_0 = \dfrac{1}{2n}$，且 $0\leqslant x < \dfrac{1}{2n}$ 时 $f_n'(x) > 0$，

则 $\{f_n(x)\}$ 单调增加；$x > \dfrac{1}{2n}$ 时，$f_n'(x) < 0$，则 $\{f_n(x)\}$ 单调减少，所以 $\{f_n(x)\}$ 在 $x_0 = \dfrac{1}{2n}$ 处取最大值.

又因为 $\lim_{n\to\infty} f_n(x) = \lim_{n\to\infty} \dfrac{\sqrt{n}\,x}{e^{2nx}} = 0 = f(x)$，且

$$\lim_{n\to\infty} \sup_{x\in[0,1]} |f_n(x) - f(x)| = \lim_{n\to\infty} f_n\left(\dfrac{1}{2n}\right) = \lim_{n\to\infty} \dfrac{1}{2\sqrt{n}} e^{-1} = 0.$$

所以 $\{f_n(x)\}$ 在 $[0,1]$ 上一致收敛于 $f(x)=0$.

例 5　（东北大学）证明：当 $n\to\infty$ 时，函数列 $f_n(x) = \arctan\left(x+\dfrac{1}{n}\right)$ 在 $(-\infty,+\infty)$ 上一致收敛.

证明　因为 $\lim_{n\to\infty} f_n(x) = \lim_{n\to\infty} \arctan\left(x+\dfrac{1}{n}\right) = \arctan x - f(x), \forall x\in \mathbf{R}(n\to\infty)$，又

$$\tan(f_n(x) - f(x)) = \dfrac{\tan f_n(x) - \tan f(x)}{1+\tan f_n(x)\tan f(x)} = \dfrac{x+\dfrac{1}{n}-x}{1+x\left(x+\dfrac{1}{n}\right)} = \dfrac{1}{n\left(\left(x+\dfrac{1}{2n}\right)^2 + 1 - \dfrac{1}{4n^2}\right)} < \dfrac{2}{n}$$

又 $0 < f_n(x) - f(x) < \arctan\dfrac{2}{n} \to 0 (n\to\infty)$，所以 $f_n(x) = \arctan\left(x+\dfrac{1}{n}\right)$ 在 $(-\infty,+\infty)$ 上一致收敛于 $f(x) = \arctan x$.

例 6 （南京理工大学） 设 $k(x,t) \in C([a,b] \times [a,b])$, $u_0(x) \in C[a,b]$, 且 $\forall x \in [a,b]$,

令
$$u_n(x) = \int_a^x k(x,t) u_{n-1}(t) \mathrm{d}t, \quad n = 1, 2, \cdots,$$

则函数列 $\{u_n(x)\}$ 在 $[a,b]$ 上一致收敛.

证明 因为 $k(x,t) \in C([a,b] \times [a,b])$, 所以 $\exists M > 0$, 使 $\forall (x,t) \in [a,b] \times [a,b]$, 有 $|k(x,t)| \leqslant M$, 由 $u_0(x) \in C[a,b]$ 知 $\exists k > 0$, $\forall t \in [a,b]$ 有 $|u_0(t)| \leqslant k$, 所以

$$|u_1(x)| \leqslant M \left| \int_a^x u_0(t) \mathrm{d}t \right| \leqslant Mk(x-a),$$

$$|u_2(x)| \leqslant M^2 k \int_a^x (t-a) \mathrm{d}t \leqslant \frac{M^2 k}{2!}(x-a)^2.$$

$$\vdots$$

$$|u_n(x)| \leqslant \frac{M^n k}{n!}(x-a)^n \leqslant \frac{M^n k}{n!}(b-a)^n$$

因为 $\sum_{n=1}^{\infty} \frac{M^n k}{n!}(b-a)^n$ 收敛, 所以 $\sum_{n=1}^{\infty} u_n(x)$ 在 $[a,b]$ 上一致收敛. 从而函数列 $\{u_n(x)\}$ 在 $[a,b]$ 上一致收敛于零.

例 7 （云南大学） 设 $f(x) \in C(-\infty, +\infty)$, 且 $f_n(x) = \sum_{k=0}^{n-1} \frac{1}{n} f\left(x + \frac{k}{n}\right)$, 证明:函数列 $\{f_n(x)\}$ 在任何有限区间上一致收敛.

分析 显然 $f_n(x) \to \int_0^1 f(x+t) \mathrm{d}t$, 考察

$$\left| f_n(x) - \int_0^1 f(x+t) \mathrm{d}t \right| = \left| \sum_{k=0}^{n-1} \int_{\frac{k}{n}}^{\frac{k+1}{n}} f\left(x + \frac{k}{n}\right) \mathrm{d}t - \sum_{k=0}^{n-1} \int_{\frac{k}{n}}^{\frac{k+1}{n}} f(x+t) \mathrm{d}t \right|$$

$$= \left| \sum_{k=0}^{n-1} \int_{\frac{k}{n}}^{\frac{k+1}{n}} \left(f\left(x + \frac{k}{n}\right) - f(x+t) \right) \mathrm{d}t \right| \leqslant \sum_{k=0}^{n-1} \int_{\frac{k}{n}}^{\frac{k+1}{n}} \left| f\left(x + \frac{k}{n}\right) - f(x+t) \right| \mathrm{d}t.$$

证明 $\forall [a,b] \subset (-\infty, +\infty)$, 因为 $f(x) \in C(-\infty, +\infty)$, 所以 $f(x) \in C[a,b+1]$, 从而在 $[a,b+1]$ 上一致连续, 所以 $\forall \varepsilon > 0$, $\exists \delta > 0 (\delta < 1)$, $\forall x', x'' \in [a,b+1]$, 只要 $|x'-x''| < \delta$, 就有 $|f(x') - f(x'')| < \varepsilon$, 取 $N = \frac{1}{\delta} + 1$, 则当 $n > N$ 时, $\forall x \in [a,b]$, $t \in \left[\frac{k}{n}, \frac{k+1}{n}\right]$, 有

$$\left| \left(x + \frac{k}{n}\right) - (x+t) \right| = \left| \frac{k}{n} - t \right| < \frac{1}{n} < \delta,$$

从而 $\left| f\left(x + \frac{k}{n}\right) - f(x+t) \right| < \varepsilon$, 故当 $n > N$ 时, $\forall x \in [a,b]$ 有

$$\left| f_n(x) - \int_0^1 f(x+t) \mathrm{d}t \right| \leqslant \sum_{k=0}^{n-1} \int_{\frac{k}{n}}^{\frac{k+1}{n}} \left| f\left(x + \frac{k}{n}\right) - f(x+t) \right| \mathrm{d}t < \sum_{k=0}^{n-1} \int_{\frac{k}{n}}^{\frac{k+1}{n}} \varepsilon \mathrm{d}t = \varepsilon,$$

故 $\{f_n(x)\}$ 在任何有限区间 $[a,b]$ 上一致收敛 $\int_0^1 f(x+t) \mathrm{d}t$.

例 8 （西安电子科技大学） 给定函数列 $f_n(x) = \frac{x(\ln n)^{\alpha}}{n^x}$ $(n = 2, 3, \cdots)$, 试问 α 取何值时, $\{f_n(x)\}$ 在 $[0, +\infty)$ 上一致收敛.

解 （确界法）利用导数方法易证 $f_n(x)$ 在 $x = \frac{1}{\ln n}$ 处取最大值, 且极限函数为

$$f(x) = \lim_{n \to \infty} f_n(x) = 0,$$

又

$$\sup_{x \in [0,+\infty)} |f_n(x) - f(x)| = \max_{x \in [0,+\infty)} |f_n(x)| = \frac{(\ln n)^{\alpha-1}}{n^{\frac{1}{\ln n}}} = \frac{1}{\mathrm{e}}(\ln n)^{\alpha-1},$$

而

$$\frac{1}{e}(\ln n)^{\alpha-1}\begin{cases} 趋于 0 & (\alpha<1)\\ 不趋于 0 & (\alpha\geqslant1) \end{cases},$$

所以当且仅当 $\alpha<1$ 时，$\{f_n(x)\}$ 在 $[0,+\infty)$ 上一致收敛.

例 9　若 $f_n(x)\in R[a,b]$，$n=1,2,\cdots$，$f(x)$ 和 $g(x)$ 在 $[a,b]$ 上都可积．且

$$\lim_{n\to\infty}\int_a^b(f_n(x)-f(x))^2\mathrm{d}x=0,\quad h(x)=\int_a^x f(t)g(t)\mathrm{d}t,\quad h_n(x)=\int_a^x f_n(t)g(t)\mathrm{d}t.$$

则在 $[a,b]$ 上 $\{h_n(x)\}$ 一致收敛于 $h(x)$.

证明　因为

$$|h_n(x)-h(x)|=\left|\int_a^x f_n(t)g(t)\mathrm{d}t-\int_a^x f(t)g(t)\mathrm{d}t\right|\leqslant\int_a^x|f_n(t)-f(t)|\,|g(t)|\,\mathrm{d}t$$

$$\leqslant\left(\int_a^x(f_n(t)-f(t))^2\mathrm{d}t\right)^{\frac{1}{2}}\left(\int_a^x g^2(t)\mathrm{d}t\right)^{\frac{1}{2}}$$

$$\leqslant\left(\int_a^b(f_n(t)-f(t))^2\mathrm{d}t\right)^{\frac{1}{2}}\left(\int_a^b g^2(t)\mathrm{d}t\right)^{\frac{1}{2}}\to 0\quad(n\to\infty),$$

所以在 $[a,b]$ 上 $\{h_n(x)\}$ 一致收敛于 $h(x)$.

例 10　（上海交通大学）　设 $g(x)\in C[0,1]$，$f_n(x)=x^n g(x)$，$x\in[0,1]$，证明：函数列 $\{f_n(x)\}$ 在 $[0,1]$ 上一致收敛 $\Leftrightarrow g(1)=0$.

证明　（必要性）设 $\{f_n(x)\}$ 在 $[0,1]$ 上一致收敛于 $f(x)$，易知 $f(x)=\begin{cases}0 & 0\leqslant x<1\\ g(1) & x=1\end{cases}$.

由 $f_n(x)\in C[0,1]$ 知 $f(x)\in C[0,1]$，所以 $g(1)=f(1)=0$.

（充分性）由 $g(x)\in C[0,1]$，且 $g(1)=0$ 知，$\exists M>0$，$\forall x\in[0,1]$ 有 $|g(x)|\leqslant M$，且 $\forall\varepsilon>0$，$\exists 0<\alpha<1$，$\forall x\in[\alpha,1]$，有 $|g(x)|<\varepsilon$，又 $\lim\limits_{n\to\infty}\alpha^n M=0$，所以存在 N，当 $n>N$ 时，有 $\alpha^n M<\varepsilon$，因此，$\forall n>N$，$\forall x\in[0,1]$，有

$$|f_n(x)|=|x^n g(x)|\leqslant\begin{cases}|g(x)| & x\in(\alpha,1]\\ M\alpha^n & x\in[0,\alpha]\end{cases}<\varepsilon,$$

所以 $\{f_n(x)\}$ 在 $[0,1]$ 上一致收敛于 0.

例 11　（大连理工大学）　设二元函数 $f(x,y)$ 在 $[a,b]\times[c,d]$ 上连续，函数列 $\{\varphi_n(x)\}$ 在 $[a,b]$ 上一致收敛，且 $a\leqslant\varphi_n(x)\leqslant b$；函数列 $\{\psi_n(x)\}$ 在 $[a,b]$ 上一致收敛，且 $c\leqslant\psi_n(x)\leqslant d$．求证：$\{F_n(x)\}$ 在 $[a,b]$ 上一致收敛，其中 $F_n(x)=f(\varphi_n(x),\psi_n(x))$.

证明　因为 $f(x,y)$ 在 $D=[a,b]\times[c,d]$ 上连续，从而在 D 上一致连续，所以 $\forall\varepsilon>0$，$\exists\delta>0$，$\forall(x_1,y_1),(x_2,y_2)\in D$，当 $|x_1-x_2|<\delta$，$|y_1-y_2|<\delta$ 时有

$$|f(x_1,y_1)-f(x_2,y_2)|<\varepsilon,\tag{5-1}$$

由 $\{\varphi_n(x)\}$，$\{\psi_n(x)\}$ 在 $[a,b]$ 上一致收敛，所以对上述 δ，$\exists N\in\mathbf{N}_+$，$\forall n,m>N$，$\forall x\in[a,b]$ 有

$$|\varphi_n(x)-\varphi_m(x)|<\delta,\quad|\psi_n(x)-\psi_m(x)|<\delta.$$

又 $\forall x\in[a,b]$ 有 $\varphi_n(x)\in[a,b]$，$\psi_n(x)\in[c,d]$，所以

$$(\varphi_n(x),\psi_n(x))\in D,\quad(\varphi_m(x),\psi_m(x))\in D.$$

由式 (5-1) 知，当 $n,m>N$，$\forall x\in[a,b]$ 有

$$|F_n(x)-F_m(x)|=|f(\varphi_n(x),\psi_n(x))-f(\varphi_m(x),\psi_m(x))|<\varepsilon.$$

因此，$\{F_n(x)\}$ 在 $[a,b]$ 上一致收敛.

例 12　（华中科技大学）　设 $f_n(x)$ 在 $[a,b]$ 上连续 $(a<b)$，其中 $\int_a^b f_n(x)\mathrm{d}x\geqslant 0$，$n=1,2,\cdots$．且 $\{f_n(x)\}$ 在 $[a,b]$ 上一致收敛于 $f(x)$．证明：至少存在一点 $x_0\in[a,b]$ 使 $f(x_0)\geqslant 0$.

证明 方法（一）： 因为 $f_n(x)$ 在 $[a,b]$ 上连续，$\{f_n(x)\}$ 一致收敛于 $f(x)$. 所以
$$f(x)\in C[a,b],$$

且
$$\lim_{n\to\infty}\int_a^b f_n(x)\mathrm{d}x=\int_a^b \lim_{n\to\infty}f_n(x)\mathrm{d}x=\int_a^b f(x)\mathrm{d}x$$

由 $\int_a^b f_n(x)\mathrm{d}x\geqslant 0$，知 $\int_a^b f(x)\mathrm{d}x\geqslant 0$，又由积分第一中值定理知存在 $x_0\in[a,b]$ 使 $\int_a^b f(x)\mathrm{d}x=f(x_0)(b-a)\geqslant 0$，所以 $f(x_0)\geqslant 0$.

方法（二）： 因为 $f_n(x)$ 在 $[a,b]$ 上连续，$\{f_n(x)\}$ 一致收敛于 $f(x)$. 所以 $f(x)\in C[a,b]$，且 $\lim_{n\to\infty}\int_a^b f_n(x)\mathrm{d}x=\int_a^b \lim_{n\to\infty}f_n(x)\mathrm{d}x=\int_a^b f(x)\mathrm{d}x$ 由 $\int_a^b f_n(x)\mathrm{d}x\geqslant 0$，知 $\int_a^b f(x)\mathrm{d}x\geqslant 0$.

假设 $\forall x\in[a,b]$ 有 $f(x)<0$. 则 $f\left(\dfrac{a+b}{2}\right)<0$，$\exists\, 0<\delta<\dfrac{b-a}{2}$，当 $x\in U\left(\dfrac{a+b}{2};\delta\right)$ 时有 $f(x)<\dfrac{1}{2}f\left(\dfrac{a+b}{2}\right)$. 所以有

$$\int_a^b f(x)\mathrm{d}x=\int_a^{\frac{a+b}{2}-\delta} f(x)\mathrm{d}x+\int_{\frac{a+b}{2}-\delta}^{\frac{a+b}{2}+\delta} f(x)\mathrm{d}x+\int_{\frac{a+b}{2}+\delta}^{b} f(x)\mathrm{d}x$$

$$\leqslant \int_{\frac{a+b}{2}-\delta}^{\frac{a+b}{2}+\delta} f(x)\mathrm{d}x<\frac{1}{2}f\left(\frac{a+b}{2}\right)2\delta=f\left(\frac{a+b}{2}\right)\delta<0$$

与 $\int_a^b f(x)\mathrm{d}x\geqslant 0$ 矛盾，所以至少存在 $x_0\in[a,b]$ 使 $f(x_0)\geqslant 0$.

例 13 （哈尔滨工业大学） 设 $f_n(x)$ 在 $[a,b]$ 上满足条件：
$$|f_n(x)-f_n(y)|\leqslant k|x-y|,\ \forall x,y\in[a,b],n=1,2,\cdots,$$
且 $\forall x\in[a,b]$ 有 $f_n(x)\to f(x)(n\to\infty)$. 求证：$n\to\infty$ 时，函数列 $\{f_n(x)\}$ 在 $[a,b]$ 上一致收敛于 $f(x)$.

证明 因为 $\forall x\in[a,b]$，$f_n(x)\to f(x)(n\to\infty)$. 所以在 $|f_n(x)-f_n(y)|\leqslant k|x-y|$ 中令 $n\to\infty$ 有：
$$|f(x)-f(y)|\leqslant k|x-y| \tag{5-2}$$

若 $k=0$，则有 $f_n(x)=a_n=$ 常数，其收敛就是一致的；

若 $k>0$，则 $\forall \varepsilon>0$，$\exists n_0$ 使 $\dfrac{b-a}{n_0}<\dfrac{\varepsilon}{3k}$，将 $[a,b]$ 进行 n_0 等分，有分点：$x_i=a+\dfrac{b-a}{n_0}i,(i=1,2,\cdots,n_0)$. 又因 $f_n(x)$ 在 x_i 处收敛于 $f(x_i)$，所以对上 $\varepsilon>0$，$\exists N_i\in \mathbf{N}_+$，$n>N_i$ 有
$$|f_n(x_i)-f(x_i)|<\varepsilon,\quad (i=1,2,\cdots,n_0)$$

取 $N=\max\limits_{1\leqslant i\leqslant n_0}(N_i)$，当 $n>N$ 时，对 $\forall i$ 有
$$|f_n(x_i)-f(x_i)|<\frac{\varepsilon}{3} \tag{5-3}$$

当 $n>N$ 时，$\forall x\in[a,b]$，$\exists i$ 使 $x\in[x_{i-1},x_i]$，$i=1,2,\cdots,n_0$，由条件及式(5-2)、式(5-3)知
$$|f_n(x)-f(x)|\leqslant |f_n(x)-f_n(x_i)|+|f_n(x_i)-f(x_i)|+|f(x_i)-f(x)|$$
$$\leqslant k|x-x_i|+\frac{\varepsilon}{3}+k|x-x_i|<2k\frac{b-a}{n_0}+\frac{\varepsilon}{3}<2k\frac{\varepsilon}{3k}+\frac{\varepsilon}{3}=\varepsilon.$$

所以函数列 $\{f_n(x)\}$ 在 $[a,b]$ 上一致收敛于 $f(x)$.

例 14 若 $\{f_n(x)\}$ 是 $[a,b]$ 上的连续函数列，且 $\forall x\in[a,b]$，数列 $\{f_n(x)\}$ 都有界，试证明：存在闭区间 $[c,d]\subset[a,b]$，使 $\{f_n(x)\}$ 在 $[c,d]$ 上一致有界.

证明 （用反证法）假设 $\{f_n(x)\}$ 在任意闭区间 $[p,q]\subset[a,b]$ 上都非一致有界，即
$$\forall k>0,\ \exists n_0\in \mathbf{N}_+,\ \exists x_0\in[p,q],\ 使\ |f_{n_0}(x_0)|>k.$$

因为 $\{f_n(x)\}$ 在 $[a,b]$ 上非一致有界，所以对 $k=1$，$\exists n_1\in \mathbf{N}_+$，$\exists x_1\in[a,b]$ 使 $|f_{n_1}(x_1)|>1$. 由连续函数的保号性，$\exists[a_1,b_1]\subset[a,b]$，使得 $\forall x\in[a_1,b_1]$ 有 $|f_{n_1}(x)|>1$ 且 $b_1-a_1\leqslant\dfrac{b-a}{2}$.

又因为 $\{f_n(x)\}$ 在 $[a_1,b_1]$ 上非一致有界,所以对 $k=2$,$\exists n_2\in\mathbf{N}_+$,$n_2>n_1$,$\exists x_2\in[a,b]$ 使 $|f_{n_2}(x_2)|>2$. 由连续函数的保号性,$\exists[a_2,b_2]\subset[a_1,b_1]$,使得 $\forall x\in[a_2,b_2]$ 有 $|f_{n_2}(x)|>2$ 且 $b_2-a_2\leqslant\dfrac{b-a}{2^2}$.

如此下去,可得一个闭区间列 $\{[a_k,b_k]\}$,满足

$$[a_k,b_k]\supset[a_{k+1},b_{k+1}],\quad b_k-a_k\leqslant\frac{b-a}{2^k},$$

且 $\forall k\in\mathbf{N}_+$,$\forall x\in[a_k,b_k]$ 有 $|f_{n_k}(x)|>k$,其中 $n_{k+1}>n_k$. 由闭区间套定理,$\exists\xi\in[a_k,b_k]$,$(k=1,2,\cdots)$,使 $|f_{n_k}(\xi)|>k$,即数列 $\{f_n(\xi)\}$ 的某一个子列 $\{f_{n_k}(\xi)\}$ 无界,则数列 $\{f_n(\xi)\}$ 无界,这与已知条件矛盾.

例 15 若函数列 $\{\varphi_n(x)\}$ 满足下列条件:

(1)$\varphi_n(x)$ 在 $[-1,1]$ 上非负连续,且 $\lim\limits_{n\to\infty}\int_{-1}^1\varphi_n(x)\mathrm{d}x=1$;

(2)$\forall c\in(0,1)$,$\{\varphi_n(x)\}$ 在 $[-1,-c]\cup[c,1]$ 上一致收敛于 0.

则对任一在 $[-1,1]$ 上连续的函数 $g(x)$,都有 $\lim\limits_{n\to\infty}\int_{-1}^1 g(x)\varphi_n(x)\mathrm{d}x=g(0)$.

证明 由条件(2)知 $\forall\varepsilon>0$,$\exists N\in\mathbf{N}_+$,$\forall n>N$,$\forall x\in[-1,-c]\cup[c,1]$ 有 $|\varphi_n(x)|<\varepsilon$. 故有

$$\lim_{n\to\infty}\int_{-1}^1\varphi_n(x)\mathrm{d}x=\lim_{n\to\infty}\left(\int_{-1}^{-c}\varphi_n(x)\mathrm{d}x+\int_{-c}^c\varphi_n(x)\mathrm{d}x+\int_c^1\varphi_n(x)\mathrm{d}x\right)=\lim_{n\to\infty}\int_{-c}^c\varphi_n(x)\mathrm{d}x=1.$$

由于 $g(x)$ 在 $[-c,c]\subset[-1,1]$ 上连续,所以它存在最大值 $M(c)$ 和最小值 $m(c)$. 则

$$\lim_{n\to\infty}\int_{-1}^1 g(x)\varphi_n(x)\mathrm{d}x=\lim_{n\to\infty}\int_{-c}^c g(x)\varphi_n(x)\mathrm{d}x=g(\xi)\cdot\lim_{n\to\infty}\int_{-c}^c\varphi_n(x)\mathrm{d}x=g(\xi),\xi\in[-c,c]$$

(这里用了第一积分中值定理). 由此知

$$m(c)\leqslant\lim_{n\to\infty}\int_{-1}^1 g(x)\varphi_n(x)\mathrm{d}x\leqslant M(c).$$

令 $c\to0^+$,由上式及 $g(x)$ 的连续性,有

$$g(0)\leqslant\lim_{n\to\infty}\int_{-1}^1 g(x)\varphi_n(x)\mathrm{d}x\leqslant g(0).$$

即 $\lim\limits_{n\to\infty}\int_{-1}^1 g(x)\varphi_n(x)\mathrm{d}x=g(0)$.

(二)函数项级数专题研究

例 16 判断下列级数的一致收敛性:

(1)$\sum\limits_{n=1}^\infty\dfrac{x}{1+n^4x^2}$,$x\in[0,+\infty)$. (提示:利用优级数判别法)

(2)$\sum\limits_{n=2}^\infty\ln\left(1+\dfrac{x}{n\ln^2 n}\right)$,$x\in[1,+\infty)$.

解 取 $x_n=n\ln^2 n\in[1,+\infty)$,则 $u_n(x_n)=\ln 2$ 当 $n\to\infty$ 时不收敛于 0,所以 $\{u_n(x)\}$ 在 $[1,+\infty)$ 上非一致收敛于 0,所以 $\sum\limits_{n=2}^\infty\ln\left(1+\dfrac{x}{n\ln^2 n}\right)$ 在 $x\in[1,+\infty)$ 上非一致收敛.

(3)$\sum\limits_{n=0}^\infty x^n(1-x)$ 在 $[0,1]$ 上收敛但不一致收敛.

解 因为

$$S_n(x)=\sum_{k=0}^{n-1}x^k(1-x)=\begin{cases}1-x^n & 0\leqslant x<1,\\ 0 & x=1\end{cases},$$

所以

$$S(x) = \lim_{n \to \infty} S_n(x) = \begin{cases} 1 & 0 \leqslant x < 1 \\ 0 & x = 1 \end{cases}.$$

由于和函数不连续,所以 $\sum\limits_{n=0}^{\infty} x^n(1-x)$ 在 $[0,1]$ 上收敛但不一致收敛.

(4) $\sum\limits_{n=0}^{\infty} (-1)^n x^n(1-x)$ 在 $[0,1]$ 上一致收敛.

证明 对每一个固定 $x \in [0,1]$,$\{(1-x)x^n\}$ 单调递减趋于 0,由莱布尼茨型级数的余项估计有 $|S(x) - S_n(x)| = |r_n(x)| \leqslant x^n(1-x)$. 下面求 $u_n(x) = x^n(1-x)$ 在 $[0,1]$ 上的最大值.

令 $u'_n(x) = (n+1)x^{n-1}\left(\dfrac{n}{n+1} - x\right) = 0$,可得稳定点 $x = \dfrac{n}{n+1}$. 由 $u_n(0) = 0, u_n(1) = 0$,及 $u_n\left(\dfrac{n}{n+1}\right) = \left(\dfrac{n}{n+1}\right)^n \dfrac{1}{n+1}$ 知,$u_n(x)$ 在 $[0,1]$ 上的最大值为 $\left(\dfrac{n}{n+1}\right)^n \dfrac{1}{n+1}$. 故

$$\sup_{x \in [0,1]} |S(x) - S_n(x)| \leqslant \left(\frac{n}{n+1}\right)^n \frac{1}{n+1} \to 0 \quad (n \to \infty).$$

从而原级数在 $[0,1]$ 上一致收敛.

若用狄利克雷判别法证明更为简单.

记 $u_n(x) = x^n(1-x), v_n(x) = (-1)^n$. 对每一个固定的 $x \in [0,1]$,$\{u_n(x)\}$ 单调递减一致地趋向于 0. 又 $\left|\sum\limits_{k=0}^{n} v_k(x)\right| \leqslant 2$. 故由狄利克雷判别法知,原级数在 $[0,1]$ 上一致收敛.

注:例 16 的(3)、(4)小题告诉我们,由 $\sum\limits_{n=1}^{\infty} u_n(x)$ 在 $[a,b]$ 上绝对并一致收敛,推不出 $\sum\limits_{n=1}^{\infty} |u_n(x)|$ 在 $[a,b]$ 上一致收敛.

例 17 讨论级数 $\sum\limits_{n=1}^{\infty} \dfrac{\sin nx}{n}$ 在(1) $[0,\pi]$;(2) $[a,\pi]$ $(0 < a < \pi)$ 上的一致收敛性.

解 (1)对 $\varepsilon_0 = \dfrac{1}{4}\sin\dfrac{1}{2} > 0$,$\forall N$,取 $n_0 = N+1 > N$,$p_0 = N+1$,$x_0 = \dfrac{1}{2N+2} \in [0,\pi]$,有

$$\left|\frac{\sin(n_0+1)x_0}{n_0+1} + \frac{\sin(n_0+2)x_0}{n_0+2} + \cdots + \frac{\sin(n_0+p_0)x_0}{n_0+p_0}\right| = \frac{\sin\dfrac{n_0+1}{2n_0}}{n_0+1} + \cdots + \frac{\sin 1}{2n_0}$$

$$\geqslant \frac{\sin\dfrac{n_0+1}{2n_0}}{2n_0} \cdot n_0 = \frac{1}{2}\sin\left(\frac{1}{2} + \frac{1}{2n_0}\right) > \frac{1}{2}\sin\frac{1}{2} > \varepsilon_0.$$

所以 $\sum\limits_{n=1}^{\infty} \dfrac{\sin nx}{n}$ 在 $[0,\pi]$ 上非一致收敛.

(2)易知 $\left\{\dfrac{1}{n}\right\}$ 单调下降趋于 0,且 $\left|\sum\limits_{k=1}^{n} \sin kx\right| \leqslant \dfrac{1}{\sin\dfrac{x}{2}} \leqslant \dfrac{1}{\sin\dfrac{a}{2}}$ 一致有界,由狄利克雷判别法知,$\sum\limits_{n=1}^{\infty} \dfrac{\sin nx}{n}$ 在 $[a,\pi]$ $(0 < a < \pi)$ 上一致收敛.

例 18 设 $\sum\limits_{n=1}^{\infty} a_n$ 收敛,证明:$\sum\limits_{n=1}^{\infty} \dfrac{a_n}{n!} \int_0^x t^n e^{-t} dt$ 在 $[0,+\infty)$ 上一致收敛.

证明 记 $u_n(x) = a_n, v_n(x) = \dfrac{1}{n!}\int_0^x t^n e^{-t} dt$,连续使用 n 次分部积分可得

$$v_n(x) = 1 - \left(1 + x + \frac{x^2}{2!} + \cdots + \frac{x^n}{n!}\right)e^{-x}.$$

显然 $\{v_n(x)\}$ 单调递减(关于 n),且 $|v_n(x)| \leqslant 2$. 由阿贝尔判别法知,原级数在 $[0,+\infty)$ 上一致收敛.

例 19 设 $\sum\limits_{n=1}^{\infty} u_n(x)$ 在$[a,b]$上收敛,且$\exists M>0, \forall n, \forall x\in(a,b)$,有$\left|\sum\limits_{k=1}^{n} u'_k(x)\right|\leqslant M$,证明:$\sum\limits_{n=1}^{\infty} u_n(x)$ 在$[a,b]$上一致收敛.

分析 $\forall n, \forall p$

$$\left|\sum\limits_{k=n+1}^{n+p} u_k(x)\right| \leqslant \left|\sum\limits_{k=n+1}^{n+p}(u_k(x)-u_k(x_i))\right| + \left|\sum\limits_{k=n+1}^{n+p} u_k(x_i)\right| \leqslant \left|\sum\limits_{k=n+1}^{n+p} u'_k(\xi)(x-x_i)\right| + \frac{\varepsilon}{2}$$

$$\leqslant \delta\left|\sum\limits_{k=n+1}^{n+p} u'_k(\xi)\right| + \frac{\varepsilon}{2} \leqslant 2M\delta + \frac{\varepsilon}{2} < \varepsilon.$$

证明 $\forall \varepsilon>0$,取$\delta=\dfrac{\varepsilon}{4M}$,取$m$:使$\dfrac{b-a}{m}<\delta$,将$[a,b]$ m等分.

$$a=x_0<x_1<\cdots<x_m=b.$$

$\forall i=1,2,\cdots,m$,有$\sum\limits_{n=1}^{\infty} u_n(x_i)$ 收敛,对$\dfrac{\varepsilon}{2}>0, \exists N\in \mathbf{N}_+, \forall n>N, \forall p\in \mathbf{N}_+$,有

$$\left|\sum\limits_{k=n+1}^{n+p} u_k(x_i)\right| < \frac{\varepsilon}{2}, \quad i=1,2,\cdots,m.$$

$\forall n>N, \forall p, \forall x\in[a,b]$,且$x\in[x_{i-1},x_i]$,有

$$\left|\sum\limits_{k=n+1}^{n+p} u_k(x)\right| \leqslant \left|\sum\limits_{k=n+1}^{n+p}(u_k(x)-u_k(x_i))\right| + \left|\sum\limits_{k=n+1}^{n+p} u_k(x_i)\right|$$

$$= \left|\sum\limits_{k=n+1}^{n+p} u'_k(\xi)(x-x_i)\right| + \left|\sum\limits_{k=n+1}^{n+p} u_k(x_i)\right|$$

$$< \delta\left|\sum\limits_{k=n+1}^{n+p} u'_k(\xi)\right| + \frac{\varepsilon}{2} < 2M\delta + \frac{\varepsilon}{2} = \varepsilon.$$

所以$\sum\limits_{n=1}^{\infty} u_n(x)$ 在$[a,b]$上一致收敛.

例 20 讨论级数 $\sum\limits_{n=0}^{\infty} x^2 e^{-nx}$ 在$(0,+\infty)$上的一致收敛性.

解 (确界法) 由$S_n(x)=\sum\limits_{k=0}^{n-1} x^2 e^{-kx}=\dfrac{x^2(1-e^{-nx})}{1-e^{-x}}$,可得和函数

$$S(x)=\lim_{n\to\infty} S_n(x)=\frac{x^2}{1-e^{-x}}, \quad x\in(0,+\infty).$$

下面考察

$$\sup_{x>0}|S_n(x)-S(x)|=\sup_{x>0}\left|\frac{x^2}{1-e^{-x}}e^{-nx}\right| \to 0 \quad (n\to\infty).$$

由于$\lim\limits_{x\to 0^+}\dfrac{x^2}{1-e^{-x}}=0$,所以$\forall \varepsilon>0, \exists \delta>0$,当$x\in(0,\delta)$时,有$0<\dfrac{x^2}{1-e^{-x}}<\varepsilon$. 于是,$\forall n\in N_+$,当$x\in(0,\delta)$时都有$0<\dfrac{x^2}{1-e^{-x}}e^{-nx}<\dfrac{x^2}{1-e^{-x}}<\varepsilon$. 而当$\delta\leqslant x<+\infty$时,注意到$x<e^x$,对适当大的$n$,有

$$0<\frac{x^2}{1-e^{-x}}e^{-nx}<\frac{e^{-(n-2)x}}{1-e^{-x}}<\frac{e^{-(n-2)\delta}}{1-e^{-\delta}} \to 0 \quad (n\to\infty).$$

于是,对上述$\varepsilon>0, \exists N>0$,当$n>N$时,$\forall x\in[\delta,+\infty)$,都有$0<\dfrac{x^2}{1-e^{-x}}e^{-nx}<\varepsilon$.

由上讨论知,$\forall \varepsilon>0, \exists N>0$,当$n>N$时,$\forall x\in(0,+\infty)$,有$\left|\dfrac{x^2}{1-e^{-x}}e^{-nx}\right|<\varepsilon$. 即

$$\lim_{n\to\infty}\sup_{x>0}\left|S_n(x)-S(x)\right|=\lim_{n\to\infty}\sup_{x>0}\left|\frac{x^2}{1-\mathrm{e}^{-x}}\mathrm{e}^{-nx}\right|=0.$$

所以原级数在$(0,+\infty)$上一致收敛.

注:该题目用狄尼定理证明更简便.

例 21 证明(1) $\displaystyle\sum_{n=0}^{\infty}\int_0^x t^n\sin\pi t\mathrm{d}t=\int_0^x\frac{\sin\pi t}{1-t}\mathrm{d}t,x\in[0,1)$;(2)级数 $\displaystyle\sum_{n=0}^{\infty}\int_0^x t^n\sin\pi t\mathrm{d}t$ 在$[0,1]$上一致收敛;(3) $\displaystyle\sum_{n=0}^{\infty}\int_0^1 t^n\sin\pi t\mathrm{d}t=\int_0^1\frac{\sin\pi t}{t}\mathrm{d}t$.

证明 (1)记 $u_n(t)=t^n\sin\pi t$,显然 $u_n(t)$ 在$[0,x](x<1)$上都连续. 由

$$|u_n(t)|=|t^n\sin\pi t|\leqslant x^n\quad(t\in[0,x])$$

及级数 $\displaystyle\sum_{n=0}^{\infty}x^n$ 的收敛性知,级数 $\displaystyle\sum_{n=0}^{\infty}u_n(t)$ 在$[0,x]$上一致收敛. 由逐项积分定理有

$$\sum_{n=0}^{\infty}\int_0^x t^n\sin\pi t\mathrm{d}t=\int_0^x\frac{\sin\pi t}{1-t}\mathrm{d}t.$$

(2)当 $x\in[0,1]$时,因

$$\left|\int_0^x t^n\sin\pi t\mathrm{d}t\right|\leqslant\left|\int_0^1 t^n\sin\pi t\mathrm{d}t\right|=\left|\int_0^1\sin\pi t\mathrm{d}\left(\frac{t^{n+1}}{n+1}\right)\right|$$

$$=\left|\frac{t^{n+1}}{n+1}\sin\pi t\Big|_0^1-\frac{\pi}{n+1}\int_0^1 t^{n+1}\cos\pi t\mathrm{d}t\right|$$

$$\leqslant\frac{\pi}{n+1}\int_0^1|t^{n+1}\cos\pi t|\mathrm{d}t\leqslant\frac{\pi}{n+1}\int_0^1 t^n\mathrm{d}t=\frac{\pi}{(n+1)^2}.$$

则由魏尔斯特拉斯判别法知,级数 $\displaystyle\sum_{n=0}^{\infty}\int_0^x t^n\sin\pi t\mathrm{d}t$ 在$[0,1]$上一致收敛.

(3)令 $\displaystyle S(x)=\sum_{n=0}^{\infty}\int_0^x t^n\sin\pi t\mathrm{d}t$,由(2)知,$S(x)$在$[0,1]$上连续,而由(1)知,当 $x\in[0,1)$时,

$$S(x)=\int_0^x\frac{\sin\pi t}{1-t}\mathrm{d}t.$$

因为 $S(x)$ 在 $x=1$ 处连续,所以上式在 $x=1$ 处也成立,即

$$\sum_{n=0}^{\infty}\int_0^1 t^n\sin\pi t\mathrm{d}t=S(1)=\int_0^1\frac{\sin\pi t}{1-t}\mathrm{d}t=\int_0^1\frac{\sin\pi t}{t}\mathrm{d}t\quad(\text{令 }x=1-t).$$

例 22 设 $\forall n,u_n(x)$ 在$(0,1)$单调增加,且 $u_n(x)\geqslant 0$,若 $\displaystyle\sum_{n=1}^{\infty}u_n(x)$ 在$(0,1)$内逐点收敛,并且和有上界,则 $\displaystyle\sum_{n=1}^{\infty}u_n(x)$ 在$(0,1)$内一致收敛,且 $\displaystyle\lim_{x\to1^-}\sum_{n=1}^{\infty}u_n(x)=\sum_{n=1}^{\infty}\lim_{x\to1^-}u_n(x)$.

证明 只要证 $\displaystyle\lim_{x\to1^-}u_n(x)$存在,且 $\displaystyle\sum_{n=1}^{\infty}u_n(x)$ 在$(0,1)$内一致收敛.

(1)先证 $\displaystyle\lim_{x\to1^-}u_n(x)$存在. 因为 $u_n(x)\geqslant 0$,且 $\displaystyle s(x)=\sum_{n=1}^{\infty}u_n(x)$ 在$(0,1)$收敛且有上界,所以 $\exists M>0,\forall x\in(0,1)$,有 $0\leqslant u_n(x)\leqslant s(x)\leqslant M$. 再由对 $\forall n,u_n(x)$ 单调增加,故由单调上升有上界极限存在定理知 $\displaystyle\lim_{x\to1^-}u_n(x)$存在,记 $\displaystyle\lim_{x\to1^-}u_n(x)=a_n$,则 $\forall x\in(0,1)$有 $0\leqslant u_n(x)\leqslant a_n(n=1,2,\cdots)$.

(2)再证 $\displaystyle\sum_{n=1}^{\infty}u_n(x)$ 在$(0,1)$内一致收敛. 因为 $\forall x\in(0,1)$有 $0\leqslant u_n(x)\leqslant a_n$,所以 $\displaystyle\sum_{n=1}^{\infty}a_n$ 为正项级数,因为 $\displaystyle\sum_{k=1}^{n}u_k(x)\leqslant s(x)\leqslant M$,令 $x\to1^-$ 得 $\displaystyle\sum_{k=1}^{n}a_k\leqslant M$,所以 $\displaystyle\sum_{n=1}^{\infty}a_n$ 收敛,从而由 M 判别法知 $\displaystyle\sum_{n=1}^{\infty}u_n(x)$ 在$(0,1)$内一致收敛. 从而有 $\displaystyle\lim_{x\to1^-}\sum_{n=1}^{\infty}u_n(x)=\sum_{n=1}^{\infty}\lim_{x\to1^-}u_n(x)$.

例 23 设函数 $f(x)$ 在 $x=0$ 的邻域内有二阶连续导数，$f(0)=0$，$0<f'(0)<1$，定义
$$f_1(x)=f(x), \quad f_n(x)=f(f_{n-1}(x)), \quad n=1,2,\cdots.$$
证明：$\sum_{n=1}^{\infty} f_n(x)$ 在 $x=0$ 的邻域内一致收敛.

证明 函数 $f(x)$ 在 $x=0$ 的泰勒展开式为
$$f(x)=f(0)+f'(0)x+\frac{f''(\xi)}{2!}x^2=f'(0)x+\frac{f''(\xi)}{2}x^2, \quad \xi \text{介于 0 与 } x \text{ 之间}.$$
由题设知，$\exists \delta>0$，使 $f''(x)$ 在 $[-\delta,\delta]$ 上连续，从而有界，所以 $\exists M>0$，$\forall x\in[-\delta,\delta]$ 有 $|f''(x)|\leqslant M$，因为 $0<f'(0)<1$ 所以 $\exists \delta_1<\delta$，使 $q=f'(0)+\frac{1}{2}M\delta_1<1$.

所以 $\forall x\in[-\delta_1,\delta_1]$，有
$$|f(x)|\leqslant |x|\left(|f'(0)|+\frac{1}{2}M\delta_1\right)=q|x|,$$
重复使用可得，对 $\forall x\in[-\delta_1,\delta_1]$ 有
$$|f_2(x)|=|f(f(x))|\leqslant q|f(x)|\leqslant q^2|x|,$$
$$\vdots$$
$$|f_n(x)|=|f(f_{n-1}(x))|\leqslant q^{n-1}|f(x)|\leqslant q^n|x|<q^n\delta_1.$$
因为 $\sum_{n=1}^{\infty} q^n\delta_1$ 收敛，所以 $\sum_{n=1}^{\infty} f_n(x)$ 在 $[-\delta_1,\delta_1]$ 上一致收敛.

类似地，有：若函数 $f(x)$ 在 $[-a,a]$ $(a>0)$ 上连续，且 $\forall x\in[-a,a]$，$x\neq 0$，$|f(x)|<|x|$. 设 $f_1(x)=f(x)$，$f_2(x)=f(f_1(x))$，$\cdots$，$f_{n+1}(x)=f(f_n(x))$，$\cdots$，则 $\{f_n(x)\}$ 在 $[-a,a]$ 上一致收敛于 0.

提示：利用 $f(x)$ 的连续性及 $|f(x)|<|x|$，可推出 $|f(x)|\leqslant|x|$，$x\in[-a,a]$. $\forall \varepsilon>0$，由于 $\left|\frac{f(x)}{x}\right|$ 在 $[-a,-\varepsilon]\cup[\varepsilon,a]$ 上的最大值 $M(<1)$，所以有 $|f(x)|\leqslant M|x|\leqslant Ma$，递推可知，$|f_n(x)|\leqslant M^n a$. 而在 $[-\varepsilon,\varepsilon]$ 上，$|f_n(x)|\leqslant|x|\leqslant\varepsilon$. 综上知，$\{f_n(x)\}$ 在 $[-a,a]$ 上一致收敛于 0.

例 24 设函数项级数 $\sum_{n=1}^{\infty} ne^{-nx}$，$x\in(0,+\infty)$. (1)证明此级数在 $(0,+\infty)$ 上收敛但不一致收敛；(2)求其和函数.

证明 (1)对每一个固定的 $x>0$，有 $ne^{-nx}=\frac{n}{e^{nx}}<\frac{6}{x^3}\cdot\frac{1}{n^2}$，利用正项级数的比较判别法知，$\sum_{n=1}^{\infty} ne^{-nx}$ 在 $x\in(0,+\infty)$ 上收敛. 但因 $\sup_{x\in(0,+\infty)}|u_n(x)|\geqslant u_n\left(\frac{1}{n}\right)=ne^{-1}$ 不趋向于 $0(n\to\infty)$，所以级数 $\sum_{n=1}^{\infty} ne^{-nx}$ 在 $x\in(0,+\infty)$ 上不一致收敛.

注：亦可用端点发散法来说明 $\sum_{n=1}^{\infty} ne^{-nx}$ 在 $x\in(0,+\infty)$ 上不一致收敛.

(2)设 $S(x)=\sum_{n=1}^{\infty} ne^{-nx}$，$x\in(0,+\infty)$. 由于级数的通项 $ne^{-nx}=(-e^{-nx})'$，而 $\sum_{n=1}^{\infty}(-e^{-nx})$ 是以 e^{-x} 为公比的几何级数，其和可以求出. 因此，如果级数 $\sum_{n=1}^{\infty}(-e^{-nx})$ 在 $(0,+\infty)$ 上满足逐项求导定理的条件，那么 $S(x)$ 便可以求出，但由(1)知，级数 $\sum_{n=1}^{\infty} ne^{-nx}$ 在 $x\in(0,+\infty)$ 上不一致收敛，也就是说 $\sum_{n=1}^{\infty} ne^{-nx}$ 在 $x\in(0,+\infty)$ 不满足逐项求导定理的条件. 为了克服这一困难，我们在缩小的区间

$[\delta,\infty)$ 上考虑上述问题.

$\forall x_0 \in (0,+\infty)$，$\exists \delta > 0$，使 $x_0 \in [\delta,+\infty)$，记 $v_n(x) = -e^{-nx}$，显然 $v_n(x)$ 在 $[\delta,+\infty)$ 上有连续的导数. 由

$$ne^{-nx} \leqslant ne^{-n\delta} < \frac{6}{\delta^3} \cdot \frac{1}{n^2}, \quad x \in [\delta,+\infty)$$

知，$\sum\limits_{n=1}^{\infty} v_n'(x) = \sum\limits_{n=1}^{\infty} ne^{-nx}$ 在 $[\delta,+\infty)$ 上一致收敛，因此，$\sum\limits_{n=1}^{\infty}(-e^{-nx})$ 在 $[\delta,+\infty)$ 上可逐项求导，于是可得

$$S(x) = \sum_{n=1}^{\infty} ne^{-nx} = \left(\sum_{n=0}^{\infty}(-e^{-nx})\right)' = \left(-\frac{1}{1-e^{-x}}\right)'$$

$$= \frac{e^x}{(e^x-1)^2}, \quad x \in [\delta,+\infty).$$

特别地，$S(x_0) = \dfrac{e^{x_0}}{(e^{x_0}-1)^2}$. 由 x_0 的任意性，$\forall x \in (0,+\infty)$，都有 $S(x) = \dfrac{e^x}{(e^x-1)^2}$.

类似的题目：设级数 $\sum\limits_{n=1}^{\infty} u_n(x) = \sum\limits_{n=1}^{\infty} n^2 e^{-nx}$，$x \in (0,+\infty)$. (1)证明 $\sum\limits_{n=1}^{\infty} u_n(x)$ 在 $(0,+\infty)$ 上收敛但不一致收敛；(2)求 $\sum\limits_{n=1}^{\infty} u_n(x)$ 的和函数.

提示：和函数 $S(x) = \dfrac{e^{2x}+1}{(e^x-1)^3}$. (注意应用例 22 的结果)

例 25 设 $u_n(x)$ 是 $[a,b]$ 上的非负连续函数，$\sum\limits_{n=1}^{\infty} u_n(x)$ 在 $[a,b]$ 上点态收敛于 $u(x)$，证明：$u(x)$ 在 $[a,b]$ 上一定达到最小值.

证明 记 $S_n(x) = \sum\limits_{k=1}^{n} u_k(x)$，则 $\{S_n(x)\}$ 递增趋向于 $u(x)$，且 $u(x) \geqslant 0$. 设 $\inf\limits_{x \in [a,b]} u(x) = A$，则存在点列 $\{x_k\} \subset [a,b]$，使 $\lim\limits_{k \to \infty} u(x_k) = A$. 由致密性定理知，$\{x_k\}$ 存在收敛子列，仍记为 $\{x_k\}$，不妨设 $x_k \to x_0 (k \to \infty)$ 且 $x_0 \in [a,b]$. 下证：$u(x_0) = A$.

若不然，则 $\exists \varepsilon_0 > 0$，使 $u(x_0) > A + \varepsilon_0$. 由 $S_n(x_0) \to u(x_0)(n \to \infty)$ 知，$\exists N > 0$，使 $S_N(x_0) > A + \frac{2}{3}\varepsilon_0$. 由 $S_N(x)$ 在 x_0 点的连续性知，$\exists \delta > 0$，当 $x \in U(x_0;\delta)$ 时，有 $S_N(x) > A + \frac{\varepsilon_0}{3}$. 由于 $\{S_n(x)\}$ 递增，故更有 $u(x) > A + \frac{\varepsilon_0}{3}$.（当 $x \in U(x_0;\delta)$ 时），于是存在适当大的 k，使 $|x_k - x_0| < \delta$，这样便有 $u(x_k) > A + \frac{\varepsilon_0}{3}$. 这与 $\lim\limits_{k \to \infty} u(x_k) = A$ 相矛盾.

类似地有：设 $\{f_n(x)\}(n=1,2,\cdots)$ 在 $[0,1]$ 上连续，并且 $f_n(x) \geqslant f_{n+1}(x)$，$\forall x \in [0,1]$. 及 $n=1,2,\cdots$. 试证明：若 $\{f_n(x)\}$ 在 $[0,1]$ 上收敛于 $f(x)$，则 $f(x)$ 在 $[0,1]$ 上达到最大值.

例 26 （华中科技大学） 设 $\sum\limits_{n=1}^{\infty} u_n(x)$ 在区间 I 上一致收敛于 $f(x)$，且对 $\forall n: u_n(x)$ 在区间 I 上一致连续，求证：$f(x)$ 在区间 I 上一致连续.

证明 令 $S_n(x) = \sum\limits_{k=1}^{n} u_k(x)$，又 $\sum\limits_{n=1}^{\infty} u_n(x)$ 在区间 I 上一致收敛于 $f(x)$，所以 $\{S_n(x)\}$ 在区间 I 上一致收敛于 $f(x)$，所以 $\forall \varepsilon > 0$，$\exists N \in \mathbf{N}_+$，$\forall n > N$，$\forall x \in I$ 有

$$|S_n(x) - f(x)| < \frac{\varepsilon}{3} \tag{5-4}$$

特别地取 $n_0 > N$，$\forall x \in I$ 有

$$|S_{n_0}(x)-f(x)|<\frac{\varepsilon}{3} \tag{5-5}$$

又因为 $\forall n,u_n(x)$ 在 I 上一致连续,所以 $S_{n_0}(x)$ 在 I 上一致连续.

对上 $\varepsilon,\exists\delta>0,(\delta<|I|),\forall x_1,x_2\in I,$ 当 $|x_1-x_2|<\delta$ 时有

$$|S_{n_0}(x_1)-S_{n_0}(x_2)|<\frac{\varepsilon}{3}, \tag{5-6}$$

所以 $\forall x_1,x_2\in I,$ 当 $|x_1-x_2|<\delta$ 时,由式(5-4)至式(5-6)得

$$|f(x_1)-f(x_2)|\leqslant|f(x_1)-S_{n_0}(x_1)|+|S_{n_0}(x_1)-S_{n_0}(x_2)|+|S_{n_0}(x_2)-f(x_2)|$$
$$<\frac{\varepsilon}{3}+\frac{\varepsilon}{3}+\frac{\varepsilon}{3}=\varepsilon.$$

所以 $f(x)$ 在区间 I 上一致连续.

例 27　(大连理工大学)　假定函数 $u_n(x)(n=1,2,\cdots)$ 在 $[a,b]$ 上可导,$\sum\limits_{n=1}^{\infty}u_n(x)$ 在 $x_0\in[a,b]$ 收敛,而 $\sum\limits_{n=1}^{\infty}u'_n(x)$ 在 $[a,b]$ 上一致收敛,求证:$\sum\limits_{n=1}^{\infty}u_n(x)$ 在 $[a,b]$ 上一致收敛.

证明　设 $\sum\limits_{n=1}^{\infty}u_n(x)$ 和 $\sum\limits_{n=1}^{\infty}u'_n(x)$ 的前 n 项和分别为 $S_n(x),\sigma_n(x)$,显然有 $S'_n(x)=\sigma_n(x)$. 又因 $\sum\limits_{n=1}^{\infty}u_n(x_0)$ 收敛,$\sum\limits_{n=1}^{\infty}u'_n(x)$ 在 $[a,b]$ 上一致收敛,则 $\forall\varepsilon>0,\exists N\in\mathbf{N}_+,\forall n>N,m>N$ 有

$$|S_n(x_0)-S_m(x_0)|<\frac{\varepsilon}{2} \tag{5-7}$$

且对 $\forall x\in[a,b]$ 有

$$|\sigma_n(x)-\sigma_m(x)|<\frac{\varepsilon}{2(b-a)} \tag{5-8}$$

对 $F_m(x)=S_n(x)-S_m(x)$ 在 x_0 到 x 之间应用微分中值定理,则 $\exists\xi$ 位于 x_0 到 x 之间使

$$S_n(x)-S_m(x)=((S_n(x)-S_m(x))-(S_n(x_0)-S_m(x_0)))+S_n(x_0)-S_m(x_0)$$
$$=(S'_n(\xi)-S'_m(\xi))\cdot(x-x_0)+S_n(x_0)-S_m(x_0)$$
$$=(\sigma_n(\xi)-\sigma_m(\xi))\cdot(x-x_0)+S_n(x_0)-S_m(x_0)$$

所以由式(5-7)、式(5-8)及 $\forall m,n>N,\forall x\in[a,b]$ 有

$$|S_n(x)-S_m(x)|\leqslant|\sigma_n(\xi)-\sigma_m(\xi)||x-x_0|+|S_n(x_0)-S_m(x_0)|$$
$$<\frac{\varepsilon}{2(b-a)}\cdot(b-a)+\frac{\varepsilon}{2}=\varepsilon$$

所以 $\{S_n(x)\}$ 在 $[a,b]$ 上一致收敛,即 $\sum\limits_{n=1}^{\infty}u_n(x)$ 在 $[a,b]$ 上一致收敛.

类似地有函数列情形:若函数列 $\{f_n(x)\}$ 在 $[a,b]$ 上的 x_0 点收敛,$\{f_n(x)\}$ 的每一项在 $[a,b]$ 上有连续的导数,且 $\{f'_n(x)\}$ 在 $[a,b]$ 上一致收敛,则 $\{f_n(x)\}$ 在 $[a,b]$ 上一致收敛于 $f(x)$.

例 28　(山东师范大学)　求证:$f(x)=\sum\limits_{n=1}^{\infty}\left(x+\frac{1}{n}\right)^n$ 在 $(-1,1)$ 上连续.

证明　对于 $\forall q:0<q<1,$ 考虑内闭区间 $[-q,q]\subset(-1,1)$. 因为

$$\left|\left(x+\frac{1}{n}\right)^n\right|\leqslant\left(|x|+\frac{1}{n}\right)^n\leqslant\left(q+\frac{1}{n}\right)^n,\quad\forall x\in[-q,q],$$

并且根据根式判别法 $\sum\limits_{n=1}^{\infty}\left(q+\frac{1}{n}\right)^n$ 收敛,所以 $\sum\limits_{n=1}^{\infty}\left(x+\frac{1}{n}\right)^n$ 在 $[-q,q]$ 上一致收敛. 由 q 的任意性,及和函数的连续性定理(若函数项级数 $\sum\limits_{n=1}^{\infty}u_n(x)$ 在 (a,b) 内闭一致收敛,$u_n(x)$ 在 (a,b) 内连续,则和

函数在(a,b)内连续)可知，$f(x)=\sum\limits_{n=1}^{\infty}\left(x+\dfrac{1}{n}\right)^{n}$在$(-1,1)$上连续.

四、练习题

1. 讨论函数列 $f_{n}(x)=\sqrt{n}(1-x)\mathrm{e}^{-n(x-1)^{2}}$，$x\in(0,1)$.

2. 讨论函数列 $f_{n}(x)=\dfrac{x^{n}}{1+x^{n}}$在指定区间上的一致收敛性.

(1)$0\leqslant x\leqslant1$；(2)$1<a\leqslant x<+\infty$.

3. (东华大学)　令 $f_{n}(x)=nx(1-x)^{n}$，$(n=1,2,\cdots)$. 判别函数列$\{f_{n}(x)\}$在$[0,1]$上的一致收敛性.

4. (南京理工大学)　设 $f_{0}(x)\in\mathrm{R}[0,a]$，$f_{n}(x)=\displaystyle\int_{0}^{x}f_{n-1}(t)\mathrm{d}t(n=1,2,\cdots)$，证明：

(1)$\{f_{n}(x)\}$在$[0,a]$上一致收敛于0；(2)$\displaystyle\sum_{n=1}^{\infty}f_{n}(x)$在$[0,a]$上一致收敛.

5. (南京师范大学)　设函数列$\{f_{n}(x)\}$在$(a,x_{0})\bigcup(x_{0},b)$上一致收敛于$f(x)$，且对每个$n$，$\lim\limits_{x\to x_{0}}f_{n}(x)=a_{n}$，求证：$\lim\limits_{n\to\infty}a_{n}$和$\lim\limits_{x\to x_{0}}f(x)$均存在且相等.

6. 设 $f(x)$在$(-\infty,+\infty)$上有连续的导函数 $f'(x)$，且 $f_{n}(x)=\mathrm{e}^{n}(f(x+\mathrm{e}^{-n})-f(x))$，则$\{f_{n}(x)\}$在任一有限区间$[a,b]$内一致收敛于 $f'(x)$.

7. 设 $f(x)$在(a,b)内有连续的导数，令 $F_{n}(x)=\dfrac{n}{2}\left(f\left(x+\dfrac{1}{n}\right)-f\left(x-\dfrac{1}{n}\right)\right)$，证明：$\{F_{n}(x)\}$在$(a,b)$内逐点收敛，且在$(a,b)$的任一闭子区间$[\alpha,\beta]$上一致收敛.

8. 设可微函数列$\{f_{n}(x)\}$在$[a,b]$上收敛，$\{f'_{n}(x)\}$在$[a,b]$上一致有界，证明：$\{f_{n}(x)\}$在$[a,b]$上一致收敛.

9. (哈尔滨工业大学)　设$\{f_{n}(x)\}$在$[a,b]$上有定义，有 $\alpha\in(0,1]$使
$$|f_{n}(x)-f_{n}(y)|\leqslant|x-y|^{\alpha}，\forall n\in\mathbf{N}，\forall x,y\in[a,b]$$
且逐点有 $f_{n}(x)\to f(x)$，$(n\to\infty)$. 证明$\{f_{n}(x)\}$在$[a,b]$上一致收敛于$f(x)$.

10. (重庆大学)　若$\{f_{n}(x)\}$满足：(1)$\{f_{n}(x)\}$在$[a,b]$上一致收敛于$f(x)$. (2)每一项 $f_{n}(x)$在$[a,b]$上可积，则$\{f_{n}(x)\}$在$[a,b]$上的极限函数 $f(x)$在$[a,b]$上也可积.

11. (哈尔滨工业大学)　设 $u_{n}(x)$在$[a,b]$上满足：
$$|u_{n}(x)-u_{n}(y)|\leqslant\dfrac{1}{2^{n}}|x-y|，\quad n=1,2,\cdots.$$
且在$[a,b]$上 $\displaystyle\sum_{n=1}^{\infty}u_{n}(x)$逐点收敛，则 $\displaystyle\sum_{n=1}^{\infty}u_{n}(x)$在$[a,b]$上一致收敛.

12. (重庆大学)　讨论级数 $\displaystyle\sum_{n=1}^{\infty}x^{n}\ln^{2}x$在$(0,1]$上的一致收敛性.

13. 证明级数 $\displaystyle\sum_{n=1}^{\infty}x^{n}\ln x$在$(0,1]$上非一致收敛性.（提示：利用和函数的连续性定理）

14. (1)证明函数项级数 $\displaystyle\sum_{n=1}^{\infty}\dfrac{1}{n}\left(\mathrm{e}^{x}-\left(1+\dfrac{x}{n}\right)^{n}\right)$在$(0,+\infty)$上非一致收敛；(2)(2005年华中师范大学)证明 $\displaystyle\sum_{n=1}^{\infty}\dfrac{1}{n}\left(\mathrm{e}^{x}-\left(1+\dfrac{x}{n}\right)^{n}\right)$在任意有限区间$[a,b]$上一致收敛.

15. 证明级数 $\sum\limits_{n=1}^{\infty} 3^n \sin \dfrac{1}{4^n x}$ 在 $(0,+\infty)$ 上非一致收敛,但其和函数在 $(0,+\infty)$ 上连续(提示:取 $x_n = \left(\dfrac{3}{4}\right)^n$,则 $\{u_n(x_n)\}$ 在 $(0,+\infty)$ 上非一致收敛于 0).

16.(1)(东北大学)　证明:$\sum\limits_{n=1}^{\infty} \dfrac{1}{n^x}$ 在 $(1,+\infty)$ 上非一致收敛(提示:端点发散法);

(2)(哈尔滨工业大学)　函数项级数 $\sum\limits_{n=1}^{\infty} \dfrac{1}{n^x}$ 的和函数 $f(x)$ 在 $(1,+\infty)$ 内连续可微.

17.(扬州大学)　讨论级数 $\sum\limits_{n=1}^{\infty} \dfrac{n^2}{\left(x+\dfrac{1}{n}\right)^n}$ 的收敛性与一致收敛性.

18.(重庆大学)　设 $u_n(x)$ 在 $[0,1]$ 上非负连续 $(n=1,2,\cdots)$,$\sum\limits_{n=1}^{\infty} u_n(x)$ 在 $[0,1]$ 上一致收敛,令 $M_n = \max\limits_{x \in [0,1]} u_n(x)$,问 $\sum\limits_{n=1}^{\infty} M_n$ 是否收敛? 用 $\sum\limits_{n=2}^{\infty} \dfrac{x^n(1-x)}{\ln n}$ 验证上面的结论.

19.(扬州大学)　求证:$f(x) = \sum\limits_{n=1}^{\infty} \dfrac{\sin nx}{n^2}$ 在 $\left[\dfrac{\pi}{3}, \dfrac{5\pi}{3}\right]$ 上连续可微.

20.(南京理工大学)　设 $\sum\limits_{n=1}^{\infty} a_n$ 收敛,证明:$f(x) = \sum\limits_{n=1}^{\infty} \dfrac{a_n}{n^x}$ 在 $[0,+\infty)$ 上连续.

21. 设 $\varphi_n(x)$ 满足:(1) $\varphi_n(x) \in C[0,1]$,$\varphi_n(x) \geqslant 0$;(2) $\lim\limits_{x \to 1^-} \varphi_n(x) = \varphi_n(1) = 1$;(3) $\forall x \in [0,1]$,$\{\varphi_n(x)\}$ 单调下降,如果 $\sum\limits_{n=1}^{\infty} a_n$ 收敛,则 $\lim\limits_{x \to 1^-} \sum\limits_{n=1}^{\infty} a_n \varphi_n(x) = \sum\limits_{n=1}^{\infty} a_n$.

22. 设 $u_n(x) \in C[a,b]$,$\sum\limits_{n=1}^{\infty} u_n(x)$ 在 (a,b) 上一致收敛,证明:(1) $\sum\limits_{n=1}^{\infty} u_n(a)$,$\sum\limits_{n=1}^{\infty} u_n(b)$ 收敛;(2) $\sum\limits_{n=1}^{\infty} u_n(x)$ 在 $[a,b]$ 上一致收敛;(3) $s(x) = \sum\limits_{n=1}^{\infty} u_n(x)$ 在 $[a,b]$ 上连续;(4) $s(x)$ 在 $[a,b]$ 上一致连续.

23.(上海交通大学)　设 $f(x) = \sum\limits_{n=1}^{\infty} \dfrac{e^{-nx}}{1+n^2}$,证明:$f(x)$ 在 $[0,+\infty)$ 上连续,且 $f'(x)$ 在 $(0,+\infty)$ 内连续.

24.(重庆大学)　设 $f(x,y)$ 在 $D = [a,b] \times [c,d]$ 上连续,$\varphi_n(x)$ 在 $[a,b]$ 上一致收敛于 $\varphi(x)$,并且 $c \leqslant \varphi_n(x) \leqslant d$. 求证:$F_n(x) = f(x, \varphi_n(x))$ 在 $[a,b]$ 上一致收敛.

25.(华中科技大学)讨论 $\sum\limits_{n=0}^{\infty} \dfrac{x^2}{(1+x^2)^n}$ 在 $(0,+\infty)$ 上的一致收敛性.

26. 求证 $\sum\limits_{n=1}^{\infty} \dfrac{1}{n^x}$ 的和函数在 $(1,+\infty)$ 上的连续性.

5.3 幂级数

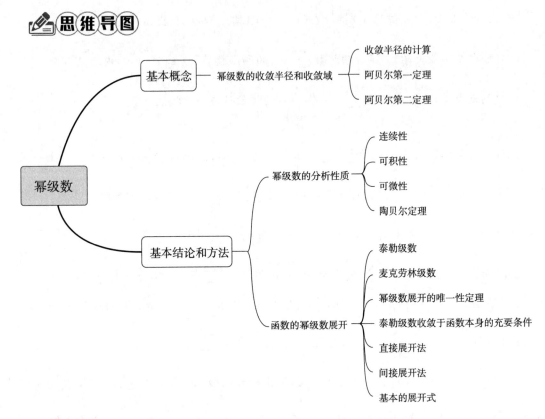

一、基本概念

幂级数的收敛半径和收敛域:幂级数 $\sum\limits_{n=0}^{\infty} a_n (x-x_0)^n$ 是特殊的函数项级数,关于函数项级数的一切结论,对其均成立. 同时,它又可以看成是多项式的推广,因此在收敛性和和函数的性质方面有许多优良的性质. 正因为这一点,它有着广泛的应用.

令 $\rho = \varlimsup\limits_{n\to\infty} \sqrt[n]{|a_n|}$,则收敛半径为

$$R = \begin{cases} 0 & \text{当 } \rho = +\infty \text{ 时} \\ \dfrac{1}{\rho} & \text{当 } 0 < \rho < +\infty \text{ 时}, \\ +\infty & \text{当 } \rho = 0 \text{ 时} \end{cases} \tag{5-9}$$

式(5-9)完全解决了收敛半径的计算. 但若 $\lim\limits_{n\to\infty} \left| \dfrac{a_{n+1}}{a_n} \right|$ 存在,记为 ρ,则收敛半径 $R = \dfrac{1}{\rho}$. 在许多情形下,用 $\lim\limits_{n\to\infty} \left| \dfrac{a_{n+1}}{a_n} \right|$ 来计算 ρ 可能更方便.

当 $x_0 = 0$ 时,幂级数变成 $\sum\limits_{n=0}^{\infty} a_n x^n$,这种简单形式是我们要着重讨论的.

幂级数 $\sum\limits_{n=0}^{\infty} a_n x^n$ 在其收敛区间 $(-R,R)$ 内部处处绝对收敛(阿贝尔第一定理),并且是内闭一致收敛(阿贝尔第二定理),至于端点 $x=\pm R$ 处的收敛性要单独讨论. 收敛区间的端点是幂级数收敛点与发散点的分界点. 一般而言,幂级数在这一分界点上若收敛,则收敛的速度很慢;若发散,则发散的速度也很慢. 因此,讨论端点的敛散性往往是非常困难的,这要用到数项级数中更加精细的判别法(比如:拉贝判别法等).

素养教育:通过幂级数的收敛区间,让学生体会数学的对称美.幂级数是最简单的一种函数项级数,学生通过学习其独特性了解和体会级数理论的博大精深的美.

注 1:若 $\sum\limits_{n=0}^{\infty} a_n x^n$ 的收敛半径为 R,且在 $(-R,R)$ 上一致收敛,则 $\sum\limits_{n=0}^{\infty} a_n x^n$ 在 $[-R,R]$ 上一致收敛. (利用柯西准则,只要证明 $\sum\limits_{n=0}^{\infty} a_n x^n$ 在 $x=\pm R$ 收敛即可)

注 2:对于"缺项"的幂级数的收敛半径的求法,一般是直接利用根式判别法或比式判别法. 例如:(1) $\sum\limits_{n=0}^{\infty} \dfrac{x^{2n+1}}{(2n+1)!}$.

因为
$$\lim_{n \to \infty} \left| \frac{x^{2n+3}}{(2n+3)!} \right| \Big/ \left| \frac{x^{2n+1}}{(2n+1)!} \right| = \lim_{n \to \infty} \frac{|x|^2}{2n+3} = 0 < 1,$$

所以收敛半径为 $R=+\infty$.

(2) $\sum\limits_{n=0}^{\infty} 2^n x^{2n}$.

因为
$$\lim_{n \to \infty} \sqrt[n]{2^n |x|^{2n}} = 2|x|^2 < 1,$$

所以收敛半径为 $R=\dfrac{1}{\sqrt{2}}$.

二、基本结论和方法

(一)幂级数的分析性质

设 $S(x) = \sum\limits_{n=0}^{\infty} a_n x^n$,且其收敛半径为 R,则

(1)**连续性** $S(x)$ 在 $(-R,R)$ 内连续. 如果幂级数在区间端点收敛,则 $S(x)$ 在该端点单侧连续.

(2)**可积性** 幂级数在 $(-R,R)$ 内可逐项积分,即
$$\int_0^x \left(\sum_{n=0}^{\infty} a_n t^n \right) \mathrm{d}t = \sum_{n=0}^{\infty} \frac{a_n}{n+1} x^{n+1}.$$

(3)**可微性** 幂级数在 $(-R,R)$ 内可逐项求导,即
$$\frac{\mathrm{d}}{\mathrm{d}x} \left(\sum_{n=0}^{\infty} a_n x^n \right) = \sum_{n=0}^{\infty} n a_n x^{n-1}.$$

幂级数通过逐项积分、逐项求导后所得到的新级数其收敛半径仍为 R,但在端点 $x=\pm R$ 处的收敛性可能会改变.

命题 5.3.1 (陶贝尔定理) 设 $\sum\limits_{n=0}^{\infty} a_n x^n = S(x)$ 在 $(-1,1)$ 上成立,如果 $\lim\limits_{x \to 1^-} S(x) = S$ 且 $\lim\limits_{n \to \infty} n a_n = 0$,则 $\sum\limits_{n=0}^{\infty} a_n = S$.

注:一个简单的充分条件是下面的命题.

命题 5.3.2 设 $S(x) = \sum_{n=0}^{\infty} a_n x^n$, $x \in (-1,1)$, $a_n \geqslant 0$ 且 $\lim_{x \to 1^-} S(x) = S$, 则 $\sum_{n=0}^{\infty} a_n = S$.

提示:先证明正项级数 $\sum_{n=0}^{\infty} a_n$ 的部分和数列 $\{S_n\}$ 有上界,然后在 $[0,1]$ 上对幂级数 $\sum_{n=0}^{\infty} a_n x^n$ 应用连续性定理可得结论.

(二)函数的幂级数展开

对函数 $f(x)$,若在 x_0 的某邻域 $U(x_0)$ 内,成立 $f(x) = \sum_{n=0}^{\infty} a_n (x - x_0)^n$,则称 $f(x)$ 在 x_0 点能展开为幂级数.

若函数无穷次可微,则称幂级数 $\sum_{n=0}^{\infty} \frac{f^{(n)}(x_0)}{n!} (x - x_0)^n$ 为 $f(x)$ 在 x_0 点的泰勒级数. 当 $x_0 = 0$ 时,上面的泰勒级数变为 $\sum_{n=0}^{\infty} \frac{f^{(n)}(0)}{n!} x^n$,称它为 $f(x)$ 的麦克劳林级数.

素养教育 1:通过比较泰勒多项式与泰勒级数的不同,培养学生通过区别与联系掌握相似概念的本质.

素养教育 2:麦克劳林级数是一种特殊的泰勒级数,引导学生掌握特殊与一般的辩证关系和哲学思想.

下面的命题给出了 $f(x)$ 在 x_0 点的幂级数与 $f(x)$ 在 x_0 点的泰勒级数之间的关系.

命题 5.3.3 (幂级数展开的唯一性定理) 如果函数 $f(x)$ 在 x_0 点的某邻域 $U(x_0)$ 内能展开为幂级数 $\sum_{n=0}^{\infty} a_n (x - x_0)^n$,则这个幂级数展开式是唯一的,并且它们就是 $f(x)$ 在 x_0 点的泰勒级数,即

$$a_n = \frac{f^{(n)}(x_0)}{n!}.$$

值得注意的是:只要 $f(x)$ 在 x_0 点无穷可微,那么 $f(x)$ 在 x_0 点就可以展开为泰勒级数,但是这个泰勒级数未必收敛 $\left(\text{考察 } f(x) = \sum_{n=0}^{\infty} \frac{\sin(2^n x)}{n!} \text{ 在 } x_0 = 0 \text{ 点的展开式} \right)$,即使收敛也未必收敛于 $f(x)$ (考察 $f(x) = \begin{cases} e^{-\frac{1}{x^2}} & x \neq 0 \\ 0 & x = 0 \end{cases}$ 在 $x_0 = 0$ 点的展开式).

$f(x)$ 在 $U(x_0)$ 内的泰勒级数收敛于 $f(x)$ 本身的充要条件是余项 $R_n(x)$ 在 $U(x_0)$ 内一致地趋向于 0.

一个方便实用的充分条件是下面的命题.

命题 5.3.4 若 $f(x)$ 在 $U(x_0)$ 内的各阶导数一致有界,即存在 $M > 0$,使 $|f^{(n)}(x)| \leqslant M$, $\forall n$, $\forall x \in U(x_0)$ 成立,则 $f(x)$ 在 $U(x_0)$ 内的泰勒级数收敛于 $f(x)$.

函数的幂级数展开分为直接展开法和间接展开法两种. 直接展开法需要求函数 $f(x)$ 有展开点的高阶导数值和证明余项在展开点附近一致地趋向于 0(这往往是困难的). 间接展开法需要利用如下基本的展开式.

(1) $e^x = \sum_{n=0}^{\infty} \frac{x^n}{n!}$, $x \in (-\infty, +\infty)$;

(2) $\sin x = \sum_{n=0}^{\infty} (-1)^n \frac{x^{2n+1}}{(2n+1)!}$, $x \in (-\infty, +\infty)$;

(3) $\cos x = \sum_{n=0}^{\infty} (-1)^n \frac{x^{2n}}{(2n)!}$, $x \in (-\infty, +\infty)$;

(4) $\ln(1 + x) = \sum_{n=1}^{\infty} (-1)^{n-1} \frac{x^n}{n}$, $x \in (-1, 1]$;

(5) $(1+x)^{\alpha} = 1 + \sum\limits_{n=1}^{\infty} \dfrac{\alpha(\alpha-1)\cdots(\alpha-n+1)}{n!}x^n,\quad \alpha \neq 0,1,2,\cdots,k,\cdots.$

该展开式成立的范围当 $\alpha \leqslant -1$ 时，$x \in (-1,1)$；当 $-1 < \alpha < 0$ 时，$x \in (-1,1]$；当 $\alpha > 0$ 时，$x \in [-1,1]$.

需要特别说明的是：间接展开法的理论依据是幂级数展开式唯一性定理．因此，在做展开时，我们可放心地使用逐项求导、逐项积分以及四则运算等技术，只要所得的幂级数具有正的收敛半径即可．

素养教育：通过典型案例的分析，引导学生掌握直接展开法和间接展开法的使用范围，培养学生的发散思维和一题多解的创新思维．

三、例题选讲

例 1　求幂级数的收敛域：(1) $\sum\limits_{n=1}^{\infty}(-1)^n\left(1+\dfrac{1}{2}+\cdots+\dfrac{1}{n}\right)x^n$；(2) $\sum\limits_{n=0}^{\infty}\dfrac{x^n}{3^{\sqrt{n}}}$；(3) $\sum\limits_{n=0}^{\infty}\dfrac{n^n}{n!}x^n$；

(4) $\sum\limits_{n=0}^{\infty}\left(1+2\cos\dfrac{n\pi}{4}\right)^n x^n$；(5) $\sum\limits_{n=1}^{\infty}\left(\sin\dfrac{1}{3n}\right)(x^2+x+1)^n$；(6) $\sum\limits_{n=1}^{\infty}\dfrac{1^n+2^n+\cdots+k^n}{n^2}\left(\dfrac{1-x}{1+x}\right)^n$，$k > 1$，为整数．

解　(1) 因为

$$\lim_{n\to\infty}\left|\dfrac{a_{n+1}}{a_n}\right| = \lim_{n\to\infty}\dfrac{1+\dfrac{1}{2}+\cdots+\dfrac{1}{n}+\dfrac{1}{n+1}}{1+\dfrac{1}{2}+\cdots+\dfrac{1}{n}}$$

$$= \lim_{n\to\infty}\left(1+\dfrac{1}{\left(1+\dfrac{1}{2}+\cdots+\dfrac{1}{n}\right)(n+1)}\right) = 1,$$

所以收敛半径 $R=1$.

或利用不等式 $\ln(n+1) < |a_n| < 1+\ln n$ 及 $\lim\limits_{n\to\infty}\sqrt[n]{\ln(n+1)} = \lim\limits_{n\to\infty}\sqrt[n]{1+\ln n} = 1$，亦可知收敛半径为 $R=1$. 又当 $x = \pm 1$ 时，级数的通项均不趋向于 0，故级数的收敛域为 $(-1,1)$.

(2) 因为

$$\lim_{n\to\infty}\left|\dfrac{a_{n+1}}{a_n}\right| = \lim_{n\to\infty}\dfrac{3^{\sqrt{n}}}{3^{\sqrt{n+1}}} = \lim_{n\to\infty}3^{\sqrt{n}-\sqrt{n+1}} = \lim_{n\to\infty}3^{-\frac{1}{\sqrt{n}+\sqrt{n+1}}} = 1,$$

或

$$\lim_{n\to\infty}\sqrt[n]{|a_n|} = \lim_{n\to\infty}\sqrt[n]{\dfrac{1}{3^{\sqrt{n}}}} = \lim_{n\to\infty}\left(\dfrac{1}{3}\right)^{\sqrt{n}\cdot\frac{1}{n}} = 1,$$

所以收敛半径 $R=1$.

当 $x=1$ 时，级数变成 $\sum\limits^{\infty}\dfrac{1}{3^{\sqrt{n}}}$，因为当 n 适当大时，$\dfrac{1}{3^{\sqrt{n}}} \leqslant \dfrac{1}{3^{\ln n}} = \dfrac{1}{n^{\ln 3}}$ 成立．而 $\ln 3 > 1$，所以由比较判别法知，原级数在 $x=1$ 处收敛；

当 $x=-1$ 时，级数变成 $\sum\limits_{n=0}^{\infty}\dfrac{(-1)^n}{3^{\sqrt{n}}}$，因为 $\left|\dfrac{(-1)^n}{3^{\sqrt{n}}}\right| \leqslant \dfrac{1}{3^{\sqrt{n}}}$，由上知，原级数在 $x=-1$ 处也收敛，故原级数的收敛域为 $[-1,1]$.

说明：该级数在端点 $x = \pm 1$ 处的收敛性也可用对数判别法论证之．

(3) 因为

$$\lim_{n\to\infty}\left|\dfrac{a_{n+1}}{a_n}\right| = \lim_{n\to\infty}\left(\dfrac{(n+1)^{n+1}}{(n+1)!}\cdot\dfrac{n!}{n^n}\right) = e,$$

或利用斯特林公式：$n! \sim \sqrt{2\pi}\,n^{n+\frac{1}{2}}e^{-n}(n\to\infty)$，有 $\lim\limits_{n\to\infty}\sqrt[n]{|a_n|} = \lim\limits_{n\to\infty}\dfrac{e}{\sqrt[2n]{2n\pi}} = e$，所以收敛半径为 $R=$

$\dfrac{1}{e}$. 当 $x=\dfrac{1}{e}$ 时，级数 $\displaystyle\sum_{n=0}^{\infty}\dfrac{n^n}{n!}e^{-n}$ 为正项级数，由斯特林公式，有

$$\frac{n^n}{n!}e^{-n}\sim\frac{n^n}{\sqrt{2\pi}n^{n+\frac{1}{2}}e^{-n}}\cdot e^{-n}=\frac{1}{\sqrt{2n\pi}}\quad(n\to\infty),$$

由此可知，原级数在 $x=\dfrac{1}{e}$ 处发散；当 $x=-\dfrac{1}{e}$ 时，级数 $\displaystyle\sum_{n=0}^{\infty}(-1)^n\dfrac{n^n}{n!}e^{-n}$ 为交错级数，由

$$\frac{(n+1)^{n+1}}{(n+1)!}e^{-(n+1)}\bigg/\frac{n^n}{n!}e^{-n}=\frac{1}{e}\left(1+\frac{1}{n}\right)^n<1$$

及

$$\frac{n^n}{n!}e^{-n}\sim\frac{1}{\sqrt{2n\pi}}\quad(n\to\infty),$$

可知原级数在 $x=-\dfrac{1}{e}$ 处收敛，故原级数的收敛域为 $\left[-\dfrac{1}{e},\dfrac{1}{e}\right)$.

(4) 因为

$$\varlimsup_{n\to\infty}\sqrt[n]{|a_n|}=\varlimsup_{n\to\infty}\sqrt[n]{\left|\left(1+2\cos\frac{n\pi}{4}\right)^n\right|}=\varlimsup_{n\to\infty}\left|1+2\cos\frac{n\pi}{4}\right|=3,$$

所以收敛半径 $R=\dfrac{1}{3}$. 当 $x=\dfrac{1}{3}$ 时，级数变为 $\displaystyle\sum_{n=0}^{\infty}\left(\dfrac{1+2\cos\frac{n\pi}{4}}{3}\right)^n$，对该级数的通项，考虑其子列 $\{a_{8k}\}=\{1\}$ 不趋向于 0，故原级数在 $x=\dfrac{1}{3}$ 处发散；当 $x=-\dfrac{1}{3}$ 时，类似讨论知原级数在 $x=-\dfrac{1}{3}$ 处也发散. 从而原级数的收敛域为 $\left(-\dfrac{1}{3},\dfrac{1}{3}\right)$.

(5) 令 $t=x^2+x+1$，则级数变为 $\displaystyle\sum_{n=1}^{\infty}\left(\sin\dfrac{1}{3n}\right)t^n$，则

$$R=\lim_{n\to\infty}\frac{\sin\frac{1}{3n}}{\sin\frac{1}{3(n+1)}}=1.$$

当 $t=1$ 时，$\displaystyle\sum_{n=1}^{\infty}\sin\dfrac{1}{3n}$ 发散；当 $t=-1$ 时，$\displaystyle\sum_{n=1}^{\infty}(-1)^n\sin\dfrac{1}{3n}$ 收敛，所以 $-1\leqslant x^2+x+1<1$，从而原级数的收敛域为 $(-1,0)$.

(6) 因为

$$\sqrt[n]{1^n+2^n+\cdots+k^n}=k\cdot\sqrt[n]{\left(\frac{1}{k}\right)^n+\left(\frac{2}{k}\right)^n+\cdots+\left(\frac{k-1}{k}\right)^n+1},$$

而

$$1\leqslant\sqrt[n]{\left(\frac{1}{k}\right)^n+\left(\frac{2}{k}\right)^n+\cdots+\left(\frac{k-1}{k}\right)^n+1}\leqslant\sqrt[n]{k}\to1\quad(n\to\infty),$$

所以

$$\varlimsup_{n\to\infty}\sqrt[n]{|a_n|}=\varlimsup_{n\to\infty}\frac{\sqrt[n]{1^n+2^n+\cdots+k^n}}{\sqrt[n]{n^2}}=k.$$

令 $\left|\dfrac{1-x}{1+x}\right|<\dfrac{1}{k}$，解这个不等式可得 $\dfrac{k-1}{k+1}<x<\dfrac{k+1}{k-1}$.

当 $x=\dfrac{k+1}{k-1}$ 时，级数变为 $\displaystyle\sum_{n=1}^{\infty}\dfrac{1^n+2^n+\cdots+k^n}{n^2}\left(\dfrac{1}{k}\right)^n$. 易见其通项 $a_n=o\left(\dfrac{1}{n^2}\right)(n\to\infty)$，所以原级数在 $x=\dfrac{k+1}{k-1}$ 处收敛；类似讨论知原级数在 $x=\dfrac{k-1}{k+1}$ 处也收敛，故原级数的收敛域为 $\left[\dfrac{k-1}{k+1},\dfrac{k+1}{k-1}\right]$.

例 2　（辽宁大学）　设 $a_n > 0, A_n = \sum\limits_{k=0}^{n} a_k (n=0,1,\cdots)$ 且 $A_n \to +\infty, \dfrac{a_n}{A_n} \to 0 (n \to \infty)$. 证明：级数 $\sum\limits_{n=0}^{\infty} a_n x^n$ 的收敛半径 $R=1$.

证明　由于 $\lim\limits_{n\to\infty} \dfrac{A_n}{A_{n+1}} = 1 - \lim\limits_{n\to\infty} \dfrac{a_{n+1}}{A_{n+1}} = 1$，所以级数 $\sum\limits_{n=0}^{\infty} A_n x^n$ 的收敛半径为 1. 而当 $|x|<1$ 时，由

$0 \leqslant a_n |x|^n \leqslant A_n |x|^n (n=0,1,\cdots)$，可知 $\sum\limits_{n=0}^{\infty} a_n |x|^n$ 收敛，但由 $A_n \to +\infty (n \to \infty)$ 知，级数 $\sum\limits_{n=0}^{\infty} a_n$ 发

散，故级数 $\sum\limits_{n=0}^{\infty} a_n x^n$ 的收敛半径 $R=1$.

例 3　（北京理工大学）　设 $f(x) = \sum\limits_{n=0}^{\infty} a_n x^n$，当 $|x|<r$ 时收敛，那么当 $\sum\limits_{n=0}^{\infty} \dfrac{a_n}{n+1} r^{n+1}$ 收敛时，有

$$\int_0^r f(x)\,\mathrm{d}x = \sum_{n=0}^{\infty} \frac{a_n}{n+1} r^{n+1}.$$

证明　$\forall t: 0 < t < r$，有

$$\int_0^t f(x)\,\mathrm{d}x = \sum_{n=0}^{\infty} \int_0^t a_n x^n\,\mathrm{d}x = \sum_{n=0}^{\infty} \frac{a_n}{n+1} t^{n+1},$$

又因为 $\sum\limits_{n=0}^{\infty} \dfrac{a_n}{n+1} r^{n+1}$ 收敛，所以 $s(t) = \sum\limits_{n=0}^{\infty} \dfrac{a_n}{n+1} t^{n+1}$ 在 $t=r$ 左连续，因而有

$$\lim_{t\to r^-} \int_0^t f(x)\,\mathrm{d}x = \lim_{t\to r^-} \sum_{n=0}^{\infty} \frac{a_n}{n+1} t^{n+1},$$

即

$$\int_0^r f(x)\,\mathrm{d}x = \sum_{n=0}^{\infty} \frac{a_n}{n+1} r^{n+1}.$$

例 4　求下列级数的和.

(1) $s = 1 - \dfrac{1}{4} + \dfrac{1}{7} - \dfrac{1}{10} + \dfrac{1}{13} - \cdots$.　　(2) $s = \sum\limits_{n=1}^{\infty} \dfrac{(-1)^{n-1} n}{(n+1)(n+2)}$.

解　(1) 令 $f(x) = x - \dfrac{1}{4} x^4 + \dfrac{1}{7} x^7 - \dfrac{1}{10} x^{10} + \dfrac{1}{13} x^{13} - \cdots$，对 $\forall x \in (-1,1)$，有

$$f'(x) = 1 - x^3 + x^6 - x^9 + x^{12} - \cdots = \frac{1}{1+x^3},$$

所以

$$f(x) = f(0) + \int_0^x \frac{\mathrm{d}t}{1+t^3} = \frac{1}{6} \ln \frac{(1+x)^2}{1-x+x^2} + \frac{1}{\sqrt{3}} \left(\arctan \frac{2x-1}{\sqrt{3}} + \arctan \frac{1}{\sqrt{3}} \right)$$

所以

$$s = \lim_{x\to 1^-} f(x) = \frac{1}{3} \ln 2 + \frac{\pi}{3\sqrt{3}}.$$

(2) 令 $f(x) = \sum\limits_{n=1}^{\infty} \dfrac{(-1)^{n-1} n x^{n+2}}{(n+1)(n+2)}, (|x|<1)$. 则对 $\forall x \in (-1,1)$，有

$$f''(x) = \sum_{n=1}^{\infty} (-1)^{n-1} n x^n = x \sum_{n=1}^{\infty} (-1)^{n-1} x^{n-1} = \frac{x}{(1+x)^2},$$

所以 $f(x) = (2+x)\ln(1+x) - 2x$. 因此，$s = \lim\limits_{x\to 1^-} f(x) = 3\ln 2 - 2$.

例 5　（浙江大学）　设 $f(x) = \sum\limits_{n=1}^{\infty} \dfrac{1}{n^2 \ln(1+n)} x^n$，证明：(1) $f(x)$ 在 $[-1,1]$ 上连续；(2) $f(x)$ 在 $x=-1$ 可导；(3) $\lim\limits_{x\to 1^-} f'(x) = +\infty$；(4) $f(x)$ 在 $x=1$ 处不可导.

证明 (1)因为当 $|x| \leqslant 1$ 时,有

$$\left| \frac{1}{n^2 \ln(1+n)} x^n \right| \leqslant \frac{1}{n^2 \ln(1+n)} \leqslant \frac{1}{n^2 \ln 2},$$

所以表示 $f(x)$ 的幂级数在 $[-1,1]$ 上一致收敛,由连续性定理可知, $f(x)$ 在 $[-1,1]$ 连续.

(2)对幂级数在收敛区间 $(-1,1)$ 内逐项求导可得

$$\sum_{n=1}^{\infty} \frac{1}{n\ln(1+n)} x^{n-1}, \quad x \in (-1,1).$$

当 $x=-1$ 时,交错级数 $\sum_{n=1}^{\infty} \frac{(-1)^{n-1}}{n\ln(1+n)}$ 收敛,由阿贝尔第二定理知,幂级数 $\sum_{n=1}^{\infty} \frac{1}{n\ln(1+n)} x^{n-1}$ 在 $[-1,0]$ 上一致收敛.由逐项微分定理知

$$f'(x) = \sum_{n=1}^{\infty} \frac{1}{n\ln(1+n)} x^{n-1}, \quad x \in [-1,0],$$

即 $f(x)$ 在 $x=-1$ 可导.

(3)当 $x>0$ 时,由 $f'(x) = \sum_{n=1}^{\infty} \frac{1}{n\ln(1+n)} x^{n-1}$ 可看出 $f'(x)$ 为正的递增函数,因此,广义极限 $\lim_{x \to 1^-} f'(x) = A$ 存在.

若 $A < +\infty$,则 $f'(x)$ 在 $[0,1]$ 上有界,注意到

$$\frac{1}{n\ln(1+n)} > 0, \quad n=1,2,\cdots,$$

由命题 5.3.2 知,数项级数 $\sum_{n=1}^{\infty} \frac{1}{n\ln(1+n)}$ 收敛,但由柯西积分判别法易知,$\sum_{n=1}^{\infty} \frac{1}{n\ln(1+n)}$ 发散,矛盾,因此 $A=+\infty$,即 $\lim_{x \to 1^-} f'(x) = +\infty$.

(4)由洛必达法则及上述(3)的结论知 $\lim_{x \to 1^-} \frac{f(x)-f(1)}{x-1} = \lim_{x \to 1^-} f'(x) = +\infty$,故 $f'(x)$ 不存在.

例6 若 $f(x) = \sum_{n=0}^{\infty} a_n x^n (a_n > 0, n=0,1,2,\cdots)$ 的收敛半径为 $+\infty$,且 $\sum_{n=0}^{\infty} a_n n!$ 收敛,则 $\int_0^{+\infty} e^{-x} f(x) dx$ 也收敛,且 $\int_0^{+\infty} e^{-x} f(x) dx = \sum_{n=0}^{\infty} a_n n!$.

证明 因为 $\forall x \geqslant 0$ 有

$$|a_n x^n e^{-x}| = \frac{a_n x^n}{1+x+\cdots+\frac{x^n}{n!}+\cdots} < \frac{a_n x^n}{\frac{x^n}{n!}} = a_n n!,$$

且 $\sum_{n=0}^{\infty} a_n n!$ 收敛,故 $\sum_{n=0}^{\infty} a_n x^n e^{-x}$ 在 $[0,A]$(A 为任一正的实数)上一致收敛,可逐项积分.

又因为 $\forall A \geqslant 0$ 有

$$\left| a_n \int_0^A x^n e^{-x} dx \right| = a_n \int_0^A x^n e^{-x} dx \leqslant a_n \int_0^{+\infty} x^n e^{-x} dx = a_n n!,$$

且知 $\sum_{n=0}^{\infty} a_n n!$ 收敛,因此 $\sum_{n=0}^{\infty} a_n \int_0^A x^n e^{-x} dx$ 关于 A 在 $[0,+\infty)$ 上一致收敛,故可逐项求极限.故

$$\int_0^{+\infty} e^{-x} f(x) dx = \int_0^{+\infty} \left(e^{-x} \sum_{n=0}^{\infty} a_n x^n \right) dx = \lim_{A \to +\infty} \int_0^A \left(\sum_{n=0}^{\infty} a_n x^n e^{-x} \right) dx$$

$$= \lim_{A \to +\infty} \sum_{n=0}^{\infty} a_n \int_0^A x^n e^{-x} dx = \sum_{n=0}^{\infty} a_n \lim_{A \to +\infty} \int_0^A x^n e^{-x} dx$$

$$= \sum_{n=0}^{\infty} a_n \int_0^{+\infty} x^n e^{-x} dx = \sum_{n=0}^{\infty} a_n n!.$$

例 7　设 $f(x)$ 在 $(-\infty,+\infty)$ 上无穷次可微,并且满足:(1) $\exists M>0, \forall x \in \mathbf{R}$,有 $|f^{(k)}(x)| \leqslant M$ $(k=0,1,2,\cdots)$;　(2) $f\left(\dfrac{1}{2^n}\right)=0(n=1,2,\cdots)$,证明:在 $(-\infty,+\infty)$ 内 $f(x)\equiv 0$.

证明　将 $f(x)$ 在 $x=0$ 点展开可得

$$f(x)=\sum_{k=0}^{n}\frac{f^{(k)}(0)}{k!}x^k+\frac{f^{(n+1)}(\xi)}{(n+1)!}x^{n+1}, \quad \xi\in(0,x)\text{或}(x,0).$$

因为

$$|R_n(x)|=\left|\frac{f^{(n+1)}(\xi)}{(n+1)!}x^{n+1}\right|\leqslant\frac{M}{(n+1)!}|x|^{n+1}\to 0\quad(n\to\infty),$$

所以 $\forall x \in \mathbf{R}$,有 $f(x)=\displaystyle\sum_{n=0}^{\infty}\frac{f^{(n)}(0)}{n!}x^n$.

由 $f\left(\dfrac{1}{2^n}\right)=0$ 知,$f(0)=\lim\limits_{n\to\infty}f\left(\dfrac{1}{2^n}\right)=0$,设 $f(x)=a_0+a_1x+a_2x^2+\cdots+a_nx^n+\cdots$,由 $f(0)=0$ 得,$a_0=0$,所以有 $f(x)=x(a_1+a_2x+\cdots+a_nx^{n-1}+\cdots)$. 令

$$g(x)=a_1+a_2x+a_3x^2+\cdots+a_nx^{n-1}+\cdots.$$

又由 $f\left(\dfrac{1}{2^n}\right)=0$ 得,$g\left(\dfrac{1}{2^n}\right)=0$,从而有 $g(0)=0$,所以 $a_1=0$,类似可得

$$a_0=a_1=\cdots=a_n=\cdots=0.$$

所以 $f(x)\equiv 0, \forall x \in \mathbf{R}$.

例 8　(山东科技大学)　已知 $\displaystyle\sum_{n=1}^{\infty}\frac{1}{n^2}=\frac{\pi^2}{6}$,求 $\displaystyle\int_0^{+\infty}\frac{x}{1+\mathrm{e}^x}\mathrm{d}x$.

解　分部积分得

$$\int_0^{+\infty}\frac{x}{1+\mathrm{e}^x}\mathrm{d}x=\int_0^{+\infty}\frac{x\mathrm{e}^{-x}}{1+\mathrm{e}^{-x}}\mathrm{d}x=-\int_0^{+\infty}\frac{x\mathrm{d}(1+\mathrm{e}^{-x})}{1+\mathrm{e}^{-x}}=-\int_0^{+\infty}x\mathrm{d}(\ln(1+\mathrm{e}^{-x}))$$

$$=-x\ln(1+\mathrm{e}^{-x})\Big|_0^{+\infty}+\int_0^{+\infty}\ln(1+\mathrm{e}^{-x})\mathrm{d}x=\int_0^{+\infty}\ln(1+\mathrm{e}^{-x})\mathrm{d}x. \tag{5-10}$$

由 $\ln(1+x)=\displaystyle\sum_{n=1}^{\infty}(-1)^{n-1}\frac{x^n}{n}$,式(5-10)可化为

$$\int_0^{+\infty}\frac{x}{1+\mathrm{e}^x}\mathrm{d}x=\int_0^{+\infty}\sum_{n=1}^{\infty}(-1)^{n-1}\frac{\mathrm{e}^{-nx}}{n}\mathrm{d}x. \tag{5-11}$$

由阿贝尔判别法或狄利克雷判别法知,级数 $\displaystyle\sum_{n=1}^{\infty}(-1)^{n-1}\frac{\mathrm{e}^{-nx}}{n}$ 在 $(0,+\infty)$ 上一致收敛. 由逐项积分定理,式(5-11)可化为

$$\int_0^{+\infty}\frac{x}{1+\mathrm{e}^x}\mathrm{d}x=\sum_{n=1}^{\infty}\frac{(-1)^{n-1}}{n^2}.$$

又

$$\sum_{n=1}^{\infty}\frac{1}{n^2}-\sum_{n=1}^{\infty}\frac{(-1)^{n-1}}{n^2}=2\sum_{n=1}^{\infty}\frac{1}{(2n)^2}=\frac{1}{2}\sum_{n=1}^{\infty}\frac{1}{n^2},$$

所以

$$\sum_{n=1}^{\infty}\frac{(-1)^{n-1}}{n^2}=\sum_{n=1}^{\infty}\frac{1}{n^2}-\frac{1}{2}\sum_{n=1}^{\infty}\frac{1}{n^2}=\frac{1}{2}\sum_{n=1}^{\infty}\frac{1}{n^2}=\frac{\pi^2}{12}.$$

例 9　设 $f(x)=\displaystyle\sum_{n=1}^{\infty}\frac{x^n}{n^2}(0\leqslant x\leqslant 1)$,求证:当 $0<x<1$ 时,有

$$f(x)+f(1-x)+\ln x\ln(1-x)=\frac{\pi^2}{6}.$$

证明 $f(x) = \sum\limits_{n=1}^{\infty} \dfrac{x^n}{n^2}$ 的收敛半径为 $R = \lim\limits_{n\to\infty} \sqrt[n]{n^2} = 1$，当 $x = 1$ 时 $f(1) = \sum\limits_{n=1}^{\infty} \dfrac{1}{n^2} = \dfrac{\pi^2}{6}$. 级数在 $(0,1)$ 内可逐项积分，$f(x)$ 有连续导数，因此

$$\left(f(x) + f(1-x) + \ln x \ln(1-x)\right)\big|_x'$$

$$= f'(x) - f'(1-x) + \frac{\ln(1-x)}{x} + \frac{\ln x}{x-1}$$

$$= \sum_{n=1}^{\infty} \frac{x^{n-1}}{n} - \sum_{n=1}^{\infty} \frac{(1-x)^{n-1}}{n} - \sum_{n=1}^{\infty} \frac{x^{n-1}}{n} + \sum_{n=1}^{\infty} \frac{(-1)^{n-1}(x-1)^{n-1}}{n} = 0.$$

于是 $f(x) + f(1-x) + \ln x \ln(1-x) \equiv c, x \in (0,1)$. 令 $x \to 0^+$，得

$$c = f(1) = \sum_{n=1}^{\infty} \frac{1}{n^2} = \frac{\pi^2}{6}.$$

即 $f(x) + f(1-x) + \ln x \ln(1-x) = \dfrac{\pi^2}{6}, x \in (0,1)$.

例 10 求极限

$$\lim_{m,n\to\infty} \sum_{i=1}^{m} \sum_{j=1}^{n} \frac{(-1)^{i+j}}{i+j}.$$

解 这是一个二重级数求和问题，引进函数项级数

$$S(x) = \sum_{m=1}^{\infty} \sum_{n=1}^{\infty} \frac{(-1)^{m+n}}{m+n} x^{m+n}, \quad x \in [0,1].$$

当 $0 < x < 1$ 时，逐项求导有

$$S'(x) = \sum_{m=1}^{\infty} (-1)^m x^m \cdot \sum_{n=1}^{\infty} (-1)^n x^{n-1} = \frac{-x}{1+x} \cdot \frac{-1}{1+x} = \frac{x}{(1+x)^2}.$$

注意到 $S(0) = 0$，对其积分可得

$$S(x) = \int_0^x \frac{t}{(1+t)^2} \mathrm{d}t = \ln(1+x) - \frac{x}{1+x},$$

故 $S(1) = \ln 2 - \dfrac{1}{2}$. 即所求极限为

$$\lim_{m,n\to\infty} \sum_{i=1}^{m} \sum_{j=1}^{n} \frac{(-1)^{i+j}}{i+j} = \ln 2 - \frac{1}{2}.$$

例 11 （华中科技大学） 设 $\sum\limits_{n=0}^{\infty} \dfrac{a_n}{n+1}$ 收敛，证明：

$$\int_0^1 \sum_{n=0}^{\infty} a_n x^n \mathrm{d}x = \sum_{n=0}^{\infty} \frac{a_n}{n+1}.$$

证明 令 $b_n = \dfrac{a_n}{n+1}$，由 $\sum\limits_{n=0}^{\infty} \dfrac{a_n}{n+1}$ 收敛知

$$\varlimsup_{n\to\infty} \left| \frac{b_{n+1}}{b_n} \right| = \varlimsup_{n\to\infty} \left| \frac{a_{n+1}}{a_n} \right| \cdot \frac{n+1}{n+2} = \varlimsup_{n\to\infty} \left| \frac{a_{n+1}}{a_n} \right| = l \leqslant 1.$$

所以对 $0 < r < 1$，$\forall x \in [0,r]$ 有：$|a_n x^n| \leqslant |a_n| r^n$. 又

$$\varlimsup_{n\to\infty} \left| \frac{a_{n+1} r^{n+1}}{a_n r^n} \right| = lr < 1,$$

所以 $\sum\limits_{n=0}^{\infty} |a_n| r^n$ 收敛. 由魏尔斯特拉斯判别法知：$\sum\limits_{n=0}^{\infty} a_n x^n$ 在 $[0,r]$ 上一致收敛，所以 $\forall 0 < x < 1$，有

$$\int_0^x \sum_{n=0}^{\infty} a_n t^n \mathrm{d}t = \sum_{n=0}^{\infty} \frac{a_n}{n+1} x^{n+1}.$$

又 $\sum\limits_{n=0}^{\infty} \dfrac{a_n}{n+1} x^{n+1}$ 在 $x=1$ 处收敛，所以 $\sum\limits_{n=0}^{\infty} \dfrac{a_n}{n+1} x^{n+1}$ 在 $[0,1]$ 上一致收敛，从而有 $\sum\limits_{n=0}^{\infty} \dfrac{a_n}{n+1} x^{n+1}$ 在 $x =$

1 处连续,即

$$\int_0^1 \sum_{n=0}^\infty a_n x^n \mathrm{d}x = \lim_{x\to1^-}\int_0^x \sum_{n=0}^\infty a_n t^n \mathrm{d}t = \lim_{x\to1^-}\sum_{n=0}^\infty \frac{a_n x^{n+1}}{n+1} = \sum_{n=0}^\infty \frac{a_n}{n+1}.$$

例 12　(1)(东南大学)　将函数 $f(x)=\ln x+\dfrac{1}{x+2}$ 在 $x=1$ 处展开成幂级数;

(2)(中南大学)　求 $f(x)=\ln(2+x^2)$ 在 $x=0$ 处的幂级数展开及收敛半径.

解　(1)

$$f(x)=\ln x+\frac{1}{x+2}=\ln(1+(x-1))+\frac{1}{3}\cdot\frac{1}{1+\dfrac{x-1}{3}}$$

$$=\sum_{n=1}^\infty (-1)^{n-1}\frac{(x-1)^n}{n}+\frac{1}{3}\cdot\sum_{n=0}^\infty (-1)^n\left(\frac{x-1}{3}\right)^n$$

$$=\frac{1}{3}+\sum_{n=1}^\infty (-1)^{n-1}\left(\frac{1}{n}-\frac{1}{3^{n+1}}\right)\cdot(x-1)^n,\quad x\in(0,2].$$

(2)

$$f(x)=\ln(2+x^2)=\ln 2+\ln\left(1+\left(\frac{x}{\sqrt2}\right)^2\right)$$

$$=\ln 2+\sum_{n=1}^\infty \frac{(-1)^n}{n}\cdot\left(\frac{x}{\sqrt2}\right)^{2n}$$

$$=\ln 2+\sum_{n=1}^\infty \frac{(-1)^n}{n\cdot 2^n}x^{2n}.$$

令 $\dfrac{x^2}{2}=u$ 有 $\sum_{n=1}^\infty (-1)^n\dfrac{u^n}{n}$. 所以 $|u|<1$,即 $|x|<\sqrt2$,所以收敛半径 $R=\sqrt2$.

四、练习题

1. 求下列幂级数的收敛域.

(1) $\sum_{n=1}^\infty \left(1+\frac{1}{n}\right)^{n^2}x^{2n}$;　(2) $\sum_{n=1}^\infty \frac{1^n+2^n+\cdots+50^n}{n^2}\left(\frac{1-x}{1+x}\right)^n$.

2. 求下列幂级数的收敛域.(1) $\sum_{n=1}^\infty \frac{n^2}{x^n}$;　(2) $\sum_{n=0}^\infty x^{n!}$.

3. 求幂级数 $\sum_{n=1}^\infty \left(1+\frac{1}{2}+\cdots+\frac{1}{n}\right)x^n$ 的和函数.

4. 设 $a_n\geqslant 0$,$\sum_{n=1}^\infty a_n$ 发散,且 $\lim\limits_{n\to\infty}\dfrac{a_n}{a_1+\cdots+a_n}=0$,证明: $\varlimsup\limits_{n\to\infty}\sqrt[n]{a_n}=1$.

5. 求下列级数的和.

(1)(扬州大学)　$s(x)=\sum_{n=1}^\infty n(n+1)x^n$;　(2) $s(x)=\sum_{n=2}^\infty (-1)^n \frac{x^n}{(n-1)n}+x$.

6.(河海大学)　求幂级数 $\sum_{n=1}^\infty \frac{x^n}{n(n+1)}$ 的收敛域及和函数.

7.(重庆大学)　求幂级数 $\sum_{n=1}^\infty \frac{(3+(-1)^n)^n}{n}x^n$ 的收敛半径,并判断它在收敛区间端点的收敛情况.

8.（东北大学） 求下列级数的和.

(1) $\sum\limits_{n=0}^{\infty} \dfrac{(-1)^n(n^2-n+1)}{2^n}$; (2) $\sum\limits_{n=2}^{\infty} \dfrac{1}{(n^2-1)2^n}$.

9. 已知 $\sum\limits_{n=1}^{\infty} \dfrac{1}{n^2} = \dfrac{\pi^2}{6}$，求 $\displaystyle\int_0^{+\infty} \dfrac{x}{\mathrm{e}^x-1}\mathrm{d}x$.

10.（苏州大学） 设 $a>0$，求级数 $\sum\limits_{n=1}^{\infty} \dfrac{n^2}{(1+a)^n}$ 的和.

11.（南京航空航天大学） 求级数 $\sum\limits_{n=1}^{\infty} \dfrac{(2n+1)x^{2n}}{n!}$ 的和函数.

12.（扬州大学） 将 $f(x)=\arcsin x$ 展为 x 的幂级数.

13. 应用幂级数展开式求 $\lim\limits_{x\to 0} \dfrac{x-\arcsin x}{\sin^3 x}$.

5.4 傅里叶级数

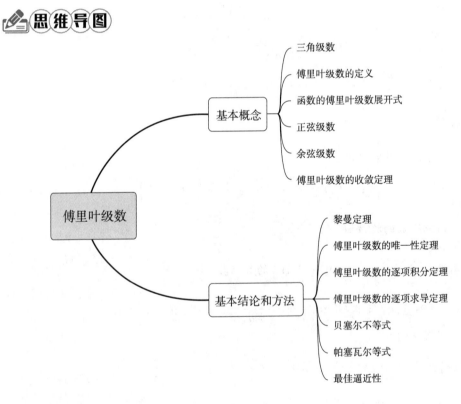

一、基本概念

傅里叶级数是一类三角级数，它是幂级数之外又一种特殊的函数项级数. 将函数 $f(x)$ 展开成傅里叶级数和展开成泰勒级数相比，对 $f(x)$ 的要求要宽松得多！并且它的部分和在整个区间上都与 $f(x)$ 吻合得较理想，因此傅里叶级数比幂级数的、适用性更广.

（1）傅里叶级数. 若 $f(x)$ 是以 2π 为周期且在 $[-\pi,\pi]$ 上可积的函数，则其傅里叶系数为

$$a_n = \frac{1}{\pi}\int_{-\pi}^{\pi}f(x)\cos nx\,\mathrm{d}x, \quad n=0,1,2,\cdots,$$

$$b_n = \frac{1}{\pi}\int_{-\pi}^{\pi}f(x)\sin nx\,\mathrm{d}x, \quad n=1,2,\cdots,$$

则 $f(x)$ 在 $[-\pi,\pi]$ 上的傅里叶级数为

$$f(x) \sim \frac{a_0}{2} + \sum_{n=1}^{\infty}(a_n\cos nx + b_n\sin nx). \tag{5-12}$$

注意到：① $\frac{a_0}{2} + \sum_{n=1}^{\infty}(a_n\cos nx + b_n\sin nx)$ 未必收敛；

素养教育：函数的傅里叶级数展开式，阐释了数学的对称美、简洁美、图形美. 与函数的幂级数展开式进行比较，引导学生掌握比较学习法.

②当该三角级数在整个数轴上一致收敛时，式(5-12)成为等式.

③若 $f(x)$ 以 $2l$ 为周期，则其傅里叶系数为

$$a_n = \frac{1}{l}\int_{-l}^{l}f(x)\cos\frac{n\pi x}{l}\mathrm{d}x, \quad n=0,1,2,\cdots,$$

$$b_n = \frac{1}{l}\int_{-l}^{l}f(x)\sin\frac{n\pi x}{l}\mathrm{d}x, \quad n=1,2,\cdots,$$

则 $f(x)$ 在 $[-l,l]$ 上的傅里叶级数为

$$f(x) \sim \frac{a_0}{2} + \sum_{n=1}^{\infty}\left(a_n\cos\frac{n\pi x}{l} + b_n\sin\frac{n\pi x}{l}\right). \tag{5-13}$$

④若 $f(x)$ 是奇函数，则 $a_n=0, n=0,1,2,\cdots$. 相应的傅里叶级数为 $f(x) \sim \sum_{n=1}^{\infty}b_n\sin\frac{n\pi x}{l}$.

称为正弦级数.

⑤若 $f(x)$ 是偶函数，则 $b_n=0, n=1,2,\cdots$. 相应的傅里叶级数为

$$f(x) \sim \frac{a_0}{2} + \sum_{n=1}^{\infty}a_n\cos\frac{n\pi x}{l},$$

称为余弦级数.

但值得注意的是：虽然只有周期函数才可能有傅里叶级数，但当 $f(x)$ 的定义域是长度为 2π(或 $2l$)的区间时，可先将其延拓成周期函数，然后再展开成傅里叶级数，这个傅里叶级数就是 $f(x)$ 在该区间上的傅里叶级数.（实际计算时，这种延拓只是观念上的，我们并不把它写出来！）

素养教育：通过连续延拓的思想，将非周期函数进行周期化，然后进行傅里叶展开，培养学生严谨的思维和缜密的逻辑，避免学生知其然而不知其所以然.

(2)傅里叶级数的收敛定理. 若 $f(x)$ 在 $[-\pi,\pi]$ 上按段光滑（即 $f(x)$ 在 $[-\pi,\pi]$ 上除有限个点之外有连续的导数，而在这有限个点上 $f(x)$ 及 $f'(x)$ 有单侧极限），则 $f(x)$ 的傅里叶级数的和函数为

$$S(x) = \begin{cases} f(x) & \text{当 } x\in(-\pi,\pi) \text{ 为 } f(x) \text{ 的连续点时} \\ \dfrac{f(x-0)+f(x+0)}{2} & \text{当 } x\in(-\pi,\pi) \text{ 为 } f(x) \text{ 的间断点时}. \\ \dfrac{f(\pi-0)+f(\pi+0)}{2} & \text{当 } x=\pm\pi \text{ 时} \end{cases}$$

若 $f(x)$ 在 $[-\pi,\pi]$ 上连续、按段光滑，且 $f(\pi)=f(-\pi)$，则

$$f(x) = \frac{a_0}{2} + \sum_{n=1}^{\infty}(a_n\cos nx + b_n\sin nx), \quad x\in[-\pi,\pi].$$

二、基本结论和方法

(1)**黎曼定理**　设函数 $f(x)$ 在 $[a,b]$ 上可积和绝对可积，则

$$\lim_{n \to +\infty} \int_a^b f(x) \sin nx \, dx = 0, \quad \lim_{n \to +\infty} \int_a^b f(x) \cos nx \, dx = 0.$$

命题 5.4.1 设 $f(x)$ 在 $[-\pi, \pi]$ 上有直到 $k+1$ 阶的导数, $f^{(k+1)}(x)$ 在 $[-\pi, \pi]$ 上可积, 且 $f^{(l)}(\pi) = f^{(l)}(-\pi)(l=0,1,2,\cdots,k)$, 则 $a_n = o\left(\dfrac{1}{n^{k+1}}\right), b_n = o\left(\dfrac{1}{n^{k+1}}\right)(n \to \infty)$.

命题 5.4.2 (傅里叶级数的唯一性定理) 设 $f(x)$ 是以 2π 为周期的连续函数, 且其傅里叶系数均等于 0, 即 $a_0 = 0, a_n = b_n = 0, n = 1, 2, \cdots$, 则 $f(x)$ 必是恒为零的常值函数.

这个命题告诉我们, 如果两个连续函数在某一给定区间上的傅里叶级数相同, 则这两个连续函数相等.

(2) **傅里叶级数的逐项积分定理** 设函数 $f(x)$ 在 $[-\pi, \pi]$ 上可积, 且

$$f(x) \sim \frac{a_0}{2} + \sum_{n=1}^{\infty} (a_n \cos nx + b_n \sin nx),$$

则级数 $\displaystyle\sum_{n=1}^{\infty} \frac{b_n}{n}$ 一定收敛, 且 $\forall x_0, x \in [-\pi, \pi]$, 有

$$\int_{x_0}^x f(t) \, dt = \int_{x_0}^x \frac{a_0}{2} \, dt + \sum_{n=1}^{\infty} \int_{x_0}^x (a_n \cos nt + b_n \sin nt) \, dt,$$

进而取 $x_0 = 0$ 可得

$$\int_0^x \left(f(t) - \frac{a_0}{2} \right) dt = \sum_{n=1}^{\infty} \frac{b_n}{n} + \sum_{n=1}^{\infty} \left(-\frac{b_n}{n} \cos nx + \frac{a_n}{n} \sin nx \right).$$

上式右端是上式左端函数的傅里叶级数.

注: 只要 $f(x)$ 可展开成傅里叶级数, 不论这个级数是否收敛, 是否收敛于 $f(x)$, 它逐项积分后所得到的级数一定收敛于 $\displaystyle\int f(x) \, dx$.

另外, 这个定理还告诉我们, 一个三角级数 $\dfrac{a_0}{2} + \displaystyle\sum_{n=1}^{\infty} (a_n \cos nx + b_n \sin nx)$ 有资格成为某个可积函数的傅里叶级数的必要条件是 $\displaystyle\sum_{n=1}^{\infty} \frac{b_n}{n}$ 收敛.

例如, 级数 $\displaystyle\sum_{n=1}^{\infty} \frac{\sin nx}{\ln n}$ 虽然在 $(-\infty, +\infty)$ 上收敛, 但它却不是任何可积函数的傅里叶级数.

(3) **傅里叶级数的逐项求导定理** 设函数 $f(x)$ 在 $[-\pi, \pi]$ 上连续、按段光滑, 且

$$f(x) \sim \frac{a_0}{2} + \sum_{n=1}^{\infty} (a_n \cos nx + b_n \sin nx).$$

若 $f'(x)$ 在 $[-\pi, \pi]$ 上按段光滑, 则逐项求导公式

$$\frac{f'(x+0) + f'(x-0)}{2} = \sum_{n=1}^{\infty} (nb_n \cos nx - na_n \sin nx)$$

成立

若 $f'(x)$ 在 $[-\pi, \pi]$ 上连续, 则有 $f'(x) = \displaystyle\sum_{n=1}^{\infty} (nb_n \cos nx - na_n \sin nx), x \in (-\pi, \pi)$. 进而, 若还有 $f'(-\pi) = f'(\pi)$, 则上式对 $x = \pm\pi$ 也成立.

(4) **贝塞尔不等式** 若 $f(x)$ 在 $[-\pi, \pi]$ 上可积, 则

$$\frac{a_0^2}{2} + \sum_{n=1}^{\infty} (a_n^2 + b_n^2) \leqslant \frac{1}{\pi} \int_{-\pi}^{\pi} f^2(x) \, dx. \tag{5-14}$$

(5) **帕塞瓦尔等式** 若 $f(x) \in R[-\pi, \pi]$, 且其傅里叶级数在 $[-\pi, \pi]$ 上一致收敛于 $f(x)$, 则

$$\frac{a_0^2}{2} + \sum_{n=1}^{\infty} (a_n^2 + b_n^2) = \frac{1}{\pi} \int_{-\pi}^{\pi} f^2(x) \, dx. \tag{5-15}$$

注:若 $f(x)$ 在 $[-\pi,\pi]$ 上连续,则帕塞瓦尔等式也成立.

素养教育:引导学生理解上述级数与积分的大小关系,了解一致收敛的重要作用,将知识点进行前后联系.通过典型例题,掌握贝塞尔不等式和帕塞瓦尔等式应用的条件,从比较中领会本质区别.

(6)设定义在 $[a,b]$ 上的连续函数列 $\{\varphi_n(x)\}$ 满足关系

$$\int_a^b \varphi_m(x)\varphi_n(x)\mathrm{d}x = \begin{cases} 0 & n \neq m \\ 1 & n = m \end{cases}.$$

对于在 $[a,b]$ 上的可积函数 $f(x)$,定义 $a_n = \int_a^b f(x)\cdot\varphi_n(x)\mathrm{d}x, n=1,2,\cdots$,则 $\sum\limits_{n=1}^{\infty} a_n^2$ 收敛,且有不等式 $\sum\limits_{n=1}^{\infty} a_n^2 \leqslant \int_a^b f^2(x)\mathrm{d}x$.

(7)三角多项式 $T_n(x) = \dfrac{A_0}{2} + \sum\limits_{k=1}^{n}(A_k\cos kx + B_k\sin kx)$ 的傅里叶级数就是其本身.

(8)**最佳逼近性**　设 $f(x)\in \mathrm{R}[-\pi,\pi]$,$a_0,a_k,b_k(k=1,2,\cdots n)$ 为 $f(x)$ 的傅里叶系数,则当

$$A_0=a_0, A_k=a_k, B_k=b_k \quad (k=1,2,\cdots n)$$

时,积分 $\int_{-\pi}^{\pi}(f(x)-T_n(x))^2\mathrm{d}x$ 取最小值,且最小值为

$$\int_{-\pi}^{\pi}f^2(x)\mathrm{d}x - \pi\left(\frac{a_0^2}{2} + \sum_{k=1}^{n}(a_k^2+b_k^2)\right).$$

该结论说明:当用三角多项式 $T_n(x)$ 来逼近 $f(x)$ 时,$\int_{-\pi}^{\pi}(f(x)-T_n(x))^2\mathrm{d}x$ 表示逼近误差.本结论还指出:当且仅当 $T_n(x)$ 取为 $f(x)$ 的傅里叶级数的前 n 项部分和时,该逼近误差为最小,所以,傅里叶级数在函数的逼近理论中必将起到巨大的作用.

素养教育:将傅里叶级数与逼近理论联系起来,开阔学生的知识视野,尝试进行初步的课程交叉,让学生领会,数学分析是逼近理论的基础,逼近理论是数学分析的延伸.

三、例题选讲

例 1　求 $f(x)=x^3$ 在区间 $[0,2\pi]$ 上的傅里叶级数展开式,并由此证明:

$$\sum_{n=1}^{\infty}\frac{1}{n^2}=\frac{\pi^2}{6}, \quad \sum_{n=1}^{\infty}\frac{(-1)^{n-1}}{n^2}=\frac{\pi^2}{12}.$$

解　因为 $f(x)=x^3$ 在 $[0,2\pi]$ 上可积,所以可展开成傅里叶级数.而

$$a_0 = \frac{1}{\pi}\int_0^{2\pi}x^3\mathrm{d}x = 4\pi^3,$$

$$a_n = \frac{1}{\pi}\int_0^{2\pi}x^3\cos nx\,\mathrm{d}x = \frac{12}{n^2}\pi, \quad n=1,2,\cdots,$$

$$b_n = \frac{1}{\pi}\int_0^{2\pi}x^3\sin nx\,\mathrm{d}x = \frac{12}{n^3}-\frac{8\pi^2}{n}, \quad n=1,2,\cdots.$$

故

$$f(x) \sim 2\pi^3 + 4\sum_{n=1}^{\infty}\left(\frac{3\pi}{n^2}\cos nx + \frac{3-2n^2\pi^2}{n^3}\sin nx\right).$$

显然,当 $x\in(0,2\pi)$ 时,$f(x)=x^3$ 连续,故

$$x^3 = 2\pi^3 + 4\sum_{n=1}^{\infty}\left(\frac{3\pi}{n^2}\cos nx + \frac{3-2n^2\pi^2}{n^3}\sin nx\right), \quad x\in(0,2\pi). \tag{5-16}$$

当 $x=0$ 时,级数收敛于 $\dfrac{f(0+0)+f(2\pi-0)}{2}=4\pi^3$. 于是由式(5-16)可得

$$4\pi^3 = 2\pi^3 + 4\sum_{n=1}^{\infty} \frac{3\pi}{n^2},$$

即

$$\sum_{n=1}^{\infty} \frac{1}{n^2} = \frac{\pi^2}{6}.$$

再在式(5-16)中令 $x=\pi$,可得

$$\pi^3 = 2\pi^3 + 12\pi\sum_{n=1}^{\infty} \frac{(-1)^{n-1}}{n^2},$$

即

$$\sum_{n=1}^{\infty} \frac{(-1)^{n-1}}{n^2} = \frac{\pi^2}{12}.$$

例 2 (南京理工大学) 设 $f(x)$ 是以 2π 为周期的函数,在 $[-\pi,\pi]$ 上 $f(x)=x$. (1)求出 $f(x)$ 的傅里叶级数;(2)证明 $f(x)$ 的傅里叶级数收敛但不一致收敛,并证明 $\sum_{n=1}^{\infty} \frac{1}{n^2} = \frac{\pi^2}{6}$;(3)给出 $f(x)$ 的傅里叶级数的和函数.

解 (1) 因为 $f(x)$ 以 2π 为周期,在 $[-\pi,\pi]$ 上 $f(x)$ 为奇函数,所以 $a_n=0,n=0,1,2,\cdots,$而

$$b_n = \frac{2}{\pi}\int_0^{\pi} x\sin nx\,\mathrm{d}x = -\frac{2}{n\pi}\int_0^{\pi} x\mathrm{d}\cos nx$$

$$= -\frac{2}{n\pi}x\cos nx\Big|_0^{\pi} + \frac{2}{n\pi}\int_0^{\pi}\cos nx\,\mathrm{d}x = \frac{2\cdot(-1)^{n-1}}{n},$$

所以

$$f(x) \sim 2\cdot\sum_{n=1}^{\infty} \frac{(-1)^{n-1}}{n}\sin nx, x\in(-\pi,\pi).$$

(2)因为 $f(x)$ 以 2π 为周期,在 $[-\pi,\pi]$ 上 $f(x)$ 有连续导数,即光滑,依据收敛定理知 $f(x)$ 的傅里叶级数收敛,且

$$x = 2\cdot\sum_{n=1}^{\infty} \frac{(-1)^{n-1}}{n}\sin nx, x\in(-\pi,\pi), x=\pm\pi \text{ 时,收敛于 } 0.$$

由此可知,其和函数不连续,所以 $f(x)$ 的傅里叶级数不一致收敛. 对上式应用帕塞瓦尔等式得

$$\frac{1}{\pi}\int_{-\pi}^{\pi} x^2\mathrm{d}x = \sum_{n=1}^{\infty} \frac{4}{n^2},$$

整理可得 $\sum_{n=1}^{\infty} \frac{1}{n^2} = \frac{\pi^2}{6}$.

(3)其和函数

$$s(x) = \begin{cases} x & x\in(-\pi,\pi) \\ 0 & x=\pm\pi \end{cases}.$$

呈现周期性,在 $[-\pi,\pi]$ 之外延拓即可.

例 3 (1)将周期为 2π 的函数 $f(x)=\frac{1}{4}x(2\pi-x),x\in[0,2\pi]$ 展开为傅里叶级数,并由此求出 $\sum_{n=1}^{\infty} \frac{1}{n^2}$. (2)通过傅里叶级数的逐项积分求出 $\sum_{n=1}^{\infty} \frac{1}{n^4}$.

解 (1)先求傅里叶系数

$$a_0 = \frac{1}{\pi}\int_0^{2\pi} \frac{1}{4}x(2\pi-x)\mathrm{d}x = \frac{\pi^2}{3},$$

$$a_n = \frac{1}{\pi}\int_0^{2\pi} \frac{1}{4}x(2\pi-x)\cos nx\,\mathrm{d}x = -\frac{1}{n^2},$$

$$b_n = \frac{1}{\pi}\int_0^{2\pi} \frac{1}{4}x(2\pi-x)\sin nx\,\mathrm{d}x = 0, \quad n=1,2,\cdots.$$

所以

$$f(x) \sim \frac{\pi^2}{6} - \sum_{n=1}^{\infty} \frac{\cos nx}{n^2} = \frac{1}{4}x(2\pi - x), \quad x \in [0, 2\pi].$$

令 $x=0$，得 $\sum_{n=1}^{\infty} \frac{1}{n^2} = \frac{\pi^2}{6}$.

（2）由（1）得

$$\int_0^x \left(\frac{1}{4}t(2\pi - t) - \frac{\pi^2}{6} \right) dt = -\int_0^x \left(\sum_{n=1}^{\infty} \frac{1}{n^2} \cos nt \right) dt,$$

即

$$\frac{1}{6}\pi^2 x - \frac{1}{4}\pi x^2 + \frac{x^3}{12} = \sum_{n=1}^{\infty} \frac{1}{n^3} \sin nx,$$

此式为左边函数的傅里叶展开式，同理继续逐项积分两次得

$$-\frac{1}{36}\pi^2 x^3 + \frac{1}{48}\pi x^4 - \frac{x^5}{240} = \sum_{n=1}^{\infty} \frac{1}{n^4} \left(\frac{\sin nx}{n} - x \right), \quad x \in [0, 2\pi].$$

令 $x=2\pi$ 得

$$\sum_{n=1}^{\infty} \frac{1}{n^4} = \frac{\pi^4}{90}.$$

例 4 设 $f(x)$ 以 2π 为周期，在 $(0,2\pi)$ 内有界，试证：

（1）若 $f(x)$ 单调下降，则系数 $b_n \geq 0$；若 $f(x)$ 单调上升，则系数 $b_n \leq 0 (n=1,2,\cdots)$.

（2）设 $f'(x)$ 在 $(0,2\pi)$ 内有界，试证：若 $f'(x)$ 单调上升，则系数 $a_n \geq 0$；若 $f'(x)$ 单调下降，则系数 $a_n \leq 0 (n=1,2,\cdots)$.

（3）设 $f(x)$ 在 $[0,2\pi]$ 上连续，证明：若 $F(x) = \int_0^x \left(f(t) - \frac{a_0}{2} \right) dt$ 单调下降，则 $f(x)$ 的傅里叶系数 $a_n \geq 0$；若 $F(x)$ 单调上升，则 $a_n \leq 0 (n=1,2,\cdots)$.

证明 （1）利用第二积分中值定理可得

$$b_n = \frac{1}{\pi} \int_0^{2\pi} f(x) \sin nx \, dx = \frac{1}{n\pi}(1 - \cos n\xi)(f(0) - f(2\pi)), \quad \xi \in (0, 2\pi).$$

由此易得当 $f(x)$ 单调下降时，$f(0) - f(2\pi) \geq 0$，所以 $b_n \geq 0$. 当 $f(x)$ 单调上升时，$b_n \leq 0 (n=1, 2,\cdots)$.

（2）用 a_n', b_n' 表示 $f'(x)$ 的傅里叶系数，分部积分有 $b_n' = -na_n, a_n' = nb_n, n=1,2,\cdots. a_0' = 0$.

对 $f'(x)$ 应用（1）的结论知，若 $f'(x)$ 单调上升，则系数 $b_n' \leq 0$，故 $a_n \geq 0$；若 $f'(x)$ 单调下降，则系数 $b_n' \geq 0$，故 $a_n \leq 0$.

（3）由 $f(x)$ 在 $[0,2\pi]$ 上连续知，$F(x)$ 在 $[0,2\pi]$ 上可导，用 A_n, B_n 表示 $F(x)$ 的傅里叶系数，则有

$$A_n = \frac{1}{\pi} \int_0^{2\pi} F(x) \cos nx \, dx$$

$$= \frac{1}{\pi} \left(\frac{\sin nx}{n} F(x) \Big|_0^{2\pi} - \frac{1}{n} \int_0^{2\pi} \left(f(x) - \frac{a_0}{2} \right) \sin nx \, dx \right)$$

$$= -\frac{b_n}{n}, \quad n=1,2,\cdots.$$

类似地可得 $B_n = \frac{a_n}{n}, n=1,2,\cdots$.

对 $F(x)$ 应用（1）的讨论知，若 $F(x)$ 单调下降，则 $a_n \geq 0$；若 $F(x)$ 单调上升，则 $a_n \leq 0$.

例 5 设 $f(x)$ 是以 2π 为周期的函数，满足 α 阶的利普希茨连续条件：

$$|f(x) - f(y)| \leq L |x - y|^\alpha \quad (0 < \alpha \leq 1).$$

证明

$$a_n = O\left(\frac{1}{n^\alpha}\right), \quad b_n = O\left(\frac{1}{n^\alpha}\right) \quad (n \to \infty).$$

证明

$$a_n = \frac{1}{\pi}\int_{-\pi}^{\pi} f(x)\cos nx\,\mathrm{d}x = \frac{1}{\pi}\int_{-\pi-\frac{\pi}{n}}^{\pi-\frac{\pi}{n}} f\left(t+\frac{\pi}{n}\right)\cos(nt+\pi)\,\mathrm{d}t$$

$$= -\frac{1}{\pi}\int_{-\pi}^{\pi} f\left(t+\frac{\pi}{n}\right)\cos nt\,\mathrm{d}t = -\frac{1}{\pi}\int_{-\pi}^{\pi} f\left(x+\frac{\pi}{n}\right)\cos nx\,\mathrm{d}x,$$

所以

$$a_n = \frac{1}{2\pi}\int_{-\pi}^{\pi}\left(f(x)-f\left(x+\frac{\pi}{n}\right)\right)\cos nx\,\mathrm{d}x,$$

所以

$$|a_n| \leqslant \frac{1}{2\pi}\int_{-\pi}^{\pi}\left|f(x)-f\left(x+\frac{\pi}{n}\right)\right|\,|\cos nx|\,\mathrm{d}x$$

$$\leqslant \frac{1}{2\pi}L\cdot\left(\frac{\pi}{n}\right)^\alpha\cdot 2\pi = L\cdot\left(\frac{\pi}{n}\right)^\alpha = L\cdot\pi^\alpha\cdot\frac{1}{n^\alpha}.$$

因此 $a_n = O\left(\dfrac{1}{n^\alpha}\right)$,同理可证 $b_n = O\left(\dfrac{1}{n^\alpha}\right)(n \to \infty)$.

例 6 (东北大学) 设 $f(x)$ 是以 2π 为周期的连续函数,a_n, b_n 是傅里叶系数,求

$$F(x) = \frac{1}{\pi}\int_{-\pi}^{\pi} f(t)f(x+t)\,\mathrm{d}t$$

的傅里叶系数 A_n, B_n,并利用 $F(x)$ 的展开式证明帕塞瓦尔等式.

$$\frac{a_0^2}{2} + \sum_{n=1}^{\infty}(a_n^2+b_n^2) = \frac{1}{\pi}\int_{-\pi}^{\pi} f^2(x)\,\mathrm{d}x.$$

解 $\forall x\in\mathbf{R}$,有

$$F(x+2\pi) = \frac{1}{\pi}\int_{-\pi}^{\pi} f(t)f(x+t+2\pi)\,\mathrm{d}t = \frac{1}{\pi}\int_{-\pi}^{\pi} f(t)f(x+t)\,\mathrm{d}t = F(x)$$

即 $F(x)$ 是以 2π 为周期的函数,而 $F(x)$ 的连续性显然.

$$F(-x) = \frac{1}{\pi}\int_{-\pi}^{\pi} f(t)f(t-x)\,\mathrm{d}t = \frac{1}{\pi}\int_{-\pi-x}^{\pi-x} f(x+y)f(y)\,\mathrm{d}y$$

$$= \frac{1}{\pi}\int_{-\pi}^{\pi} f(x+y)f(y)\,\mathrm{d}y = F(x),$$

即 $F(x)$ 是偶函数. 于是,函数 $F(x)$ 的傅里叶系数 $B_n = 0, n = 1, 2, \cdots$.

$$A_n = \frac{1}{\pi}\int_{-\pi}^{\pi} F(x)\cos nx\,\mathrm{d}x = \frac{1}{\pi^2}\int_{-\pi}^{\pi}\left(\int_{-\pi}^{\pi} f(t)f(x+t)\,\mathrm{d}t\right)\cos nx\,\mathrm{d}x$$

$$= \frac{1}{\pi^2}\int_{-\pi}^{\pi} f(t)\left(\int_{-\pi}^{\pi} f(x+t)\cos nx\,\mathrm{d}x\right)\mathrm{d}t,\,(交换了积分的顺序)$$

对内层积分作变量替换 $t+x=y$,注意到 f 的周期性,有

$$\frac{1}{\pi}\int_{-\pi}^{\pi} f(x+t)\cos nx\,\mathrm{d}x = \frac{1}{\pi}\int_{-\pi}^{\pi} f(y)\cos n(y-t)\,\mathrm{d}y$$

$$= \frac{1}{\pi}\cos nt\int_{-\pi}^{\pi} f(y)\cos ny\,\mathrm{d}y + \frac{1}{\pi}\sin nt\int_{-\pi}^{\pi} f(y)\sin ny\,\mathrm{d}y$$

$$= a_n\cos nt + b_n\sin nt.$$

于是

$$A_n = \frac{1}{\pi} \int_{-\pi}^{\pi} f(t)(a_n \cos nt + b_n \sin nt) \mathrm{d}t$$

$$= a_n \cdot \frac{1}{\pi} \int_{-\pi}^{\pi} f(t)\cos nt \, \mathrm{d}t + b_n \cdot \frac{1}{\pi} \int_{-\pi}^{\pi} f(t)\sin nt \, \mathrm{d}t$$

$$= a_n^2 + b_n^2, \quad n = 0,1,2,\cdots.$$

故

$$F(x) = \frac{1}{\pi} \int_{-\pi}^{\pi} f(t)f(x+t)\mathrm{d}t = \frac{A_0}{2} + \sum_{n=1}^{\infty} A_n \cos nx = \frac{a_0^2}{2} + \sum_{n=1}^{\infty}(a_n^2 + b_n^2)\cos nx.$$

在上式中令 $x = 0$,可得帕赛瓦尔等式.

$$\frac{1}{\pi} \int_{-\pi}^{\pi} f^2(x)\mathrm{d}x = \frac{a_0^2}{2} + \sum_{n=1}^{\infty}(a_n^2 + b_n^2).$$

注:本例中给出的 $F(x)$ 称为函数 $f(x)$ 的卷积,它具有许多好的性质,有兴趣的读者可参看任何一本傅里叶分析的教材或专著. 另外,帕塞瓦尔等式是熟知的结果,利用它很容易证明傅里叶级数的唯一性定理.

例 7　设 $f(x), g(x)$ 在 $[0, 2\pi]$ 上可积,a_n, b_n 和 α_n, β_n 分别表示 $f(x), g(x)$ 的傅里叶系数,则

$$\frac{1}{\pi} \int_{-\pi}^{\pi} f(x)g(x)\mathrm{d}x = \frac{a_0 \alpha_0}{2} + \sum_{n=1}^{\infty}(a_n \alpha_n + b_n \beta_n).$$

证明　写出 $f(x) + g(x), f(x) - g(x)$ 的帕塞瓦尔等式:

$$\frac{1}{\pi} \int_{-\pi}^{\pi}(f(x)+g(x))^2\mathrm{d}x = \frac{(a_0+\alpha_0)^2}{2} + \sum_{n=1}^{\infty}((a_n+\alpha_n)^2 + (b_n+\beta_n)^2),$$

$$\frac{1}{\pi} \int_{-\pi}^{\pi}(f(x)-g(x))^2\mathrm{d}x = \frac{(a_0-\alpha_0)^2}{2} + \sum_{n=1}^{\infty}((a_n-\alpha_n)^2 + (b_n-\beta_n)^2).$$

将上两式相减可得结论.

注:作为例 7 的一个应用,我们用它来证明傅里叶级数的逐项积分定理.

例 8　设 $f(x)$ 在 $[-\pi, \pi]$ 上可积,且

$$f(x) \sim \frac{a_0}{2} + \sum_{n=1}^{\infty}(a_n \cos nx + b_n \sin nx).$$

则 $\forall [a, b] \in [-\pi, \pi]$,有 $\int_a^b f(x)\mathrm{d}x = \int_a^b \frac{a_0}{2}\mathrm{d}x + \sum_{n=1}^{\infty} \int_a^b (a_n \cos nx + b_n \sin nx)\mathrm{d}x.$

证明　由例 7 知

$$\frac{1}{\pi} \int_{-\pi}^{\pi} f(x)g(x)\mathrm{d}x = \frac{1}{\pi} \int_{-\pi}^{\pi} \frac{a_0}{2}g(x)\mathrm{d}x + \sum_{n=1}^{\infty} \frac{1}{\pi} \int_{-\pi}^{\pi} g(x)(a_n \cos nx + b_n \sin nx)\mathrm{d}x,$$

上式对 $[-\pi, \pi]$ 上的任何一可积函数 $g(x)$ 都成立. 特别地,取

$$g(x) = \begin{cases} 1 & x \in [a, b] \\ 0 & x \in [-\pi, \pi] \backslash [a, b] \end{cases}.$$

则上式就变成

$$\int_a^b f(x)\mathrm{d}x = \int_a^b \frac{a_0}{2}\mathrm{d}x + \sum_{n=1}^{\infty} \int_a^b (a_n \cos nx + b_n \sin nx)\mathrm{d}x.$$

四、练习题

1. 设 $f(x) = \pi - x, x \in (0, \pi)$,(1)将 $f(x)$ 展开为正弦级数;(2)该级数在 $(0, \pi)$ 上是否一致收敛.

2. 设 $f(x) = -\pi - x, x \in (-\pi, 0)$,(1)将 $f(x)$ 展开为正弦级数;(2)判断该级数在 $(-\pi, 0)$

上是否一致收敛.

3. 设 $f(x)=\begin{cases} \pi-x & 0<x\leqslant\pi \\ 0 & x=0 \\ -\pi-x & -\pi<x<0 \end{cases}$,(1)求 $f(x)$ 的傅里叶级数展开式;(2)讨论 $f(x)$ 的傅

里叶级数在 $(-\pi,\pi]$ 上是否收敛于 $f(x)$,是否一致收敛于 $f(x)$?

4. 设 $f(x)$ 在 $[0,\pi]$ 上有连续导数,$f'(x)$ 在 $[0,\pi]$ 上分段光滑,且 $\int_0^\pi f(x)\mathrm{d}x=0$,试证:

$$\int_0^\pi f'^2(x)\mathrm{d}x \geqslant \int_0^\pi f^2(x)\mathrm{d}x.$$

5. 利用

$$f(x)=\begin{cases} \dfrac{\pi}{4} & x\in[0,\pi] \\ -\dfrac{\pi}{4} & x\in(-\pi,0) \end{cases}$$

的傅里叶级数展开式,求证:$\displaystyle\sum_{n=1}^\infty \frac{1}{(2n+1)^2}=\frac{\pi^2}{8}$.

第6章 多元函数微分学

多元函数微分学是数学分析的基本内容,贯穿在数学分析下册的全部内容中.多元函数的极限、连续、偏导数、全微分、极值和最值是本章的重点内容.复合函数求导的链式法则、多元泰勒公式、隐函数存在性定理是难点.本章主要内容包括平面点集、多元函数的定义、极限、连续、完备性定理、有界闭域上连续函数的性质、偏导数与可微的概念、计算、可微条件、方向导数与梯度、泰勒公式、极值条件、隐函数存在定理、条件极值、几何应用等.

6.1 多元函数的极限与连续性

思维导图

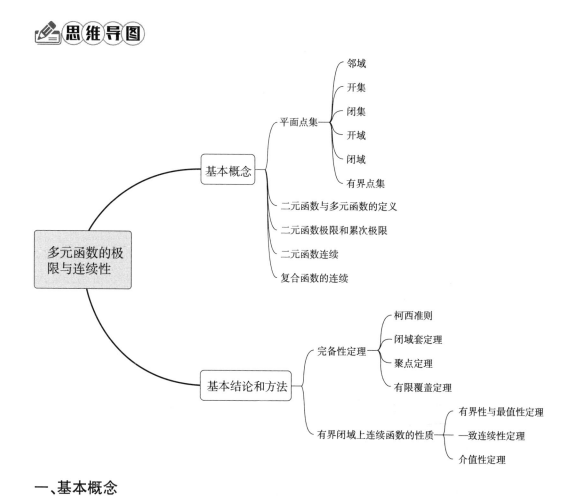

一、基本概念

(1)平面点集的基本概念:平面中的邻域、开集、闭集、开域、闭域、有界点集.

(2)二元函数的定义、$n(\geqslant 2)$元函数的定义.

(3)二元函数极限和累次极限.

(4)二元函数连续性定义、复合函数的连续性.

素养教育：①由一元函数的概念与性质推广到二元函数及多元函数，培养学生由简单推广到复杂的学习方法，循序渐进地发散地进行理论学习.

②二元函数的极限与一元函数极限的相同点与不同点，比较二元函数的连续性与一元函数连续性之间的不同之处，培养学生比较学习和系统化学习的方法.

③很多情况下，因变量是多个自变量的函数，而不是单一变量的函数，这与事物运动变化的规律是一致的. 通过多元函数的概念，学生类比体会事物的运动变化性.

二、基本结论和方法

(1)$\mathbf{R}^2$ 上的完备性定理：柯西准则、闭域套定理、聚点定理、有限覆盖定理.

(2)用定义判别极限的存在性和特殊路径法判别极限的不存在.

(3)掌握二元函数重极限和累次极限的区别与联系.

(4)有界闭域上连续函数的性质：有界性与最值性定理、一致连续性定理、介值性定理.

素养教育：①重极限可看作任意方向趋近，而累次极限相当于两条特殊路径趋近，培养学生严谨和精益求精的学习态度.

②对比有界闭域上和有界闭区间上连续函数的性质，温故而知新，从一维推广到二维，拓宽学生的思维，培养学生从已知向未知探索的能力.

三、例题选讲

例 1 设 f 为定义在 $\mathbf{R}^2$ 上的连续函数，a 是任一实数.
$$E=\{(x,y)\mid f(x,y)>a,(x,y)\in \mathbf{R}^2\},F=\{(x,y)\mid f(x,y)\leqslant a,(x,y)\in \mathbf{R}^2\}$$
证明：E 是开集，F 是闭集.

证明 (1)取任意的 $P_0(x_0,y_0)\in E$，则 $f(x_0,y_0)>a$，即 $f(x_0,y_0)-a>0$.
由于 $f(x,y)$ 在 P_0 处连续，所以 $f(x,y)-a$ 也在 P_0 处连续，且
$$\lim_{(x,y)\to(x_0,y_0)}(f(x,y)-a)=f(x_0,y_0)-a>0,$$
故由连续函数局部保号性定理知 $\exists\delta>0$，使当 $(x,y)\in U(p_0;\delta)$ 时，有

$f(x,y)-a>0$，即 $f(x,y)>a$. 这表明 $U(p_0;\delta)\subset E$，即 P_0 为 E 的内点，因而 E 为开集.

(2)因为 $F=\mathbf{R}^2/E$，又 $\mathbf{R}^2$ 为闭集，而 E 为开集，故 F 是闭集.

例 2 求二元函数的极限.

(1)$\lim\limits_{\substack{x\to\infty\\y\to a}}\left(1+\dfrac{1}{xy}\right)^{\frac{x^2}{x+y}}$ （$a\neq 0$ 常数）；   (2)$\lim\limits_{\substack{x\to 0\\y\to 0}}\dfrac{x^2\mid y\mid^{\frac{3}{2}}}{x^4+y^2}$；   (3)$\lim\limits_{\substack{x\to+\infty\\y\to+\infty}}(x^2+y^2)\mathrm{e}^{-(x+y)}$.

解 (1)原式 $=\lim\limits_{\substack{x\to\infty\\y\to a}}\left(\left(1+\dfrac{1}{xy}\right)^{xy}\right)^{\frac{x^2}{xy(x+y)}}$，而 $\lim\limits_{\substack{x\to\infty\\y\to a}}\left(1+\dfrac{1}{xy}\right)^{xy}\xlongequal{\diamondsuit t=xy}\lim\limits_{t\to\infty}\left(1+\dfrac{1}{t}\right)^t=\mathrm{e}$.

又 $\lim\limits_{\substack{x\to\infty\\y\to a}}\dfrac{x^2}{xy(x+y)}=\lim\limits_{\substack{x\to\infty\\y\to a}}\dfrac{1}{y\left(1+\dfrac{y}{x}\right)}=\dfrac{1}{a}$，所以原式 $=\mathrm{e}^{\frac{1}{a}}$.

(2)因为 $x^4+y^2\geqslant 2x^2\mid y\mid$，所以 $0\leqslant\dfrac{x^2\mid y\mid^{\frac{3}{2}}}{x^4+y^2}\leqslant\dfrac{x^2\mid y\mid^{\frac{3}{2}}}{2x^2\mid y\mid}=\dfrac{1}{2}\mid y\mid^{\frac{1}{2}}$. 而 $\lim\limits_{\substack{x\to 0\\y\to 0}}\dfrac{1}{2}\mid y\mid^{\frac{1}{2}}=0$，由迫敛性可知，原式 $=0$.

(3) 设 $x = r\cos\theta, y = r\sin\theta$, 有

$$(x^2 + y^2)e^{-(x+y)} = r^2 e^{-r(\cos\theta + \sin\theta)}.$$

当 $0 < \theta < \dfrac{\pi}{2}$ 时, $\cos\theta + \sin\theta = \sqrt{2}\sin\left(\theta + \dfrac{\pi}{4}\right) \geqslant \sqrt{2}\sin\dfrac{\pi}{4} = 1$, 所以, 由 $\lim\limits_{r \to +\infty} r^2 e^{-r} = 0$, 得

$$\lim_{r \to +\infty} r^2 e^{-r(\cos\theta + \sin\theta)} = 0,$$

因此

$$\lim_{\substack{x \to +\infty \\ y \to +\infty}} (x^2 + y^2)e^{-(x+y)} = 0.$$

例 3　设函数 $f(x,y) = \dfrac{x^4 y^4}{(x^4 + y^2)^3}$. 证明: 当点 (x,y) 沿通过原点的任意直线 $y = mx$ 趋于 $(0,0)$ 时, 函数 $f(x,y)$ 存在极限, 且极限相等. 但是此函数在原点不存在极限.

证明　设 $y = mx$(m 是直线的斜率), $m \neq 0$, 有

$$\lim_{\substack{x \to 0 \\ y = mx}} \frac{m^4 x^4}{(x^4 + m^2 x^2)^3} = 0.$$

当 $m = 0$ 时, 显然也有

$$\lim_{\substack{x \to 0 \\ y = 0}} \frac{m^4 x^4}{(x^4 + m^2 x^2)^3} = 0.$$

即当点 (x,y) 沿通过原点的任意直线 ($y = mx$) 趋于 $(0,0)$ 时, 函数 $f(x,y)$ 存在极限, 且极限相等. 但是取 $y = x^2$, 却有

$$\lim_{\substack{x \to 0 \\ y = x^2}} \frac{x^{12}}{8x^{12}} = \frac{1}{8}.$$

所以, 函数 $f(x,y) = \dfrac{x^4 y^4}{(x^4 + y^2)^3}$ 在原点不存在极限.

例 4　设 $f(x,y)$ 在点 (x_0, y_0) 附近有定义, 讨论二重极限 $\lim\limits_{\substack{x \to x_0 \\ y \to y_0}} f(x,y)$ 与累次极限 $\lim\limits_{x \to x_0} \lim\limits_{y \to y_0} f(x,y)$, $\lim\limits_{y \to y_0} \lim\limits_{x \to x_0} f(x,y)$ 的关系.

解　(1) 考察函数 $f(x,y) = \dfrac{x^2 y}{x^4 + y^2}$, 易知

$$\lim_{x \to 0} \lim_{y \to 0} \frac{x^2 y}{x^4 + y^2} = \lim_{y \to 0} \lim_{x \to 0} \frac{x^2 y}{x^4 + y^2} = 0.$$

但取 $y = x^2$, 有 $\lim\limits_{\substack{x \to 0 \\ y = x^2}} \dfrac{x^2 y}{x^4 + y^2} = \lim\limits_{x \to x^2} \dfrac{x^2 \cdot x^2}{x^4 + x^4} = \dfrac{1}{2}$, 所以极限 $\lim\limits_{\substack{x \to 0 \\ y \to 0}} \dfrac{x^2 y}{x^4 + y^2}$ 不存在.

(2) 考察函数 $f(x,y) = x\sin\dfrac{1}{y} + y\sin\dfrac{1}{x}$, 由 $\left| x\sin\dfrac{1}{y} + y\sin\dfrac{1}{x} \right| \leqslant |x| + |y|$, 易知

$$\lim_{\substack{x \to 0 \\ y \to 0}} \left(x\sin\frac{1}{y} + y\sin\frac{1}{x} \right) = 0.$$

但是, 由极限 $\lim\limits_{y \to 0} \sin\dfrac{1}{y}$, $\lim\limits_{x \to 0} \sin\dfrac{1}{x}$ 不存在, 可知两个累次极限不存在.

(3) 考察函数 $f(x,y) = \dfrac{x - y}{x + y}$, 易知

$$\lim_{x \to 0} \lim_{y \to 0} \frac{x - y}{x + y} = 1, \quad \lim_{y \to 0} \lim_{x \to 0} \frac{x - y}{x + y} = -1.$$

但取 $y = mx$($m \neq 0$), 有 $\lim\limits_{\substack{x \to 0 \\ y \to 0}} \dfrac{x - y}{x + y} = \lim\limits_{\substack{x \to 0 \\ y = mx}} \dfrac{x - mx}{x + mx} = \dfrac{1 - m}{1 + m}$, 所以 $\lim\limits_{\substack{x \to 0 \\ y \to 0}} \dfrac{x^2 y}{x^4 + y^2}$ 不存在.

通过考察以上三个例子可知: 一般来说, 它们之间没有蕴含关系. 但当两个累次极限存在且不

相等时,重极限一定不存在.

例5 设 $f(x,y)$ 是定义在区域 $D=\{(x,y):|x|\leqslant1,|y|\leqslant1\}$ 上的有界 $k(\geqslant1)$ 次齐次函数,问极限 $\lim\limits_{\substack{x\to0\\y\to0}}(f(x,y)+(x-1)e^y)$ 是否存在? 若存在,试求其值.

解 因为 $f(x,y)$ 是 k 次齐次函数,所以对任意实数 t 有 $f(tx,ty)=t^kf(x,y)$,因此 $f(r\cos\theta,r\sin\theta)=r^kf(\cos\theta,\sin\theta)$. 又因 $f(x,y)$ 有界,即 $\exists M>0$,使得 $|f(x,y)|\leqslant M,\forall(x,y)\in D$. 所以,当 $r\to0$ 时,关于 $\theta\in(0,2\pi)$ 一致有

$$|f(r\cos\theta,r\sin\theta)|=r^k|f(\cos\theta,\sin\theta)|\leqslant Mr^k\to0,$$

即有 $\lim\limits_{\substack{x\to0\\y\to0}}f(x,y)=0$. 于是 $\lim\limits_{\substack{x\to0\\y\to0}}(f(x,y)+(x-1)e^y)=-1$.

例6 设 $f(x,y,z)$ 在区域 $D=\{(x,y,z):a\leqslant x,y,z\leqslant b\}$ 上连续,令

$$\varphi(x)=\max_{a\leqslant y\leqslant x}\min_{a\leqslant z\leqslant b}f(x,y,z),$$

则 $\varphi(x)$ 在 $[a,b]$ 上连续.

证明 首先考虑函数 $\psi(x,y)=\min\limits_{a\leqslant z\leqslant b}f(x,y,z),a\leqslant x,y\leqslant b$. 因为 $f(x,y,z)$ 在有界闭区域 D 上连续,从而一致连续. 于是 $\forall\varepsilon>0,\exists\delta>0$,当 $|x-x_0|<\delta,|y-y_0|<\delta$ 时,有

$$f(x_0,y_0,z)-\varepsilon<f(x,y,z)<f(x_0,y_0,z)+\varepsilon.$$

对 z 在 $[a,b]$ 上取最小值得到 $\psi(x_0,y_0)-\varepsilon<\psi(x,y)<\psi(x_0,y_0)+\varepsilon$. 因此 $\psi(x,y)$ 在闭区域 D_1: $a\leqslant x,y\leqslant b$ 上连续.

设 $y=a+k(x-a)$,其中 $0\leqslant k\leqslant1$,则

$$\varphi(x)=\max_{a\leqslant y\leqslant x}\psi(x,y)=\max_{0\leqslant k\leqslant1}\psi(x,a+k(x-a)).$$

由 $\psi(x,y)$ 在闭区域 $\{(x,y):a\leqslant x\leqslant b,a\leqslant y\leqslant x\}$ 上连续知,$\psi(x,a+k(x-a))$ 在闭区域 $\{(x,y):a\leqslant x\leqslant b,0\leqslant k\leqslant1\}$ 上连续,从而一致连续. 用与证明 $\psi(x,y)$ 在闭区域 D_1: $a\leqslant x,y\leqslant b$ 上连续相同的方法,可证明 $\varphi(x)$ 在 $[a,b]$ 上连续.

例7（重庆大学） 设 $f(x,y)$ 在区域 $D=\{(x,y):a\leqslant x\leqslant b,c\leqslant x\leqslant d\}$ 上连续,函数列 $\{\varphi_n(x)\}$ 在 $[a,b]$ 一致收敛,且 $c\leqslant\varphi_n(x)\leqslant d$,证明函数列 $F_n(x)=f(x,\varphi_n(x)),(n=1,2,\cdots)$ 在 $[a,b]$ 上一致收敛.

证明 因为 $f(x,y)$ 在有界闭区域 D 上连续,从而一致连续. 于是 $\forall\varepsilon>0,\exists\delta>0$,当 $|x_1-x_2|<\delta,|y_1-y_2|<\delta$ 时,有 $|f(x_1,y_1)-f(x_2,y_2)|<\varepsilon$.

特别地,当 $x_1=x_2=x,|y_1-y_2|<\delta$ 时,有 $|f(x,y_1)-f(x,y_2)|<\varepsilon$.

又已知函数列 $\{\varphi_n(x)\}$ 在 $[a,b]$ 一致收敛,则对上述 $\delta>0,\exists N>0$,当 $n>N,m>N$ 时,对任意 $x\in[a,b]$ 有 $|\varphi_n(x)-\varphi_m(x)|<\delta$,从而有

$$|F_n(x)-F_m(x)|=|f(x,\varphi_n(x))-f(x,\varphi_m(x))|<\varepsilon,$$

即 $\{F_n(x)\}$ 在 $[a,b]$ 一致收敛.

例8 若 $f(x,y)$ 在 $\mathbf{R}^2$ 上对 x 连续,对 y 满足利普希茨连续条件,即 $\exists L>0$,使得对任意 $(x,y_1),(x,y_2)$,都有 $|f(x,y_1)-f(x,y_2)|<L|y_1-y_2|$. 试证明 $f(x,y)$ 在 $\mathbf{R}^2$ 上连续.

证明 对任意 $(x_0,y_0),(x,y)\in\mathbf{R}^2$,有

$$|f(x,y)-f(x_0,y_0)|\leqslant|f(x,y)-f(x,y_0)|+|f(x,y_0)-f(x_0,y_0)|$$
$$\leqslant L|y-y_0|+|f(x,y_0)-f(x_0,y_0)|,$$

因为 $f(x,y)$ 对 x 连续,所以 $\forall\varepsilon>0,\exists\delta>0$,当 $|x-x_0|<\delta$ 时,有 $|f(x,y_0)-f(x_0,y_0)|<\dfrac{\varepsilon}{2}$. 又当 $|y-y_0|<\dfrac{\varepsilon}{2L}$ 时,有 $L|y-y_0|<\dfrac{\varepsilon}{2}$. 因此取 $\delta_1=\min\left\{\dfrac{\varepsilon}{2L},\delta\right\}$,则当 $|x-x_0|<\delta,|y-y_0|<\delta$ 时,有

$$|f(x,y)-f(x_0,y_0)|\leqslant L|y-y_0|+|f(x,y_0)-f(x_0,y_0)|<\varepsilon.$$

故 $f(x,y)$ 在 R^2 上任意点 (x_0,y_0) 连续,从而 $f(x,y)$ 在 $\mathbf{R}^2$ 上连续.

四、练习题

1. 试用 ε-δ 定义证明：$\lim\limits_{(x,y)\to(0,0)}\dfrac{x^2y}{x^2+y^2}=0$.

2. 用定义证明：$\lim\limits_{(x,y)\to(0,0)}\dfrac{1}{x^2+2y^2}=+\infty$.

3. $f(x,y)=\begin{cases}0 & x^2\leqslant|y|\text{ 或 }y=0\\1 & \text{其他}\end{cases}$，讨论该函数的二重极限是否存在.

4. 试构造例子，满足下列条件：

(1) 当 (x,y) 沿任意射线趋于原点时，$f(x,y)$ 有极限 A；

(2) $f(x,y)$ 在原点的两个累次极限存在，但不相等.

5. 设 $f(x,y)$ 定义在闭矩形域 $S=[a,b]\times[c,d]$. 若 f 对 y 在 $[c,d]$ 上处处连续，对 x 在 $[a,b]$（且关于 y）为一致连续，证明 f 在 S 上处处连续.

6. (青岛科技大学) 设 $f(x,y)$ 在 $[a,b]\times[c,d]$ 上连续，求证 $g(y)=\max\limits_{x\in[a,b]}f(x,y)$ 在 $[c,d]$ 上连续.

7. 用闭域套定理来证明：设 $E\subset R^2$ 为有界无限点集，则 E 在 R^2 中至少有一个聚点.

8. 证明：若函数 f 在有界闭域 $D\subset R^2$ 上连续，则 f 在 D 上一致连续，即对任何 $\varepsilon>0$，总存在只依赖于 ε 的正数 δ，使得对一切点 P、Q，只要 $\rho(P,Q)<\delta$，就有 $|f(P)-f(Q)|<\varepsilon$.

9. (南京航空航天大学) 用平面上有限覆盖定理证明：二元连续函数在有界闭区域上有界.

10. 设二元函数 $f(x,y)$ 在有界闭区域 D 上连续，则 $f(x,y)$ 在 D 上取得最大（小）值.

11. 设 $f(x,y)=\begin{cases}\dfrac{\ln(1+xy)}{x} & x\neq0\\y & x=0\end{cases}$，则 $f(x,y)$ 在其定义域上是连续的.

12. (山东大学) 试作一函数 $f(x,y)$，使得当 $(x,y)\to(+\infty,+\infty)$ 时，

(1) 两个累次极限存在而重极限不存在；

(2) 两个累次极限不存在而重极限存在；

(3) 累次极限与重极限都不存在；

(4) 重极限和一个累次极限存在，另一个累次极限不存在.

6.2 偏导数与全微分

 思维导图

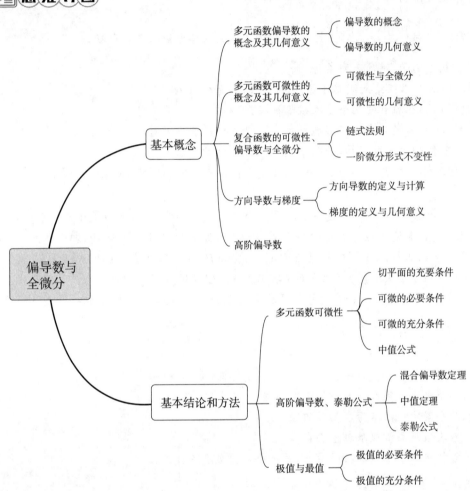

一、基本概念

(一)多元函数偏导数的概念及其几何意义

(1)设函数 $z=f(x,y)$，$(x,y)\in D$，且在 $P_0(x_0,y_0)$ 的某一邻域内有定义，则当极限

$$\lim_{\Delta x\to 0}\frac{\Delta_x z}{\Delta x}=\lim_{\Delta x\to 0}\frac{f(x_0+\Delta x,y_0)-f(x_0,y_0)}{\Delta x}$$

存在时，称这个极限为函数在点 P_0 关于 x 的偏导数，记作

$$f_x(x_0,y_0)\quad\text{或}\quad\left.\frac{\partial f}{\partial x}\right|_{(x_0,y_0)}.$$

若函数 $z=f(x,y)$，$(x,y)\in D$ 在 D 上每一点都存在对 x（或 y）的偏导数，则得到函数 $z=f(x,y)$ 在 D 上对 x（或 y）的偏导函数，记作

$$f_x(x,y)\quad\text{或}\quad\frac{\partial f(x,y)}{\partial x},$$

也可简单地写作 f_x 或 $\dfrac{\partial f}{\partial x}$.

(2)偏导数的几何意义：$f_x(x_0,y_0)$ 作为一元函数 $f(x,y_0)$ 在 $x=x_0$ 的导数,就是曲线 C：$\begin{cases} y=y_0 \\ z=f(x,y) \end{cases}$ 在点 P_0 处的切线 T_x 对于 x 轴的斜率,即 T_x 与 x 轴正向所成角的正切值. 同理可知 $f_y(x_0,y_0)$ 的几何意义.

素养教育：偏导数的几何意义与导数的几何意义相联系,培养学生比较与联系、知识衔接、数形结合的学习思维.

(二)多元函数可微性的概念及其几何意义

(1)可微性与全微分. 设函数 $z=f(x,y)$ 在 $P_0(x_0,y_0)$ 某邻域 $U(P_0)$ 有定义,对于 $U(P_0)$ 中的点 $P(x,y)=(x_0+\Delta x,y_0+\Delta y)$,若函数 f 在点 $P_0(x_0,y_0)$ 处的全增量 Δz 可表示为

$$\Delta z=f(x_0+\Delta x,y_0+\Delta y)-f(x_0,y_0)=A\Delta x+B\Delta y+o(\rho),$$

其中 A,B 是只与 $P_0(x_0,y_0)$ 有关的常数,$\rho=\sqrt{(\Delta x)^2+(\Delta y)^2}$,(亦可写为 $\rho=\alpha\Delta x+\beta\Delta y$,$(\Delta x,\Delta y)\rightarrow(0,0)$ 时,$(\alpha,\beta)\rightarrow(0,0)$). 则称函数 f 在 $P_0(x_0,y_0)$ 可微. $A\Delta x+B\Delta y$ 为函数 f 在 $P_0(x_0,y_0)$ 的全微分,记作 $\mathrm{d}z|_{P_0}=\mathrm{d}f(x_0,y_0)=A\Delta x+B\Delta y.$

(2)可微性的几何意义(切平面的定义). 设 P 是曲面 S 上一点,Π 为过点 P 的一个平面,曲面 S 上的动点 Q 到定点 P 到和平面 Π 的距离分别为 d 与 h. 若当 Q 在 S 上以任意方式趋近于 P 时,恒有 $\dfrac{h}{d}\rightarrow 0$,则称 Π 为 S 在点 P 处的切平面.

素养教育：通过可微性的几何意义,培养学生理论联系实际、数形结合的学习思维. 结合全微分的定义,培养学生去繁存简的理性思维和以直代曲的近似计算思维.

(三)复合函数的可微性、偏导性与全微分

(1)链式法则. 设函数 $x=\varphi(s,t),y=\psi(s,t)$ 在点 $(s,t)\in D$ 可微,函数 $z=f(x,y)$ 在点 $(x,y)=(\varphi(s,t),\psi(s,t))$ 可微,则复合函数 $z=f(\varphi(s,t),\psi(s,t))$ 在点 (s,t) 可微,且

$$\left.\frac{\partial z}{\partial s}\right|_{(s,t)}=\left.\frac{\partial z}{\partial x}\right|_{(x,y)}\cdot\left.\frac{\partial x}{\partial s}\right|_{(s,t)}+\left.\frac{\partial z}{\partial y}\right|_{(x,y)}\cdot\left.\frac{\partial y}{\partial s}\right|_{(s,t)}$$

$$\left.\frac{\partial z}{\partial t}\right|_{(s,t)}=\left.\frac{\partial z}{\partial x}\right|_{(x,y)}\cdot\left.\frac{\partial x}{\partial t}\right|_{(s,t)}+\left.\frac{\partial z}{\partial y}\right|_{(x,y)}\cdot\left.\frac{\partial y}{\partial t}\right|_{(s,t)}.$$

我们称此公式为链式法则.

其他情形：

①设 $u=f(x,y,z),x=x(s,t),y=y(s,t),z=z(s,t)$. 则

$$\frac{\partial u}{\partial s}=\frac{\partial u}{\partial x}\cdot\frac{\partial x}{\partial s}+\frac{\partial u}{\partial y}\cdot\frac{\partial y}{\partial s}+\frac{\partial u}{\partial z}\cdot\frac{\partial z}{\partial s};\frac{\partial u}{\partial t}=\frac{\partial u}{\partial x}\cdot\frac{\partial x}{\partial t}+\frac{\partial u}{\partial y}\cdot\frac{\partial y}{\partial t}+\frac{\partial u}{\partial z}\cdot\frac{\partial z}{\partial t}.$$

②设 u,x,y 可微,$u=f(x,y),x=x(t),y=y(t)$. 则 $\dfrac{\partial u}{\partial t}=\dfrac{\partial u}{\partial x}\cdot\dfrac{\partial x}{\partial t}+\dfrac{\partial u}{\partial y}\cdot\dfrac{\partial y}{\partial t}.$

③设 $u=f(x,y,t),x=x(s,t),y=y(s,t)$. 则

$$\frac{\partial u}{\partial s}=\frac{\partial u}{\partial x}\cdot\frac{\partial x}{\partial s}+\frac{\partial u}{\partial y}\cdot\frac{\partial y}{\partial s}+\frac{\partial u}{\partial t}\cdot\frac{\partial t}{\partial s},$$

$$\frac{\partial u}{\partial t}=\frac{\partial u}{\partial x}\cdot\frac{\partial x}{\partial t}+\frac{\partial u}{\partial y}\cdot\frac{\partial y}{\partial t}+\frac{\partial u}{\partial t}\cdot\frac{\partial t}{\partial t}.$$

素养教育：强调链式法则的重要性,借助于树状图,引导学生形象记忆和理解,培养学生数形结合的学习方法,精选例题,突破学习重点和难点.

(2)一阶微分形式不变性. 设 $z=f(x,y)$ 是二元可微函数,如果 x,y 是自变量,则

$$dz=\frac{\partial z}{\partial x}dx+\frac{\partial z}{\partial y}dy. \quad (dx,dy\text{ 是各自独立的数值}) \tag{6-1}$$

如果 x,y 不是自变量而是中间变量,令 $x=x(u,v),y=y(u,v)$,又设 x,y 都可微,并且 f,x,y 可以构成复合函数,那么也有

$$dz=\frac{\partial z}{\partial x}dx+\frac{\partial z}{\partial y}dy.$$

上述性质称为一阶微分形式不变性.

素养教育:从一阶微分形式不变性中,体会数学的等价美、形式美、本质美、结构美和简洁美.

(四)方向导数与梯度

(1)方向导数. 设三元函数 f 在点 $P_0(x_0,y_0,z_0)$ 的某邻域 $U(P_0)\subset R^3$ 内有定义. l 为从点 P_0 出发的射线. $P(x,y,z)$ 为 l 上且含于 $U(P_0)$ 内的任一点,以 ρ 表示 P 与 P_0 两点间的距离. 若极限

$$\lim_{\rho\to 0^+}\frac{f(P)-f(P_0)}{\rho}=\lim_{\rho\to 0^+}\frac{\Delta_l f}{\rho}$$

存在,则称此极限为函数 f 在点 P_0 沿方向 l 的方向导数,记为 $\left.\frac{\partial f}{\partial l}\right|_{P_0}$ 或 $f_l(P_0)$.

方向导数的计算 若函数 f 在点 $P_0(x_0,y_0,z_0)$ 可微,则 f 在点 P_0 处沿任一方向 l 的方向导数都存在,且 $f_l(P_0)=f_x(P_0)\cos\alpha+f_y(P_0)\cos\beta+f_z(P_0)\cos\gamma$,其中 $\cos\alpha,\cos\beta$ 和 $\cos\gamma$ 为 l 的方向余弦. 对二元函数 $f(x,y)$ 应为:$f_l(P_0)=f_x(P_0)\cos\alpha+f_y(P_0)\cos\beta$,其中 α 和 β 是 l 的方向角.

注:由

$$f_l(P_0)=f_x(P_0)\cos\alpha+f_y(P_0)\cos\beta+f_z(P_0)\cos\gamma,$$
$$=(f_x(P_0),f_y(P_0),f_z(P_0))(\cos\alpha,\cos\beta,\cos\gamma),$$

可见,$f_l(P_0)$ 为向量 $(f_x(P_0),f_y(P_0),f_z(P_0))$ 在方向 l 上的投影.

素养教育:将方向导数与偏导数的定义进行比较,引导学生积极思考,理解数学的形式统一性与丰富内涵性,扩展思维空间.

(2)梯度. $\mathbf{grad}\,f=(f_x(P_0),f_y(P_0),f_z(P_0))$,

$$|\mathbf{grad}\,f|=\sqrt{(f_x(P_0))^2+(f_y(P_0))^2+(f_z(P_0))^2}.$$

易见,对可微函数 f,方向导数是梯度在该方向上的投影.

梯度的几何意义:对可微函数,梯度方向是函数变化最快的方向. 这是因为

$$f_l(P_0)=\mathbf{grad}\,f\cdot l=|\mathbf{grad}\,f(P_0)|\cos\theta.$$

其中 θ 是 l 与 $\mathbf{grad}\,f(P_0)$ 的夹角. 可见当 $\theta=0$ 时,$f_l(P_0)$ 取最大值,而在 l 的反方向取最小值.

素养教育:将梯度与函数最值相联系,引导学生体会知识点之间的联系与关系,扩展学生的专业视野,培养学生深入和广泛学习的兴趣.

(五)高阶偏导数

对于二元函数 $f(x,y)$,如果 $f(x,y)$ 的两个偏导数 $f_x(x,y)$,$f_y(x,y)$ 都存在,它们就是关于 x,y 的二元函数. 还可以讨论它们关于 x,y 的偏导数,如果它们关于 x 的偏导数存在,或者关于 y 的偏导数存在,就称这些偏导数是二阶偏导数.

这样,二元函数的二阶偏导数就有四种情形:$\frac{\partial^2 z}{\partial x^2},\frac{\partial^2 z}{\partial x\partial y},\frac{\partial^2 z}{\partial y\partial x},\frac{\partial^2 z}{\partial y^2}$.

二、基本结论和方法

(一)多元函数可微性

定理(充要条件) 曲面 $z=f(x,y)$ 在点 $P(x_0,y_0,f(x_0,y_0))$ 存在不平行于 z 轴的切平面的充要

条件是函数 $z=f(x,y)$ 在点 $P_0(x_0,y_0)$ 可微.

定理（必要条件）　设 (x_0,y_0) 为函数 $f(x,y)$ 定义域的内点. $f(x,y)$ 在点 (x_0,y_0) 可微，则 $f_x(x_0,y_0)$ 和 $f_y(x_0,y_0)$ 存在，且 $\mathrm{d}f(x_0,y_0)=f_x(x_0,y_0)\cdot\Delta x+f_y(x_0,y_0)\cdot\Delta y$. 由于 $\Delta x=\mathrm{d}x$，$\Delta y=\mathrm{d}y$，全微分记为：$\mathrm{d}z=f_x(x_0,y_0)\cdot\mathrm{d}x+f_y(x_0,y_0)\cdot\mathrm{d}y$.

注：两个偏导数存在是可微的必要条件，但不是充分条件.

定理（充分条件）　若函数 $z=f(x,y)$ 的偏导数在 (x_0,y_0) 的某邻域内存在，且 f_x 和 f_y 在点 (x_0,y_0) 处连续. 则函数 $z=f(x,y)$ 在点 (x_0,y_0) 可微.

素养教育：强调必要条件和充分条件的不同作用，训练学生的逻辑思维能力.

中值公式　设函数 f 在点 (x_0,y_0) 的某邻域内存在偏导数. 若 (x,y) 属于该邻域，则存在 $\xi=x_0+\theta_1(x-x_0)$ 和 $\eta=y_0+\theta_2(y-y_0)$，$0<\theta_1<1$，$0<\theta_2<1$，使得
$$f(x,y)-f(x_0,y_0)=f_x(\xi,y)(x-x_0)+f_y(x_0,\eta)(y-y_0).$$

素养教育：与一元函数的拉格朗日中值定理进行比较，引导学生领会一维到二维的推广方法，使知识系统化，形成完整的知识结构.

(二)高阶偏导数、泰勒公式

(1)**混合偏导数定理**　设二元函数的两个混合偏导数 f_{xy}，f_{yx} 在 (x_0,y_0) 连续，则有
$$f_{xy}(x_0,y_0)=f_{yx}(x_0,y_0).$$

注：①设 f_x，f_y 和 f_{yx} 在 (x_0,y_0) 的某邻域内存在，f_{yx} 在 (x_0,y_0) 连续，则 $f_{xy}(x_0,y_0)$ 也存在且 $f_{xy}(x_0,y_0)=f_{yx}(x_0,y_0)$.

②设 f_x，f_y 在 (x_0,y_0) 的某邻域内存在且在点 (x_0,y_0) 可微，则有
$$f_{xy}(x_0,y_0)=f_{yx}(x_0,y_0).$$

(2)**中值定理**　设二元函数 f 在凸区域 $D\subset\mathbf{R}^2$ 上连续，在 D 的所有内点处可微，则对 D 内任意两点 $P(a,b)$，$Q(a+h,b+k)\in\mathrm{int}\,D$，存在 θ（$0<\theta<1$），使
$$f(a+h,b+k)-f(a,b)=f_x(a+\theta h,b+\theta k)h+f_y(a+\theta h,b+\theta k)k.$$

(3)**泰勒公式**　若函数 f 在点 $P_0(x_0,y_0)$ 的某邻域 $U(P_0)$ 内有直到 $n+1$ 阶连续偏导数，则对 $U(P_0)$ 内任一点 (x_0+h,y_0+k)，存在相应的 $\theta\in(0,1)$，使
$$f(x_0+h,y_0+k)=\sum_{i=0}^{n}\frac{1}{i!}\left(h\frac{\partial}{\partial x}+k\frac{\partial}{\partial y}\right)^i f(x_0,y_0)+\frac{1}{(n+1)!}\left(h\frac{\partial}{\partial x}+k\frac{\partial}{\partial y}\right)^{n+1}f(x_0+\theta h,y_0+\theta k).$$

素养教育：二元函数与一元函数的泰勒公式，很好地阐释了数学的形式美、公式的对称美和数学的严谨性. 从一维推广到二维，展示了数学的复杂性和规律性.

(三)极值与最值

(1)**必要条件**　设 P_0 为函数 $f(P)$ 的极值点，则当 $f_x(P_0)$ 和 $f_y(P_0)$ 存在时，有
$$f_x(P_0)=f_y(P_0)=0.$$

注：可能的极值点：函数的稳定点、偏导数不存在的点.

(2)**充分条件**　设函数 $f(x,y)$ 在点 $P_0(x_0,y_0)$ 某邻域有二阶连续偏导数，P_0 是稳定点，则

①$f_{xx}(P_0)>0$，$(f_{xx}f_{yy}-f_{xy}^2)(P_0)>0$ 时，P_0 为极小值点；

②$f_{xx}(P_0)<0$，$(f_{xx}f_{yy}-f_{xy}^2)(P_0)>0$ 时，P_0 为极大值点；

③$(f_{xx}f_{yy}-f_{xy}^2)(P_0)<0$ 时，P_0 不是极值点.

素养教育：引入苏轼的《题西林壁》"横看成岭侧成峰，远近高低各不同. 不识庐山真面目，只缘身在此山中."给抽象的数学课堂注入诗情画意. 庐山随着观察者角度不同，呈现出不同的样貌. 多元函数的极值这个知识点，数形结合后画出来的图形，就像庐山的山顶一样连绵起伏，极大值在山顶取得，极小值则是出现在山谷. 引导学生感悟，人生就像连绵不断的曲面，起起落落是必经之路，是成长的需要，跌入低谷不气馁，甘于平淡不放任，伫立高峰不张扬. 学会用发展的观点看待问题，低谷与顶

峰只是我们人生路上的一个转折点,要看清事物的真相与全貌,必须超越狭小的范围,摆脱主观成见.

三、例题选讲

例 1 (1)设 $u=\sqrt{x^2+y^2+z^2}$,求 $\mathrm{d}u\big|_{(1,-1,1)}$;(2)设 $u=xe^{yz}+e^{-z}+y$,求 $\mathrm{d}u$.

解 (1)

$$\frac{\partial u}{\partial x}=\frac{x}{\sqrt{x^2+y^2+z^2}}, \quad \frac{\partial u}{\partial x}\bigg|_{(1,-1,1)}=\frac{1}{\sqrt{3}};$$

同理求得

$$\frac{\partial u}{\partial y}\bigg|_{(1,-1,1)}=-\frac{1}{\sqrt{3}}, \quad \frac{\partial u}{\partial z}\bigg|_{(1,-1,1)}=\frac{1}{\sqrt{3}}.$$

从而有

$$\mathrm{d}u\big|_{(1,-1,1)}=\frac{1}{\sqrt{3}}(\mathrm{d}x-\mathrm{d}y+\mathrm{d}z).$$

(2) $\dfrac{\partial u}{\partial x}=e^{yz}, \dfrac{\partial u}{\partial y}=1+xze^{yz}, \dfrac{\partial u}{\partial z}=xye^{yz}-e^{-z}$. 从而有

$$\mathrm{d}u=e^{yz}\mathrm{d}x+(1+xze^{yz})\mathrm{d}y+(xye^{yz}-e^{-z})\mathrm{d}z.$$

例 2 试作出定义在 $\mathbf{R}^2$ 中的一个函数 $f(x,y)$,使得它在原点处同时满足三个条件:

(1) $f(x,y)$ 的两个偏导数都存在;(2)关于任何方向的极限都存在;(3)在原点不连续.

解 考察函数

$$f(x,y)=\begin{cases} \dfrac{xy}{x^2+y^2} & x^2+y^2\neq 0 \\ 0 & x^2+y^2\neq 0 \end{cases},$$

显然有

$$\frac{\partial f}{\partial x}(0,0)=\lim_{x\to 0}\frac{f(x,0)-f(0,0)}{x}=\lim_{x\to 0}\frac{0-0}{x}=0.$$

同理有 $\dfrac{\partial f}{\partial y}(x,y)=0$. 故 $f(x,y)$ 在原点的两个偏导数都存在.

对于任意方向 $(\cos\alpha,\sin\alpha)$,有

$$\lim_{\rho\to 0}f(\rho\cos\alpha,\rho\sin\alpha)=\lim_{\rho\to 0}\frac{\rho^2\cos\alpha\sin\alpha}{\rho^2}=\cos\alpha\sin\alpha.$$

显然沿任意方向趋于原点时,此函数的方向极限都存在.

最后,由于当沿直线 $y=mx$ 趋于原点时,有

$$\lim_{\substack{x\to 0\\ y\to kx}}\frac{xy}{x^2+y^2}=\lim_{x\to 0}\frac{kx^2}{(1+k^2)x^2}=\frac{k}{1+k^2}\neq 0,$$

所以该函数在原点不连续.

例 3 设二元函数 $f(x,y)=\begin{cases} \dfrac{x^2y}{x^2+y^2} & x^2+y^2\neq 0 \\ 0 & x^2+y^2=0 \end{cases}$.证明:$f(x,y)$ 在原点连续,且存在偏导数,但在原点不可微.

证明 (1)对任意 (x,y),且 $x^2+y^2\neq 0$,有

$$|f(x,y)|=\frac{|x^2y|}{x^2+y^2}\leqslant\frac{2|xy|}{x^2+y^2}|x|\leqslant|x|.$$

所以有 $\lim\limits_{\substack{x\to 0\\ y\to 0}}f(x,y)=0=f(0,0)$,即 $\dfrac{x^2y}{x^2+y^2}$ 在原点连续.

(2)$\dfrac{\partial f}{\partial x}(0,0)=\lim\limits_{x\to0}\dfrac{f(x,0)-f(0,0)}{x}=\lim\limits_{x\to0}\dfrac{0-0}{x}=0.$ 同理有 $\dfrac{\partial f}{\partial y}(x,y)=0.$

(3)由于 $\dfrac{f(x,y)-f(0,0)-f_x(0,0)x-f_y(0,0)y}{\sqrt{x^2+y^2}}=\dfrac{x^2y}{\sqrt{(x^2+y^2)^3}},$ 所以当沿直线 $y=mx$ 趋于原点时，有

$$\lim_{\substack{x\to0\\y\to kx}}\dfrac{x^2y}{\sqrt{(x^2+y^2)^3}}=\lim_{x\to0}\dfrac{kx^3}{\sqrt{(1+k^2)^3}\cdot|x^3|}=\mathrm{sgn}\,x\cdot\dfrac{k}{\sqrt{(1+k^2)^3}}\neq0,$$

因此 $f(x,y)$ 在原点不可微．

例 4　（北京科技大学）　设二元函数

$$f(x,y)=\begin{cases}(x^2+y^2)\sin\dfrac{1}{\sqrt{x^2+y^2}} & x^2+y^2\neq0\\0 & x^2+y^2=0\end{cases}.$$

求证：$f(x,y)$ 在原点处连续、存在偏导数、可微，但偏导数在原点不连续．

证明　(1)由于 $\lim\limits_{(x,y)\to(0,0)}f(x,y)=0=f(0,0)$，即 $f(x,y)$ 在原点连续．

(2)$\dfrac{\partial f}{\partial x}(0,0)=\lim\limits_{x\to0}\dfrac{f(x,0)-f(0,0)}{x}=\lim\limits_{x\to0}x\sin\dfrac{1}{|x|}=0.$ 同理有 $\dfrac{\partial f}{\partial y}(x,y)=0.$

(3)由于

$$\lim_{(x,y)\to(0,0)}\dfrac{f(x,y)-f(0,0)-f_x(0,0)x-f_y(0,0)y}{\sqrt{x^2+y^2}}=\lim_{(x,y)\to(0,0)}\sqrt{x^2+y^2}\sin\dfrac{1}{\sqrt{x^2+y^2}}=0,$$

所以 $f(x,y)$ 在原点可微．

(4)当 $(x,y)\neq(0,0)$ 时，

$$\dfrac{\partial f}{\partial x}(x,y)=2x\sin\dfrac{1}{\sqrt{x^2+y^2}}-\dfrac{x}{\sqrt{x^2+y^2}}\cos\dfrac{1}{\sqrt{x^2+y^2}},$$

而 $\lim\limits_{(x,y)\to(0,0)}2x\sin\dfrac{1}{\sqrt{x^2+y^2}}=0,$ $\dfrac{x}{\sqrt{x^2+y^2}}\cos\dfrac{1}{\sqrt{x^2+y^2}}$ 不存在，因此 $\lim\limits_{(x,y)\to(0,0)}\dfrac{\partial f}{\partial x}(x,y)$ 不存在，同理 $\lim\limits_{(x,y)\to(0,0)}\dfrac{\partial f}{\partial y}(x,y)$ 不存在，即偏导数在原点不连续．

例 5　设 $v=\dfrac{1}{r}g\left(t-\dfrac{r}{c}\right)$，$c$ 为常数，函数 g 二阶可导，$r=\sqrt{x^2+y^2+z^2}$，证明

$$\dfrac{\partial^2v}{\partial x^2}+\dfrac{\partial^2v}{\partial y^2}+\dfrac{\partial^2v}{\partial z^2}=\dfrac{1}{c^2}\cdot\dfrac{\partial^2v}{\partial t^2}.$$

证明　注意这里 g 是某变量 u 的一元函数，而 $u=t-\dfrac{r}{c}.$ 因为

$$\dfrac{\partial v}{\partial x}=\dfrac{\partial v}{\partial r}\cdot\dfrac{\partial r}{\partial x},\qquad\dfrac{\partial^2v}{\partial x^2}=\dfrac{\partial^2v}{\partial r^2}\cdot\left(\dfrac{\partial r}{\partial x}\right)^2+\dfrac{\partial v}{\partial r}\cdot\dfrac{\partial^2r}{\partial x^2}.$$

由 x,y,z 的对称性得

$$\dfrac{\partial^2v}{\partial y^2}=\dfrac{\partial^2v}{\partial r^2}\cdot\left(\dfrac{\partial r}{\partial y}\right)^2+\dfrac{\partial v}{\partial r}\cdot\dfrac{\partial^2r}{\partial y^2},\qquad\dfrac{\partial^2v}{\partial z^2}=\dfrac{\partial^2v}{\partial r^2}\cdot\left(\dfrac{\partial r}{\partial z}\right)^2+\dfrac{\partial v}{\partial r}\cdot\dfrac{\partial^2r}{\partial z^2}.$$

而 $\dfrac{\partial r}{\partial x}=\dfrac{x}{r},\dfrac{\partial^2r}{\partial x^2}=\dfrac{r-x\dfrac{\partial r}{\partial x}}{r^2}=\dfrac{r-\dfrac{x^2}{r}}{r^2}=\dfrac{r^2-x^2}{r^3},$ 由 x,y,z 的对称性得

$$\dfrac{\partial r}{\partial y}=\dfrac{y}{r},\qquad\dfrac{\partial^2r}{\partial y^2}=\dfrac{r^2-y^2}{r^3},\qquad\dfrac{\partial r}{\partial z}=\dfrac{z}{r},\qquad\dfrac{\partial^2r}{\partial z^2}=\dfrac{r^2-z^2}{r^3}.$$

于是有

$$\frac{\partial^2 v}{\partial x^2}+\frac{\partial^2 v}{\partial y^2}+\frac{\partial^2 v}{\partial z^2}=\frac{\partial^2 v}{\partial r^2}\left(\left(\frac{\partial r}{\partial x}\right)^2+\left(\frac{\partial r}{\partial y}\right)^2+\left(\frac{\partial r}{\partial z}\right)^2\right)+\frac{\partial v}{\partial r}\left(\frac{\partial^2 r}{\partial x^2}+\frac{\partial^2 r}{\partial y^2}+\frac{\partial^2 r}{\partial z^2}\right)$$

$$=\frac{\partial^2 v}{\partial r^2}\left[\left(\frac{x}{r}\right)^2+\left(\frac{y}{r}\right)^2+\left(\frac{z}{r}\right)^2\right]+\frac{\partial v}{\partial r}\frac{3r^2-r^2}{r^3}$$

$$=\frac{\partial^2 v}{\partial r^2}+\frac{\partial v}{\partial r}\frac{2}{r}.$$

又因为

$$\frac{\partial v}{\partial r}=\frac{-1}{r^2}g\left(t-\frac{r}{c}\right)-\frac{1}{cr}g'\left(t-\frac{r}{c}\right),$$

$$\frac{\partial^2 v}{\partial r^2}=\frac{2}{r^3}g\left(t-\frac{r}{c}\right)+\frac{2}{cr^2}g'\left(t-\frac{r}{c}\right)+\frac{1}{c^2 r}g''\left(t-\frac{r}{c}\right),$$

$$\frac{\partial v}{\partial t}=\frac{1}{r}g'\left(t-\frac{r}{c}\right),\quad \frac{\partial^2 v}{\partial t^2}=\frac{1}{r}g''\left(t-\frac{r}{c}\right),$$

故有

$$\frac{\partial^2 v}{\partial r^2}+\frac{\partial v}{\partial r}\frac{2}{r}=\frac{1}{c^2 r}g''\left(t-\frac{r}{c}\right)=\frac{1}{c^2}\frac{\partial^2 v}{\partial t^2}.$$

即

$$\frac{\partial^2 v}{\partial x^2}+\frac{\partial^2 v}{\partial y^2}+\frac{\partial^2 v}{\partial z^2}=\frac{1}{c^2}\frac{\partial^2 v}{\partial t^2}.$$

例 6 假设在计算中出现的导数都连续. 设 $u=\frac{x+y}{2},v=\frac{x-y}{2},w=ze^y$，变换方程

$$\frac{\partial^2 z}{\partial x^2}+\frac{\partial^2 z}{\partial x\partial y}+\frac{\partial z}{\partial x}=z.$$

解 这里既有自变量的变换 $u=\frac{x+y}{2},v=\frac{x-y}{2}$，也有函数的变换 $w=ze^y$. 自变量由原来的 x,y 变换为 u,v，函数由原来的 z 变换为 w. 为了把原来的函数 $z(x,y)$ 变换为函数 $w=w(u,v)$，可以把原来的函数 $z(x,y)$ 视为如下的复合

$$z=we^{-y},\quad w=w(u,v),\quad u=\frac{x+y}{2},\quad v=\frac{x-y}{2}.$$

则

$$\frac{\partial z}{\partial x}=e^{-y}\left(\frac{\partial w}{\partial u}\frac{\partial u}{\partial x}+\frac{\partial w}{\partial v}\frac{\partial v}{\partial x}\right)=\frac{1}{2}e^{-y}\left(\frac{\partial w}{\partial u}+\frac{\partial w}{\partial v}\right),$$

$$\frac{\partial^2 z}{\partial x^2}=\frac{1}{2}e^{-y}\left(\frac{\partial^2 w}{\partial u^2}\frac{\partial u}{\partial x}+\frac{\partial^2 w}{\partial u\partial v}\left(\frac{\partial u}{\partial x}+\frac{\partial v}{\partial x}\right)+\frac{\partial^2 w}{\partial v^2}\frac{\partial v}{\partial x}\right)=\frac{1}{4}e^{-y}\left(\frac{\partial^2 w}{\partial u^2}+2\frac{\partial^2 w}{\partial u\partial v}+\frac{\partial^2 w}{\partial v^2}\right),$$

$$\frac{\partial^2 z}{\partial x\partial y}=\frac{1}{2}e^{-y}\left(\frac{\partial^2 w}{\partial u^2}\frac{\partial u}{\partial y}+\frac{\partial^2 w}{\partial u\partial v}\left(\frac{\partial u}{\partial y}+\frac{\partial v}{\partial y}\right)+\frac{\partial^2 w}{\partial v^2}\frac{\partial v}{\partial y}\right)-\frac{1}{2}e^{-y}\left(\frac{\partial w}{\partial u}+\frac{\partial w}{\partial v}\right)$$

$$=\frac{1}{4}e^{-y}\left(\frac{\partial^2 w}{\partial u^2}-\frac{\partial^2 w}{\partial v^2}\right)-\frac{1}{2}e^{-y}\left(\frac{\partial w}{\partial u}+\frac{\partial w}{\partial v}\right),$$

代入题中方程

$$\frac{\partial^2 z}{\partial x^2}+\frac{\partial^2 z}{\partial x\partial y}+\frac{\partial z}{\partial x}=\frac{1}{2}e^{-y}\left(\frac{\partial^2 w}{\partial u^2}+\frac{\partial^2 w}{\partial u\partial v}\right)=z,$$

则将其变换为 $\frac{\partial^2 w}{\partial u^2}+\frac{\partial^2 w}{\partial u\partial v}=2w$.

例 7 （浙江大学） 设 $u(x,y)$ 是 $\mathbf{R}^2\setminus\{(0,0)\}$ 上 $\mathbf{C}^2$ 径向函数，即存在一元函数 $f(r)$ 使得 $u(x,y)=f(r),r=\sqrt{x^2+y^2}$. 若 $\frac{\partial^2 u}{\partial x^2}+\frac{\partial^2 u}{\partial y^2}=0$，求 f 满足的方程及函数 $u(x,y)$.

解 因 $\frac{\partial u}{\partial x}=f'(r)\frac{x}{\sqrt{x^2+y^2}},\frac{\partial u}{\partial y}=f'(r)\frac{y}{\sqrt{x^2+y^2}}$，所以

$$\frac{\partial^2 u}{\partial x^2}=f''(r)\frac{x^2}{x^2+y^2}+f'(r)\frac{y^2}{(x^2+y^2)^{\frac{3}{2}}},$$

$$\frac{\partial^2 u}{\partial y^2}=f''(r)\frac{y^2}{x^2+y^2}+f'(r)\frac{x^2}{(x^2+y^2)^{\frac{3}{2}}}.$$

由 $\frac{\partial^2 u}{\partial x^2}+\frac{\partial^2 u}{\partial y^2}=0$,易得 $f''(r)+f'(r)\frac{1}{r}=0$. 变形得到 $\frac{f''(r)}{f'(r)}=-\frac{1}{r}$,所以 $\ln f'(r)=\ln\frac{1}{r}+C$. 解之得 $f(r)=C_1\ln r+C_2$,这里 C,C_1,C_2 均为常数. 所以 $u(x,y)=C_1\ln(\sqrt{x^2+y^2})+C_2$.

例 8　(西安电子科技大学)　设 $f(u,v)$ 具有二阶连续偏导数,且满足

$$\frac{\partial^2 f}{\partial u^2}+\frac{\partial^2 f}{\partial v^2}=1,\ g(x,y)=f\Big(xy,\frac{1}{2}(x^2-y^2)\Big),$$

求 $\frac{\partial^2 g}{\partial x^2}+\frac{\partial^2 g}{\partial y^2}$.

解　设 $u=xy,v=\frac{1}{2}(x^2-y^2)$,则 $g(x,y)$ 由 $f(u,v)$ 与 $u=xy,v=\frac{1}{2}(x^2-y^2)$ 复合而得. 因此

$$\frac{\partial g}{\partial x}=y\frac{\partial f}{\partial u}+x\frac{\partial f}{\partial v},\quad \frac{\partial g}{\partial y}=x\frac{\partial f}{\partial u}-y\frac{\partial f}{\partial v}.$$

故

$$\frac{\partial^2 g}{\partial x^2}=y^2\frac{\partial^2 f}{\partial u^2}+2xy\frac{\partial^2 f}{\partial u\partial v}+x^2\frac{\partial^2 f}{\partial v^2}+\frac{\partial f}{\partial v},$$

$$\frac{\partial^2 g}{\partial y^2}=x^2\frac{\partial^2 f}{\partial u^2}-2xy\frac{\partial^2 f}{\partial u\partial v}+y^2\frac{\partial^2 f}{\partial v^2}-\frac{\partial f}{\partial v},$$

所以

$$\frac{\partial^2 g}{\partial x^2}+\frac{\partial^2 g}{\partial y^2}=(x^2+y^2)\frac{\partial^2 f}{\partial u^2}+(x^2+y^2)\frac{\partial^2 f}{\partial v^2}=x^2+y^2.$$

例 9　设函数 $u(x,y)$ 具有二阶连续偏导数,满足 $a^2 u_{xx}+b^2 u_{yy}=0,u(ax,bx)=ax,u_x(ax,bx)=bx^2$,其中 $a,b\neq 0$.
求 $u_{xx}(ax,bx),u_{xy}(ax,by),u_{yy}(ax,bx)$.

解　对等式 $u(ax,bx)=ax$ 两边连续求导,得

$$au_x(ax,bx)+bu_x(ax,bx)=a,$$

$$a^2 u_{xx}(ax,bx)+2abu_{xy}(ax,bx)+b^2 u_{yy}(ax,bx)=0.$$

由于 $a^2 u_{xx}+b^2 u_{yy}=0$,可得 $u_{xy}(ax,bx)=0$.

对等式 $u_x(ax,bx)=bx^2$ 两边连续求导,得 $au_{xx}(ax,bx)+bu_{xy}(ax,bx)=2bx$. 从而有 $u_{xx}(ax,bx)=\frac{2b}{a}x$. 再由 $a^2 u_{xx}+b^2 u_{yy}=0$, 得 $u_{yy}(ax,bx)=-\frac{2a}{b}x$.

例 10　求 $u=x+y+z$ 在沿球面 $x^2+y^2+z^2=1$ 上点的外法向的法向导数,并问在球面上何点该方向导数取:(1)最大值;(2)最小值;(3)等于 0.

解　球面 $x^2+y^2+z^2=1$ 上点的外法向方向为 (x,y,z),函数 $u=x+y+z$ 的梯度为 $\mathbf{grad}\,u=(1,1,1)$,因此所求方向导数是

$$\frac{\partial u}{\partial n}=\mathbf{grad}\,u\cdot(x,y,z)=x+y+z.$$

设向量 $\mathbf{grad}\,u=(1,1,1)$ 与 (x,y,z) 之间的夹角是 θ,又有

$$\frac{\partial u}{\partial n}=\mathbf{grad}\,u\cdot(x,y,z)=|\mathbf{grad}\,u|\cdot\cos\theta=\sqrt{3}\cos\theta.$$

于是易知:(1)当 $x=y=z>0$ 时,方向导数取最大值 $\sqrt{3}$,此时 $x=y=z=\frac{\sqrt{3}}{3}$.

（2）当 $x=y=z<0$ 时，方向导数取最小值 $-\sqrt{3}$，此时 $x=y=z=-\dfrac{\sqrt{3}}{3}$.

（3）当 $x+y+z=0$ 时，方向导数等于 0.

例 11 证明：若 $f_x(x,y)$，$f_y(x,y)$ 在矩形域 D 有界，则函数 $f(x,y)$ 在 D 一致连续.

证明 由于 $f_x(x,y)$，$f_y(x,y)$ 在矩形域 D 有界，则 $\exists M>0$，使得对任意 $(x,y)\in D$，都有 $|f_x(x,y)|\leqslant M$，$|f_y(x,y)|\leqslant M$. 对任意 (x_1,y_1)，$(x_2,y_2)\in D$，且 $(x_2,y_1)\in D$，有不等式

$$|f(x_1,y_1)-f(x_2,y_2)|\leqslant |f(x_1,y_1)-f(x_2,y_1)|+|f(x_2,y_1)-f(x_2,y_2)|$$
$$=|f_x(\xi,y_1)||x_1-x_2|+|f_y(x_2,\eta)||y_1-y_2|$$
$$=M(|x_1-x_2|+|y_1-y_2|)$$

成立，其中 ξ 在 x_1 与 x_2 之间，η 在 y_1 与 y_2 之间. 于是，对任意 $\varepsilon>0$，存在 $\delta=\dfrac{\varepsilon}{2M}>0$，只要 (x_1,y_1)，$(x_2,y_2)\in D$，且 $|x_1-x_2|<\delta$，$|y_1-y_2|<\delta$，就有

$$|f(x_1,y_1)-f(x_2,y_2)|\leqslant M(|x_1-x_2|+|y_1-y_2|)<\varepsilon.$$

即函数 $f(x,y)$ 在 D 一致连续.

例 12 设 $f_x(x,y)$，$f_y(x,y)$ 在点 (x_0,y_0) 的某邻域存在，且 $f_x(x,y)$ 在点 (x_0,y_0) 可微，则有 $f_{xy}(x_0,y_0)=f_{yx}(x_0,y_0)$.

证明 设 $F(h)=\dfrac{1}{h^2}(f(x_0+h,y_0+h)-f(x_0+h,y_0)-f(x_0,y_0+h)+f(x_0,y_0))$，

令 $\varphi(x)=f(x,y_0+h)-f(x,y_0)$，利用微分中值定理，以及 $f_x(x,y)$ 在点 (x_0,y_0) 可微，有

$$f(x_0+h,y_0+h)-f(x_0+h,y_0)-f(x_0,y_0+h)+f(x_0,y_0)$$
$$=(f(x_0+h,y_0+h)-f(x_0+h,y_0))-(f(x_0,y_0+h)-f(x_0,y_0))$$
$$=\varphi(x_0+h)-\varphi(x_0)=\varphi'(x_0+\theta h)h$$
$$=(f_x(x_0+\theta h,y_0+h)-f_x(x_0+\theta h,y_0))h$$
$$=(f_x(x_0+\theta h,y_0+h)-f_x(x_0,y_0))h-(f_x(x_0+\theta h,y_0)-f_x(x_0,y_0))h$$
$$=(f_{xx}(x_0,y_0)\theta h+f_{xy}(x_0,y_0)h+o(h\sqrt{1+\theta^2}))h-(f_{xx}(x_0,y_0)\theta h+o(\theta h))h$$
$$=f_{xy}(x_0,y_0)h^2+o(h\sqrt{1+\theta^2})h+o(\theta h)h,$$

其中 $\theta\in(0,1)$. 从而有

$$\lim_{h\to0}F(h)=\lim_{h\to0}\left(f_{xy}(x_0,y_0)+\frac{o(h\sqrt{1+\theta^2})}{h}+\frac{o(\theta h)}{h}\right)=f_{xy}(x_0,y_0).$$

同法，令 $\psi(x)=f(x_0+h,y)-f(x_0,y)$，又可证得 $\lim\limits_{h\to0}F(h)=f_{yx}(x_0,y_0)$. 于是证得

$$f_{xy}(x_0,y_0)=f_{yx}(x_0,y_0).$$

例 13 证明：曲面 $xyz=a^3(a>0)$ 上任意点 (x_0,y_0,z_0) 的切平面与三个坐标面围成的四面体的体积是常数.

证明 将曲面方程改写为 $z=\dfrac{a^3}{xy}$，$z_0=\dfrac{a^3}{x_0y_0}$. 求偏导数得

$$\frac{\partial z}{\partial x}=-\frac{a^3}{x^2y}, \quad \frac{\partial z}{\partial y}=-\frac{a^3}{xy^2};$$
$$\left.\frac{\partial z}{\partial x}\right|_{(x_0,y_0)}=-\frac{a^3}{x_0^2y_0}, \quad \left.\frac{\partial z}{\partial y}\right|_{(x_0,y_0)}=-\frac{a^3}{x_0y_0^2}.$$

从而，曲面上任意点 (x_0,y_0,z_0) 的切平面方程是

$$-\frac{a^3}{x_0^2y_0}(x-x_0)-\frac{a^3}{x_0y_0^2}(y-y_0)-(z-z_0)=0,$$

或

$$y_0z_0(x-x_0)+z_0x_0(y-y_0)+x_0y_0(z-z_0)=0.$$

切平面与三个坐标面的截距分别为 $3x_0, 3y_0, 3z_0$. 于是,四面体的体积是

$$V = \frac{1}{3} \left(\frac{1}{2} \cdot 3x_0 \cdot 3y_0 \right) \cdot 3z_0 = \frac{9}{2} x_0 y_0 z_0 = \frac{9}{2} a^3.$$

即曲面上任意点 (x_0, y_0, z_0) 的切平面与三个坐标面围成的四面体的体积是常数.

例 14 求函数 $u = (ax^2 + by^2) \mathrm{e}^{-(x^2+y^2)}, 0 < a < b$ 的极值.

解 令

$$\begin{cases} \dfrac{\partial u}{\partial x} = 2x(a - (ax^2 + by^2)) \mathrm{e}^{-(x^2+y^2)} = 0, \\ \dfrac{\partial u}{\partial y} = 2y(b - (ax^2 + by^2)) \mathrm{e}^{-(x^2+y^2)} = 0. \end{cases}$$

解得五个稳定点:$(0,0), (0, \pm 1), (\pm 1, 0)$.

$$\frac{\partial^2 u}{\partial x^2} = (2a - 10ax^2 + 4ax^4 - 2by^2 + 4bx^2 y^2) \mathrm{e}^{-(x^2+y^2)},$$

$$\frac{\partial^2 u}{\partial y^2} = (2b - 10by^2 + 4by^4 - 2ax^2 + 4ax^2 y^2) \mathrm{e}^{-(x^2+y^2)}.$$

$$\frac{\partial^2 u}{\partial x \partial y} = (-4bxy - 4axy + 4ax^3 y + 4bxy^3) \mathrm{e}^{-(x^2+y^2)},$$

$$\Delta(x,y) = \frac{\partial^2 u}{\partial x^2} \frac{\partial^2 u}{\partial y^2} - \left(\frac{\partial^2 u}{\partial x \partial y} \right)^2.$$

$$\Delta(0,0) = 4ab > 0, \quad A = \frac{\partial^2 u}{\partial x^2} \bigg|_{(0,0)} = 2a > 0.$$

于是 $(0,0)$ 是 u 的极小值点,极小值是 $u(0,0) = 0$. 又因为

$$\Delta(0, \pm 1) = -2(a - b)(-4b) \mathrm{e}^{-2} > 0,$$

$$A = \frac{\partial^2 u}{\partial x^2} \bigg|_{(0, \pm 1)} = 2(a - b) \mathrm{e}^{-1} < 0.$$

则 $(0, \pm 1)$ 是 u 的极大值点,极大值是 $u(0, \pm 1) = \dfrac{b}{\mathrm{e}}$. 由于 $\Delta(\pm 1, 0) = 4a \cdot (b - a) \mathrm{e}^{-2} < 0$,所以 $(\pm 1, 0)$ 不是 u 的极值点.

例 15 试求 $u = x^3 + y^3 - 3xy$ 在矩形域 $R[0 \leqslant x \leqslant 2; -1 \leqslant x \leqslant 2]$ 上的最大、最小值.

解 (1)先在矩形 $R[0 < x < 2; -1 < x < 2]$ 求可疑极值点. 令

$$\begin{cases} \dfrac{\partial u}{\partial x} = 3(x^2 - y) = 0, \\ \dfrac{\partial u}{\partial y} = 3(y^2 - x) = 0. \end{cases}$$

解得稳定点:$(0,0), (1,1)$. 其函数值分别为:$u(0,0) = 0, u(1,1) = -1$.

(2)在矩形 $R[0 < x < 2; -1 < x < 2]$ 的边界线上. 在直线段 $L_1: y = 2, 0 < x < 2$ 上,$u = u(x, 2) = x^3 - 6x + 8, 0 < x < 2$. 令 $u'_x = 3x^2 - 6 = 0$,解得稳定点 $(\sqrt{2}, 2)$,其函数值为:$u(\sqrt{2}, 2) = 8 - 4\sqrt{2}$. 同法可求得在直线段 $L_2: y = -1, 0 < x < 2$ 上没有稳定点;在直线段 $L_3: x = 2, -1 < y < 2$ 上稳定点为 $(2, \sqrt{2})$,其函数值为:$u(2, \sqrt{2}) = 8 - 4\sqrt{2}$;在直线段 $L_4: x = 0, -1 < y < 2$ 上稳定点为 $(0,0)$,其函数值为:$u(0,0) = 0$.

(3)在四个顶点上,$u(2, -1) = 13; u(2, 2) = 4; u(0, 2) = 8; u(0, -1) = -1$. 比较上述所有点的函数值,得到函数的最大值为 $u(2, -1) = 13$,最小值为 $u(0, -1) = -1$.

例 16 求证锐角三角形内一点到三顶点连线成等角时,该点到三顶点距离之和为最小.

证明 设三角形的三顶点坐标为 $O(0,0), A(a, 0), B(b, c)$,则三角形内一点 $M(x, y)$ 到三顶点

距离之和为

$$f(x,y)=\sqrt{x^2+y^2}+\sqrt{(x-a)^2+y^2}+\sqrt{(x-b)^2+(y-c)^2}.$$

设向量 OM,AM,BM 与 x 轴正向的夹角分别为 $\theta_1,\theta_2,\theta_3$. 则

$$\frac{\partial f}{\partial x}=\frac{x}{\sqrt{x^2+y^2}}+\frac{x-a}{\sqrt{(x-a)^2+y^2}}+\frac{x-b}{\sqrt{(x-b)^2+(y-c)^2}}=\cos\theta_1+\cos\theta_2+\cos\theta_3,$$

$$\frac{\partial f}{\partial y}=\frac{y}{\sqrt{x^2+y^2}}+\frac{y}{\sqrt{(x-a)^2+y^2}}+\frac{y-c}{\sqrt{(x-b)^2+(y-c)^2}}=\sin\theta_1+\sin\theta_2+\sin\theta_3.$$

令 $\begin{cases}\dfrac{\partial f}{\partial x}=0\\[4pt]\dfrac{\partial f}{\partial y}=0\end{cases}$，可得 $\begin{cases}\cos\theta_1+\cos\theta_2=-\cos\theta_3\\ \sin\theta_1+\sin\theta_2=-\sin\theta_3\end{cases}$，两式平方求和,可解出 $\cos(\theta_2-\theta_1)=-\dfrac{1}{2}$，故有 $\theta_2-\theta_1=\dfrac{2\pi}{3}$，或 $\theta_2-\theta_1=\dfrac{4\pi}{3}$.

同理有 $\theta_3-\theta_2=\dfrac{2\pi}{3}$，或 $\theta_3-\theta_2=\dfrac{4\pi}{3}$.

结合实际意义,当 $\theta_2-\theta_1=\theta_3-\theta_2=\dfrac{2\pi}{3}$ 时,函数 $f(x,y)$ 取到最小值. 即三角形内一点到三顶点连线成等角时,该点到三顶点距离之和为最小.

例 17 若 M_0 是函数 $f(x,y)$ 的极小值点,且 $f_{xx}(M_0),f_{yy}(M_0)$ 存在,试证在 M_0 点,$(f_{xx}+f_{yy})|_{M_0}\geq0$.

证明 因为 $M_0(x_0,y_0)$ 是函数 $f(x,y)$ 的极小值点,则有 $f_x|_{M_0}=0,f_y|_{M_0}=0$. 由二元函数的泰勒公式得

$$f(x_0+h,y_0+k)-f(x_0,y_0)=f_x(x_0,y_0)h+f_y(x_0,y_0)k+$$
$$\frac{1}{2}(f_{xx}(x_0,y_0)h^2+2f_{xy}(x_0,y_0)hk+f_{yy}(x_0,y_0)k^2)+o(\rho^2)$$
$$=\frac{1}{2}(f_{xx}(x_0,y_0)h^2+2f_{xy}(x_0,y_0)hk+f_{yy}(x_0,y_0)k^2)+o(\rho^2)\geq0,$$

其中 $\rho=\sqrt{h^2+k^2}$.

在上式中分别令 $h=0,k=0$,并取 $h=k$,得到

$$f(x_0+h,y_0)-f(x_0,y_0)=\frac{1}{2}f_{xx}(x_0,y_0)h^2+o(h^2)\geq0$$

$$f(x_0,y_0+h)-f(x_0,y_0)=\frac{1}{2}f_{yy}(x_0,y_0)h^2+o(h^2)\geq0$$

两式相加得 $f_{xx}(x_0,y_0)+f_{yy}(x_0,y_0)+o(1)\geq0$,再令 $h\to0$,有 $f_{xx}(x_0,y_0)+f_{yy}(x_0,y_0)\geq0$.

例 18 设 $f(x,y)$ 在 $x,y\geq0$ 上连续,在 $x,y>0$ 内可微,存在唯一一点 (x_0,y_0),使得

$$x_0,y_0>0,\quad f'_x(x_0,y_0)=f'_y(x_0,y_0)=0.$$

设 $f(x_0,y_0)>0,f(x,0)=f(0,y)=0,(x,y\geq0),\lim\limits_{x^2+y^2\to\infty}f(x,y)=0$,证明 $f(x_0,y_0)$ 是 $f(x,y)$ 在 $x,y\geq0$ 上的最大值.

证明 (反证法) 假设 $f(x_0,y_0)$ 不是 $f(x,y)$ 在 $x,y\geq0$ 上的最大值. 由于 $\lim\limits_{x^2+y^2\to\infty}f(x,y)=0$,存在 $r>0$,当 $x^2+y^2\geq r,x\geq0,y\geq0$ 时,$f(x,y)<f(x_0,y_0)$.

考察闭区域 $D=\{(x,y);x\geq0,y\geq0,x^2+y^2\leq r\}$,显然 $(x_0,y_0)\in\text{int }D$. 已知 $f(x,y)$ 在 D 上连续,从而 $f(x,y)$ 在 D 上取得最大值,设为 $f(x_1,y_1)$,因而必有 $f'_x(x_1,y_1)=f'_y(x_1,y_1)=0$.

显然在 ∂D 上,总有 $f(x,y)<f(x_0,y_0)$. 当 $x^2+y^2\geq r,x\geq0,y\geq0$ 时,有 $f(x,y)<f(x_0,y_0)\leq$

$f(x_1,y_1)$,因此 $f(x_1,y_1)$ 是 $f(x,y)$ 在 $x,y \geqslant 0$ 上的最大值. 由假设可知 $(x_1,y_1) \neq (x_0,y_0)$. 这与已知条件矛盾,即证得结论.

四、练习题

1.(南京师范大学)　设 $f(x,y)=\begin{cases} \dfrac{xy}{\sqrt{x^2+y^2}} & (x,y) \neq (0,0) \\ 0 & (x,y)=(0,0) \end{cases}$,问:(1)$f(x,y)$ 在点 $(0,0)$ 是否连续?(2)$f(x,y)$ 在点 $(0,0)$ 是否可微?请证明你的结论.

2.(中国科技大学)　设二元函数 $f(x,y)$ 在 $R^2 \setminus \{(0,0)\}$ 上可微,在 $(0,0)$ 连续,且

$$\lim_{(x,y)\to(0,0)} \frac{\partial f}{\partial x}(x,y) = \lim_{(x,y)\to(0,0)} \frac{\partial f}{\partial y}(x,y) = 0,$$

求证 $f(x,y)$ 在原点可微.

3. 设 $f(x,y)=\varphi(|xy|)$,其中 $\varphi(0)=0$,且 $\varphi(u)$ 在 $u=0$ 的某个邻域中满足 $|\varphi(u)| \leqslant |u|^{\alpha}$ $\left(\alpha > \dfrac{1}{2}\right)$. 证明 $f(x,y)$ 在 $(0,0)$ 处可微,但函数 $g(x,y)=\sqrt{|xy|}$ 在 $(0,0)$ 处不可微.

4. 证明 $f(x,y)=\cos xy$ 在 $\mathbf{R}^2$ 上非一致连续.

5. 设 $\varphi(t)$ 和 $\psi(t)$ 为二次可微函数,$u(x,y)=x\varphi(x+y)+y\psi(x+y)$,证明:

$$\frac{\partial^2 u}{\partial x^2} - 2\frac{\partial^2 u}{\partial x \partial y} + \frac{\partial^2 u}{\partial y^2} = 0.$$

6.(华中科技大学)　设 $f(x,y)$ 有处处连续的二阶偏导数,$f'_x(0,0)=f'_y(0,0)=f(0,0)=0$. 证明

$$f(x,y) = \int_0^1 (1-t)(x^2 f_{11}(tx,ty) + 2xy f_{12}(tx,ty) + y^2 f_{22}(tx,ty)) \mathrm{d}t.$$

7. 设 $f(x,y)$ 具有连续偏导数,满足 $f(0,1)=f(1,0)$,证明:必定存在一点 (x,y),$x>0$,$y>0$,$x^2+y^2=1$,满足方程:$yf_x(x,y)=xf_y(x,y)$.

8.(北京科技大学)　考察二元函数

$$f(x,y)=\begin{cases} xy\sin\dfrac{1}{x^2+y^2} & x^2+y^2 \neq 0, \\ 0 & x^2+y^2=0, \end{cases}$$

在原点处的可微性.

9.(西安电子科技大学)　求 a,b,使得椭圆 $\dfrac{x^2}{a^2}+\dfrac{y^2}{b^2}=1$ 包含圆 $(x-1)^2+y^2=1$,且面积最小.

10.(中国地质大学)　设函数 $u=\dfrac{y}{x}$,$v=y$,证明等式

$$x^2 \frac{\partial^2 f}{\partial x^2} + 2xy \frac{\partial^2 f}{\partial x \partial y} + y^2 \frac{\partial^2 f}{\partial y^2} = 0$$

可化为

$$\frac{\partial^2 f}{\partial v^2} = 0.$$

11.(重庆大学)　设 $f(x,y)$ 在 $U(P_0)$ 存在 f_x,f_y,且 f_x 在 P_0 点连续,则 $f(x,y)$ 在 P_0 点可微.

12. 设 $f(x,y)$ 在 $C:(x-a)^2+(y-b)^2=r^2$ 上连续,则 $f(x,y)$ 在 C 上取最大值 M 和最小值 m,且 $f(x,y)$ 能取得 $[m,M]$ 上的一切值.

13. 设$(a)\dfrac{\partial^2 w}{\partial x^2}+\dfrac{\partial^2 w}{\partial y^2}=0$；$(b)u=x^2-y^2,v=2xy.$ 试用关系(b)将(a)变成关于u,v的方程.

6.3 多元函数的极值和最值

📝思维导图

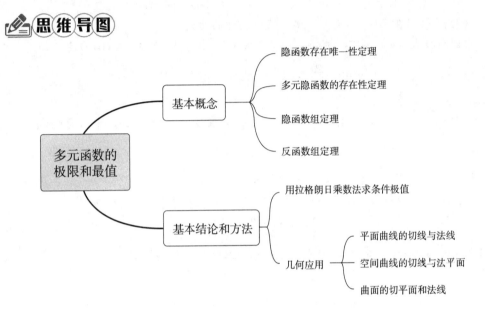

一、基本概念

（一）隐函数定理

1. 隐函数存在唯一性定理

若满足下列条件：

(1)函数$F(x,y)$在以$P_0(x_0,y_0)$为内点的某一区域$D\subset R^2$上连续；

(2)$F(x_0,y_0)=0$(通常称这一条件为初始条件)；

(3)在D内存在连续的偏导数$F_x(x,y),F_y(x,y)$；

(4)$F_y(x_0,y_0)=0$,则在点P_0的某邻域$U(P_0)\subset D$内,方程$F(x,y)=0$唯一地确定一个定义在某区间$(x_0-\alpha,x_0+\alpha)$内的隐函数$y=f(x)$,使得

①$f(x_0)=y_0$,当$x\in(x_0\alpha,x_0+\alpha)$时,$(x,f(x))\in U(P_0)$且$F(x,f(x))\equiv0$.

②函数$f(x)$在区间$(x_0-\alpha,x_0+\alpha)$内连续.

③隐函数$y=f(x)$在区间$(x_0-\alpha,x_0+\alpha)$内可导,且$f'(x)=-\dfrac{F_x(x,y)}{F_y(x,y)}.$

素养教育:有显函数也有隐函数,两者既矛盾又统一,隐函数的存在性定理的条件实际是对显函数的限制.引导学生体会二者的对立统一性.

2. 多元隐函数的存在性定理

若①函数$F(x_1,x_2,\cdots,x_n,y)$在以$P_0(x_1^0,x_2^0,\cdots,x_n^0,y^0)$为内点的某一区域$D\subset R^{n+1}$上连续；②$F(x_1^0,x_2^0,\cdots,x_n^0,y^0)=0$；③偏导数$F_{x_1}F_{x_2},\cdots,F_{x_n},F_y$在$D$内存在且连续；④$F_y(x_1^0,x_2^0,\cdots,x_n^0,y^0)\neq0$. 则在点$P_0$的某邻域$U(P_0)\subset D$内,方程$F(x_1,x_2,\cdots,x_n,y)=0$唯一地确定一个定义在$Q_0(x_1^0,x_2^0,\cdots,$

$x_n^0)$的某邻域 $U(Q_0) \subset R^n$ 内的 n 元连续函数(隐函数)$y = f(x_1, x_2, \cdots, x_n)$,使得

　　a. 当 $(x_1, x_2, \cdots, x_n) \in U(Q_0)$ 时,$(x_1, x_2, \cdots, x_n, f(x_1, x_2, \cdots, x_n)) \in U(P_0)$,且

$$F(x_1, x_2, \cdots, x_n, f(x_1, x_2, \cdots, x_n)) \equiv 0, \qquad y^0 = f(x_1^0, x_2^0, \cdots, x_n^0).$$

　　b. $y = f(x_1, x_2, \cdots, x_n)$ 在 $U(Q_0)$ 内有连续偏导数,且

$$f_{x_1} = -\frac{F_{x_1}}{F_y}, \quad f_{x_2} = -\frac{F_{x_2}}{F_y}, \quad \cdots, \quad f_{x_n} = -\frac{F_{x_n}}{F_y}.$$

　　素养教育:先从 $n=1$ 讲起,再讲 $n=2$,让学生思考 $n=3$ 的情形,最后进行推广,归纳出 n 的情形,遵循从简单到复杂的认知规律,引导学生理解复杂的数学定理背后所隐含的简单思想,熟悉数学符号的规则,进行规范化学习.

　　(二)隐函数组存在定理、隐函数组求导法、反函数组求导

　　1. 隐函数组定理

　　设方程组

$$\begin{cases} F(x, y, u, v) = 0 \\ G(x, y, u, v) = 0 \end{cases} \tag{6-2}$$

　　若①$F(x, y, u, v)$ 与 $G(x, y, u, v)$ 在以点 $P_0(x_0, y_0, u_0, v_0)$ 为内点的区域 $V \subset R^4$ 内连续;②$F(x_0, y_0, u_0, v_0) = 0, G(x_0, y_0, u_0, v_0) = 0$(初始条件);③在 V 内 F, G 具有对各个变量的一阶连续偏导数;④$J = \dfrac{\partial(F, G)}{\partial(u, v)}$ 在点 P_0 不等于零. 则在点 P_0 的某一(四维空间)邻域 $U(P_0) \subset V$ 内,方程组(1)唯一确定了定义在 $Q_0(x_0, y_0)$ 的某一(二维空间)邻域 $U(Q_0)$ 内的两个二元隐函数 $u = f(x, y), v = g(x, y)$,使得

　　a. $u_0 = f(x_0, y_0), v_0 = g(x_0, y_0)$,当 $(x, y) \in U(Q_0)$ 时,$(x, y, f(x, y), g(x, y)) \in U(P_0)$,有 $F(x, y, f(x, y), g(x, y)) \equiv 0. \ G(x, y, f(x, y), g(x, y)) \equiv 0$;

　　b. $f(x, y), g(x, y)$ 在 $U(Q_0)$ 内连续;

　　c. $f(x, y), g(x, y)$ 在 $U(Q_0)$ 内有一阶连续偏导数,且

$$\frac{\partial u}{\partial x} = -\frac{1}{J}\frac{\partial(F, G)}{\partial(x, v)}, \quad \frac{\partial v}{\partial x} = -\frac{1}{J}\frac{\partial(F, G)}{\partial(u, x)},$$

$$\frac{\partial u}{\partial y} = -\frac{1}{J}\frac{\partial(F, G)}{\partial(y, v)}, \quad \frac{\partial v}{\partial y} = -\frac{1}{J}\frac{\partial(F, G)}{\partial(u, y)}.$$

　　2. 反函数组定理

　　设函数组 $\begin{cases} u = f(x, y) \\ v = g(x, y) \end{cases}$ 及其一阶偏导数在某区域 $D \subset R^2$ 上连续,点 $P_0(x_0, y_0)$ 是 D 的内点,且

$$u_0 = u(x_0, y_0), \quad v_0 = v(x_0, y_0), \quad \frac{\partial(u, v)}{\partial(x, y)}\bigg|_{P_0} \neq 0,$$

则在点 $P_0'(u_0, v_0)$ 的某一区域 $U(P_0')$ 内存在唯一的一组反函数组 $x = x(u, v), y = y(u, v)$,使得 $x_0 = x(u_0, v_0), y_0 = y(u_0, v_0)$,且当 $(u, v) \in U(P_0')$ 时,有 $(x(u, v), y(u, v)) \in U(P_0)$ 以及恒等式 $u = f(x(u, v), y(u, v)), v = g(x(u, v), y(u, v))$.

　　此外,反函数组 $x = x(u, v), y - y(u, v)$ 在 $U(P_0')$ 内存在连续的一阶偏导数,且

$$\frac{\partial x}{\partial u} = \frac{\partial v}{\partial y} \bigg/ \frac{\partial(u, v)}{\partial(x, y)}, \quad \frac{\partial x}{\partial v} = -\frac{\partial u}{\partial y} \bigg/ \frac{\partial(u, v)}{\partial(x, y)},$$

$$\frac{\partial y}{\partial u} = -\frac{\partial v}{\partial x} \bigg/ \frac{\partial(u, v)}{\partial(x, y)}, \quad \frac{\partial y}{\partial v} = \frac{\partial u}{\partial x} \bigg/ \frac{\partial(u, v)}{\partial(x, y)}.$$

　　注:互为反函数组的雅可比行列式互为倒数,即 $\dfrac{\partial(u, v)}{\partial(x, y)} \cdot \dfrac{\partial(x, y)}{\partial(u, v)} = 1$.

素养教育：反函数组定理是隐函数组定理的特殊情况和直接应用，训练学生的应用意识，引导学生理解和使用从一般到特殊的学习方法．

二、基本结论和方法

（一）用拉格朗日乘数法求条件极值

用拉格朗日乘数法求解条件极值问题的一般步骤如下：

（1）根据问题意义确定目标函数与条件组．

（2）作拉格朗日函数 $L(x_1,x_2,\cdots,x_n,\lambda_1,\lambda_2,\cdots,\lambda_m)=f+\sum_{k=1}^{m}\lambda_k\varphi_k$，其中 λ_i 的个数即为条件组的个数．

（3）求拉格朗日函数的稳定点，即通过令

$$\frac{\partial L}{\partial x_i}=0,\quad \frac{\partial L}{\partial \lambda_j}=0,\quad (i=1,2,\cdots,n;j=1,2,\cdots,m),$$

求出所有的稳定点，这些稳定点就是可能的极值点．

（4）对每一个可能的条件极值点，据理说明它是否确实为条件极值点．如果已知某实际问题或根据条件确有极值，而该问题的拉格朗日函数又只有一个稳定点，且在定义域的边界上（或逼近边界时）不取得极值，则这个稳定点就是所求的条件极值点．否则，还需要采用无条件极值的充分条件来判定．

素养教育：在学习条件极值时，思政目标：将所学知识用于实际生活中，激发学生学习数学的兴趣，并引导学生节约资源，关注环境保护，为此，首先提出问题，在课堂上带上一罐啤酒，请学生思考易拉罐为什么要这样设计？然后分析问题，如果将易拉罐设计成长方体，在同样容积的情况下，易拉罐的长宽高怎样设计用料最省？若设计成圆柱体，底面半径和高分别为多少时，易拉罐用料最省？最后解决问题，比较两种设计方案的用料，说明市场上常见的易拉罐设计成这样的原因．通过该例来说明通过数学建模可为企业节省大量资源，以此激发学生的学习兴趣和环境保护意识．

（二）几何应用

1．平面曲线的切线与法线

设平面曲线由方程 $F(x,y)=0$ 给出，所以在 P_0 处存在切线和法线，其方程分别为

$$F_x(x_0,y_0)(x-x_0)+F_y(x_0,y_0)(y-y_0)=0,$$
$$F_y(x_0,y_0)(x-x_0)-F_x(x_0,y_0)(y-y_0)=0.$$

2．空间曲线的切线与法平面

（1）参数方程的情形．设空间光滑曲线 l 的参数方程为 $\begin{cases} x=x(t) \\ y=y(t) \\ z=z(t) \end{cases}$ $(a\leqslant t\leqslant b)$，则在点 P 的切向量 $\tau=r'(t)=(x'(t),y'(t),z'(t))$．则曲线 l 在任一点 $P_0(x_0,y_0,z_0)$ 的切线方程为

$$\frac{x-x_0}{x'(t_0)}=\frac{y-y_0}{y'(t_0)}=\frac{z-z_0}{z'(t_0)}.$$

过点 P_0 可以作无穷多条直线与切线垂直，所有这些直线都在同一平面上，称这个平面为曲线 l 在点 P_0 处的法平面，其方程为

$$x'(t_0)(x-x_0)+y'(t_0)(y-y_0)+z'(t_0)(z-z_0)=0.$$

（2）方程组的情形．设有一个方程组（两个曲面方程的联立）$\begin{cases} F(x,y,z)=0 \\ G(x,y,z)=0 \end{cases}$，又设 F,G 关于 $x,y,$ z 有连续的偏导数，点 $P_0(x_0,y_0,z_0)$ 满足方程组：$F(x_0,y_0,z_0)=0,G(x_0,y_0,z_0)=0$，并且 F,G 的雅

可比矩阵

$$\begin{pmatrix} \dfrac{\partial F}{\partial x} & \dfrac{\partial F}{\partial y} & \dfrac{\partial F}{\partial z} \\[2mm] \dfrac{\partial G}{\partial x} & \dfrac{\partial G}{\partial y} & \dfrac{\partial G}{\partial z} \end{pmatrix}$$

在点 P_0 的秩为 2,曲线在 P_0 的切线方程与法平面方程分别为

$$\dfrac{x-x_0}{\left.\dfrac{\partial(F,G)}{\partial(y,z)}\right|_{P_0}} = \dfrac{y-y_0}{\left.\dfrac{\partial(F,G)}{\partial(z,x)}\right|_{P_0}} = \dfrac{z-z_0}{\left.\dfrac{\partial(F,G)}{\partial(x,y)}\right|_{P_0}},$$

$$\left.\dfrac{\partial(F,G)}{\partial(y,z)}\right|_{P_0}(x-x_0) + \left.\dfrac{\partial(F,G)}{\partial(z,x)}\right|_{P_0}(y-y_0) + \left.\dfrac{\partial(F,G)}{\partial(x,y)}\right|_{P_0}(z-z_0) = 0.$$

素养教育:由方程组确定的空间曲线在某一点的切线方向是对称的,体现了数学的美.通过数学的应用,培养学生的审美观.

3. 曲面的切平面和法线

(1)若光滑曲面 S 的方程是 $F(x,y,z)=0$,$M_0(x_0,y_0,z_0)$ 为曲面上一点,过点 M_0 的切平面方程为

$$\left.\dfrac{\partial F}{\partial x}\right|_{(x_0,y_0)} \cdot (x-x_0) + \left.\dfrac{\partial F}{\partial y}\right|_{(x_0,y_0)} \cdot (y-y_0) + \left.\dfrac{\partial F}{\partial z}\right|_{(x_0,y_0)} \cdot (z-z_0) = 0,$$

与法线方程

$$\dfrac{x-x_0}{\left.\dfrac{\partial F}{\partial x}\right|_{(x_0,y_0)}} = \dfrac{x-y_0}{\left.\dfrac{\partial F}{\partial y}\right|_{(x_0,y_0)}} = \dfrac{z-z_0}{\left.\dfrac{\partial F}{\partial z}\right|_{(x_0,y_0)}}.$$

(2)曲面方程由方程组 $x=x(u,v),y=y(u,v),z=z(u,v)$ 给出,u,v 是参数,并假定雅可比矩阵 $\begin{pmatrix} \dfrac{\partial x}{\partial u} & \dfrac{\partial y}{\partial u} & \dfrac{\partial z}{\partial u} \\[2mm] \dfrac{\partial x}{\partial v} & \dfrac{\partial y}{\partial v} & \dfrac{\partial z}{\partial v} \end{pmatrix}$ 的秩为 2.$M_0(x_0,y_0,z_0)$ 为曲面上一点,过点 M_0 的切平面方程

$$\left.\dfrac{\partial(y,z)}{\partial(u,v)}\right|_{M_0} \cdot (x-x_0) + \left.\dfrac{\partial(z,x)}{\partial(u,v)}\right|_{M_0} \cdot (y-y_0) + \left.\dfrac{\partial(x,y)}{\partial(u,v)}\right|_{M_0} \cdot (z-z_0) = 0.$$

与法线方程

$$\dfrac{x-x_0}{\left.\dfrac{\partial(y,z)}{\partial(u,v)}\right|_{M_0}} = \dfrac{y-y_0}{\left.\dfrac{\partial(z,x)}{\partial(u,v)}\right|_{M_0}} = \dfrac{z-z_0}{\left.\dfrac{\partial(x,y)}{\partial(u,v)}\right|_{M_0}}.$$

素养教育:通过介绍几何应用,培养学生数形结合的思维习惯,体会数学不同课程之间的联系,理解数学分析的基础性、广泛应用性和重要性.

三、例题选讲

例 1 证明:满足方程 $-1+x^2+2y+\cos xy=0$ 的隐函数 $y=y(x)$ 在原点某邻域内存在、唯一,并且 $y(0)=0$;讨论 $y=y(x)$ 在 $x=0$ 邻域内的可导性及两侧的单调性.

解 令 $F(x,y)=-1+x^2+2y+\cos xy$. 因为①$F(x,y)$ 在全平面上连续;②$F(0,0)=0$;③$F_y=2-x\sin xy,F_x=2x-y\sin xy$ 在全平面上连续;④$F_y(0,0)=2\neq0$. 所以 $F(x,y)=0$ 可以确定隐函数 $y=y(x)$,且在原点某邻域内存在、唯一,并且 $y(0)=0$,且 $y'(x)$ 在 $x=0$ 邻域内连续,其导数

$$y'=-\dfrac{F_x(x,y)}{F_y(x,y)}=\dfrac{y\sin xy-2x}{2-x\sin xy}.$$

为了讨论 $y=y(x)$ 在 $x=0$ 两侧的单调性,设 $|x|<1,2-x\sin xy>0$. 令 $g(x)=y\sin xy-2x$,

$g(0)=0$，则

$$g'(x)=y'(x)\sin xy+y(x)\cos xy\cdot(y(x)+xy'(x))-2$$
$$=y'(x)(\sin xy+xy\cos xy)+y^2(x)\cos xy-2.$$

因为 $y'(x)$ 在 $x=0$ 邻域内连续，则 $|x|$ 充分小时，$|y'(x)|$ 有界，所以 $\lim\limits_{x\to 0}g'(x)=-2$.

因此当 $|x|$ 充分小时，$g'(x)<0$，$g(x)$ 单调下降．又因为 $g(0)=0$，所以 $x<0$ 时，$g(x)>0$，$y'(x)>0$，故当 $x<0$ 时，$y(x)$ 单调上升；当 $x>0$ 时，$g(x)<0$，$y'(x)<0$，故当 $x>0$ 时，$y(x)$ 单调下降．

例 2 设 $z=x^2+y^2$，其中 $y(x)$ 是由方程 $x^2-xy+y^2=1$ 所确定的隐函数，求 $\dfrac{\mathrm{d}z}{\mathrm{d}x},\dfrac{\mathrm{d}^2z}{\mathrm{d}x^2}$.

解 方程 $x^2-xy+y^2=1$ 两端对 x 两次求导得

$$2x-y-x\frac{\mathrm{d}y}{\mathrm{d}x}+2y\frac{\mathrm{d}y}{\mathrm{d}x}=0,$$

$$2-\frac{\mathrm{d}y}{\mathrm{d}x}-\frac{\mathrm{d}y}{\mathrm{d}x}-x\frac{\mathrm{d}^2y}{\mathrm{d}x^2}+2\left(\frac{\mathrm{d}y}{\mathrm{d}x}\right)^2+2y\frac{\mathrm{d}^2y}{\mathrm{d}x^2}=0.$$

从而解得

$$\frac{\mathrm{d}y}{\mathrm{d}x}=\frac{2x-y}{x-2y},\quad \frac{\mathrm{d}^2y}{\mathrm{d}x^2}=\frac{6(x^2-xy+y^2)}{(x-2y)^3}.$$

$$\frac{\mathrm{d}z}{\mathrm{d}x}=2x+2y\frac{\mathrm{d}y}{\mathrm{d}x}=\frac{2(x^2-y^2)}{x-2y},$$

$$\frac{\mathrm{d}^2z}{\mathrm{d}x^2}=2+2\left(\frac{\mathrm{d}y}{\mathrm{d}x}\right)^2+2y\frac{\mathrm{d}^2y}{\mathrm{d}x^2}=\frac{2(2x-y)}{x-2y}+\frac{6x}{(x-2y)^3}.$$

例 3 验证方程组 $\begin{cases}u+v=x+y,\\ \dfrac{\sin u}{\sin v}=\dfrac{x}{y},\end{cases}$ 在点 $\left(\dfrac{\pi}{3},\dfrac{\pi}{3},\dfrac{\pi}{3},\dfrac{\pi}{3}\right)$ 的邻域存在隐函数组，并求其偏导数．

证明 设

$$\begin{cases}F(x,y,u,v)=x+y-u-v=0\\ G(x,y,u,v)=\dfrac{x}{y}-\dfrac{\sin u}{\sin v}=0\end{cases},$$

因为 (1) $F(x,y,u,v)$ 与 $G(x,y,u,v)$ 的所有偏导数在点 $\left(\dfrac{\pi}{3},\dfrac{\pi}{3},\dfrac{\pi}{3},\dfrac{\pi}{3}\right)$ 邻域存在，连续；

(2) $F\left(\dfrac{\pi}{3},\dfrac{\pi}{3},\dfrac{\pi}{3},\dfrac{\pi}{3}\right)=0,\quad G\left(\dfrac{\pi}{3},\dfrac{\pi}{3},\dfrac{\pi}{3},\dfrac{\pi}{3}\right)=0;$

(3) $J=\begin{vmatrix}\dfrac{\partial F}{\partial u}&\dfrac{\partial F}{\partial v}\\[2mm]\dfrac{\partial G}{\partial u}&\dfrac{\partial G}{\partial v}\end{vmatrix}_{\left(\frac{\pi}{3},\frac{\pi}{3},\frac{\pi}{3},\frac{\pi}{3}\right)}=\begin{vmatrix}-1&-1\\[2mm]-\dfrac{\cos u}{\sin v}&\dfrac{\sin u\cos v}{\sin^2 v}\end{vmatrix}_{\left(\frac{\pi}{3},\frac{\pi}{3},\frac{\pi}{3},\frac{\pi}{3}\right)}=-\dfrac{2}{\sqrt{3}}\neq 0.$

根据隐函数组存在定理，方程组在点 $\left(\dfrac{\pi}{3},\dfrac{\pi}{3}\right)$ 确定隐函数组 $\begin{cases}u=u(x,y)\\ v=v(x,y)\end{cases}$，并有连续偏导数．

将方程组改写为 $\begin{cases}x+y=u+v\\ y\sin u=x\sin v\end{cases}$，求微分，有

$$\begin{cases}\mathrm{d}x+\mathrm{d}y=\mathrm{d}u+\mathrm{d}v\\ y\cos u\mathrm{d}u+\sin u\mathrm{d}y=x\cos v\mathrm{d}v+\sin v\mathrm{d}x.\end{cases}$$

解得

$$\mathrm{d}u=\frac{(x\cos v+\sin v)\mathrm{d}x-(\sin u-x\cos v)\mathrm{d}y}{x\cos v+y\cos u},$$

$$\mathrm{d}v = \frac{(y\cos u - \sin v)\mathrm{d}x + (\sin u + y\cos u)\mathrm{d}y}{x\cos v + y\cos u}.$$

从而有

$$\frac{\partial u}{\partial x} = \frac{x\cos v + \sin v}{x\cos v + y\cos u}, \quad \frac{\partial u}{\partial y} = \frac{-\sin u + x\cos v}{x\cos v + y\cos u},$$

$$\frac{\partial v}{\partial x} = \frac{y\cos u - \sin v}{x\cos v + y\cos u}, \quad \frac{\partial v}{\partial y} = \frac{\sin u + y\cos u}{x\cos v + y\cos u}.$$

例 4 （华南理工大学） 设 $z = z(x, y)$ 满足方程 $F\left(x + \dfrac{z}{y}, y + \dfrac{z}{x}\right) = 0$, $z(x, y)$, $F(u, v)$ 都可微, 求 $z - xz_x - yz_y$.

解 令 $u = x + \dfrac{z}{y}$, $v = y + \dfrac{z}{x}$, 则

$$F_u \cdot \left(1 + \frac{1}{y}z_x\right) + F_v \cdot \frac{xz_x - z}{x^2} = 0, \qquad z_x = \frac{F_v \cdot \dfrac{z}{x^2} - F_u}{\dfrac{1}{y}F_u + \dfrac{1}{x}F_v}.$$

类似地求得 $z_y = \dfrac{F_u \cdot \dfrac{z}{y^2} - F_v}{\dfrac{1}{y}F_u + \dfrac{1}{x}F_v}$. 所以

$$z - xz_x - yz_y = z + \frac{-F_v \cdot \dfrac{z}{x} + xF_u - F_u \cdot \dfrac{z}{y} + yF_v}{\dfrac{1}{y}F_u + \dfrac{1}{x}F_v} = \frac{xF_u + yF_v}{\dfrac{1}{y}F_u + \dfrac{1}{x}F_v} = xy.$$

例 5 已知方程 $\sin(x+y) + \sin(y+z) = 1$ 确定了隐函数 $z = z(x, y)$, 求 $\dfrac{\partial^2 z}{\partial x \partial y}$.

解 给定方程两端分别对 x 与 y 求偏导数, 有

$$\cos(x+y) + \cos(y+z) \cdot \frac{\partial z}{\partial x} = 0, \quad \cos(x+y) + \cos(y+z) \cdot \left(1 + \frac{\partial z}{\partial y}\right) = 0.$$

从而解得

$$\frac{\partial z}{\partial x} = -\frac{\cos(x+y)}{\cos(y+z)}, \quad 1 + \frac{\partial z}{\partial y} = -\frac{\cos(x+y)}{\cos(y+z)}.$$

再对 $\dfrac{\partial z}{\partial x}$ 关于 y 求偏导数, 有

$$\frac{\partial^2 z}{\partial x \partial y} = -\frac{\cos(y+z)\sin(x+y) - \cos(x+y)\sin(y+z)\left(1 + \dfrac{\partial z}{\partial y}\right)}{\cos^2(y+z)}$$

$$= \frac{\cos^2(y+z)\sin(x+y) + \cos^2(x+y)\sin(y+z)}{\cos^3(y+z)}.$$

例 6 求平面 $x + 2y + 3z = 0$ 与柱面 $\dfrac{x^2}{2^2} + \dfrac{y^2}{3^2} = 1$ 相交所成的椭圆的面积.

解 设椭圆上任意点到椭圆中心 $(0, 0, 0)$ 的距离函数 $d(x, y, z) = \sqrt{x^2 + y^2 + z^2}$. 则 $d(x, y, z)$ 的最小值、最大值分别为椭圆的短半轴和长半轴.

由于 $d(x, y, z)$ 的最小值、最大值与 $d^2(x, y, z)$ 的最小值、最大值相同, 所以利用拉格朗日乘数法, 作函数

$$F(x, y, z) = x^2 + y^2 + z^2 + \lambda\left(\frac{x^2}{2^2} + \frac{y^2}{3^2} - 1\right) + \mu(x + 2y + 3z) \quad (\lambda, \mu \text{ 是参数})$$

解方程组

$$
\begin{cases}
F_x = 2x\left(1 + \dfrac{\lambda}{2^2}\right) + 2\mu = 0 & (1) \\[2mm]
F_x = 2y\left(1 + \dfrac{\lambda}{3^2}\right) + 4\mu = 0 & (2) \\[2mm]
F_z = 2z + 6\mu = 0 & (3) \\[2mm]
x + 2y + 3z = 0 & (4) \\[2mm]
\dfrac{x^2}{2^2} + \dfrac{y^2}{3^2} - 1 = 0 & (5)
\end{cases}
\quad,
$$

方程组中的式(1)$\times x$＋式(2)$\times y$＋式(3)$\times z$,得

$$
x^2 + y^2 + z^2 + \lambda\left(\frac{x^2}{2^2} + \frac{y^2}{3^2}\right) + \mu(x + 2y + 3z) = 0,
$$

整理得 $d^2(x,y,z) = -\lambda$. 由此问题转化为求 λ 满足的微分方程. 从方程组中的式(1)至式(3)、解得

$$
x = \frac{-\mu}{1 + \dfrac{\lambda}{4}}, \quad y = \frac{-2\mu}{1 + \dfrac{\lambda}{9}}, \quad z = -3\mu.
$$

代入方程 $x + 2y + 3z = 0$,整理得 $\lambda^2 + \dfrac{157}{9}\lambda + \dfrac{504}{9} = 0$. 注意到该方程的两个根 λ_1,λ_2 应是 $d^2(x,y,z)$ 的最小值、最大值.

于是,所求椭圆的面积 $S = \pi\sqrt{\lambda_1\lambda_2} = \pi\sqrt{\dfrac{504}{9}} = 2\sqrt{14}\pi$.

例 7　在曲面 $x^2 + y^2 + \dfrac{z^2}{4} = 1$,$(x>0,y>0,z>0)$上求一点,使过该点的切平面在三个坐标轴上的截距的平方和最小.

解　设 $F(x,y,z) = x^2 + y^2 + \dfrac{z^2}{4} - 1$,则 $\dfrac{\partial F}{\partial x} = 2x$,$\dfrac{\partial F}{\partial y} = 2y$,$\dfrac{\partial F}{\partial z} = \dfrac{z}{2}$,故所求切平面方程为:

$2x(X - x) + 2y(Y - y) + \dfrac{z}{2}(Z - z) = 0$. 切平面在三个坐标轴上的截距分别为:

$$
\frac{4x^2 + 4y^2 + z^2}{4x}, \quad \frac{4x^2 + 4y^2 + z^2}{4y}, \quad \frac{4x^2 + 4y^2 + z^2}{z},
$$

$$
d = X^2 + Y^2 + Z^2 = (4x^2 + 4y^2 + z^2)^2\left(\frac{1}{16x^2} + \frac{1}{16y^2} + \frac{1}{z^2}\right) = \frac{1}{x^2} + \frac{1}{y^2} + \frac{16}{z^2}
$$

利用拉格朗日乘数法,作函数 $P(x,y,z) = \dfrac{1}{x^2} + \dfrac{1}{y^2} + \dfrac{16}{z^2} + \lambda\left(x^2 + y^2 + \dfrac{z^2}{4} - 1\right)$. 则解方程组

$$
\begin{cases}
\dfrac{\partial P}{\partial x} = -\dfrac{2}{x^3} + 2x\lambda = 0 \\[3mm]
\dfrac{\partial P}{\partial y} = -\dfrac{2}{y^3} + 2y\lambda = 0 \\[3mm]
\dfrac{\partial P}{\partial z} = -\dfrac{32}{z^3} + \dfrac{1}{2}z\lambda = 0 \\[3mm]
x^2 + y^2 + \dfrac{z^2}{4} = 1
\end{cases}
,
$$

得到 $x = y = \dfrac{1}{2}$,$z = \sqrt{2}$,$\lambda = 16$,于是 $d_{\min} = 16$.

例 8 若 $n \geqslant 1$ 及 $x \geqslant 0$，$y \geqslant 0$，证明不等式 $\dfrac{x^n+y^n}{2} \geqslant \left(\dfrac{x+y}{2}\right)^n$.

证明 考虑函数 $z=\dfrac{x^n+y^n}{2}$ 在条件 $x+y=a$ $(a>0,\ x\geqslant0,\ y\geqslant0)$ 下的极值问题，设 $F(x,y)=$ $\dfrac{1}{2}(x^n+y^n)+\lambda(x+y-a)$. 解方程组

$$\begin{cases} \dfrac{\partial F}{\partial x}=\dfrac{n}{2}x^{n-1}+\lambda=0 \\[2mm] \dfrac{\partial F}{\partial y}=\dfrac{n}{2}y^{n-1}+\lambda=0 \\[2mm] \dfrac{\partial F}{\partial \lambda}=x+y-a=0 \end{cases}$$

可得 $x=y=\dfrac{a}{2}$. 即 $z=\dfrac{x^n+y^n}{2}$ 在点 $\left(\dfrac{a}{2},\dfrac{a}{2}\right)$ 处取得极小值.

从而有 $\dfrac{x^n+y^n}{2} \geqslant \left(\dfrac{a}{2}\right)^n=\left(\dfrac{x+y}{2}\right)^n$. 如果 $x=y=0$ 时，则结论显然成立.

例 9 （华中科技大学） 求 $x>0,\ y>0,z>0$ 时，函数 $f(x,y,z)=\ln x+2\ln y+3\ln z$，在球面 $x^2+y^2+z^2=6r^2$ 上的极大值. 证明不等式 $a>0,b>0,c>0$ 时，有

$$ab^2c^3<108\left(\dfrac{a+b+c}{6}\right)^6.$$

解 利用拉格朗日乘数法，作函数
$$F(x,y,z)=\ln x+2\ln y+3\ln z+\lambda(x^2+y^2+z^2-6r^2).$$
解方程组

$$\begin{cases} F_x=\dfrac{1}{x}+2\lambda x=0 \\[2mm] F_x=\dfrac{2}{y}+2\lambda y=0 \\[2mm] F_z=\dfrac{3}{z}+2\lambda z=0 \\[2mm] x^2+y^2+z^2-6r^2=0 \end{cases},$$

得到 $x=r,y=\sqrt{2}\,r,z=\sqrt{3}\,r$.

函数 $f(x,y,z)$ 在球面 $x^2+y^2+z^2=6r^2$ 位于第一卦限的部分上连续，在边界线上，有 $f(0,y,z)=-\infty,f(x,0,z)=-\infty,f(x,y,0)=-\infty$，故函数 $f(x,y,z)$ 在球面 $x^2+y^2+z^2=6r^2$ 上的极大值只能在唯一稳定点 $(r,\sqrt{2}\,r,\sqrt{3}\,r)$ 取得，所以 $f(x,y,z)$ 的最大值为 $f(r,\sqrt{2}\,r,\sqrt{3}\,r)=\ln(6\sqrt{3}\,r^6)$. 于是有

$$f(x,y,z)=\ln xy^2z^3\leqslant\ln(6\sqrt{3}\,r^6)=\ln\left(6\sqrt{3}\left(\dfrac{x^2+y^2+z^2}{6}\right)^3\right),$$

从而有 $\qquad xy^2z^3\leqslant6\sqrt{3}\left(\dfrac{x^2+y^2+z^2}{6}\right)^3$ 或 $(xy^2z^3)^2\leqslant108\left(\dfrac{x^2+y^2+z^2}{6}\right)^6$.

在上式中，令 $a=x^2,\ b=y^2,c=z^2$ 得
$$ab^2c^3<108\left(\dfrac{a+b+c}{6}\right)^6.$$

例 10 在变力 $\boldsymbol{F}=yz\boldsymbol{i}+zx\boldsymbol{j}+xy\boldsymbol{k}$ 的作用下,一质点由原点沿直线到椭球面 $\dfrac{x^2}{a^2}+\dfrac{y^2}{b^2}+\dfrac{z^2}{c^2}=1$ 上第一卦限的点 $M(\xi,\eta,\zeta)$,问:(1)ξ,η,ζ 取何值时? $\boldsymbol{F}$ 做功 W 最大.(2)求 $W_{\max}$.

解 (1)设线段 OM 的参数方程 $x=\xi t,y=\eta t,z=\zeta t,(0\leqslant t\leqslant1)$,则 $\boldsymbol{F}$ 在 OM 上做功

$$W=\int_{\overline{OM}}\boldsymbol{F}\cdot(\mathrm{d}x\,\boldsymbol{i}+\mathrm{d}y\boldsymbol{j}+\mathrm{d}z\,\boldsymbol{k})=\int_{\overline{OM}}yz\,\mathrm{d}x+zx\,\mathrm{d}y+xy\,\mathrm{d}z$$

$$=\int_0^1 3\xi\eta\zeta t^2\,\mathrm{d}t=\xi\eta\zeta.$$

(2)用拉格朗日乘数法,构造函数 $G(\xi,\eta,\zeta,\lambda)=\xi\eta\zeta+\lambda\left(1-\dfrac{\xi^2}{a^2}-\dfrac{\eta^2}{b^2}-\dfrac{\zeta^2}{c^2}\right)$,则解方程组

$$\begin{cases}\dfrac{\partial G}{\partial\xi}=\eta\zeta-\dfrac{2\lambda}{a^2}\xi=0\\[2mm]\dfrac{\partial G}{\partial\zeta}=\xi\zeta-\dfrac{2\lambda}{b^2}\eta=0\\[2mm]\dfrac{\partial G}{\partial\eta}=\xi\eta-\dfrac{2\lambda}{c^2}\zeta=0\\[2mm]\dfrac{\partial G}{\partial\lambda}=1-\dfrac{\xi^2}{a^2}-\dfrac{\eta^2}{b^2}-\dfrac{\zeta^2}{c^2}=0\end{cases},$$

得 $\xi=\dfrac{\sqrt{3}}{3}a,\eta=\dfrac{\sqrt{3}}{3}b,\zeta=\dfrac{\sqrt{3}}{3}c$.

$$W_{\max}=\left(\dfrac{\sqrt{3}}{3}\right)^3 abc=\dfrac{\sqrt{3}}{9}abc.$$

故原点到 $\left(\dfrac{\sqrt{3}}{3}a,\dfrac{\sqrt{3}}{3}b,\dfrac{\sqrt{3}}{3}c\right)$ 做功最大,最大功为 $\dfrac{\sqrt{3}}{9}abc$.

例 11 证明:在光滑曲面 $F(x,y,z)=0$ 上离原点最近的点处的法线必过原点.

证明 设光滑曲面 $F(x,y,z)=0$ 上离原点 $(0,0,0)$ 的距离函数 $d(x,y,z)=\sqrt{x^2+y^2+z^2}$. 由于 $d(x,y,z)$ 的最小值、最大值与 $d^2(x,y,z)$ 的最小值、最大值相同,所以,利用拉格朗日乘数法,作函数 $G(x,y,z)=x^2+y^2+z^2+\lambda F(x,y,z)$.

设 $M(x_0,y_0,z_0)$ 光滑曲面 $F(x,y,z)=0$ 上离原点最近的点,其坐标应满足方程组

$$\begin{cases}G_x=2x+\lambda F_x=0\\G_y=2y+\lambda F_y=0\\G_z=2z+\lambda F_z=0\\F(x,y,z)=0\end{cases},$$

即有

$$\begin{cases}2x_0+\lambda F_x(x_0,y_0,z_0)=0\\2y_0+\lambda F_y(x_0,y_0,z_0)=0\\2z_0+\lambda F_z(x_0,y_0,z_0)=0\\F(x_0,y_0,z_0)=0\end{cases},$$

因此有 $x_0:y_0:z_0=F_x(x_0,y_0,z_0):F_y(x_0,y_0,z_0):F_z(x_0,y_0,z_0)$,所以,在光滑曲面 $F(x,y,z)=0$ 上离原点最近的点 $M(x_0,y_0,z_0)$ 处的法线方程为

$$\dfrac{x-x_0}{x_0}=\dfrac{y-y_0}{y_0}=\dfrac{z-z_0}{z_0}.$$

显然原点 $(0,0,0)$ 坐标满足此方程,在此法线上. 即证得结论.

例 12　确定 $f(x,y)=x^2-y^2+2xy$ 在圆域 $x^2+y^2\leqslant1$ 上的最大值和最小值.

解　(1)在圆域 $x^2+y^2\leqslant1$ 内,令 $\begin{cases}f_x=2x+2y=0\\f_y=-2y+2x=0\end{cases}$,解得唯一稳定点$(0,0)$,且 $f(0,0)=0$.

(2)在圆域 $x^2+y^2\leqslant1$ 的边界上,考虑 $f(x,y)=x^2-y^2+2xy$ 在约束条件 $x^2+y^2=1$ 下的条件极值.利用拉格朗日乘数法,作函数

$$F(x,y,z)=x^2-y^2+2xy+\lambda(x^2+y^2-1).$$

令

$$\begin{cases}F_x=2x+2y+2\lambda x=0\\F_y=-2y+2x+2\lambda y=0,\\F_\lambda=x^2+y^2-1=0\end{cases}$$

解得 $x_1=\cos\dfrac{\pi}{8}$,$y_1=\sin\dfrac{\pi}{8}$;$x_2=\cos\dfrac{5\pi}{8}$,$y_2=\sin\dfrac{5\pi}{8}$.且 $f(x_1,y_1)=\sqrt{2}$,$f(x_2,y_2)=-\sqrt{2}$.所以 $f(x,y)=x^2-y^2+2xy$ 在圆域 $x^2+y^2\leqslant1$ 上的最大值和最小值分别为$\sqrt{2}$,$-\sqrt{2}$.

例 13　验证曲面 $x^2+y^2+z^2-4y-2z+2=0$,$3x^2+2y^2=2z+1$ 在点$(1,1,2)$直交(二曲面在点$(1,1,2)$的法线垂直).

证明　设 $F_1(x,y,z)=3x^2+2y^2-2z-1$,$F_2(x,y,z)=x^2+y^2+z^2-4y-2z+2$.

则点$(1,1,2)$,有

$$\frac{\partial F_1}{\partial x}=6,\quad \frac{\partial F_1}{\partial y}=4,\quad \frac{\partial F_1}{\partial z}=-2,\quad \frac{\partial F_2}{\partial x}=2,\quad \frac{\partial F_2}{\partial y}=-2,\quad \frac{\partial F_2}{\partial z}=2.$$

即二曲面在点$(1,1,2)$的法向量为 $n_1=(6,4,-2)$,$n_2=(2,-2,2)$,从而有

$$n_1\cdot n_2=(6,4,-2)\cdot(2,-2,2)=6\cdot2+4\cdot(-2)+(-2)\cdot2=0.$$

即二曲面在点$(1,1,2)$直交.

例 14　证明光滑曲面 $F(nx-lz,ny-mz)=0$ 上任意点处的切平面都平行于直线

$$\frac{x}{l}=\frac{y}{m}=\frac{z}{n}.$$

证明　设 $u=nx-lz$,$v=ny-mz$.则 $W=F(nx-lz,ny-mz)$ 可看作由 $W=F(u,v)$ 与 $u=nx-lz$,$v=ny-mz$ 复合而成的,因此有

$$\frac{\partial W}{\partial x}=F_un,\quad \frac{\partial W}{\partial y}=F_vn,\quad \frac{\partial W}{\partial z}=-(F_ul+F_vm).$$

从而,曲面 $F(nx-lz,ny-mz)=0$ 上任意点处的切平面的法向量是

$$l_1=(F_un,F_vn,-(F_ul+F_vm)).$$

而直线 $\dfrac{x}{l}=\dfrac{y}{m}=\dfrac{z}{n}$ 的方向向量是 $l_2=(l,m,n)$.由于

$$l_1\cdot l_2=(l,m,n)\cdot(F_un,F_vn,-(F_ul+F_vm))$$
$$=l\cdot F_un+m\cdot F_vn+n\cdot(-F_ul-F_vm)=0,$$

即光滑曲面 $F(nx-lz,ny-mz)=0$ 上任意点处的切平面都平行于直线 $\dfrac{x}{l}=\dfrac{y}{m}=\dfrac{z}{n}$.

例 15　设 $F(x,y,z)$ 在 $\mathbf{R}^3$ 中有连续的一阶偏导数$\dfrac{\partial F}{\partial x},\dfrac{\partial F}{\partial y},\dfrac{\partial F}{\partial z}$,并且满足不等式

$$y\frac{\partial F}{\partial x}-x\frac{\partial F}{\partial y}+\frac{\partial F}{\partial z}\geqslant\alpha>0,\quad \forall(x,y,z)\in\mathbf{R}^3.$$

其中 α 为实数.试证明:当(x,y,z)沿着曲线 Γ:$x=-\cos t$,$y=\sin t$,$z=t$,$t\geqslant0$ 趋向无穷远时,$F(x,y,z)\to+\infty$.

证明　设 $\Phi(t)=F(-\cos t,\sin t,t)$.利用一元函数的拉格朗日中值定理,得

$$\Phi(t)=\Phi(0)+\Phi'(\tau)t.$$

即有

$$F(x,y,z)=F(-\cos t,\sin t,t)=F(-1,0,0)+\{F(-\cos t,\sin t,t)\}'_t\big|_{t=\tau}\cdot t$$

$$=F(-1,0,0)+\Big(\frac{\partial F}{\partial x}(-\cos\tau,\sin\tau,\tau)\cdot\sin\tau+\frac{\partial F}{\partial y}(-\cos\tau,\sin\tau,\tau)\cdot\cos\tau+\frac{\partial F}{\partial z}(-\cos\tau,\sin\tau,\tau)\Big)\cdot t$$

$$=F(-1,0,0)+\Big(\frac{\partial F}{\partial x}(-\cos\tau,\sin\tau,\tau)\cdot\sin\tau+\frac{\partial F}{\partial y}(-\cos\tau,\sin\tau,\tau)\cdot\cos\tau+\frac{\partial F}{\partial z}(-\cos\tau,\sin\tau,\tau)\Big)\cdot t$$

$$=F(-1,0,0)+\Big(\eta\frac{\partial F}{\partial x}\Big|_Q-\xi\frac{\partial F}{\partial y}\Big|_Q+\frac{\partial F}{\partial z}\Big|_Q\Big)\cdot t.$$

其中记 τ 对应的点为：$Q=(-\cos\tau,\sin\tau,\tau)=(\xi,\eta,\zeta)$.

由于 $y\dfrac{\partial F}{\partial x}-x\dfrac{\partial F}{\partial y}+\dfrac{\partial F}{\partial z}\geqslant a>0,\forall(x,y,z)\in R^3$，所以

$$F(x,y,z)=F(-1,0,0)+\Big(\eta\frac{\partial F}{\partial x}\Big|_Q-\xi\frac{\partial F}{\partial y}\Big|_Q+\frac{\partial F}{\partial z}\Big|_Q\Big)\cdot t$$

$$>F(-1,0,0)+at\to+\infty\quad(t\to+\infty).$$

故当 (x,y,z) 沿着曲线 $\Gamma:x=-\cos t,y=\sin t,z=t,t\geqslant0$ 趋向无穷远时，$F(x,y,z)\to+\infty$.

四、练习题

1.（华东师范大学） 设 $z=z(x,y)$ 是由方程 $F(xyz,x^2+y^2+z^2)=0$ 所确定的可微隐函数，试求 **grad** z.

2.（华南理工大学） 设曲线 $\begin{cases}x=u(t)\\y=y(t)\end{cases}$ 由方程组 $\begin{cases}x+y+2t(1-t)=1\\te^y+2x-y=2\end{cases}$ 确定，求该曲线在 $t=0$ 处的切线方程与法方程.

3.（武汉大学） 已知方程 $x^2+y-\cos xy=0$.①研究上述方程并说明它在什么时候可以在点 $(0,1)$ 附近确定函数 $y=y(x)$，且 $y(0)=1$;②研究函数 $y=y(x)$ 在点 $(0,1)$ 附近的可微性;③研究函数 $y=y(x)$ 在点 $(0,1)$ 附近的单调性;④试问上述方程在点 $(0,1)$ 的充分小邻域内可否确定函数 $x=x(y),x(1)=0$? 并说明理由.

4. 设 $y=y(x),z=z(x)$ 是由 $z=xf(x+y)$ 和 $F(x,y,z)=0$ 所确定的函数，其中 f 具有一阶连续导数，F 具有一阶连续偏导数，求 $\dfrac{\mathrm{d}z}{\mathrm{d}x}$.

5. 设 $u=f(x,y,z)$ 有连续的一阶偏导数，又函数 $y=y(x)$ 及 $z=z(x)$ 分别由 $e^{xy}-xy=2$ 和 $e^x=\displaystyle\int_0^{x-z}\frac{\sin t}{t}\mathrm{d}t$ 两式确定，求 $\dfrac{\mathrm{d}u}{\mathrm{d}x}$.

6.（华东师范大学） 设函数 $u=f(\sqrt{x^2+y^2},z)$，f 具有二阶连续偏导数，且 $z=z(x,y)$ 由方程 $xy+x+y-z=e^z$ 确定，求 $\dfrac{\partial^2 u}{\partial x\partial y}$.

7.（上海交通大学） 设曲面 $z=\sqrt{a^2-2x^2-y^2}$ 在第一卦限内的切平面与三坐标轴分交于 A,B,C 三点，求四面体 $O\text{-}ABC$ 的最小体积.

8.（华东师范大学,武汉大学） 设椭球面 $\dfrac{x^2}{a^2}+\dfrac{y^2}{b^2}+\dfrac{z^2}{c^2}=1,x>0,y>0,z>0$ 的切平面与三个坐标平面所围成的几何体的最小体积.

9.（武汉大学） 设 $a>0$，求曲线 $\begin{cases}x^2+y^2=2az\\x^2+y^2+xy=a^2\end{cases}$ 上点到 xOy 平面的最大，最小距离.

10.（大连理工大学）　试证：曲面 $\sqrt{x}+\sqrt{y}+\sqrt{z}=\sqrt{a}\,(a>0)$ 上任意点处的切平面在各坐标轴上的截距之和等于 a.

11.（大连理工大学）　设 $f(x,y)=ax^2+2bxy+cy^2$，求 $f(x,y)$ 在 $x^2+y^2\leqslant1$ 上的最大值和最小值 $(b^2-ac>0,a,b,c>0)$.

12.（大连理工大学）　试证：二次型
$$f(x,y)=Ax^2+By^2+Cz^2+2Dyz+2Ezx+2Fxy$$
在单位球面 $x^2+y^2+z^2=1$ 上的最大值和最小值恰好是矩阵
$$\begin{pmatrix} A & F & E \\ F & B & D \\ E & D & C \end{pmatrix}$$
的最大特征值和最小特征值.

13.　在球面 $x^2+y^2+z^2=5R^2(x,y,z>0)$ 上求 $f(x,y)=\ln x+\ln y+\ln z$ 的最大值，并利用此结果证不等式：$abc^3\leqslant27\left(\dfrac{a+b+c}{5}\right)^5,(a,b,c>0)$.

14.（北京科技大学）　设 $f(x,y)=\dfrac{1}{x}+\dfrac{1}{y}+\dfrac{1}{z}$，求 $f(x,y)$ 在 $xyz=a^3$ 上的最小值.

15.（浙江大学）　求 $u=x^2+y^2+z^2$ 在条件 $\dfrac{x^2}{a^2}+\dfrac{y^2}{b^2}+\dfrac{z^2}{c^2}=1$ 下的最大值和最小值 $(a,b,c>0)$.

16.（苏州大学）　设 (x_0,y_0) 是 $\begin{cases} x^2+y^2=z \\ x+y+z=1 \end{cases}$ 的解，求证：
$$9-5\sqrt{3}\leqslant x_0^2+y_0^2+z_0^2\leqslant9+5\sqrt{3}.$$

第7章 广义积分与含参量积分

广义积分与含参量积分是数学分析中比较难掌握的知识. 广义积分收敛的性质与判别、含参量正常积分的性质、含参量广义积分一致收敛的判别法和分析性质是本章重点,广义积分收敛与含参量无穷积分一致收敛的判别法是难点. 本章主要内容包括无穷积分的定义、收敛的性质与判别法、瑕积分的定义、收敛的性质与判别法、含参量正常积分的性质、含参量广义积分一致收敛的定义、判别法和分析性质等.

7.1 广义积分

思维导图

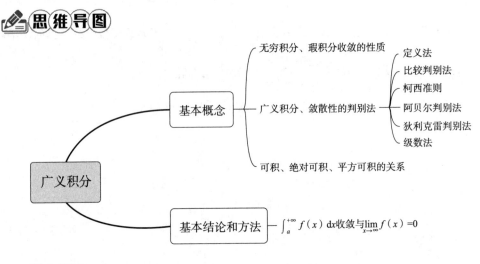

一、基本概念

1. 无穷积分、瑕积分收敛的性质

定义 1 设 $f(x)$ 定义在 $[a,+\infty)$ 上,且 $\forall [a,A] \subset [a,+\infty)$, $f(x) \in \mathrm{R}[a,A]$,若 $\lim\limits_{A \to +\infty} \int_a^A f(x)\mathrm{d}x$ 存在,则称 $\int_a^{+\infty} f(x)\mathrm{d}x$ 收敛,且有 $\int_a^{+\infty} f(x)\mathrm{d}x = \lim\limits_{A \to +\infty} \int_a^A f(x)\mathrm{d}x$.

定义 2 设 $f(x)$ 定义在 $[a,b)$ 上,b 是 $f(x)$ 的唯一瑕点,且 $\forall \eta: 0 < \eta < b-a$, $f(x) \in \mathrm{R}[a,b-\eta]$,若 $\lim\limits_{\eta \to 0^+} \int_a^{b-\eta} f(x)\mathrm{d}x$ 存在,则称 $\int_a^b f(x)\mathrm{d}x$ 收敛,且有

$$\int_a^b f(x)\mathrm{d}x = \lim_{\eta \to 0^+} \int_a^{b-\eta} f(x)\mathrm{d}x = \lim_{t \to b^-} \int_a^t f(x)\mathrm{d}x.$$

素养教育:分不同情况定义的两类反常积分,培养学生分类的思想.

收敛的广义积分承袭了定积分的许多性质. 如线性性质、区间的可加性、分部积分法、变量替换法等. 但也有一些性质,如乘积可积性却不再成立(举例说明即可).

广义积分计算常用的方法有：牛顿-莱布尼兹公式法、分部积分法、变量替换法. 在使用这些方法时,计算瑕点(可以是有限点,也可以是±∞)处的值要把它理解为极限过程.

2. 广义积分敛散性的判别法

(1)**定义法**　常用的广义积分的敛散性:① $\int_a^{+\infty} \dfrac{\mathrm{d}x}{x^p}(a>0)$, 当 $p>1$ 时收敛;当 $p\leqslant 1$ 时发散.

② $\int_0^a \dfrac{\mathrm{d}x}{x^p}(a>0)$, 当 $p<1$ 时收敛;当 $p\geqslant 1$ 时发散.

(2)**比较判别法**

①设 $0\leqslant f(x)\leqslant g(x), x\in[a,+\infty)$, 那么(ⅰ)若 $\int_a^{+\infty} g(x)\mathrm{d}x$ 收敛,则 $\int_a^{+\infty} f(x)\mathrm{d}x$ 收敛;(ⅱ)若 $\int_a^{+\infty} f(x)\mathrm{d}x$ 发散,则 $\int_a^{+\infty} g(x)\mathrm{d}x$ 发散.

②设 $0\leqslant f(x)\leqslant g(x), x\in[a,+\infty)$, 且 $\lim\limits_{x\to+\infty}\dfrac{f(x)}{g(x)}=k$, 则

a. 当 $0\leqslant k<+\infty$ 时,由 $\int_a^{+\infty} g(x)\mathrm{d}x$ 收敛可推出 $\int_a^{+\infty} f(x)\mathrm{d}x$ 收敛.

b. 当 $0<k\leqslant+\infty$ 时,由 $\int_a^{+\infty} g(x)\mathrm{d}x$ 发散可推出 $\int_a^{+\infty} f(x)\mathrm{d}x$ 发散.

c. 当 $0<k<+\infty$ 时, $\int_a^{+\infty} f(x)\mathrm{d}x$ 与 $\int_a^{+\infty} g(x)\mathrm{d}x$ 敛散性一致.

(3)**柯西准则**　$\int_a^{+\infty} f(x)\mathrm{d}x$ 收敛$\Leftrightarrow\forall\varepsilon>0,\exists A>a,\forall A',A''>A$, 就有 $\left|\int_{A'}^{A''} f(x)\mathrm{d}x\right|<\varepsilon$.

①**基本定理**　设 $f(x)\geqslant 0, x\in[a,+\infty)$, 则 $\int_a^{+\infty} f(x)\mathrm{d}x$ 收敛$\Leftrightarrow I(A)=\int_a^A f(x)\mathrm{d}x$ 有上界.

②**柯西判别法**　设 $f(x)\geqslant 0, x\in[a,+\infty), a>0$, 且 $\lim\limits_{x\to+\infty} x^p f(x)=k$, 则

a. 若 $0\leqslant k<+\infty$, 且 $p>1$, 则 $\int_a^{+\infty} f(x)\mathrm{d}x$ 收敛.

b. 若 $0<k\leqslant+\infty$, 且 $p\leqslant 1$, 则 $\int_a^{+\infty} f(x)\mathrm{d}x$ 发散.

(4)**阿贝尔判别法**　设① $\int_a^{+\infty} f(x)\mathrm{d}x$ 收敛;②$g(x)$在$[a,+\infty)$上单调有界,则 $\int_a^{+\infty} f(x)g(x)\mathrm{d}x$ 收敛.

(5)**狄利克雷判别法**　设① $\int_a^A f(x)\mathrm{d}x$ 在$[a,+\infty)$上关于 A 有界;②$g(x)$在$[a,+\infty)$单调且 $\lim\limits_{x\to+\infty} g(x)=0$, 则 $\int_a^{+\infty} f(x)g(x)\mathrm{d}x$ 收敛.

(6) $\int_a^{+\infty} f(x)\mathrm{d}x$ 与 $\int_a^{+\infty} g(x)\mathrm{d}x$ 一个收敛一个发散,则 $\int_a^{+\infty} (f(x)\pm g(x))\mathrm{d}x$ 必发散.

(7)若 $\lim\limits_{x\to+\infty} f(x)=d\neq 0$, 则 $\int_a^{+\infty} f(x)\mathrm{d}x$ 必发散.

证明　不妨设 $d>0$, 因为 $\lim\limits_{x\to+\infty} f(x)=d>\dfrac{d}{2}$, 所以 $\exists X>a$, 当 $x>X$ 时,有 $f(x)>\dfrac{d}{2}$, 因而 $\int_X^{+\infty} f(x)\mathrm{d}x$ 发散,所以 $\int_a^{+\infty} f(x)\mathrm{d}x$ 发散.

(8)级数法.

定理 1　广义积分 $\int_a^{+\infty} f(x)\mathrm{d}x$ 收敛$\Leftrightarrow\lim\limits_{A\to+\infty}\int_a^A f(x)\mathrm{d}x$ 存在$\Leftrightarrow$对 $\forall\{A_n\}(A_0=a)(A_n\neq a),(n=1,2,\cdots),\lim\limits_{n\to\infty} A_n=+\infty$ 有 $\sum\limits_{n=1}^{\infty}\int_{A_{n-1}}^{A_n} f(x)\mathrm{d}x$ 收敛.

定理 2 设 $f(x) \geqslant 0$，积分 $\displaystyle\int_a^{+\infty} f(x)\mathrm{d}x$ 收敛 $\Leftrightarrow \exists A_n \to +\infty$，使 $\displaystyle\sum_{n=1}^{\infty}\int_{A_{n-1}}^{A_n} f(x)\mathrm{d}x$ 收敛 $(A_n \neq a)$ $(A_0 = a, n = 1, 2, \cdots)$.

素养教育：将无穷积分与级数的知识串联起来，培养学生系统分析问题的能力，训练学生的全局思维.

3. 可积、绝对可积、平方可积的关系

①绝对可积的前提：$\forall [a, A] \subset [a, +\infty)$，有 $f(x) \in \mathrm{R}[a, A]$. 若 $\displaystyle\int_a^{+\infty} |f(x)|\mathrm{d}x$ 收敛，则 $\displaystyle\int_a^{+\infty} f(x)\mathrm{d}x$ 收敛. 若无前提条件，结论不一定成立，例如：

$$f(x) = \begin{cases} \dfrac{1}{x^2} & x \in [1, +\infty) \bigcap Q \\ -\dfrac{1}{x^2} & x \in [1, +\infty) \bigcap \overline{Q} \end{cases},$$

反之不一定成立.

例如：(a) 设 $f(x) = \dfrac{\sin x}{x}, x \in [1, +\infty)$，则 $\displaystyle\int_1^{+\infty} \dfrac{\sin x}{x}\mathrm{d}x$ 收敛，但 $\displaystyle\int_1^{+\infty} \dfrac{|\sin x|}{x}\mathrm{d}x$ 发散.

(b) 设 $g(x) = \dfrac{\sin\frac{1}{x}}{x}, x \in (0, 1]$，则 $\displaystyle\int_0^1 g(x)\mathrm{d}x$ 收敛，但 $\displaystyle\int_0^1 |g(x)|\mathrm{d}x$ 发散.

② $f(x)$ 可积推不出 $f^2(x)$ 可积.

例如：(a) $f(x) = \dfrac{1}{\sqrt{x}}, x \in (0, 1]$. (b) $f(x) = \dfrac{\sin x}{\sqrt{x}}, x \in [1, +\infty)$.

③若 $\displaystyle\int_a^b f^2(x)\mathrm{d}x$ 收敛，则 $\displaystyle\int_a^b |f(x)|\mathrm{d}x$ 收敛，但反之不然.（其中 $x = b$ 为 $f(x)$ 的唯一瑕点）.

证明 因为 $|f(x)| \leqslant \dfrac{1 + f^2(x)}{2}$，所以由 $\displaystyle\int_a^b f^2(x)\mathrm{d}x$ 收敛知 $\displaystyle\int_a^b |f(x)|\mathrm{d}x$ 收敛.

反例为：$f(x) = \dfrac{1}{\sqrt{x}}, x \in (0, 1]$.

注：广义积分 $\displaystyle\int_a^{+\infty} f^2(x)\mathrm{d}x$ 与 $\displaystyle\int_a^{+\infty} |f(x)|\mathrm{d}x$ 之间没有必然的联系. 例如：

(a) $\displaystyle\int_1^{+\infty} \dfrac{\sin x}{\sqrt{x}}\mathrm{d}x$ 收敛，但 $\displaystyle\int_1^{+\infty} \dfrac{\sin^2 x}{x}\mathrm{d}x$ 发散.

(b) $\displaystyle\int_a^{+\infty} \dfrac{1}{x^{\frac{2}{3}}}\mathrm{d}x$ 发散，但 $\displaystyle\int_a^{+\infty} \dfrac{1}{x^{\frac{4}{3}}}\mathrm{d}x$ 收敛 $(a > 0)$.

素养教育：掌握可积、绝对可积与平方可积之间的关系，培养学生系统分析问题的能力.

二、基本结论和方法

$\displaystyle\int_a^{+\infty} f(x)\mathrm{d}x$ 收敛与 $\displaystyle\lim_{x \to +\infty} f(x) = 0$ 专题讨论：

(1) 若 $\displaystyle\int_a^{+\infty} f(x)\mathrm{d}x$ 收敛，不能推出 $\displaystyle\lim_{x \to +\infty} f(x) = 0$，反之亦然.

例如：① $\displaystyle\int_1^{+\infty} \sin^2 x\mathrm{d}x = \int_1^{+\infty} \dfrac{\sin t}{2\sqrt{t}}\mathrm{d}t$ 收敛，但 $\displaystyle\lim_{x \to +\infty} \sin^2 x$ 不存在.

② $f(x) = \dfrac{\sin^2 x}{x}$，$\displaystyle\lim_{x \to +\infty} \dfrac{\sin^2 x}{x} = 0$，但 $\displaystyle\int_1^{+\infty} \dfrac{\sin^2 x}{x}\mathrm{d}x$ 发散.

③$f(x)=\dfrac{1}{x}$，$\lim\limits_{x\to+\infty}\dfrac{1}{x}=0$，但 $\displaystyle\int_1^{+\infty}\dfrac{1}{x}\mathrm{d}x$ 发散.

(2)若 $\displaystyle\int_a^{+\infty}f(x)\mathrm{d}x$ 收敛且 $\lim\limits_{x\to+\infty}f(x)$ 存在，则 $\lim\limits_{x\to+\infty}f(x)=0$.

注意到：$\displaystyle\int_a^{+\infty}f(x)\mathrm{d}x$ 收敛不能保证 $f(+\infty)$ 存在，但若 $f(+\infty)$ 存在且等于 A，则 A 必定为 0.
若 $A\neq0$，则 $\displaystyle\int_a^{+\infty}f(x)\mathrm{d}x$ 必发散.

(3)若 $\displaystyle\int_a^{+\infty}f(x)\mathrm{d}x$ 收敛且 $f(x)\geqslant0$，不能保证 $\lim\limits_{x\to+\infty}f(x)=0$.

例如：①取 $f(x)=\begin{cases}1 & x=n\in\mathbf{N}_+ \\ 0 & x\geqslant0\text{ 且 }x\neq n\in\mathbf{N}_+\end{cases}$，显然 $\displaystyle\int_0^{+\infty}f(x)\mathrm{d}x$ 收敛于 0，但 $\lim\limits_{x\to+\infty}f(x)$ 不存在，当然 $\lim\limits_{x\to+\infty}f(x)\neq0$.

②取 $f(x)=\begin{cases}1 & x=n\in\mathbf{N}_+ \\ \dfrac{1}{1+x^2} & x\neq n\in\mathbf{N}_+\end{cases}$，则 $\displaystyle\int_1^{+\infty}f(x)\mathrm{d}x$ 收敛，$f(x)\geqslant0$，但 $\lim\limits_{x\to+\infty}f(x)\neq0$.

(4)若 $\displaystyle\int_a^{+\infty}f(x)\mathrm{d}x$ 收敛且 $f(x)\geqslant0$ 连续，亦不能保证 $\lim\limits_{x\to+\infty}f(x)=0$ 或 $f(x)$ 有界.

例如：①取

$$f(x)=\begin{cases}n-n^4\,|\,x-n\,| & \text{当 }n-\dfrac{1}{n^3}\leqslant x\leqslant n+\dfrac{1}{n^3}\text{时} \\ 0 & \text{当 }x\text{ 为其他正数时}\end{cases}，n=2,3,\cdots.$$

则

$$\int_0^{+\infty}f(x)\mathrm{d}x=\sum_{n=2}^{\infty}\int_{n-\frac{1}{n^3}}^{n+\frac{1}{n^3}}\left(n-n^4\,|\,x-n\,|\right)\mathrm{d}x=\sum_{n=2}^{\infty}\dfrac{1}{n^2}$$

收敛，但 $\lim\limits_{x\to+\infty}f(x)\neq0$. 且 $f(x)$ 在 $[0,+\infty)$ 上无界.

②取

$$f(x)=\begin{cases}0 & 0\leqslant x\leqslant2 \\ n^2(x-n) & n<x<n+\dfrac{1}{n^2} \\ -n^2\left(x-\left(n+\dfrac{2}{n^2}\right)\right) & n+\dfrac{1}{n^2}\leqslant x<n+\dfrac{2}{n^2} \\ 0 & n+\dfrac{2}{n^2}\leqslant x\leqslant n+1\end{cases}\quad(n\geqslant2).$$

则 $\displaystyle\int_0^{+\infty}f(x)\mathrm{d}x$ 收敛，$f(x)\geqslant0$，$f(x)\in C[0,+\infty)$，但 $\lim\limits_{x\to+\infty}f(x)\neq0$.

(5)若 $f(x)$ 在 $[a,+\infty)$ 上单调，且 $\displaystyle\int_a^{+\infty}f(x)\mathrm{d}x$ 收敛，则 $\lim\limits_{x\to+\infty}f(x)=0$.

(6)若 $f(x)$ 在 $[a,+\infty)$ 上一致连续，且 $\displaystyle\int_a^{+\infty}f(x)\mathrm{d}x$ 收敛，则 $\lim\limits_{x\to+\infty}f(x)=0$.（见后文例 6 的证明）

(7)若 $f(x)$ 在 $[a,+\infty)$ 上有有界的导函数，且 $\displaystyle\int_a^{+\infty}f(x)\mathrm{d}x$ 收敛，则 $\lim\limits_{x\to+\infty}f(x)=0$.

(8)若 $f(x)$ 连续可微，积分 $\displaystyle\int_a^{+\infty}f(x)\mathrm{d}x$ 与 $\displaystyle\int_a^{+\infty}f'(x)\mathrm{d}x$ 都收敛，则 $\lim\limits_{x\to+\infty}f(x)=0$.

(9)(南京理工大学)　设 $f(x)$ 在 $[a,+\infty)$ 上单调下降，且 $\displaystyle\int_a^{+\infty}f(x)\mathrm{d}x$ 收敛，则 $\lim\limits_{x\to+\infty}xf(x)=0$，

进而有 $\lim\limits_{x\to+\infty} f(x)=0$.

(10)设 $f(x)$ 在 $[a,+\infty)$ 上可导，$f(x)$ 单调下降，若 $\int_a^{+\infty} f(x)\mathrm{d}x$ 收敛，则 $\int_a^{+\infty} xf'(x)\mathrm{d}x$ 收敛.

(11)设 $f(x)$ 单调，且 $\lim\limits_{x\to0^+} f(x)=+\infty$，则若 $\int_0^1 f(x)\mathrm{d}x$ 收敛，则 $\lim\limits_{x\to0^+} xf(x)=0$.（更一般的有，若 $\int_0^1 x^p f(x)\mathrm{d}x$ 收敛，则 $\lim\limits_{x\to0^+} x^{p+1}f(x)=0$.）

(12)设函数 $xf(x)$ 在 $[a,+\infty)$ 上单调递减，积分 $\int_a^{+\infty} f(x)\mathrm{d}x$ 收敛，则有 $\lim\limits_{x\to+\infty} xf(x)\ln x=0$.

素养教育：探讨 $\int_a^{+\infty} f(x)\mathrm{d}x$ 收敛与 $\lim\limits_{x\to+\infty} f(x)=0$ 之间的关系，涉及无穷积分与函数极限两部分知识，是反常积分学习过程中的难点，更是考研的易考知识点.

三、例题选讲

例 1 计算下列广义积分

(1) $I=\int_0^{+\infty} \dfrac{x\mathrm{e}^{-x}}{(1+\mathrm{e}^{-x})^2}\mathrm{d}x$;   (2) $I=\int_0^{+\infty} \dfrac{\mathrm{d}x}{1+x^4}$;

(3) $I=\int_0^{\frac{\pi}{2}} \ln\sin x\mathrm{d}x$.（欧拉积分）;   (4) $I=\int_0^{+\infty} \dfrac{\ln x\mathrm{d}x}{1+x^2}$;

解 (1) $I=\int_0^{+\infty} \dfrac{x\mathrm{e}^x}{(1+\mathrm{e}^x)^2}\mathrm{d}x=\int_0^{+\infty} x\mathrm{d}\left(-\dfrac{1}{1+\mathrm{e}^x}\right)=-\dfrac{x}{1+\mathrm{e}^x}\Big|_0^{+\infty}+\int_0^{+\infty} \dfrac{1}{1+\mathrm{e}^x}\mathrm{d}x$

$\qquad =\int_0^{+\infty} \dfrac{\mathrm{e}^{-x}}{1+\mathrm{e}^{-x}}\mathrm{d}x=-\ln(1+\mathrm{e}^{-x})\big|_0^{+\infty}=\ln 2$.

(2)令 $x=\dfrac{1}{t}$，则 $\mathrm{d}x=-\dfrac{1}{t^2}\mathrm{d}t$，$I=\int_0^{+\infty} \dfrac{\mathrm{d}x}{1+x^4}=\int_0^{+\infty} \dfrac{t^2\mathrm{d}t}{1+t^4}=\int_0^{+\infty} \dfrac{x^2\mathrm{d}x}{1+x^4}$.

于是有

$$I=\dfrac{1}{2}\int_0^{+\infty} \dfrac{1+x^2}{1+x^4}\mathrm{d}x=\dfrac{1}{2}\int_0^{+\infty} \dfrac{1+\frac{1}{x^2}}{x^2+\frac{1}{x^2}}\mathrm{d}x=\dfrac{1}{2}\int_0^{+\infty} \dfrac{\mathrm{d}\left(x-\frac{1}{x}\right)}{\left(x-\frac{1}{x}\right)^2+2}\quad\left(\text{令}\ u=x-\dfrac{1}{x}\right)$$

$$=\dfrac{1}{2}\int_{-\infty}^{+\infty} \dfrac{\mathrm{d}u}{u^2+2}=\dfrac{1}{2\sqrt{2}}\arctan\dfrac{u}{\sqrt{2}}\Big|_{-\infty}^{+\infty}=\dfrac{\pi}{2\sqrt{2}}.$$

(3)因为 $\lim\limits_{x\to0^+} x^{\frac{1}{2}}\ln\sin x=0$，所以 $I=\int_0^{\frac{\pi}{2}} \ln\sin x\mathrm{d}x$ 收敛. 作变量替换 $x=2t$，则

$$I=\int_0^{\frac{\pi}{2}} \ln\sin x\mathrm{d}x=2\int_0^{\frac{\pi}{4}} \ln\sin 2t\mathrm{d}t=\dfrac{\pi}{2}\ln 2+2\int_0^{\frac{\pi}{4}} \ln\sin t\mathrm{d}t+2\int_0^{\frac{\pi}{4}} \ln\cos t\mathrm{d}t.$$

对后一个积分作变量替换 $t=\dfrac{\pi}{2}-u$，则

$$I=\dfrac{\pi}{2}\ln 2+2\int_0^{\frac{\pi}{4}} \ln\sin t\mathrm{d}t-2\int_{\frac{\pi}{2}}^{\frac{\pi}{4}} \ln\sin t\mathrm{d}t=\dfrac{\pi}{2}\ln 2+2I,$$

故 $I=-\dfrac{\pi}{2}\ln 2$.

(4)由于

$$I=\int_0^{+\infty} \dfrac{\ln x\mathrm{d}x}{1+x^2}=\int_0^1 \dfrac{\ln x\mathrm{d}x}{1+x^2}+\int_1^{+\infty} \dfrac{\ln x\mathrm{d}x}{1+x^2}=I_1+I_2,$$

且 $\lim\limits_{x\to 0^+}\dfrac{x^{\frac12}\ln x}{1+x^2}=0$，$\lim\limits_{x\to +\infty}\dfrac{x^{\frac32}\ln x}{1+x^2}=0$，所以 I_1 与 I_2 都收敛，又因为

$$I_2=\int_1^{+\infty}\frac{\ln x\mathrm{d}x}{1+x^2}=\int_1^0\frac{\ln\frac1t}{1+\frac1{t^2}}\left(-\frac1{t^2}\right)\mathrm{d}t=-\int_0^1\frac{\ln t}{1+t^2}\mathrm{d}t=-I_1,$$

所以
$$I=\int_0^{+\infty}\frac{\ln x\mathrm{d}x}{1+x^2}=0.$$

例 2　讨论积分 $I=\displaystyle\int_0^1 x^a(1+x)^{\frac1x}\cos\frac1{x^2}\mathrm{d}x$ 的敛散性．

解　先讨论 $I_1=\displaystyle\int_0^1 x^a\cos\frac1{x^2}\mathrm{d}x$ 的敛散性．令 $\dfrac1{x^2}=y$，则

$$I_1=\frac12\int_1^{+\infty}y^{-\frac{a+3}2}\cos y\mathrm{d}y.$$

当 $a>-3$ 时，$y^{-\frac{a+3}2}$ 单调递减趋向于零．又 $\forall A>1$，有 $\left|\displaystyle\int_1^A\cos y\mathrm{d}y\right|=|\sin A-\sin 1|\leqslant 2$，所以由狄利克雷判别法知，当 $a>-3$ 时，I_1 收敛；当 $a\leqslant-3$ 时，$\forall n\in\mathbf{N}_+$，有

$$\int_{2n\pi+\frac\pi6}^{2n\pi-\frac\pi3}y^{-\frac{a+3}2}\cos y\mathrm{d}y\geqslant\int_{\frac\pi6}^{\frac\pi3}\cos y\mathrm{d}y>\frac\pi{12}.$$

由柯西准则知，I_1 发散．

再由 $(1+x)^{\frac1x}$ 的单调有界性，根据阿贝尔判别法知，I 与 I_1 具有相同的敛散性．

例 3　（北京理工大学）（1）讨论积分 $I=\displaystyle\int_2^{+\infty}\frac{\sin^2 x}{x^p(x^p+\sin x)}\mathrm{d}x(p>0)$ 的敛散性；

（2）讨论积分 $I=\displaystyle\int_0^{+\infty}\frac{\sin x}{x^p+\sin x}\mathrm{d}x(p>0)$ 的敛散性（包括条件收敛与绝对收敛）．

解　（1）被积函数为非负函数的积分，可用比较判别法，由不等式

$$\frac{\sin^2 x}{x^p(x^p+1)}<\frac{\sin^2 x}{x^p(x^p+\sin x)}<\frac{\sin^2 x}{x^p(x^p-1)}$$

可知，若 $p>\dfrac12$，则积分 $\displaystyle\int_2^{+\infty}\frac1{x^p(x^p-1)}\mathrm{d}x$ 收敛，从而 $\displaystyle\int_2^{+\infty}\frac{\sin^2 x}{x^p(x^p+\sin x)}\mathrm{d}x$ 收敛．若 $p\leqslant\dfrac12$，则因

$$\frac{\sin^2 x}{x^p(x^p+1)}=\frac1{2x^p(x^p+1)}-\frac{\cos 2x}{2x^p(x^p+1)},$$

且 $\displaystyle\int_2^{+\infty}\frac1{2x^p(x^p+1)}\mathrm{d}x$ 发散，$\displaystyle\int_2^{+\infty}\frac{\cos 2x}{2x^p(x^p+1)}\mathrm{d}x$ 收敛，所以 $\displaystyle\int_2^{+\infty}\frac{\sin^2 x}{x^p(x^p+1)}\mathrm{d}x$ 发散，所以由比较判别法知原积分发散．

（2）因为

$$\lim_{x\to 0^+}\frac{\sin x}{x^p+\sin x}=\begin{cases}1 & p>1\\ \dfrac12 & p=1\\ 0 & 0<p<1\end{cases},$$

所以 $x=0$ 不是瑕点．

当 $p>1$ 时，因 $\left|\dfrac{\sin x}{x^p+\sin x}\right|\leqslant\dfrac1{x^p-1}$，而 $\displaystyle\int_1^{+\infty}\frac{\mathrm{d}x}{x^p-1}$ 收敛，所以积分 $\displaystyle\int_0^{+\infty}\frac{\sin x}{x^p+\sin x}\mathrm{d}x$ 绝对收敛．

当 $\dfrac12<p\leqslant1$ 时，因为

$$\frac{\sin x}{x^p+\sin x}=\frac{\sin x}{x^p}-\frac{\sin^2 x}{x^p(x^p+\sin x)},$$

又由 $\int_0^{+\infty}\dfrac{\sin x}{x^p}\mathrm{d}x$，$\int_0^{+\infty}\dfrac{\sin^2 x}{x^p(x^p+1)}\mathrm{d}x$ 都收敛知，$\int_0^{+\infty}\dfrac{\sin x}{x^p+\sin x}\mathrm{d}x$ 收敛. 但是由

$$\left|\dfrac{\sin x}{x^p+\sin x}\right|\geqslant\dfrac{\sin^2 x}{x^p+1}$$

及积分 $\int_0^{+\infty}\dfrac{\sin^2 x}{x^p+1}\mathrm{d}x$ 发散知 $\int_0^{+\infty}\left|\dfrac{\sin x}{x^p+\sin x}\right|\mathrm{d}x$ 发散，所以当 $\dfrac{1}{2}<p\leqslant1$ 时，$\int_0^{+\infty}\dfrac{\sin x}{x^p+\sin x}\mathrm{d}x$ 条件收敛.

当 $0<p\leqslant\dfrac{1}{2}$ 时，由

$$\dfrac{\sin x}{x^p+\sin x}=\dfrac{\sin x}{x^p}-\dfrac{\sin^2 x}{x^p(x^p+\sin x)}$$

知积分 $\int_0^{+\infty}\dfrac{\sin^2 x}{x^p(x^p+1)}\mathrm{d}x$ 发散，$\int_0^{+\infty}\dfrac{\sin x}{x^p}\mathrm{d}x$ 收敛，所以当 $0<p\leqslant\dfrac{1}{2}$ 时，$\int_0^{+\infty}\dfrac{\sin x}{x^p+\sin x}\mathrm{d}x$ 发散.

综上所述，当 $p>1$ 时，积分绝对收敛；当 $\dfrac{1}{2}<p\leqslant1$ 时，积分条件收敛；当 $0<p\leqslant\dfrac{1}{2}$ 时，积分发散.

例4 利用级数法判断积分 $I=\int_0^{+\infty}\dfrac{\mathrm{d}x}{1+x^2\sin^2 x}$ 的敛散性.

解 原积分 $=\sum\limits_{n=0}^{\infty}\int_{n\pi}^{(n+1)\pi}\dfrac{\mathrm{d}x}{1+x^2\sin^2 x}=\sum\limits_{n=0}^{\infty}\int_0^{\pi}\dfrac{\mathrm{d}x}{1+(n\pi+t)^2\sin^2 t}=\sum\limits_{n=0}^{\infty}u_n$，其中 $x=n\pi+t$.
而

$$u_n=\int_0^{\pi}\dfrac{\mathrm{d}x}{1+(n\pi+t)^2\sin^2 t}>\int_0^{\frac{1}{(n+1)\pi}}\dfrac{\mathrm{d}x}{1+(n\pi+t)^2\sin^2 t},$$

当 $0<t<\dfrac{1}{(n+1)\pi}$ 时，有

$$(n\pi+t)^2\sin^2 t<(n+1)^2\pi^2 t^2<(n+1)^2\pi^2\cdot\dfrac{1}{(n+1)^2\pi^2}=1,$$

故

$$u_n>\int_0^{\frac{1}{(n+1)\pi}}\dfrac{\mathrm{d}x}{1+(n\pi+t)^2\sin^2 t}>\dfrac{1}{2\pi}\cdot\dfrac{1}{n+1}.$$

由 $\sum\limits_{n=0}^{\infty}\dfrac{1}{n+1}$ 发散，可知 $\sum\limits_{n=0}^{\infty}u_n$ 发散，从而原积分发散.

例5 若 $f(x)$ 在 $[a,+\infty)$ 上一致连续，且 $\int_a^{+\infty}f(x)\mathrm{d}x$ 收敛，则 $\lim\limits_{x\to+\infty}f(x)=0$.

证明 由于 $f(x)$ 在 $[a,+\infty)$ 上一致连续，所以 $\forall\varepsilon>0$，$\exists\delta>0(\delta\leqslant\varepsilon)$，$\forall x_1,x_2\in[a,+\infty)$，只要 $|x_1-x_2|\leqslant\delta$，就有 $|f(x_1)-f(x_2)|<\dfrac{\varepsilon}{2}$. 又由 $\int_a^{+\infty}f(x)\mathrm{d}x$ 收敛知，对上述 $\delta>0$，$\exists A_0\geqslant a$，对 $\forall x'$，$x''>A_0$，有

$$\left|\int_{x'}^{x''}f(x)\mathrm{d}x\right|<\dfrac{\delta^2}{2}.$$

$\forall t>A_0$，取 $x',x''>A_0$，使 $x'<t<x''$ 且 $x''-x'=\delta$，则有

$$|f(x)|\delta=\left|\int_{x'}^{x''}f(x)\mathrm{d}t-\int_{x'}^{x''}f(t)\mathrm{d}t+\int_{x'}^{x''}f(t)\mathrm{d}t\right|$$
$$\leqslant\int_{x'}^{x''}|f(x)-f(t)|\mathrm{d}t+\left|\int_{x'}^{x''}f(t)\mathrm{d}t\right|<\dfrac{\varepsilon}{2}\delta+\dfrac{\delta^2}{2},$$

故

$$|f(x)|<\dfrac{\varepsilon}{2}+\dfrac{\delta}{2}<\varepsilon.$$

四、练习题

1. 利用欧拉积分求下列积分：

(1) $I = \int_0^1 \dfrac{\arcsin x}{x} \mathrm{d}x$；（提示：分部积分）　(2) $I = \int_0^\pi \dfrac{x\sin x}{1-\cos x}\mathrm{d}x$.

2. 证明：积分 $I = \int_0^{+\infty} \dfrac{\mathrm{d}x}{(1+x^2)(1+x^a)}$ 与 a 无关.

3. （河北工业大学）　求证：$\int_1^{+\infty} \dfrac{\sin x}{x}\mathrm{d}x$ 收敛而非绝对收敛.

4. 判别下列无穷积分的敛散性.

(1) $\int_1^{+\infty} \dfrac{x^m}{1+x^n}\mathrm{d}x$　$(n>0, m>0)$；　(2) $\int_{-\infty}^{+\infty} \dfrac{x}{\mathrm{e}^x + \mathrm{e}^{-x}}\mathrm{d}x$.

5. 证明：若函数 $f(x)$ 在 $[1, +\infty)$ 单调减少，且当 $x \to +\infty$ 时，$f(x) \to 0$，则无穷积分 $\int_1^{+\infty} f(x)\mathrm{d}x$ 与级数 $\sum\limits_{n=1}^{N} f(n)$ 同时收敛或同时发散.

6. 判别下列瑕积分的敛散性.

(1) $\int_0^1 \dfrac{\mathrm{d}x}{\sqrt{(1-x^2)(1-k^2 x^2)}}$　$(k^2 < 1)$；　(2) $\int_0^{\frac{\pi}{2}} \dfrac{\mathrm{d}x}{\sin^p x \cos^q x}$.

7. 证明瑕积分 $\int_0^1 \dfrac{\mathrm{d}x}{(x(1-\cos x))^\lambda}(\lambda > 0)$ 当 $\lambda < \dfrac{1}{3}$ 时收敛；当 $\lambda \geq \dfrac{1}{3}$ 时发散.

8. 讨论积分 $\int_1^{+\infty} \dfrac{\sin x}{x^p}\mathrm{d}x$ 和 $\int_0^{+\infty} \dfrac{\sin x}{x^p}\mathrm{d}x$ 的绝对收敛与条件收敛性.

9. 证明下列结论. 若 $\int_1^{+\infty} xf(x)\mathrm{d}x$ 收敛，则 $\int_1^{+\infty} f(x)\mathrm{d}x$ 也收敛；设 $f(x)$ 为 $[a, +\infty)$ 上非负连续函数，若 $\int_a^{+\infty} xf(x)\mathrm{d}x$ 收敛，则 $\int_a^{+\infty} f(x)\mathrm{d}x$ 也收敛；设 $f(x)$ 为 $[a, +\infty)$ 上非负连续可微函数，且当 $x \to +\infty$ 时，$f(x)$ 递减趋近于零，则 $\int_a^{+\infty} f(x)\mathrm{d}x$ 收敛的充要条件为 $\int_a^{+\infty} xf'(x)\mathrm{d}x$ 收敛.

10. 证明无穷积分 $\int_0^{+\infty} (-1)^{[x^2]}\mathrm{d}x$ 收敛，其中 $[x^2]$ 表示不超过 x^2 的最大整数.（提示：当 $\sqrt{n} \leq x < \sqrt{n+1}$ 时，有 $[x^2] = n, n = 0, 1, 2 \cdots$. 而 $\int_0^{+\infty} (-1)^{[x^2]}\mathrm{d}x = \sum\limits_{n=0}^{\infty} \int_{\sqrt{n}}^{\sqrt{n+1}} (-1)^{[x^2]}\mathrm{d}x$）

11. 设 $f(x) = \int_0^x \cos\dfrac{1}{t}\mathrm{d}t$，求 $f'(0)$.

12. 设 $g(x)$ 在 $[a, +\infty)$ 上单调有界，且积分 $\int_a^{+\infty} g(x)\sin \lambda x\mathrm{d}x$ 收敛 $(\lambda > 0)$，则 $\lim\limits_{\lambda \to +\infty} \int_a^{+\infty} g(x)\sin \lambda x\mathrm{d}x = 0$.

7.2　含参量积分

✏️ 思维导图

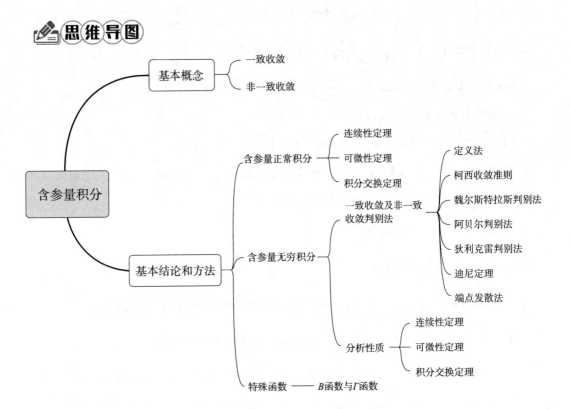

一、基本概念

$\int_a^{+\infty} f(x,y)\mathrm{d}x$ 在 I 上一致收敛是指：$\forall \varepsilon > 0, \exists A_0 > a, \forall A > A_0, \forall y \in I$，有

$$\left| \int_a^A f(x,y)\mathrm{d}x - \int_a^{+\infty} f(x,y)\mathrm{d}x \right| = \left| \int_A^{+\infty} f(x,y)\mathrm{d}x \right| < \varepsilon.$$

$\int_a^{+\infty} f(x,y)\mathrm{d}x$ 在 I 上非一致收敛是指：$\exists \varepsilon_0 > 0, \forall A > a, \exists A' > A, \exists y' \in I$，使得

$$\left| \int_{A'}^{+\infty} f(x,y')\mathrm{d}x \right| \geqslant \varepsilon_0.$$

二、基本结论和方法

（一）含参量正常积分

（1）**连续性定理**　设 $f(x,y)$ 在闭区域 $D=[a,b]\times[c,d]$ 上连续，则 $I(x) = \int_c^d f(x,y)\mathrm{d}y$ 在 $[a,b]$ 上连续.

（2）**可微性定理**　设 $f(x,y), f_x(x,y)$ 都在闭区域 $D=[a,b]\times[c,d]$ 上连续，则 $I(x)$ 在 $[a,b]$ 上可微，且在 $[a,b]$ 上成立 $I'(x) = \int_c^d f_x(x,y)\mathrm{d}y$.

又设 $c(x),d(x)$ 在 $[a,b]$ 上可微,满足 $c \leqslant c(x),d(x) \leqslant d$,则 $F(x) = \int_{c(x)}^{d(x)} f(x,y)\mathrm{d}y$ 在 $[a,b]$ 上可微,且成立

$$F'(x) = \int_{c(x)}^{d(x)} f_x(x,y)\mathrm{d}y + f(x,d(x))d'(x) - f(x,c(x))c'(x).$$

（3）**积分交换定理**　设 $f(x,y)$ 在闭区域 $D = [a,b] \times [c,d]$ 上连续,则

$$\int_a^b \mathrm{d}x \int_c^d f(x,y)\mathrm{d}y = \int_c^d \mathrm{d}y \int_a^b f(x,y)\mathrm{d}x.$$

素养教育:含参量积分是数学分析学习的难点,含参量积分本质上是由积分定义的函数,主要用于非初等函数的表示;另外含参量正常积分连续性定理、积分交换定理及可微性定理这部分内容涉及的题目处理起来技巧性十足,是数学专业考研的易考点.

（二）含参量无穷积分

含参量无穷积分 $\int_a^{+\infty} f(x,y)\mathrm{d}x$ 与函数项级数 $\sum_{n=1}^{\infty} u_n(x)$ 都是对函数的求"和"问题,前者是连续的求和,后者是离散的求和. 因此,它们的一致收敛定义及判别法和各种性质都是平行的.

（1）$\int_a^{+\infty} f(x,y)\mathrm{d}x$ 一致收敛判别法:柯西收敛准则、魏尔斯特拉斯判别法（M 判别法）、阿贝尔判别法、狄利克雷判别法. 另外还有下面的迪尼定理:

迪尼定理:设 $f(x,y)$ 在 $[a,+\infty) \times [c,d]$ 上连续,并且不变号;$I(y) = \int_a^{+\infty} f(x,y)\mathrm{d}x$ 在 $[c,d]$ 连续,则 $\int_a^{+\infty} f(x,y)\mathrm{d}x$ 关于 y 在 $[c,d]$ 上一致收敛.

（2）$\int_a^{+\infty} f(x,y)\mathrm{d}x$ 非一致收敛判别法.

①定义法.

②柯西收敛准则:$\exists \varepsilon_0 > 0, \forall A > a, \exists A', A'' > A$ 及 $y' \in I$ 使得 $\left| \int_{A'}^{A''} f(x,y)\mathrm{d}x \right| \geqslant \varepsilon_0$.

③端点发散法:设 $f(x,y)$ 在 $[a,+\infty) \times [c,d]$ 上连续,对 $[c,d)$ 上的每一个 y, $\int_a^{+\infty} f(x,y)\mathrm{d}x$ 收敛,但积分在 $y = d$ 发散,则 $\int_a^{+\infty} f(x,y)\mathrm{d}x$ 关于 y 在 $[c,d)$ 上非一致收敛.

④迪尼定理:设 $f(x,y)$ 在 $[a,+\infty) \times [c,d]$ 上连续, $I(y) = \int_a^{+\infty} f(x,y)\mathrm{d}x$ 在 $[c,d]$ 上存在但不连续,则 $\int_a^{+\infty} f(x,y)\mathrm{d}x$ 在 $[c,d]$ 上非一致收敛.

素养教育:一致收敛是数学分析中的难点,不易理解.含参量反常积分的一致收敛、非一致收敛性与之前的函数项级数进行比较,并相互补充,理解一致收敛的定义和各类判别法.

（3）含参量无穷积分 $\int_a^{+\infty} f(x,y)\mathrm{d}y$ 的分析性质.

①连续性定理. 设 $f(x,y)$ 在 $[a,+\infty) \times [c,d]$ 上连续,且 $\int_a^{+\infty} f(x,y)\mathrm{d}x$ 在 $[c,d]$ 上一致收敛于 $I(y)$,则 $I(y)$ 在 $[c,d]$ 上连续. 即对任意 $y_0 \in [c,d]$,有 $\lim_{y \to y_0} \int_a^{+\infty} f(x,y)\mathrm{d}x = \int_a^{+\infty} \lim_{y \to y_0} f(x,y)\mathrm{d}x$.

②可微性定理. 设 $f(x,y)$ 在 $[a,+\infty) \times [c,d]$ 上连续,且 $\int_a^{+\infty} f(x,y)\mathrm{d}x$ 在 $[c,d]$ 上一致收敛于 $I(y)$,$\int_a^{+\infty} f_y(x,y)\mathrm{d}x$ 在 $[c,d]$ 上一致收敛,则 $I(y)$ 在 $[c,d]$ 上可微,且 $I'(y) = \int_a^{+\infty} f_y(x,y)\mathrm{d}x$.

③积分交换定理. 在连续性定理的条件下,$I(y)$ 在 $[c,d]$ 上可积,且

$$\int_c^d \mathrm{d}y \int_a^{+\infty} f(x,y)\mathrm{d}x = \int_a^{+\infty} \mathrm{d}x \int_c^d f(x,y)\mathrm{d}y.$$

对于 $[a,+\infty) \times [c,+\infty)$ 的情形有:若 $f(x,y)$ 在 $[a,+\infty) \times [c,+\infty)$ 上连续,而 $\int_a^{+\infty} f(x,y)\mathrm{d}x$ 与 $\int_c^{+\infty} f(x,y)\mathrm{d}y$ 分别在任意有限区间 $[c,d]$ 和 $[a,b]$ 上一致收敛,又积分

$$\int_c^{+\infty} \mathrm{d}y \int_a^{+\infty} |f(x,y)| \mathrm{d}y \quad 与 \quad \int_a^{+\infty} \mathrm{d}x \int_c^{+\infty} |f(x,y)| \mathrm{d}y$$

中至少有一个存在,则积分

$$\int_c^{+\infty} \mathrm{d}y \int_a^{+\infty} f(x,y)\mathrm{d}y \quad 与 \quad \int_a^{+\infty} \mathrm{d}x \int_c^{+\infty} f(x,y)\mathrm{d}y$$

都存在且两者相等.

(三)特殊函数——B 函数与 Γ 函数

1. B 函数或第一类欧拉积分

$$B(p,q) = \int_0^1 x^{p-1} (1-x)^{q-1} \mathrm{d}x, \quad p>0, q>0.$$

其等价形式有

$$B(p,q) = 2 \int_0^{\frac{\pi}{2}} \cos^{2p-1}\varphi \sin^{2q-1}\varphi \mathrm{d}\varphi.$$

因此得到 $B\left(\dfrac{1}{2}, \dfrac{1}{2}\right) = \pi$. 另外有

$$B(p,q) = \int_0^{+\infty} \frac{y^{p-1}}{(1+y)^{p+q}} \mathrm{d}y = \int_0^{+\infty} \frac{y^{q-1}}{(1+y)^{p+q}} \mathrm{d}y = \frac{1}{2} \int_0^{+\infty} \frac{y^{p-1}+y^{q-1}}{(1+y)^{p+q}} \mathrm{d}y.$$

B 函数的性质:

(1)$B(p,q)$ 函数在其定义域 $p>0, q>0$ 上连续且有任意阶连续偏导数;

(2)对称性:$B(p,q) = B(q,p)$;

(3)递推关系式:

$$B(p,q+1) = \frac{q}{p+q} B(p,q), \quad B(p+1,q) = \frac{p}{p+q} B(p,q).$$

如果 m,n 都是自然数,则

$$B(m,n) = \frac{(m-1)! \ (n-1)!}{(m+n-1)!}.$$

2. Γ 函数或第二类欧拉积分

$$\Gamma(s) = \int_0^{+\infty} x^{s-1} \mathrm{e}^{-x} \mathrm{d}x, \quad s>0.$$

其等价形式有

$$\Gamma(s) = 2 \int_0^{+\infty} x^{2s-1} \mathrm{e}^{-x^2} \mathrm{d}x.$$

因此得到

$$\Gamma\left(\frac{1}{2}\right) = 2 \int_0^{+\infty} \mathrm{e}^{-x^2} \mathrm{d}x = \sqrt{\pi}, \quad \Gamma(s) = \alpha^s \int_0^{+\infty} x^{s-1} \mathrm{e}^{-\alpha x} \mathrm{d}x \quad (\alpha>0).$$

Γ 函数的性质:

(1)$\Gamma(s)$ 在其定义域 $s>0$ 上连续,且有任意阶连续导数;

(2)递推关系式:$\Gamma(s+1) = s\Gamma(s), s>0$. 如果 n 都是自然数,则 $\Gamma(n+1) = n!$;

（3）余元公式：$\Gamma(s)\Gamma(1-s)=\dfrac{\pi}{\sin s\pi}, 0<s<1$；

（4）与 B 函数之间的关系：

$$B(p,q)=\frac{\Gamma(p)\Gamma(q)}{\Gamma(p+q)}, \quad p>0, q>0.$$

3. 几个重要的积分：

$$\int_0^{+\infty}\frac{\sin x}{x}\mathrm{d}x=\frac{\pi}{2}, \quad \int_0^{+\infty}\mathrm{e}^{-x^2}\mathrm{d}x=\frac{\sqrt{\pi}}{2}, \quad \int_0^{+\infty}\sin x^2\mathrm{d}x=\int_0^{+\infty}\cos x^2\mathrm{d}x=\frac{1}{2}\sqrt{\frac{\pi}{2}},$$

$$\int_0^{+\infty}\mathrm{e}^{-x^2}\cos ax\,\mathrm{d}x=\frac{\sqrt{\pi}}{2}\mathrm{e}^{-\frac{1}{4}a^2}, \quad \int_0^{+\infty}\frac{\cos ax}{1+x^2}\mathrm{d}x=\frac{\pi}{2}\mathrm{e}^{-|a|}, \quad \int_0^{+\infty}\frac{x\sin ax}{1+x^2}\mathrm{d}x=\frac{\pi}{2}\mathrm{e}^{-|a|}\,\mathrm{sgn}\,a.$$

素养教育：分数阶导数及其应用的研究是当今的热点研究课题，而分数阶导数的定义就是利用 Γ 函数进行定义的，理解 B 函数与 Γ 函数这两个特殊的含参量积分的性质，并能够理论与实践相结合.

三、例题选讲

例 1　求极限 $\displaystyle\lim_{n\to\infty}\int_0^1\frac{\mathrm{d}x}{1+\left(1+\dfrac{x}{n}\right)^n}$.

解　根据题意，令函数

$$f(x,y)=\begin{cases}\dfrac{1}{1+(1+xy)^{\frac{1}{y}}} & 0\leqslant x\leqslant 1, 0<y\leqslant 1 \\[2mm] \dfrac{1}{1+\mathrm{e}^x} & 0\leqslant x\leqslant 1, y=0\end{cases},$$

显然，$f(x,y)$ 在 $[0,1]\times[0,1]$ 上连续，由连续性定理，有

$$\lim_{n\to\infty}\int_0^1\frac{\mathrm{d}x}{1+\left(1+\dfrac{x}{n}\right)^n}=\lim_{y\to 0^+}\int_0^1\frac{\mathrm{d}x}{1+(1+xy)^{\frac{1}{y}}}=\int_0^1\frac{\mathrm{d}x}{1+\mathrm{e}^x}=\ln\frac{2\mathrm{e}}{1+\mathrm{e}}.$$

例 2　计算 $I=\displaystyle\int_0^{\frac{\pi}{2}}\frac{\arctan(a\tan x)}{\tan x}\mathrm{d}x$　$(|a|<1)$.

解　令函数

$$f(x,a)=\frac{\arctan(a\tan x)}{\tan x}.$$

因为 $\displaystyle\lim_{x\to 0^+}f(x,a)=a$，$\displaystyle\lim_{x\to\frac{\pi}{2}^-}f(x,a)=0$，所以积分 I 为正常积分，若补充定义

$$f(x,a)=\begin{cases}0 & x=\dfrac{\pi}{2} \\[2mm] \dfrac{\arctan(a\tan x)}{\tan x} & x\in\left(0,\dfrac{\pi}{2}\right). \\[2mm] a & x=0\end{cases}$$

则 $f(x,a)$ 在 $\left[0,\dfrac{\pi}{2}\right]\times(-1,1)$ 上连续. 而显然

$$f_a(x,a)=\begin{cases}\dfrac{1}{1+a^2\tan^2 x} & x\in\left[0,\dfrac{\pi}{2}\right) \\[2mm] 0 & x=\dfrac{\pi}{2}\end{cases}$$

也在 $\left[0, \dfrac{\pi}{2}\right] \times (-1,1)$ 上连续. 由可微性定理,有

$$I'(a) = \int_0^{\frac{\pi}{2}} \frac{\mathrm{d}x}{1+a^2\tan^2 x} = \int_0^{+\infty} \frac{\mathrm{d}u}{(1+a^2u^2)(1+u^2)} \ (\diamondsuit\ u = \tan x)$$

$$= \frac{1}{a^2-1} \int_0^{+\infty} \left(\frac{1}{u^2+\frac{1}{a^2}} - \frac{1}{1+u^2}\right)\mathrm{d}u$$

$$= \frac{\pi}{2} \cdot \frac{1}{a^2-1}(|a|-1) = \begin{cases} \dfrac{\pi}{2} \cdot \dfrac{1}{1+a} & a \geqslant 0 \\[2mm] \dfrac{\pi}{2} \cdot \dfrac{1}{1-a} & a < 0 \end{cases}.$$

由于 $a=0$ 时,$I(a)=0$,所以当 $a \geqslant 0$ 时,$I(a) = \dfrac{\pi}{2}\ln(1+a)$;当 $a<0$ 时,$I(a) = -\dfrac{\pi}{2}\ln(1-a)$.

例 3 设 $F(r) = \int_0^{2\pi} \mathrm{e}^{r\cos\theta}\cos(r\sin\theta)\mathrm{d}\theta$,求证:$F(r) \equiv 2\pi$.

证明 因为 $F(0)=2\pi$,所以要证 $F(r) \equiv 2\pi$,只要证明 $F(r)$ 为常数,为此我们考虑 $F(r)$ 的导数

$$F'(r) = \int_0^{2\pi} (\mathrm{e}^{r\cos\theta}\cos(r\sin\theta))'_r \mathrm{d}\theta = \int_0^{2\pi} \mathrm{e}^{r\cos\theta}\cos(\theta+r\sin\theta)\mathrm{d}\theta,$$

所以

$$F''(r) = \int_0^{2\pi} \mathrm{e}^{r\cos\theta}\cos(2\theta+r\sin\theta)\mathrm{d}\theta,$$

$$\vdots$$

$$F^{(n)}(r) = \int_0^{2\pi} \mathrm{e}^{r\cos\theta}\cos(n\theta+r\sin\theta)\mathrm{d}\theta, \quad n=1,2\cdots, \tag{7-1}$$

且 $F^{(n)}(0) = \int_0^{2\pi} \cos n\theta\, \mathrm{d}\theta, n=1,2\cdots$,根据泰勒展开式

$$F(r) - F(0) = \sum_{k=1}^{n-1} \frac{F^{(k)}(0)}{k!}r^k + \frac{F^{(n)}(\theta_1 r)}{n!}r^n = \frac{F^{(n)}(\theta_1 r)}{n!}r^n \quad (0 < \theta_1 < 1),$$

由式(1)可得 $|F^{(n)}(\theta_1 r)| \leqslant 2\pi\mathrm{e}^r$,所以

$$\left| \frac{F^{(n)}(\theta_1 r)}{n!}r^n \right| \leqslant \frac{2\pi\mathrm{e}^r \cdot r^n}{n!} \to 0 \quad (n \to \infty),$$

所以 $F(r) \equiv F(0) = 2\pi$.

例 4 证明:$\int_0^1 \dfrac{1}{x^\alpha}\sin\dfrac{1}{x}\mathrm{d}x$ 在 $0 < \alpha < 2$ 上非一致收敛.

证明 令 $x = \dfrac{1}{t}$,则 $\int_0^1 \dfrac{1}{x^\alpha}\sin\dfrac{1}{x}\mathrm{d}x = \int_1^{+\infty} \dfrac{\sin t}{t^{2-\alpha}}\mathrm{d}t$. 显然在 $0 < \alpha < 2$ 上收敛,又 $\dfrac{\sin t}{t^{2-\alpha}}$ 在 $[0,+\infty) \times$ $[0,2]$ 上连续,但当 $\alpha=2$ 时,$\int_1^{+\infty} \sin t\, \mathrm{d}t$ 发散,所以由端点发散法知,$\int_1^{+\infty} \dfrac{\sin t}{t^{2-\alpha}}\mathrm{d}t$ 在 $0 < \alpha < 2$ 上非一致收敛,即 $\int_0^1 \dfrac{1}{x^\alpha}\sin\dfrac{1}{x}\mathrm{d}x$ 在 $0 < \alpha < 2$ 上非一致收敛.

例 5 求极限 $\lim\limits_{\alpha \to 0^+} \int_0^{+\infty} \dfrac{\sin 2x}{x+\alpha}\mathrm{e}^{-\alpha x}\mathrm{d}x$.

解 令

$$f(x,\alpha) = \begin{cases} \dfrac{\sin 2x}{x+\alpha}\mathrm{e}^{-\alpha x} & x \in [0,+\infty), \alpha \in (0,\delta) \\[2mm] \dfrac{\sin 2x}{x} & x \in (0,+\infty), \alpha = 0 \\[2mm] 2 & x=0, \alpha = 0 \end{cases},$$

则 $f(x,\alpha)$ 在 $[0,+\infty)\times[0,\delta]$ 上连续；$\int_0^{+\infty}\dfrac{\sin 2x}{x+\alpha}\mathrm{e}^{-\alpha x}\mathrm{d}x$ 在 $[0,\delta]$ 关于 α 一致收敛.

事实上

(1) $\mathrm{e}^{-\alpha x}$ 对 x 单调，且 $|\mathrm{e}^{-\alpha x}|\leqslant 1,(\forall\alpha\geqslant 0,x>0)$ 一致有界；

(2) $\int_0^{+\infty}\dfrac{\sin 2x}{x+\alpha}\mathrm{d}x$ 关于 α 在 $[0,\delta]$ 上一致收敛，这是因为 $\left|\int_0^A\sin 2x\mathrm{d}x\right|\leqslant 2,\dfrac{1}{x+\alpha}$ 对 x 单调，且 $x\to+\infty$ 时 $\dfrac{1}{x+\alpha}$ 一致收敛于零，所以由狄利克雷判别法知，$\int_0^{+\infty}\dfrac{\sin 2x}{x+\alpha}\mathrm{d}x$ 在 $[0,\delta]$ 上关于 α 一致收敛.

再由阿贝尔判别法可知，$\int_0^{+\infty}f(x,\alpha)\mathrm{d}x$ 在 $[0,\delta]$ 上关于 α 一致收敛，所以积分号下可以取极限，因而

$$\lim_{\alpha\to 0^+}\int_0^{+\infty}\frac{\sin 2x}{x+\alpha}\mathrm{e}^{-\alpha x}\mathrm{d}x=\int_0^{+\infty}\frac{\sin 2x}{x}\mathrm{d}x=\frac{\pi}{2}.$$

例 6 讨论函数

$$I(\alpha)=\int_0^{+\infty}\frac{\arctan x}{x^\alpha(2+x^3)}\mathrm{d}x$$

的连续区间.

解 先确定 $I(\alpha)$ 的定义域，即积分的收敛范围. 显然 $x=0,x=+\infty$ 是可能的奇点. 当 $x\to 0$ 时，$\dfrac{\arctan x}{x^\alpha(2+x^3)}\sim\dfrac{1}{2}\cdot\dfrac{1}{x^{\alpha-1}}$. 由此可见，当 $\alpha-1<1$，即 $\alpha<2$ 时，积分 $\int_0^1\dfrac{\arctan x}{x^\alpha(2+x^3)}\mathrm{d}x$ 收敛；当 $x\to+\infty$ 时，$\dfrac{\arctan x}{x^\alpha(2+x^3)}\sim\dfrac{\pi}{2}\cdot\dfrac{1}{x^{\alpha+3}}$. 由此可见，当 $\alpha+3>1$，即 $\alpha>-2$ 时，积分 $\int_1^{+\infty}\dfrac{\arctan x}{x^\alpha(2+x^3)}\mathrm{d}x$ 收敛. 综合起来可知，$I(\alpha)$ 的定义域为 $(-2,2)$.

下面将证明 $I(\alpha)$ 在 $(-2,2)$ 上连续. 为此只需证明 $I(\alpha)$ 在 $(-2,2)$ 上内闭一致收敛，即 $\forall[a,b]\subset(-2,2),I(\alpha)$ 在 $[a,b]$ 上一致收敛即可.

当 $x\in(0,1)$ 时，对 $\alpha\leqslant b<2$，存在常数 $C>0$，使得

$$\frac{\arctan x}{x^\alpha(2+x^3)}\leqslant\frac{C}{x^{\alpha-1}}\leqslant\frac{C}{x^{b-1}}.$$

注意到积分 $\int_0^1\dfrac{\mathrm{d}x}{x^{b-1}}(b-1<1)$ 收敛，故由魏尔斯特拉斯判别法知，积分 $\int_0^1\dfrac{\arctan x}{x^\alpha(2+x^3)}\mathrm{d}x$ 在 $(-\infty,b]$ 上一致收敛.

当 $x\in[1,+\infty)$ 时，对 $-2<a\leqslant\alpha$，有

$$\frac{\arctan x}{x^\alpha(2+x^3)}\leqslant\frac{\pi}{2}\cdot\frac{1}{x^{\alpha+3}}\leqslant\frac{\pi}{2}\cdot\frac{1}{x^{a+3}}.$$

由 $\int_1^{+\infty}\dfrac{\mathrm{d}x}{x^{a+3}}(a+3>1)$ 收敛，故由魏尔斯特拉斯判别法知，积分 $\int_1^{+\infty}\dfrac{\arctan x}{x^\alpha(2+x^3)}\mathrm{d}x$ 在 $[a,+\infty)$ 上一致收敛. 综合起来，即知 $I(\alpha)$ 在 $[a,b]$ 上一致收敛，从而 $I(\alpha)$ 在 $(-2,2)$ 上连续.

例 7 设 $\int_a^{+\infty}f(x)\mathrm{d}x$ 收敛，$a>0$，证明：

$$\lim_{y\to 0^+}\int_a^{+\infty}\mathrm{e}^{-xy}f(x)\mathrm{d}x=\int_a^{+\infty}f(x)\mathrm{d}x.$$

证明 因为 $\int_a^{+\infty}f(x)\mathrm{d}x$ 收敛，$|\mathrm{e}^{-xy}|\leqslant 1,x\in[a,+\infty),y\in[0,1]$，且 e^{-xy} 对于固定的 y 关于 x 单调，所以由阿贝尔判别法知，$\int_a^{+\infty}\mathrm{e}^{-xy}f(x)\mathrm{d}x$ 关于 y 在 $[0,1]$ 上一致收敛，所以 $\forall\varepsilon>0,\exists A_0>a$，使

$$\left|\int_{A_0}^{+\infty} f(x)\mathrm{d}x\right| < \frac{\varepsilon}{3} \text{ ,且} \forall y \in [0,1] \text{有}$$

$$\left|\int_{A_0}^{+\infty} e^{-xy} f(x)\mathrm{d}x\right| < \frac{\varepsilon}{3}.$$

因为 $f(x) \in \mathbf{R}[a, A_0]$，所以 $\exists M > 0$，使 $\forall x \in [a, A_0]$，有 $|f(x)| \leqslant M$，又

$$\lim_{y \to 0^+} M(A_0 - a)(1 - e^{-yA_0}) = 0.$$

对 $\frac{\varepsilon}{3} > 0$，$\exists \delta(0 < \delta < 1)$，使当 $0 < y < \delta$ 时，有 $M(A_0 - a)(1 - e^{-yA_0}) < \frac{\varepsilon}{3}$，从而当 $0 < y < \delta$ 时，有

$$\left|\int_a^{+\infty} e^{-xy} f(x)\mathrm{d}x - \int_a^{+\infty} f(x)\mathrm{d}x\right|$$

$$\leqslant \left|\int_a^{A_0} (1 - e^{-xy}) f(x)\mathrm{d}x\right| + \left|\int_{A_0}^{+\infty} e^{-xy} f(x)\mathrm{d}x\right| + \left|\int_{A_0}^{+\infty} f(x)\mathrm{d}x\right|$$

$$\leqslant M(A_0 - a)(1 - e^{-yA_0}) + \frac{\varepsilon}{3} + \frac{\varepsilon}{3} < \frac{\varepsilon}{3} + \frac{\varepsilon}{3} + \frac{\varepsilon}{3} = \varepsilon$$

所以

$$\lim_{y \to 0^+} \int_a^{+\infty} e^{-xy} f(x)\mathrm{d}x = \int_a^{+\infty} f(x)\mathrm{d}x.$$

注：若 $\int_a^{+\infty} f(x)\mathrm{d}x$ 绝对收敛，此时不需要验证一致收敛，因为

$$\left|\int_a^{+\infty} e^{-xy} f(x)\mathrm{d}x - \int_a^{+\infty} f(x)\mathrm{d}x\right| \leqslant M(A - a)(1 - e^{-yA}) + 2\int_A^{+\infty} |f(x)|\mathrm{d}x.$$

例 8 计算下列积分.

(1) $\int_0^{\frac{\pi}{2}} (\tan x)^\alpha \mathrm{d}x, |\alpha| < 1$； (2) $\int_0^1 \ln \Gamma(x)\mathrm{d}x$.

解 (1) $\int_0^{\frac{\pi}{2}} (\tan x)^\alpha \mathrm{d}x = \int_0^{\frac{\pi}{2}} \sin^\alpha x \cos^{-\alpha} x \mathrm{d}x = \int_0^{\frac{\pi}{2}} \sin^{2\frac{1+\alpha}{2}-1} x \cos^{2\frac{1-\alpha}{2}-1} x \mathrm{d}x$

$$= \frac{1}{2}\mathrm{B}\left(\frac{1+\alpha}{2}, \frac{1-\alpha}{2}\right) = \frac{1}{2}\Gamma\left(\frac{1+\alpha}{2}\right)\Gamma\left(\frac{1-\alpha}{2}\right)$$

$$= \frac{1}{2}\frac{\pi}{\sin\frac{1+\alpha}{2}\pi} = \frac{\pi}{2\cos\frac{\alpha}{2}\pi}.$$

(2) 令 $x = 1 - t$，则 $\mathrm{d}x = -\mathrm{d}t$，代入原积分有

$$\int_0^1 \ln \Gamma(x)\mathrm{d}x = \int_0^1 \ln \Gamma(1-x)\mathrm{d}x.$$

所以

$$2\int_0^1 \ln \Gamma(x)\mathrm{d}x = \int_0^1 \ln \Gamma(x)\mathrm{d}x + \int_0^1 \ln \Gamma(1-x)\mathrm{d}x$$

$$= \int_0^1 \ln \Gamma(x)\Gamma(1-x)\mathrm{d}x = \int_0^1 \ln \frac{\pi}{\sin x\pi}\mathrm{d}x \text{ (余元公式)}$$

$$= \int_0^1 \ln \pi \mathrm{d}x - \int_0^1 \ln \sin x\pi \mathrm{d}x = \ln \pi - \frac{1}{\pi}\int_0^\pi \ln \sin u \mathrm{d}u \text{ (令 } u = x\pi\text{)}$$

$$= \ln \pi - \frac{2}{\pi}\int_0^{\frac{\pi}{2}} \ln \sin u \mathrm{d}u = \ln \pi - \frac{2}{\pi}\left(-\frac{\pi}{2}\ln 2\right) = \ln 2\pi.$$

其中欧拉公式 $\int_0^{\frac{\pi}{2}} \ln\sin x\mathrm{d}x = -\frac{\pi}{2}\ln 2$. 故 $\int_0^1 \ln \Gamma(x)\mathrm{d}x = \frac{1}{2}\ln 2\pi.$

例 9　求极限 $\lim\limits_{n\to\infty}\displaystyle\int_0^{+\infty}\mathrm{e}^{-x^n}\mathrm{d}x$.

解　这个题目可用含参量积分的连续性定理,这里我们用 Γ 函数. 令 $t=x^n$,则 $x=t^{\frac{1}{n}}$,$\mathrm{d}x=\dfrac{1}{n}t^{\frac{1}{n}-1}\mathrm{d}t$,代入原积分有

$$\int_0^{+\infty}\mathrm{e}^{-x^n}\mathrm{d}x=\int_0^{+\infty}\frac{1}{n}t^{\frac{1}{n}-1}\mathrm{e}^{-t}\mathrm{d}t=\frac{1}{n}\Gamma\left(\frac{1}{n}\right)=\Gamma\left(\frac{1}{n}+1\right)\to\Gamma(1)=1\quad(n\to\infty).$$

这里应用了 $\Gamma(s)$ 在其定义域上的连续性.

例 10　证明：$\displaystyle\int_0^{+\infty}\mathrm{e}^{-x^4}\mathrm{d}x\int_0^{+\infty}x^2\mathrm{e}^{-x^4}\mathrm{d}x=\dfrac{\sqrt{2}}{16}\pi$.

证明　令 $x^4=t$, 则 $\mathrm{d}x=\dfrac{1}{4}t^{-\frac{3}{4}}\mathrm{d}t$, 所以

$$\int_0^{+\infty}\mathrm{e}^{-x^4}\mathrm{d}x\int_0^{+\infty}x^2\mathrm{e}^{-x^4}\mathrm{d}x=\frac{1}{16}\Gamma\left(\frac{1}{4}\right)\Gamma\left(\frac{3}{4}\right)=\frac{1}{16}\frac{\pi}{\sin\dfrac{\pi}{4}}=\frac{\sqrt{2}}{16}\pi.$$

例 11　证明：

$$I=\int_0^{+\infty}\mathrm{e}^{-px}\left(\frac{\cos\alpha x-\cos\beta x}{x}\right)\mathrm{d}x=\frac{1}{2}\ln\frac{p^2+\beta^2}{p^2+\alpha^2},\quad(\alpha,\beta,p>0).$$

证明　不妨设 $0<\alpha<\beta$,因为

$$\int_\alpha^\beta\sin xy\,\mathrm{d}y=\frac{\cos\alpha x-\cos\beta x}{x}$$

所以

$$I=\int_0^{+\infty}\mathrm{e}^{-px}\left(\frac{\cos\alpha x-\cos\beta x}{x}\right)\mathrm{d}x=\int_0^{+\infty}\mathrm{d}x\int_\alpha^\beta\mathrm{e}^{-px}\sin xy\,\mathrm{d}y.$$

令 $f(x,y)=\mathrm{e}^{-px}\sin xy,(x,y)\in[0,+\infty)\times[\alpha,\beta]$,则

(1) $f(x,y)\in\mathrm{C}[0,+\infty)\times[\alpha,\beta]$.

(2) 又因为 $|f(x,y)|\leqslant\mathrm{e}^{-px}$,且 $\displaystyle\int_0^{+\infty}\mathrm{e}^{-px}\mathrm{d}x$ 收敛,所以 $\displaystyle\int_0^{+\infty}f(x,y)\mathrm{d}x$ 关于 y 在 $[\alpha,\beta]$ 上一致收敛,从而

$$I=\int_\alpha^\beta\mathrm{d}y\int_0^{+\infty}\mathrm{e}^{-px}\sin xy\,\mathrm{d}x=\int_\alpha^\beta\left(\frac{-p\sin xy-y\cos xy}{p^2+y^2}\mathrm{e}^{-px}\Big|_{x=0}^{x=+\infty}\right)\mathrm{d}y$$

$$=\int_\alpha^\beta\frac{y\,\mathrm{d}y}{p^2+y^2}=\frac{1}{2}\ln(p^2+y^2)\Big|_\alpha^\beta=\frac{1}{2}\ln\frac{p^2+\beta^2}{p^2+\alpha^2}.$$

四、练习题

1. 求极限 $\lim\limits_{y\to0^+}\displaystyle\int_0^1\dfrac{\mathrm{d}x}{1+(1+xy)^{\frac{1}{y}}}$.

2. 讨论 $F(y)=\displaystyle\int_0^1\dfrac{yf(x)}{x^2+y^2}\mathrm{d}x$ 的连续性,其中 $f(x)\in\mathrm{C}[0,1]$,且 $\forall x\in[0,1],f(x)>0$.

3. 解答下列各题

(1) 设 $a>0,b>0$,求 $\displaystyle\int_0^1\dfrac{x^b-x^a}{\ln x}\sin\left(\ln\dfrac{1}{x}\right)\mathrm{d}x$;

(2) 设 $f(t)=\left(\displaystyle\int_0^t\mathrm{e}^{-x^2}\mathrm{d}x\right)^2,g(t)=\displaystyle\int_0^1\dfrac{\mathrm{e}^{-t^2(1+x^2)}}{1+x^2}\mathrm{d}x$. 证明：$f(t)+g(t)=\dfrac{\pi}{4}$,并由此计算

$$\int_0^{+\infty} e^{-x^2} dx.$$

4. (东北大学) (1)证明：$F(\alpha) = \int_0^{+\infty} \dfrac{1-e^{-\alpha x}}{x} \cos x dx$ 关于 $\alpha \in [0,1]$ 一致收敛；(2)计算积分 $J = \int_0^{+\infty} \dfrac{1-e^{-x}}{x} \cos x dx$.

5. (苏州大学) 求积分

$$I = \int_0^{+\infty} \frac{\cos ax - \cos bx}{x^2} dx, \quad (b > a > 0).$$

6. (东北大学) 证明：$\int_0^{+\infty} e^{-\alpha x^2} \sin x dx$ 关于 α 在 $[\varepsilon, +\infty)$ 上一致收敛，但在 $(0, +\infty)$ 上非一致收敛，其中 $\varepsilon > 0$.

7. (河海大学) 关于参数 λ 讨论下列广义积分的收敛性.

$$\int_0^{+\infty} \frac{e^{\sin x} \sin 2x}{x^\lambda} dx, \text{ 其中 } \lambda > 0.$$

8. 计算 $I(y) = \int_0^{+\infty} e^{-a^2 x^2} \cos(2xy) dx \quad (a > 0)$.

9. 设 $f(x)$ 在 $[0, +\infty)$ 连续有界，$F(y) = \int_0^{+\infty} \dfrac{f(x)}{x^2 + y^2} dx$，证明：$F(y)$ 在 $y > 0$ 上连续.

10. 确定函数 $g(\alpha) = \int_0^{+\infty} \dfrac{\ln(1+x^3)}{x^a} dx$ 的连续范围.

11. (东南大学) 设 $p > 0$，判别积分 $F(p) = \int_1^{+\infty} \dfrac{\cos x \cdot \arctan x}{x^p} dx$ 的敛散性(包括绝对收敛、条件收敛和发散)，并证明 $F(p)$ 在 $p > 0$ 上连续.

12. 计算 $I = \int_0^{+\infty} \dfrac{e^{-ax} - e^{-bx}}{x} dx \quad (a > 0, b > 0, a < b)$.

13. (1)(东华大学) 已知 $\int_{-\infty}^{+\infty} e^{-x^2} dx = \sqrt{\pi}$，求 $\int_0^{+\infty} x^4 e^{-x^2} dx$.

(2)(南京理工大学) 已知 $\Gamma\left(\dfrac{1}{2}\right) = \sqrt{\pi}$，求 $\int_{-\infty}^{+\infty} x^2 e^{-x^2} dx$.

14. 计算积分 $\int_0^{+\infty} \dfrac{\sqrt[4]{x}}{(1+x)^2} dx$.

15. 计算积分 $\int_a^{a+1} \ln\Gamma(x) dx, a > 0$.

16. (东华大学) 求 $I = \int_0^1 \cos\left(\ln\dfrac{1}{x}\right) \dfrac{x^b - x^a}{\ln x} dx \quad (b > a > 0)$.

17. (中南大学、北京大学、河北工业大学) 证明广义积分 $I(a) = \int_0^{+\infty} e^{-ax} \dfrac{\sin x}{x} dx$ 在 $a \geq 0$ 的范围内关于 a 一致收敛，并求狄利克雷积分 $I = \int_0^{+\infty} \dfrac{\sin x}{x} dx$ 的值.

18. (东北大学) 设 $J = \int_0^{+\infty} \dfrac{\ln(1+\alpha^2 x^2)}{\beta^2 + x^2} dx \quad (\alpha > 0, \beta > 0)$.

(1)$\forall b > 0$，证明：广义积分 J 关于 $\alpha \in [0, b]$ 一致收敛.

(2)求广义积分 J. $\left(\text{提示：} \int_0^{+\infty} e^{-x^2} dx = \dfrac{\sqrt{\pi}}{2}\right)$

第8章 多元函数积分学

多元函数积分学是数学分析的核心内容. 二重积分、三重积分、曲线积分和曲面积分的计算、格林公式、高斯公式、斯托克斯公式是重点,本章的难点是两类曲线积分与两类曲面积分之间的联系. 本章主要内容包括二重积分、三重积分、第一型曲线积分、第二型曲线积分、第一型曲面积分和第二型曲面积分的定义、物理与几何意义、性质、计算步骤、计算方法、格林公式、高斯公式、斯托克斯公式等.

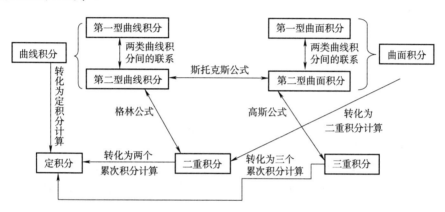

8.1 二重积分

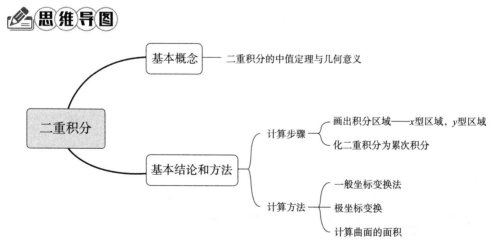

一、基本概念

二重积分的中值定理与几何意义

(1)**中值定理** 若 $f(x,y)$ 在有界闭区域 D 上连续,则存在 $(\xi,\eta)\in D$,使得 $\displaystyle\iint\limits_{D}f(x,y)\mathrm{d}\sigma=$

$f(\xi,\eta)S_D$,这里 S_D 是积分区域 D 的面积.

(2)**中值定理的几何意义** 以 D 为底,$z=f(x,y)(f(x,y)\geqslant 0)$ 为曲顶的曲顶柱体体积,等于同底的平顶柱体的体积,这个平顶柱体的高等于 $f(x,y)$ 在区域 D 中某点 (ξ,η) 的函数值 $f(\xi,\eta)$.

素养教育:二重积分的定义利用了从有限到无限分割的思想,体现了从量变到质变的过程.

二重积分的定义和性质(线性性质、可加性、不等式性质),二重积分的可积条件,参见华东师范大学出版的《数学分析》或其他基础教材.

二、基本结论和方法

(一)计算步骤

1. 画出积分区域

称平面点集

$$D=\{(x,y)\mid y_1(x)\leqslant y\leqslant y_2(x),a\leqslant x\leqslant b\} \tag{8-1}$$

为 x-型区域.

称平面点集

$$D=\{(x,y)\mid x_1(y)\leqslant x\leqslant x_2(y),c\leqslant y\leqslant d\} \tag{8-2}$$

为 y-型区域.

这些区域的特点是当 D 为 x-型区域时,垂直于 x 轴的直线 $x=x_0(a<x_0<b)$ 至多与区域 D 的边界交于两点;当 D 为 y-型区域时,直线 $y=y_0(c<y_0<d)$ 至多与 D 的边界交于两点.

许多常见的区域都可以分解成有限个除边界外无公共内点的 x-型区域或 y-型区域.因而解决了 x-型区域或 y-型区域上二重积分的计算问题,那么一般区域上二重积分的计算问题也就得到了解决.

2. 化二重积分为累次积分

若 $f(x,y)$ 在如(1)式所示的 x-型区域 D 上连续,其中 $y_1(x),y_2(x)$ 在 $[a,b]$ 上连续,则

$$\iint\limits_D f(x,y)\mathrm{d}\sigma=\int_a^b\mathrm{d}x\int_{y_1(x)}^{y_2(x)}f(x,y)\mathrm{d}y.$$

即二重积分可化为先对 y,后对 x 的累次积分.

若 D 为(2)式所示的 y-型区域,其中 $x_1(y),x_2(y)$ 在 $[c,d]$ 上连续,则二重积分可化为先对 x,后对 y 的累次积分,则

$$\iint\limits_D f(x,y)\mathrm{d}\sigma=\int_c^d\mathrm{d}y\int_{x_1(y)}^{x_2(y)}f(x,y)\mathrm{d}x.$$

(二)计算方法

1. 一般坐标变换

设 $f(x,y)$ 在有界闭区域 D 上可积,变换 $T:x=x(u,v),y=y(u,v)$ 将 uv 平面上由按段光滑封闭曲线所围的闭区域 Δ 一对一地映成 xy 平面上的闭区域 D,函数 $x(u,v),y(u,v)$ 在 Δ 内分别具有一阶连续偏导数,且它们的函数行列式

$$J(u,v)=\frac{\partial(x,y)}{\partial(u,v)}\neq 0,\quad (u,v)\in\Delta,$$

则

$$\iint\limits_D f(x,y)\mathrm{d}\sigma=\iint\limits_\Delta f(x(u,v),y(u,v))\mid J(u,v)\mid \mathrm{d}u\mathrm{d}v.$$

2. 极坐标变换

当积分区域为圆域或圆域的一部分,或者被积函数的形式为 $f(x^2+y^2)$ 时,采用极坐标变换 T: $x=r\cos\theta, y=r\sin\theta(0\leqslant r<+\infty, 0\leqslant\theta\leqslant2\pi)$,往往能达到积分区域或被积函数被简化的目的,此时 $J(r,\theta)=r$. 在极坐标变换 T 下,xy 平面上有界区域 D 与 $r\theta$ 平面上区域 Δ 对应,则有

$$\iint\limits_{D}f(x,y)\mathrm{d}x\mathrm{d}y=\iint\limits_{\Delta}f(r\cos\theta,r\sin\theta)r\mathrm{d}r\mathrm{d}\theta.$$

模型 I 设有界闭区域

$$\Delta=\{(r,\theta)\mid\alpha\leqslant\theta\leqslant\beta,\quad\varphi_1(\theta)\leqslant r\leqslant\varphi_2(\theta)\}$$

其中 $\varphi_1(\theta),\varphi_2(\theta)$ 在 $[\alpha,\beta]$ 上连续,$f(x,y)=f(r\cos\theta,r\sin\theta)$ 在 Δ 上连续. 则

$$\iint\limits_{D}f(x,y)\mathrm{d}\sigma=\iint\limits_{\Delta}f(r\cos\theta,r\sin\theta)r\mathrm{d}r\mathrm{d}\theta=\int_{\alpha}^{\beta}\mathrm{d}\theta\int_{\varphi_1(\theta)}^{\varphi_2(\theta)}f(r\cos\theta,r\sin\theta)r\mathrm{d}r.$$

模型 II 设有界闭区域

$$\Delta=\{(r,\theta)\mid\alpha\leqslant\theta\leqslant\beta,0\leqslant r\leqslant\varphi(\theta)\}$$

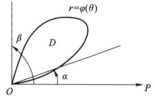

其中 $\varphi(\theta)$ 在 $[\alpha,\beta]$ 上连续,$f(x,y)=f(r\cos\theta,r\sin\theta)$ 在 Δ 上连续. 则

$$\iint\limits_{D}f(x,y)\mathrm{d}\sigma=\iint\limits_{\Delta}f(r\cos\theta,r\sin\theta)r\mathrm{d}r\mathrm{d}\theta=\int_{\alpha}^{\beta}\mathrm{d}\theta\int_{0}^{\varphi(\theta)}f(r\cos\theta,r\sin\theta)r\mathrm{d}r.$$

广义极坐标变换

$$T:x=ar\cos\theta, y=br\sin\theta(0\leqslant r<+\infty, 0\leqslant\theta\leqslant2\pi),$$

此时,$J(r,\theta)=abr$.

素养教育:将二重积分转化为两个定积分进行计算,复杂问题简单化,培养学生的科研思维方法.

3. 计算曲面的面积

设 D 是可求面积的平面有界区域,函数 $f(x,y)$ 在 D 上具有连续的一阶偏导数,利用"分割、近似求和、取极限"和"以平面代替曲面"的思想,可得由方程 $z=f(x,y),(x,y)\in D$ 所确定的曲面 S 的面积的计算公式为

$$\Delta S=\iint\limits_{D}\sqrt{1+f_x^2+f_y^2}\,\mathrm{d}x\mathrm{d}y \quad \text{或} \quad \Delta S=\iint\limits_{D}\frac{\mathrm{d}x\mathrm{d}y}{|\cos(\boldsymbol{n},z)|}.$$

其中 $|\cos(\boldsymbol{n},z)|$ 为曲面的法向量与 z 轴正向夹角的余弦.

素养教育:研究曲面的面积可采用多种方法,体现多角度研究问题,不能片面只看事物的一方面,要全面系统地解决问题.

三、例题选讲

例 1 若 $f(x,y)$ 为有界闭区域 D 上的非负连续函数,且在 D 上不恒为零,则有

$$\iint\limits_{D}f(x,y)\mathrm{d}\sigma>0.$$

证明 由题设,存在 $P_0(x_0,y_0)\in D$,使得 $f(P_0)>0$. 令 $\delta=f(P_0)$,则由连续函数的局部保号性知,$\exists\eta>0,\forall P\in D_1=U(P_0,\eta)\bigcap D$,使得 $f(P)>\dfrac{\delta}{2}$. 又因 $f(x,y)\geqslant0$,且连续,所以

$$\iint\limits_{D}f(x,y)\mathrm{d}\sigma=\iint\limits_{D_1}f(x,y)\mathrm{d}\sigma+\iint\limits_{D-D_1}f(x,y)\mathrm{d}\sigma\geqslant\iint\limits_{D_1}f(x,y)\mathrm{d}\sigma\geqslant\frac{\delta}{2}\cdot S_{D_1}>0.$$

其中 S_{D_1} 表示区域 D_1 的面积. 故有 $\iint\limits_{D}f(x,y)\mathrm{d}\sigma>0$.

例 2 求 $\lim\limits_{\rho \to 0} \dfrac{1}{\pi \rho^2} \iint\limits_{x^2+y^2 \leqslant \rho^2} f(x,y)\mathrm{d}\sigma$,其中 $f(x,y)$ 为连续函数.

解 由积分中值定理知,在 $D=\{(x,y) \mid x^2+y^2 \leqslant \rho^2\}$ 内至少存在一点 $(\xi,\eta) \in D$,使

$$\frac{1}{\pi \rho^2} \iint\limits_{D} f(x,y)\mathrm{d}\sigma = f(\xi,\eta).$$

由于区域 D 的直径 $\rho \to 0$ 时,也有 $(\xi,\eta) \to (0,0)$. 因此有

$$\lim_{\rho \to 0} \frac{1}{\pi \rho^2} \iint\limits_{D} f(x,y)\mathrm{d}\sigma = \lim_{\substack{\xi \to 0 \\ \eta \to 0}} f(\xi,\eta) = f(0,0).$$

例 3 (河北工业大学) 证明:若 $f(x)$、$g(x)$ 在 $[a,b]$ 上可积,则

$$\left(\int_a^b f(x)g(x)\mathrm{d}x\right)^2 \leqslant \int_a^b f^2(x)\mathrm{d}x \cdot \int_a^b g^2(x)\mathrm{d}x.$$

证明 首先

$$
\begin{aligned}
\left(\int_a^b f(x)g(x)\mathrm{d}x\right)^2 &= \int_a^b f(x)g(x)\mathrm{d}x \cdot \int_a^b f(y)g(y)\mathrm{d}y \\
&= \iint\limits_{[a,b]^2} f(x)g(x) \cdot f(y)g(y)\mathrm{d}x\mathrm{d}y.
\end{aligned}
$$

因为

$$f(x)g(y) \cdot g(x)f(y) \leqslant \frac{f^2(x)g^2(y)+f^2(y)g^2(x)}{2}$$

所以

$$
\begin{aligned}
\left(\int_a^b f(x)g(x)\mathrm{d}x\right)^2 &\leqslant \iint\limits_{[a,b]^2} \frac{f^2(x)g^2(y)+f^2(y)g^2(x)}{2}\mathrm{d}x\mathrm{d}y \\
&= \iint\limits_{[a,b]^2} f^2(x)g^2(y)\mathrm{d}x\mathrm{d}y = \int_a^b f^2(x)\mathrm{d}x \cdot \int_a^b g^2(x)\mathrm{d}x.
\end{aligned}
$$

例 4 设 $f(x)$ 在 $[a,b]$ 上连续,证明不等式

$$\left(\int_a^b f(x)\mathrm{d}x\right)^2 \leqslant (b-a)\int_a^b f^2(x)\mathrm{d}x,$$

其中等号仅在 $f(x)$ 为常量函数时成立.

证明 因 $f(x)$ 在 $[a,b]$ 上连续,故 $f^2(x)$ 在 $[a,b] \times [a,b]$ 上可积,从而

$$
\begin{aligned}
\left(\int_a^b f(x)\mathrm{d}x\right)^2 &= \int_a^b f(x)\mathrm{d}x \cdot \int_a^b f(y)\mathrm{d}y \\
&= \int_a^b \int_a^b f(x)f(y)\mathrm{d}x\mathrm{d}y \leqslant \int_a^b \int_a^b \frac{f^2(x)+f^2(y)}{2}\mathrm{d}x\mathrm{d}y \\
&= \frac{1}{2}\int_a^b \int_a^b f^2(x)\mathrm{d}x\mathrm{d}y + \frac{1}{2}\int_a^b \int_a^b f^2(y)\mathrm{d}x\mathrm{d}y \\
&= \int_a^b \int_a^b f^2(x)\mathrm{d}x\mathrm{d}y = \int_a^b \mathrm{d}y \int_a^b f^2(x)\mathrm{d}x = (b-a)\int_a^b f^2(x)\mathrm{d}x.
\end{aligned}
$$

例 5 (1)设 $f(t) = \int_1^{t^2} \mathrm{e}^{-x^2}\mathrm{d}x$,求 $\int_0^1 tf(t)\mathrm{d}t$.

解 利用重积分的性质及交换积分次序得

$$
\begin{aligned}
\int_0^1 tf(t)\mathrm{d}t &= \int_0^1 t\left(\int_1^{t^2} \mathrm{e}^{-x^2}\mathrm{d}x\right)\mathrm{d}t = \int_0^1 \mathrm{d}t \int_1^{t^2} t\mathrm{e}^{-x^2}\mathrm{d}x \\
&= -\int_0^1 \mathrm{d}x \int_0^{\sqrt{x}} t\mathrm{e}^{-x^2}\mathrm{d}t \\
&= -\frac{1}{2}\int_0^1 x\mathrm{e}^{-x^2}\mathrm{d}x = -\frac{1}{4}\int_0^1 \mathrm{e}^{-x^2}\mathrm{d}x^2
\end{aligned}
$$

$$= -\frac{1}{4}(-e^{-x^2})\Big|_0^1 = \frac{1}{4}(e^{-1}-1).$$

(2)计算 $\iint\limits_{D}\left|xy-\frac{1}{4}\right|\mathrm{d}\sigma$ 其中 $D=[0,1]\times[0,1]$.

解 将区域 $D=[0,1]\times[0,1]$ 分为两个区域

$$D_1=\left\{(x,y)\in D:xy-\frac{1}{4}\geqslant0\right\},D_2=\left\{(x,y)\in D:xy-\frac{1}{4}\leqslant0\right\},$$

则
$$D_1=\left\{(x,y):\frac{1}{4x}\leqslant y\leqslant1,\frac{1}{4}\leqslant x\leqslant1\right\},$$

$$D_2=\left\{(x,y):0\leqslant y\leqslant1,0\leqslant x\leqslant\frac{1}{4}\right\}\cup\left\{(x,y):0\leqslant y\leqslant\frac{1}{4x},\frac{1}{4}\leqslant x\leqslant1\right\},$$

根据重积分的区域可加性,得

$$\iint\limits_{D}\left|xy-\frac{1}{4}\right|\mathrm{d}\sigma=\iint\limits_{D_1}\left(xy-\frac{1}{4}\right)\mathrm{d}\sigma+\iint\limits_{D_2}\left(xy-\frac{1}{4}\right)\mathrm{d}\sigma$$

$$=\int_{\frac{1}{4}}^1\mathrm{d}x\int_{\frac{1}{4x}}^1\left(xy-\frac{1}{4}\right)\mathrm{d}y+\int_0^{\frac{1}{4}}\mathrm{d}x\int_0^1\left(\frac{1}{4}-xy\right)\mathrm{d}y+\int_{\frac{1}{4}}^1\mathrm{d}x\int_0^{\frac{1}{4x}}\left(\frac{1}{4}-xy\right)\mathrm{d}y$$

$$=\frac{3}{32}+\frac{1}{8}\ln 2.$$

例 6 (北京科技大学) 计算二重积分 $I=\iint\limits_{D}\cos\left(\frac{x-y}{x+y}\right)\mathrm{d}x\mathrm{d}y$,其中 D 是由 $x+y=1$,$x=0$ 及 $y=0$ 所围区域.

解 作变换

$$T:u=x-y,v=x+y,$$

积分区域 D 变为由 $v=1$,$u+v=0$ 及 $u=v$ 所围区域. 注意到 $J=1/2$,所以

$$I=\iint\limits_{D}\cos\left(\frac{x-y}{x+y}\right)\mathrm{d}x\mathrm{d}y=\frac{1}{2}\int_0^1\mathrm{d}v\int_{-v}^v\cos\frac{u}{v}\mathrm{d}u$$

$$=\sin 1\int_0^1 v\mathrm{d}v=\frac{\sin 1}{2}.$$

例 7 求 $\iint\limits_{x^2+y^2\leqslant1}|3x+4y|\mathrm{d}x\mathrm{d}y$.

解 根据题意作极坐标变换

$$T:x=r\cos\theta,y=r\sin\theta,\quad(0\leqslant\theta\leqslant2\pi,0\leqslant r\leqslant1),$$

注意到 $J=r$,所以

$$\iint\limits_{x^2+y^2\leqslant1}|3x+4y|\mathrm{d}x\mathrm{d}y=\int_0^{2\pi}\mathrm{d}\theta\int_0^1|3r\cos\theta+4r\sin\theta|r\mathrm{d}r$$

$$=\int_0^{2\pi}|3\cos\theta+4\sin\theta|\mathrm{d}\theta\int_0^1 r^2\mathrm{d}r,$$

然而

$$\int_0^{2\pi}|3\cos\theta+4\sin\theta|\mathrm{d}\theta=\int_0^{\frac{\pi}{2}}|3\cos\theta+4\sin\theta|\mathrm{d}\theta+\int_{\frac{\pi}{2}}^{\pi-\arctan\frac{3}{4}}|3\cos\theta+4\sin\theta|\mathrm{d}\theta$$

$$+\int_{\pi-\arctan\frac{3}{4}}^{\pi}|3\cos\theta+4\sin\theta|\mathrm{d}\theta+\int_{\pi}^{\frac{3\pi}{2}}|3\cos\theta+4\sin\theta|\mathrm{d}\theta$$

$$+\int_{\frac{3\pi}{2}}^{2\pi-\arctan\frac{3}{4}}|3\cos\theta+4\sin\theta|\mathrm{d}\theta+\int_{2\pi-\arctan\frac{3}{4}}^{2\pi}|3\cos\theta+4\sin\theta|\mathrm{d}\theta$$

$$=20.$$

因此 $\displaystyle\iint_{x^2+y^2\leqslant 1}|3x+4y|\mathrm{d}x\mathrm{d}y=\dfrac{20}{3}$.

例 8 求由椭圆 $(a_1x+b_1y+c_1)^2+(a_2x+b_2y+c_2)^2=1$ 所围的面积,其中 $a_1b_2-a_2b_1\neq 0$.

解 作坐标变换

$$\begin{cases}u=a_1x+b_1y+c_1\\v=a_2x+b_2y+c_2\end{cases},\text{且 }u^2+v^2=1.$$

则

$$J(u,v)=\begin{vmatrix}\dfrac{b_2}{\Delta}&-\dfrac{b_1}{\Delta}\\-\dfrac{a_2}{\Delta}&\dfrac{a_1}{\Delta}\end{vmatrix}=\dfrac{1}{\Delta},\text{其中 }\Delta=a_1b_2-a_2b_1.$$

故椭圆所围面积为

$$\iint_{\Omega}\mathrm{d}\sigma=\iint_{u^2+v^2\leqslant 1}\left|\dfrac{1}{\Delta}\right|\mathrm{d}\sigma=\dfrac{1}{|a_1b_2-a_2b_1|}\iint_{u^2+v^2\leqslant 1}\mathrm{d}\sigma=\dfrac{\pi}{|a_1b_2-a_2b_1|}.$$

例 9 求曲线 $|\ln x|+|\ln y|=1$ 所围成的平面图形的面积.

解 令 $\ln x=u,\ln y=v$,则 $x=\mathrm{e}^u,y=\mathrm{e}^v$,且雅可比行列式 $J=\begin{vmatrix}\mathrm{e}^u&0\\0&\mathrm{e}^v\end{vmatrix}=\mathrm{e}^{u+v}$. 曲线 $|\ln x|+|\ln y|=1$ 所围成的区域 D 变为 $D':|u|+|v|\leqslant 1$,所以有

$$\iint_D\mathrm{d}x\mathrm{d}y=\iint_D|J|\mathrm{d}u\mathrm{d}v=\mathrm{e}^u\cdot\mathrm{e}^v\mathrm{d}u\mathrm{d}v$$

$$=\int_{-1}^0\mathrm{e}^u\mathrm{d}u\int_{-u-1}^{u+1}\mathrm{e}^v\mathrm{d}v+\int_0^1\mathrm{e}^u\mathrm{d}u\int_{u-1}^{1-u}\mathrm{e}^v\mathrm{d}v-\mathrm{e}-\dfrac{1}{\mathrm{e}}.$$

例 10 (华东师范大学) 求 $\dfrac{x^2}{a^2}+\dfrac{y^2}{b^2}+\dfrac{z^2}{c^2}=1$ 与锥面 $\dfrac{x^2}{a^2}+\dfrac{y^2}{b^2}-\dfrac{z^2}{c^2}=0(z\geqslant 0)$ 所围成立体的体积.

解 设立方体在 xy 平面的投影区域为

$$D=\left\{(x,y)\mid\dfrac{x^2}{a^2}+\dfrac{y^2}{b^2}\leqslant\dfrac{1}{2}\right\}.$$

$$V=\iint_D\left(c\sqrt{1-\dfrac{x^2}{a^2}-\dfrac{y^2}{b^2}}-c\sqrt{\dfrac{x^2}{a^2}+\dfrac{y^2}{b^2}}\right)\mathrm{d}x\mathrm{d}y.$$

作广义极坐标变换 $T:x=ar\cos\theta,y=br\sin\theta,J=abr,D':r^2\leqslant\dfrac{1}{2}$. 则

$$V=\int_0^{2\pi}\mathrm{d}\theta\int_0^{\frac{1}{\sqrt{2}}}(c\sqrt{1-r^2}-cr)abr\mathrm{d}r$$

$$=2\pi abc\int_0^{\frac{1}{\sqrt{2}}}(r\sqrt{1-r^2}-r^2)\mathrm{d}r=\dfrac{2-\sqrt{2}}{3}\pi abc.$$

四、练习题

1. 计算下列积分:(1) $\displaystyle\iint_{|x|+|y|\leqslant 1}|xy|\mathrm{d}x\mathrm{d}y$; (2) $\displaystyle\int_0^1\mathrm{d}y\int_y^1\mathrm{e}^{x^2}\mathrm{d}x$; (3) $\displaystyle\int_{\pi}^{2\pi}\mathrm{d}y\int_{y-\pi}^{\pi}\dfrac{\sin x}{x}\mathrm{d}x$.

2. (北京科技大学) 计算二重积分 $\displaystyle\iint_D\mathrm{e}^{\frac{x-y}{x+y}}\mathrm{d}x\mathrm{d}y$,其中 D 是由 $x=0,y=0,x+y=1$ 所围成的区域.

3. (湖北大学) 选择适当变量代换,化二重积分 $\displaystyle\iint_{|x|+|y|\leqslant 1}f(x+y)\mathrm{d}x\mathrm{d}y$ 为定积分.

4.（北京科技大学）　计算 $I = \iint\limits_{D} |\sin(x+y)|\,\mathrm{d}x\mathrm{d}y, D = [0,\pi]^2$.

5. 若 $f(x,y)$ 在有界闭区域 D 上连续，且在 D 内任一子区域 $D'\subset D$ 上有 $\iint\limits_{D'} (x,y)\mathrm{d}\sigma = 0$，则在 D 上有 $f(x,y)\equiv 0$.

6. 求由曲线 $y^2 = 2px, y^2 = 2qx, x^2 = 2ry, x^2 = 2sy, 0<p<q, 0<r<s$. 所围成区域的面积.

7. 计算二重积分

$$I = \iint\limits_{D} \frac{(\sqrt{x}+\sqrt{y})^4}{x^2}\mathrm{d}x\mathrm{d}y,$$

其中 D 为 x 轴，$y=x$，$\sqrt{x}+\sqrt{y}=1$ 和 $\sqrt{x}+\sqrt{y}=2$ 围成的有界闭区域.

8. 计算二重积分 $\iint\limits_{D} \dfrac{(x+y)\ln\left(1+\dfrac{y}{x}\right)}{\sqrt{1-x-y}}\mathrm{d}x\mathrm{d}y$，其中区域 D 是由直线 $x+y=1$ 与两坐标轴所围成的三角形区域.

9. 计算极限 $\lim\limits_{r\to 0} \dfrac{1}{\pi r^2} \iint\limits_{x^2+y^2\leqslant 2r^2} \mathrm{e}^{xy^2}\cos(x^2-y)\mathrm{d}x\mathrm{d}y$.

10. 求由曲面所围成的空间 V 的体积：

(1) 由 $z=x^2+y^2, z=x+y$ 围成的体积.

(2) 由曲面 $z^2 = \dfrac{x^2}{4}+\dfrac{y^2}{9}, 2z = \dfrac{x^2}{4}+\dfrac{y^2}{9}$ 围成的体积.

11. 求球面 $x^2+y^2+z^2 = 4R^2$ 和圆柱面 $x^2+y^2 = 2Rx(R>0)$ 所围（包含原点那一部分）的体积.

12.（中国海洋大学）　计算下列积分 $\int_{-\infty}^{+\infty} \mathrm{e}^{-x^2}\mathrm{d}x$.

13. 设 $f(x,y)$ 在点 $(0,0)$ 的某个邻域中连续，$F(t) = \iint\limits_{x^2+y^2\leqslant t^2} f(x,y)\mathrm{d}x\mathrm{d}y$，求 $\lim\limits_{t\to 0^+} \dfrac{F'(t)}{t}$.

14.（北京科技大学）　设 $f(x)$ 在 $[-1,1]$ 上连续且为奇函数，D 由 $y=4-x^2$ 与 $y=-3x$，$x=1$ 围成，求 $I = \iint\limits_{D} 1 + f(x)\ln(y+\sqrt{1+y^2})\mathrm{d}x\mathrm{d}y$.

8.2　三重积分

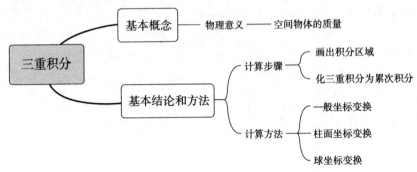

一、基本概念

三重积分的定义和基本性质,参见华东师范大学出版的《数学分析》或其他基础教材.

二、基本结论和方法

(一)计算步骤

1. 画出积分区域

若函数 $f(x,y,z)$ 在长方体 $[a,b]\times[c,d]\times[e,h]$ 上可积,且对 $\forall x\in[a,b]$,二重积分

$$I(x) = \iint\limits_{D} f(x,y,z)\mathrm{d}y\mathrm{d}z$$

存在,其中 $D=[c,d]\times[e,h]$,则积分 $\int_a^b I(x)\mathrm{d}x = \int_a^b \mathrm{d}x \iint\limits_{D} f(x,y,z)\mathrm{d}y\mathrm{d}z$ 也存在,且

$$\iiint\limits_{V} f(x,y,z)\mathrm{d}V = \int_a^b \mathrm{d}x \iint\limits_{D} f(x,y,z)\mathrm{d}y\mathrm{d}z.$$

将 V 在 xy 平面上投影,当投影区域 D 是一个 x 型区域,即

$$D = \{(x,y) \mid y_1(x) \leqslant y \leqslant y_2(x), a \leqslant x \leqslant b\},$$

且

$$V = \{(x,y,z) \mid z_1(x,y) \leqslant z \leqslant z_2(x,y), y_1(x) \leqslant y \leqslant y_2(x), a \leqslant x \leqslant b\}$$

2. 化三重积分为累次积分

此时 f 在 V 上的三重积分可以化为顺序为先对 z,再对 y,后对 x 的累次积分

$$\iiint\limits_{V} f(x,y,z)\mathrm{d}V = \int_a^b \mathrm{d}x \int_{y_1(x)}^{y_2(x)} \mathrm{d}y \int_{z_1(x,y)}^{z_2(x,y)} f(x,y,z)\mathrm{d}z.$$

当投影区域 D 是一个 y 型区域,$D=\{(x,y) \mid x_1(y)\leqslant x \leqslant x_2(y), c \leqslant y \leqslant d\}$,且

$$V=\{(x,y,z) \mid z_1(x,y)\leqslant z \leqslant z_2(x,y), x_1(y)\leqslant x \leqslant x_2(y), c \leqslant y \leqslant d\}$$

此时 f 在 V 上的三重积分可以化为顺序为先对 z,再对 x,后对 y 的累次积分

$$\iiint\limits_{V} f(x,y,z)\mathrm{d}V = \int_c^d \mathrm{d}y \int_{x_1(y)}^{x_2(y)} \mathrm{d}x \int_{z_1(x,y)}^{z_2(x,y)} f(x,y,z)\mathrm{d}z.$$

注:当 $f(x,y,z)\equiv 1$ 时,$\iiint\limits_{V} \mathrm{d}V$ 表示 V 的体积.

（二）计算方法

1. 一般坐标变换

设变量变换

$$T:x=x(u,v,w),y=y(u,v,w),z=z(u,v,w),\quad (u,v,w)\in V'$$

满足下列条件：(1) 建立了 $V'\leftrightarrow V$ 之间的一一对应；

(2) $x(u,v,w),y(u,v,w),z(u,v,w)$ 及其一阶偏导数在 V' 内连续；

(3) 函数行列式

$$J(u,v,w)=\begin{vmatrix} x_u & x_v & x_w \\ y_u & y_v & y_w \\ z_u & z_v & z_w \end{vmatrix}\neq 0,\quad (u,v,w)\in V',$$

则

$$\iiint\limits_{V}f(x,y,z)\mathrm{d}x\mathrm{d}y\mathrm{d}z=\iiint\limits_{V'}f(x(u,v,w),y(u,v,w),z(u,v,w))\,|J(u,v,w)|\,\mathrm{d}u\mathrm{d}v\mathrm{d}w.$$

2. 柱面坐标变换

$$T:x=r\cos\theta,y=r\sin\theta,z=z,0\leqslant r<+\infty,0\leqslant\theta\leqslant 2\pi,-\infty<z<+\infty,$$

$J(r,\theta,z)=r$，该变换将直角坐标系下的圆柱体 $\{x^2+y^2\leqslant R^2,a\leqslant z\leqslant b\}$ 变换成柱坐标系下的长方体 $\{0\leqslant r\leqslant R,0\leqslant\theta\leqslant 2\pi,a\leqslant z\leqslant b\}$，不是一对一的，且当 $r=0$ 时，$J(r,\theta,z)=0$，但仍成立

$$\iiint\limits_{V}f(x,y,z)\mathrm{d}x\mathrm{d}y\mathrm{d}z=\iiint\limits_{V'}f(r\cos\theta,r\sin\theta,z)r\mathrm{d}r\mathrm{d}\theta\mathrm{d}z.$$

注：用柱坐标计算时，通常是找出 V 在 xOy 平面上的投影区域 D，将三重积分化为

$$\iiint\limits_{V}f(x,y,z)\mathrm{d}x\mathrm{d}y\mathrm{d}z=\iint\limits_{d}\mathrm{d}x\mathrm{d}y\int_{z_1(x,y)}^{z_2(x,y)}f(x,y,z)\mathrm{d}z,$$

然后用极坐标变换计算其中的二重积分.

3. 球坐标变换

$$T:x=r\sin\varphi\cos\theta,y=r\sin\varphi\sin\theta,z=r\cos\varphi,0\leqslant r<+\infty,0\leqslant\theta\leqslant 2\pi,0\leqslant\varphi\leqslant\pi,$$

$J(r,\varphi,\theta)=r^2\sin\varphi$，球坐标变换也不是一对一的，且当 $r=0$ 或 $\varphi=0$ 或 π 时，$J(r,\varphi,\theta)=0$，但仍有

$$\iiint\limits_{V}f(x,y,z)\mathrm{d}x\mathrm{d}y\mathrm{d}z=f(r\sin\varphi\cos\theta,r\sin\varphi\sin\theta,r\cos\varphi)r^2\sin\varphi\mathrm{d}r\mathrm{d}\varphi\mathrm{d}\theta.$$

适用于被积函数或积分区域是 $f(x^2+y^2+z^2)$ 型.

广义球坐标变换

$$T:x=ar\sin\varphi\cos\theta,y=br\sin\varphi\sin\theta,z=cr\cos\varphi,0\leqslant r<+\infty,0\leqslant\theta\leqslant 2\pi,0\leqslant\varphi\leqslant\pi,$$

此时 $J(r,\varphi,\theta)=abcr^2\sin\varphi$.

素养教育：将三重积分转化为二重积分进而转为三个定积分进行计算，即复杂问题简单化处理，体现了科研思维方法.

三、例题选讲

例 1 求积分 $\iiint\limits_{V}(x+y+z)\mathrm{d}x\mathrm{d}y\mathrm{d}z$ 的值，其中 V 是由平面 $x+y+z+1$ 以及三个坐标平面所围成的区域.

解 注意到：当轮换字母 x,y,z 时，被积函数与积分区域都有轮换对称性，因此

$$\iiint\limits_{V}(x+y+z)\mathrm{d}x\mathrm{d}y\mathrm{d}z=3\iiint\limits_{V}z\mathrm{d}x\mathrm{d}y\mathrm{d}z$$

将积分区域可写成

$$V=\{(x,y,z):0\leqslant z\leqslant1,(x,y,z)\in D_z\}, \quad D_z=\{(x,y):x\geqslant0,y\geqslant0,x+y\leqslant1-z\}.$$

注意到 $\iint\limits_{D_z}\mathrm{d}x\mathrm{d}y$ 是截面区域 D_z 的面积,易知 $\iint\limits_{D_z}\mathrm{d}x\mathrm{d}y=\dfrac{1}{2}(1-z)^2$. 则

$$\iiint\limits_V(x+y+z)\mathrm{d}x\mathrm{d}y\mathrm{d}z=3\int_0^1z\mathrm{d}z\iint\limits_{D_z}\mathrm{d}x\mathrm{d}y$$

$$=3\int_0^1\frac{1}{2}(1-z)^2\cdot z\mathrm{d}z=\frac{1}{8}.$$

或者,直接将积分区域写成

$$V=\{(x,y,z):0\leqslant x\leqslant1,0\leqslant y\leqslant1-x,0\leqslant z\leqslant1-x-y\},$$

利用累次积分得

$$\iiint\limits_V(x+y+z)\mathrm{d}x\mathrm{d}y\mathrm{d}z=\int_0^1\mathrm{d}x\int_0^{1-x}\mathrm{d}y\int_0^{1-x-y}(x+y+z)\mathrm{d}z=\frac{1}{8}.$$

例 2 求积分 $\iiint\limits_V x^2y^2z\mathrm{d}x\mathrm{d}y\mathrm{d}z$,其中 V 是由曲面 $z=x^2+y^2,z=0,xy=1,xy=2,y=3x,y=4x$ 所围成的区域.

解 向 xOy 平面投影,将三重积分化为二重积分,可将积分区域写成

$$V=\{(x,y,z):0\leqslant z\leqslant x^2+y^2,(x,y)\in D_{xy}\}$$

D_{xy} 由曲线 $xy=1,xy=2,y=3x,y=4x$ 所围成. 则

$$\iiint\limits_V x^2y^2z\mathrm{d}x\mathrm{d}y\mathrm{d}z=\iint\limits_{D_{xy}}x^2y^2\mathrm{d}x\mathrm{d}y\int_0^{x^2+y^2}z\mathrm{d}z=\frac{1}{2}\iint\limits_{D_{xy}}x^2y^2(x^2+y^2)^2\mathrm{d}x\mathrm{d}y.$$

再作坐标变换,令 $u=xy,v=\dfrac{y}{x}$. 于是有 $J=\dfrac{1}{2v}$,D_{xy} 变为 $D_{uv}:1\leqslant u\leqslant2,3\leqslant v\leqslant4.$

从而有

$$\iiint\limits_V x^2y^2z\mathrm{d}x\mathrm{d}y\mathrm{d}z=\iint\limits_{D_{uv}}u^2\left(vu+\frac{u}{v}\right)^2\cdot\frac{1}{2v}\mathrm{d}u\mathrm{d}v$$

$$=\frac{1}{2}\int_1^2u^2\mathrm{d}u\int_3^4\left(vu+\frac{u}{v}\right)^2\cdot\frac{1}{2v}\mathrm{d}v$$

$$=\frac{6\,293}{1\,152}+\frac{31}{10}\ln\frac{4}{3}.$$

例 3 求三重积分 $\iiint\limits_\Omega(y^2+z^2)\mathrm{d}x\mathrm{d}y\mathrm{d}z$,其中 Ω 由 xOy 平面上曲线 $y^2=2x(0\leqslant x\leqslant5)$ 绕 x 轴旋转而成.

解 积分区域 Ω 是由旋转抛物面 $y^2+z^2=2x$ 与平面 $x=5$ 围成,Ω 在 yOz 平面上的投影区域是 $D_{yz}=\{(y,z):y^2+z^2\leqslant10\}$. 因此 Ω 可表示为

$$\Omega=\{(x,y,z):\frac{1}{2}(y^2+z^2)\leqslant x\leqslant5,0\leqslant y^2+z^2\leqslant10\}$$

于是有

$$\iiint\limits_\Omega(y^2+z^2)\mathrm{d}x\mathrm{d}y\mathrm{d}z=\iint\limits_{D_{yz}}(y^2+z^2)\mathrm{d}y\mathrm{d}z\int_{\frac{1}{2}}^5(y^2+z^2)\mathrm{d}x$$

$$=\iint\limits_{D_{yz}}(y^2+z^2)\left(5-\frac{y^2+z^2}{2}\right)\mathrm{d}y\mathrm{d}z.$$

作极坐标变换 $y=r\cos\theta,z=r\sin\theta$,则 D_{yz} 成为 $D:0\leqslant\theta\leqslant2\pi,0\leqslant r\leqslant\sqrt{10}$. 于是有

$$\iiint\limits_{\Omega}(y^2+z^2)\mathrm{d}x\mathrm{d}y\mathrm{d}z=\int_0^{2\pi}\mathrm{d}\theta\int_0^{\sqrt{10}}\rho^2\left(5-\frac{\rho^2}{2}\right)\mathrm{d}\rho=\frac{250}{3}\pi.$$

例 4　计算 $\iiint\limits_{V}z\sqrt{x^2+y^2}\mathrm{d}x\mathrm{d}y\mathrm{d}z.$ 其中 V 是由曲面 $y=\sqrt{2x-x^2}$ 与平面 $z=0,z=a,y=0$ 所围成的区域 $(a>0)$.

解　作柱面坐标变换 $T:x=r\cos\varphi,y=r\sin\varphi,z=z,|J|=r.$ 积分区域 V 将变为

$$V':0\leqslant z\leqslant a,0\leqslant\varphi\leqslant\frac{\pi}{2},0\leqslant r\leqslant 2\cos\varphi.$$

于是,有

$$\iiint\limits_{V}z\sqrt{x^2+y^2}\mathrm{d}x\mathrm{d}y\mathrm{d}z=\int_0^a\mathrm{d}z\int_0^{\frac{\pi}{2}}\mathrm{d}\varphi\int_0^{2\cos\varphi}zr\cdot r\mathrm{d}r$$

$$=\frac{4a^2}{3}\int_0^{\frac{\pi}{2}}\cos^3\varphi\mathrm{d}\varphi=\frac{8}{9}a^2.$$

例 5　求由 $x^2+y^2+z^2=a^2,x^2+y^2+z^2=b^2$ 与 $x^2+y^2=z^2(z\geqslant0,0<a<b)$ 所围立体的体积.

解　作球面坐标变换 $T:x=r\sin\varphi\cos\theta,y=r\sin\varphi\sin\theta,z=r\cos\varphi,|J|=r^2\sin\varphi.$ 则积分区域 V 将变为 $V':a\leqslant r\leqslant b,0\leqslant\varphi\leqslant\frac{\pi}{4},0\leqslant\theta\leqslant2\pi.$ 于是,所围立体 V 的体积为

$$\Delta V=\iiint\limits_{V}\mathrm{d}x\mathrm{d}y\mathrm{d}z=\int_0^{2\pi}\mathrm{d}\theta\int_0^{\frac{\pi}{4}}\mathrm{d}\varphi\int_a^b r^2\sin\varphi\mathrm{d}r$$

$$=\int_0^{2\pi}\mathrm{d}\theta\cdot\int_0^{\frac{\pi}{4}}\sin\varphi\mathrm{d}\varphi\cdot\int_a^b r^2\mathrm{d}r=\frac{\pi}{3}(2-\sqrt{2})(b^3-a^3).$$

例 6　求由平面 $a_1x+b_1y+c_1z=\pm h_1,a_2x+b_2y+c_2z=\pm h_2,a_3x+b_3y+c_3z=\pm h_3$ 所界平行六面体的体积. 记 $\Delta=\begin{vmatrix}a_1&b_1&c_1\\a_2&b_2&c_2\\a_3&b_3&c_3\end{vmatrix}\neq0.$

解　作一般坐标变换,令 $a_1x+b_1y+c_1z=u,a_2x+b_2y+c_2z=v,a_3x+b_3y+c_3z=w.$ 则积分区域 V 将变为

$$V'=[-h_1,h_1]\times[-h_2,h_2]\times[-h_3,h_3],|J|=\frac{1}{|\Delta|}.$$

从而所求平行六面体的体积

$$\Delta V=\iiint\limits_{V}\mathrm{d}x\mathrm{d}y\mathrm{d}z=\iiint\limits_{V'}\frac{1}{|\Delta|}\mathrm{d}u\mathrm{d}v\mathrm{d}w=\frac{8}{|\Delta|}h_1h_2h_3.$$

例 7　设 $\varphi(x)$ 在 $[0,\infty)$ 上有连续导数,并且 $\varphi(0)=1$,设

$$f(r)=\iiint\limits_{x^2+y^2+z^2\leqslant r^2}\varphi(x^2+y^2+z^2)\mathrm{d}x\mathrm{d}y\mathrm{d}z\quad(r\geqslant0).$$

证明 $f(r)$ 在 $r=0$ 处三次可微,并求 $f'''_+(0)$.

证明　作球面坐标变换 T:

$$x=\rho\sin\varphi\cos\theta,y=\rho\sin\varphi\sin\theta,z=\rho\cos\varphi,|J|=\rho^2\sin\varphi.$$

则积分区域 $V:x^2+y^2+z^2\leqslant r^2$ 将变为 $V':0\leqslant\rho\leqslant r,0\leqslant\varphi\leqslant\pi,0\leqslant\theta\leqslant2\pi.$ 于是,有

$$f(r)=\iiint\limits_{x^2+y^2+z^2\leqslant r^2}\varphi(x^2+y^2+z^2)\mathrm{d}x\mathrm{d}y\mathrm{d}z\quad(r\geqslant0)$$

$$=\int_0^{2\pi}\mathrm{d}\theta\int_0^{\pi}\sin\varphi\mathrm{d}\varphi\int_0^r\varphi(\rho^2)\rho^2\mathrm{d}\rho$$

$$= 4\pi \int_0^r \varphi(\rho^2)\rho^2 \, d\rho.$$

又由于 $\varphi(x)$ 在 $[0,\infty)$ 上有连续导数,则 $\varphi(x)$ 也连续,因此有
$$f'(r) = 4\pi\varphi(r^2)r^2, \quad f''(r) = 8\pi(\varphi'(r^2)r^3 + r\varphi(r^2)).$$
且都在 $[0,\infty)$ 上连续,则有 $f''(0) = \lim_{r\to 0} f''(r) = 0$. 因此,由导数定义知,$f(r)$ 在 $r=0$ 处三阶可导,且
$$f'''_+(0) = \lim_{r\to 0^+}\frac{f''(r)-f''(0)}{r} = \lim_{r\to 0^+}\frac{8\pi(r^3\varphi'(r^2)+r\varphi(r^2))-0}{r}$$
$$= \lim_{r\to 0^+}8\pi(r^2\varphi'(r^2)+\varphi(r^2)) = 8\pi\varphi(0) = 8\pi.$$

例 8 求积分 $I = \iiint_V \cos(ax+by+cz)\,dxdydz$,其中 $V: x^2+y^2+z^2 \le 1$,且 a,b,c 不全为 0.

解 作坐标系的旋转变换,将 Oxy 旋转至平面 $ax+by+cz=0$,即作正交变换,令
$$\xi = \frac{ax+by+cz}{\sqrt{a^2+b^2+c^2}}, \quad 记 \mu = \sqrt{a^2+b^2+c^2}.$$
因为是正交变换,所以 $|J|=1$,积分区域 $V' = \{(\xi,\eta,\zeta)\,|\,\xi^2+\eta^2+\zeta^2 \le 1\}$. 所以
$$I = \iiint_{V'} \cos(\mu\xi)\,d\xi d\eta d\zeta.$$
作柱面坐标变换:$\xi=\xi, \eta=r\sin\theta, \zeta=r\cos\theta$,则
$$V' = \{(\xi,r,\theta)\,|\,-1\le\xi\le1, 0\le\theta<2\pi, 0\le r\le\sqrt{1-\xi^2}\}.$$
所以
$$I = \iiint_{V'}\cos(\mu\xi)\,d\xi d\eta d\zeta = \int_{-1}^1\cos(\mu\xi)\,d\xi\int_0^{2\pi}d\theta\int_0^{\sqrt{1-\xi^2}}r\,dr$$
$$= \frac{4\pi}{a^2+b^2+c^2}\left(\frac{\sin\sqrt{a^2+b^2+c^2}}{\sqrt{a^2+b^2+c^2}} - \cos\sqrt{a^2+b^2+c^2}\right).$$

例 9 求圆锥面 $4y^2=x(2-z)$ 与平面 $z=0$ 及 $x+z=2$ 所围成空间的体积.

解 记 $P_{z_0}(0\le z_0\le2)$ 为 $z=z_0$ 平面上抛物线 $4y^2=x(2-z_0)$ 与直线 $\begin{cases}x=2-z_0\\z=z_0\end{cases}$ 围成的区域,则 $V = \int_0^2 dz\iint_{P_z}dxdy = \int_0^2\mu(P_z)dz$,其中 $\mu(P_z)$ 为区域 P_z 的面积
$$\mu(P_z) = 2\int_0^{2-z}\frac{\sqrt{2-z}}{2}\sqrt{x}\,dx = \frac{2}{3}(2-z)^2,$$
故
$$V = \frac{2}{3}\int_0^2(2-z)^2\,dz = \frac{16}{9}.$$

四、练习题

1. 计算积分 $I = \iiint_V\frac{dxdydz}{(1+x+y+z)^3}$,$V$:由平面 $x+y+z=4, x=0, y=0, z=0$ 所围成区域.

2.(武汉大学) 计算积分 $\iiint_V(x^2+y^2+z^2)dV$,其中 V 是曲面 $x^2+y^2+z^2=a^2$ 和圆锥面 $z=\sqrt{x^2+y^2}$ 之间的部分.

3. 计算积分 $I = \iiint_V\frac{\sqrt{x^2+y^2+z^2}}{(1-x^2-y^2-z^2)^2}dxdydz$,其中 V 为 $x\ge0, y\ge0, z\ge0$.

4. 计算积分 $\iiint\limits_{V} (x^3 + y^3 + z^3) \mathrm{d}x \mathrm{d}y \mathrm{d}z$，其中 V 是由曲面

$$x^2 + y^2 + z^2 - 2a(x+y+z) + 2a^2 = 0 \quad (a > 0)$$

所围成的区域.

5.（浙江大学）　设 $f(x)$ 在 $[-1,1]$ 上的可积函数，则有

$$\iiint\limits_{x^2+y^2+z^2 \leqslant 1} f(z) \mathrm{d}x \mathrm{d}y \mathrm{d}z = \pi \int_{-1}^{1} f(u)(1-u^2) \mathrm{d}u .$$

6.（华中科技大学）　设 $f(x)$ 是连续正值函数，令

$$F(t) = \frac{\displaystyle\iiint\limits_{x^2+y^2+z^2 \leqslant t^2} f(x^2+y^2+z^2) \mathrm{d}x \mathrm{d}y \mathrm{d}z}{\displaystyle\iint\limits_{x^2+y^2 \leqslant t^2} (x^2+y^2) f(x^2+y^2) \mathrm{d}x \mathrm{d}y} .$$

证明：$F(t)(t > 0)$ 是严格单调减函数.

7.（河北工业大学）　设 $f(x)$ 有连续导数且 $f(0) = 0$，求

$$\lim_{t \to 0} \frac{1}{\pi t^4} \iiint\limits_{x^2+y^2+z^2 \leqslant t^2} f(\sqrt{x^2+y^2+z^2}) \mathrm{d}x \mathrm{d}y \mathrm{d}z .$$

8.（辽宁大学）　设 L 是球面 $x^2+y^2+z^2=1$ 与平面 $x+y+z=0$ 交成的闭曲线，求

$$\oint_{L} (x^2 + y^2 + 2z) \mathrm{d}s.$$

8.3　曲线积分

✎思维导图

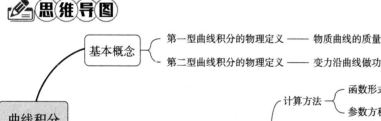

一、基本概念

第一型曲线积分和第二型曲线积分的定义与基本性质,参见华东师范大学出版的《数学分析》或其他基础教材.

二、基本结论和方法

(1)第一型曲线积分. 设有光滑曲线 $L: \begin{cases} x = \varphi(t) \\ y = \psi(t) \end{cases}, t \in [\alpha, \beta]$,函数 $f(x, y)$ 为定义在 L 上的连续函数,则

$$\int_L f(x, y) \mathrm{d}s = \int_\alpha^\beta f(\varphi(t), \psi(t)) \sqrt{\varphi'^2(t) + \psi'^2(t)} \, \mathrm{d}t.$$

当曲线 L 由方程 $y = \varphi(x), x \in [a, b]$ 表示,且 $\varphi(x)$ 在 $[a, b]$ 上有连续的导函数时,则

$$\int_L f(x, y) \mathrm{d}s = \int_a^b f(x, \varphi(x)) \sqrt{1 + \varphi'^2(x)} \, \mathrm{d}x.$$

当曲线 L 由参量方程 $x = \varphi(t), y = \psi(t), z = \chi(t), t \in [\alpha, \beta]$ 表示时,其计算公式为

$$\int_L f(x, y, z) \mathrm{d}s = \int_\alpha^\beta f(\varphi(t), \psi(t), \chi(t)) \sqrt{\varphi'^2(t) + \psi'^2(t) + \chi'^2(t)} \, \mathrm{d}t.$$

素养教育:利用定积分、第一型曲线积分等都可以讨论物体的质量,虽然都是物体的质量,但所用的积分不同,体现了具体问题具体分析的方法.

(2)第二型曲线积分. 设平面曲线 $L: \begin{cases} x = \varphi(t) \\ y = \psi(t) \end{cases}, t \in [\alpha, \beta]$,其中 $\varphi(t), \psi(t)$ 在 $[\alpha, \beta]$ 上具有一阶连续导函数,且点 A 与 B 的坐标分别为 $(\varphi(\alpha), \psi(\alpha))$ 与 $(\varphi(\beta), \psi(\beta))$. 又设 $P(x, y)$ 与 $Q(x, y)$ 为 L 上的连续函数,则沿 L 从 A 到 B 的第二型曲线积分为

$$\int_L P(x, y) \mathrm{d}x + Q(x, y) \mathrm{d}y = \int_\alpha^\beta [P(\varphi(t), \psi(t)) \varphi'(t) + Q(\varphi(t), \psi(t)) \psi'(t)] \mathrm{d}t.$$

素养教育:注意第一、二型曲线积分的差别. 第二型曲线积分与曲线 L 的方向有关. 对同一曲线,当方向由 A 到 B 改变为由 B 到 A 时,每一小曲线段的方向都改变. 从而所得的 $\Delta x_i, \Delta y_i$ 也随之改变符号,故有

$$\int_{AB} P \mathrm{d}x + Q \mathrm{d}y = -\int_{BA} P \mathrm{d}x + Q \mathrm{d}y.$$

而第一型曲线积分的被积表达式只是函数 $f(x, y)$ 与弧长的乘积,它与曲线 L 的方向无关. 这是两种类型曲线积分的一个重要区别.

(3)格林公式. 设区域 D 的边界 L 由一条光滑曲线或几条光滑曲线组成,规定边界曲线的正方向为:当人沿边界行走时,区域 D 总在他的左边;与上述方向相反的方向称为负方向,记为 $-L$.

若函数 $P(x, y), Q(x, y)$ 在闭区域 D 上连续,且有连续的一阶偏导数,则有

$$\iint\limits_D \left(\frac{\partial Q}{\partial x} - \frac{\partial P}{\partial y} \right) \mathrm{d}\sigma = \oint_L P \mathrm{d}x + Q \mathrm{d}y,$$

L 为区域 D 的边界曲线,并取正方向,上述等式称为格林公式.

素养教育:定积分的计算最终转化为原函数两个端点处的值相减,格林公式是将平面区域上的二重积分转化为边界曲线上的曲线积分,体现类比的研究方法及事物之间相互联系性;格林公式阐述二重积分与边界的曲线积分之间的关系,体现了内部与外部的联系,结合高斯公式、斯托克斯公式进行理解;格林公式也是考研的易考点.

(4)设 D 是单连通闭区域,若函数 $P(x, y), Q(x, y)$ 在 D 内连续,且具有一阶连续偏导数,则以

下四个条件等价：

①沿 D 内任一按段光滑封闭曲线 L，有 $\oint_L P\mathrm{d}x + Q\mathrm{d}y = 0$；

②对 D 内任一光滑曲线 L，曲线积分 $\int_L P\mathrm{d}x + Q\mathrm{d}y$ 与路径无关，只与 L 的起点和终点有关；

③$P\mathrm{d}x + Q\mathrm{d}y$ 是 D 内某一函数 $u(x,y)$ 的全微分，即在 D 内有 $\mathrm{d}u = P\mathrm{d}x + Q\mathrm{d}y$；

④在 D 内处处成立 $\dfrac{\partial P}{\partial y} = \dfrac{\partial Q}{\partial x}$.

（5）在格林公式中，令 $P = -y$，$Q = x$，则得平面 D 的面积

$$S_D = \iint_D \mathrm{d}\sigma = \frac{1}{2}\oint_L x\mathrm{d}y - y\mathrm{d}x \quad \text{或} \quad S_D = \oint_L x\mathrm{d}y \quad \text{或} \quad S_D = -\oint_L y\mathrm{d}x.$$

三、例题选讲

例 1 计算下列曲线积分.

（1）$\oint_L x\mathrm{d}s$，其中 L 为由直线 $y = x$ 以及抛物线 $y = x^2$ 所围成的区域的整个边界.

（2）$\oint_L \mathrm{e}^{\sqrt{x^2+y^2}}\mathrm{d}s$，其中 L 为由圆周 $x^2 + y^2 = a^2$，直线 $y = x$ 以及 x 轴在第一象限内所围成的扇形区域的整个边界.

（3）$\int_L \sqrt{2y^2 + z^2}\,\mathrm{d}s$，其中 L 是 $x^2 + y^2 + z^2 = a^2$ 与 $x = y$ 相交的圆周.

解 （1）L 是由 $L_1: y = x (0 \leqslant x \leqslant 1)$ 与 $L_2: y = x^2 (0 \leqslant x \leqslant 1)$ 两段组成，于是有

$$
\begin{aligned}
\oint_L x\mathrm{d}s &= \int_{L_1} x\mathrm{d}s + \int_{L_2} x\mathrm{d}s = \int_0^1 x\sqrt{1 + 1^2}\,\mathrm{d}x + \int_0^1 x\sqrt{1 + (2x)^2}\,\mathrm{d}x \\
&= \sqrt{2}\int_0^1 x\mathrm{d}x + \frac{1}{8}\int_0^1 \sqrt{1 + (2x)^2}\,\mathrm{d}(1 + (2x)^2) \\
&= \frac{1}{12}(5\sqrt{5} + 6\sqrt{2} - 1).
\end{aligned}
$$

（2）L 是由直线段 $L_1: y = 0 (0 \leqslant x \leqslant a)$，圆弧 $L_2: x = a\cos t, y = a\sin t \left(0 \leqslant t \leqslant \dfrac{\pi}{4}\right)$，以及直线段 $L_3: y = x \left(0 \leqslant x \leqslant \dfrac{a}{\sqrt{2}}\right)$ 组成，于是有

$$
\begin{aligned}
\oint_L \mathrm{e}^{\sqrt{x^2+y^2}}\,\mathrm{d}s &= \oint_{L_1} \mathrm{e}^{\sqrt{x^2+y^2}}\,\mathrm{d}s + \oint_{L_2} \mathrm{e}^{\sqrt{x^2+y^2}}\,\mathrm{d}s + \oint_{L_3} \mathrm{e}^{\sqrt{x^2+y^2}}\,\mathrm{d}s \\
&= \int_0^a \mathrm{e}^x\mathrm{d}x + \int_0^{\frac{\pi}{4}} \mathrm{e}^a \sqrt{(-a\sin t)^2 + (a\cos t)^2}\,\mathrm{d}t + \int_0^{\frac{a}{\sqrt{2}}} \mathrm{e}^{\sqrt{2}x}\sqrt{1 + 1^2}\,\mathrm{d}x \\
&= \mathrm{e}^a\left(2 + \frac{\pi a}{4}\right) - 2.
\end{aligned}
$$

（3）由于 L 是 $x^2 + y^2 + z^2 = a^2$ 与 $x = y$ 相交的圆周，因此 L 上的点应满足 $2y^2 + z^2 = a^2$. 于是有

$$\int_L \sqrt{2y^2 + z^2}\,\mathrm{d}s = \int_L \sqrt{a^2}\,\mathrm{d}s = a\int_L \mathrm{d}s = a \cdot (L\text{ 的弧长}) = 2\pi a^2.$$

例 2 计算积分 $\int_L y(x - z)\mathrm{d}s$，其中 L 是 $\dfrac{x^2}{4} + \dfrac{y^2}{2} + \dfrac{z^2}{4} = 1$ 与 $x + z = 2$ 交线在第一卦限中连接点 $(2,0,0)$ 与点 $(1,1,1)$ 的一段.

解 易知 L 在 xOy 平面上的投影曲线为 $(x-1)^2 + y^2 = 1$，此曲线的参数方程是：

$$x = 1 + \cos\theta, \quad y = \sin\theta, \quad \theta \in [0, 2\pi].$$

代入方程 $x+z=2$，又得到 $z=1-\cos\theta$. 所以 L 在第一卦限中连接点 $(2,0,0)$ 与点 $(1,1,1)$ 的一段的参数方程是

$$x=1+\cos\theta, y=\sin\theta, z=1-\cos\theta, \theta\in\left[0,\frac{\pi}{2}\right].$$

于是有

$$\int_L y(x-z)\mathrm{d}s = \int_0^{\frac{\pi}{2}} 2\sin\theta\cos\theta\sqrt{1+\sin^2\theta}\mathrm{d}\theta$$

$$= \frac{2}{3}(1+\sin^2\theta)^{\frac{3}{2}}\bigg|_0^{\frac{\pi}{2}} = \frac{2}{3}(2\sqrt{2}-1).$$

例3 计算第二型曲线积分

(1) $\int_L (x^2+y^2)\mathrm{d}x + (x^2-y^2)\mathrm{d}y$，其中 L 为曲线：$y=1-|1-x|$，$(0\leqslant x\leqslant 2)$ 沿 x 增大的方向.

(2) $\int_L \dfrac{x\mathrm{d}y-y\mathrm{d}x}{4x^2+9y^2}$，$L$ 是取反时针方向的单位圆周.

解 (1) L 是由 $L_1: y=x(0\leqslant x\leqslant 1)$ 与 $L_2: y=2-x(1\leqslant x\leqslant 2)$ 两段组成，所以

$$\int_L (x^2+y^2)\mathrm{d}x + (x^2-y^2)\mathrm{d}y = \left(\int_{L_1}+\int_{L_2}\right)(x^2+y^2)\mathrm{d}x+(x^2-y^2)\mathrm{d}y$$

$$= \int_0^1 2x^2\mathrm{d}x + \int_1^2\left(x^2+(2-x)^2\right)\mathrm{d}x + \int_1^2\left(x^2-(2-x)^2\right)(-\mathrm{d}x)$$

$$= \frac{2}{3} + \int_1^2 2(2-x)^2\mathrm{d}x = \frac{2}{3}-\frac{2}{3}(2-x)^3\bigg|_1^2 = \frac{4}{3}.$$

(2) L 的参数方程：$x=\cos\theta, y=\sin\theta, 0\leqslant\theta\leqslant 2\pi$. 于是有

$$\int_L \frac{x\mathrm{d}y-y\mathrm{d}x}{4x^2+9y^2} = \int_0^{2\pi} \frac{\cos^2\theta+\sin^2\theta}{4\cos^2\theta+9\sin^2\theta}\mathrm{d}\theta$$

$$= 4\int_0^{\frac{\pi}{2}} \frac{1+\tan^2\theta}{4+9\tan^2\theta}\mathrm{d}\theta = 4\int_0^{+\infty}\frac{1}{4+9t^2}\mathrm{d}t = 4\left(\frac{1}{6}\arctan\frac{3}{2}t\right)\bigg|_0^{+\infty} = \frac{\pi}{3}.$$

例4 计算 $\int_{AB} (\mathrm{e}^x\sin y-my)\mathrm{d}x+(\mathrm{e}^x\cos y-m)\mathrm{d}y$，其中 m 为常数，AB 为由 $(a,0)$ 到 $(0,0)$ 经过圆 $x^2+y^2=ax$ 上半部的路线.

解 在 Ox 轴上连接点 $O(0,0)$ 与点 $A(a,0)$，这样就构成封闭的半圆形 AOA，且在线段 OA 上，$y=0$，$\mathrm{d}y=0$，于是有

$$\int_{OA} (\mathrm{e}^x\sin y-my)\mathrm{d}x+(\mathrm{e}^x\cos y-m)\mathrm{d}y = 0.$$

而 $\oint_{\overset{\frown}{AOA}} = \int_{\overset{\frown}{AO}} + \int_{OA} = \int_{\overset{\frown}{AO}}$. 由格林公式得

$$\oint_{\overset{\frown}{AOA}} (\mathrm{e}^x\sin y-my)\mathrm{d}x+(\mathrm{e}^x\cos y-m)\mathrm{d}y = \iint\limits_{d: x^2+y^2\leqslant ax} m\mathrm{d}x\mathrm{d}y = m\cdot\frac{1}{2}\pi\left(\frac{a}{2}\right)^2 = \frac{m\pi a^2}{8}$$

因此有

$$\int_{AB} (\mathrm{e}^x\sin y-my)\mathrm{d}x+(\mathrm{e}^x\cos y-m)\mathrm{d}y = \frac{m\pi}{8}a^2.$$

例5 应用格林公式计算

$$I = \oint_L \frac{\mathrm{e}^x(x\sin y-y\cos y)\mathrm{d}x+\mathrm{e}^x(x\cos y+y\sin y)\mathrm{d}y}{x^2+y^2},$$

其中 L 是包含原点的光滑闭曲线，逆时针方向.

解　取充分小的 $\varepsilon>0$, 使得圆域 $\Gamma_\varepsilon: x^2+y^2\leqslant\varepsilon^2$ 包含于 L 内,且取逆时针方向. 由于

$$\frac{\partial}{\partial x}\left(\frac{e^x(x\cos y+y\sin y)}{x^2+y^2}\right)-\frac{\partial}{\partial y}\left(\frac{e^x(x\sin y-y\cos y)}{x^2+y^2}\right)=0,$$

应用格林公式,得

$$\oint_{L+\Gamma_\varepsilon^-}\frac{e^x(x\sin y-y\cos y)dx+e^x(x\cos y+y\sin y)dy}{x^2+y^2}=0.$$

所以

$$I=\oint_L\frac{e^x(x\sin y-y\cos y)dx+e^x(x\cos y+y\sin y)dy}{x^2+y^2}$$
$$=\oint_{\Gamma_\varepsilon}\frac{e^x(x\sin y-y\cos y)dx+e^x(x\cos y+y\sin y)dy}{x^2+y^2}.$$

Γ_ε 的参数方程为: $x=\varepsilon\cos\theta, y=\varepsilon\sin\theta, 0\leqslant\theta\leqslant2\pi$, 因此

$$dx=-\varepsilon\sin\theta d\theta=-yd\theta,\quad dy=\varepsilon\cos\theta d\theta=xd\theta,$$
$$e^x(x\sin y-y\cos y)dx+e^x(x\cos y+y\sin y)dy$$
$$=e^x[(x\sin y-y\cos y)(-y)+(x\cos y+y\sin y)x]d\theta$$
$$=e^x[y^2\cos y+x^2\cos y]d\theta$$
$$=\varepsilon^2 e^{\varepsilon\cos\theta}\cos(\varepsilon\sin\theta)d\theta.$$
$$I=\frac{1}{\varepsilon^2}\int_0^{2\pi}\varepsilon^2 e^{\varepsilon\cos\theta}\cos(\varepsilon\sin\theta)d\theta=\int_0^{2\pi}e^{\varepsilon\cos\theta}\cos(\varepsilon\sin\theta)d\theta.$$

令 $\varepsilon\to0^+$, 得 $I=\int_0^{2\pi}d\theta=2\pi.$

例 6　设函数 $u(x,y)$ 在由封闭的光滑曲线 L 所围成的区域 D 上有二阶连续偏导数,证明:

(1) $\iint_D\left(\frac{\partial^2 u}{\partial x^2}+\frac{\partial^2 u}{\partial y^2}\right)d\sigma=\oint_L\frac{\partial u}{\partial n}ds$,其中 $\frac{\partial u}{\partial n}$ 是 $u(x,y)$ 沿 L 外法线方向 $\boldsymbol{n}$ 的方向导数.

(2) 函数 $u(x,y)$ 满足 $\frac{\partial^2 u}{\partial x^2}+\frac{\partial^2 u}{\partial y^2}=0$ 的充分必要条件是: 对区域 D 内任意逐段光滑闭曲线 L, 有 $\oint_L\frac{\partial u}{\partial n}ds=0.$

证明　(1) 由于 $\cos(n,x)ds=dy,\cos(n,y)ds=-dx$, 所以

$$\oint_L\frac{\partial u}{\partial n}ds=\oint_L\left(\frac{\partial u}{\partial x}\cos(n,x)+\frac{\partial u}{\partial y}\cos(n,y)\right)ds=\oint_L-\frac{\partial u}{\partial y}dx+\frac{\partial u}{\partial x}dy.$$

由题知 $\frac{\partial u}{\partial x},\frac{\partial u}{\partial y}$ 在 D 上有连续导数,故由格林公式可得

$$\oint_L-\frac{\partial u}{\partial y}dx+\frac{\partial u}{\partial x}dy=\iint_D\left(\frac{\partial^2 u}{\partial x^2}+\frac{\partial^2 u}{\partial y^2}\right)d\sigma.$$

因此

$$\iint_D\left(\frac{\partial^2 u}{\partial x^2}+\frac{\partial^2 u}{\partial y^2}\right)d\sigma=\oint_L\frac{\partial u}{\partial n}ds.$$

(2) 由(1)的结论易知,必要性成立.

下面证明充分性(用反证法). 假设存在 $P_0\in D$, 使得 $\left(\frac{\partial^2 u}{\partial x^2}+\frac{\partial^2 u}{\partial y^2}\right)\Big|_{P_0}\neq0$. 不妨设

$$\left(\frac{\partial^2 u}{\partial x^2}+\frac{\partial^2 u}{\partial y^2}\right)\Big|_{P_0}=C>0$$

根据连续函数的保号性,存在 P_0 的邻域 $U(P_0)$, 当 $(x,y)\in U(P_0)\bigcap D$ 时,有

$$\frac{\partial^2 u}{\partial x^2}+\frac{\partial^2 u}{\partial y^2}>\frac{C}{2}>0.$$

设区域 $U(P_0)\bigcap D$ 的边界线是 L_0，其所围区域为 D_0，于是有

$$\oint_{L_0}\frac{\partial u}{\partial n}\mathrm{d}s=\iint\limits_{D_0}\left(\frac{\partial^2 u}{\partial x^2}+\frac{\partial^2 u}{\partial y^2}\right)\mathrm{d}\sigma\geqslant\frac{C}{2}\iint\limits_{D_0}\mathrm{d}\sigma=\frac{C}{2}\cdot(D_0\text{ 的面积})>0.$$

与已知条件矛盾，于是函数 $u(x,y)$ 满足：$\dfrac{\partial^2 u}{\partial x^2}+\dfrac{\partial^2 u}{\partial y^2}=0$.

例 7 证明下面的估计式：$\left|\displaystyle\int_L P\mathrm{d}x+Q\mathrm{d}y\right|\leqslant CM$，其中 C 是积分路径 L 的弧长.

$$M=\max_{(x,y)\in L}\sqrt{P^2(x,y)+Q^2(x,y)}.$$

利用上述不等式估计积分 $I_R=\displaystyle\int_{x^2+y^2=R^2}\frac{y\mathrm{d}x-x\mathrm{d}y}{(x^2+xy+y^2)^2}$，并证明 $\lim\limits_{R\to+\infty}I_R=0$.

证明 将第一型曲线积分化为第二型曲线积分，有

$$\left|\int_L P\mathrm{d}x+Q\mathrm{d}y\right|=\left|\int_L(P\cos\alpha+Q\sin\alpha)\mathrm{d}s\right|.$$

又由于对任意 $(x,y)\in L$，有

$$|P\cos\alpha+Q\sin\alpha|=|(P,Q)\cdot(\cos\alpha,\sin\alpha)|$$
$$\leqslant\sqrt{P^2+Q^2}\cdot\sqrt{\cos^2\alpha+\sin^2\alpha}\leqslant\sqrt{P^2+Q^2}\leqslant M.$$

于是，有

$$\left|\int_L P\mathrm{d}x+Q\mathrm{d}y\right|\leqslant\int_L M\mathrm{d}s=CM.$$

对于积分 I_R，因为

$$\sqrt{P^2+Q^2}=\frac{R}{(R^2+xy)^2},$$

且在 $x^2+y^2=R^2$ 上，R^2+xy 的最小值为 $\dfrac{R^2}{2}$. 所以

$$M=\max_{(x,y)\in L}\sqrt{P^2(x,y)+Q^2(x,y)}=\frac{4}{R^3};$$

而 L 的弧长 $C=2\pi R$，故 $|I_R|=CM=\dfrac{8\pi}{R^2}$. 并有 $\lim\limits_{R\to+\infty}I_R=0$.

例 8 (1)证明：若 L 为平面上封闭曲线，$\boldsymbol{l}$ 为任意方向向量，则 $\oint_L\cos(\boldsymbol{l},\boldsymbol{n})\mathrm{d}s=0$，其中 $\boldsymbol{n}$ 为曲线 L 的外法线方向.

(2)求积分值 $I=\oint_L(x\cos(\boldsymbol{n},\boldsymbol{x})+y\cos(\boldsymbol{n},\boldsymbol{y}))\mathrm{d}s$，其中 L 为包围有界区域 D 的封闭曲线，$\boldsymbol{n}$ 为 L 的外法线方向.

证明 (1)设 $\boldsymbol{l}$ 与 $\boldsymbol{n}$ 的方向余弦分别为 $\cos\alpha,\cos\beta$ 与 $\cos(\boldsymbol{n},\boldsymbol{x}),\cos(\boldsymbol{n},\boldsymbol{y})$，由于

$$\cos(\boldsymbol{n},\boldsymbol{x})\mathrm{d}s=\mathrm{d}y,\quad\cos(\boldsymbol{n},\boldsymbol{y})\mathrm{d}s=-\mathrm{d}x,$$

则

$$\oint_L\cos(\boldsymbol{l},\boldsymbol{n})\mathrm{d}s=\oint_L(\cos\alpha\cos(\boldsymbol{n},\boldsymbol{x})+\cos\beta\cos(\boldsymbol{n},\boldsymbol{y}))\mathrm{d}s$$
$$=\oint_L\cos\alpha\mathrm{d}y-\cos\beta\mathrm{d}x.$$

由 $\cos\alpha,\cos\beta$ 均为常数，故 $\dfrac{\partial\cos\beta}{\partial y}=\dfrac{\partial\cos\alpha}{\partial x}=0$. 从而由格林公式知

$$\oint_L \cos(\boldsymbol{l},\boldsymbol{n})\mathrm{d}s = 0.$$

（2）由第一、二型曲线积分之间的关系，有

$$I = \oint_L (x\cos(\boldsymbol{n},\boldsymbol{x}) + y\cos(\boldsymbol{n},\boldsymbol{y}))\mathrm{d}s = \oint_L x\mathrm{d}y - y\mathrm{d}x = 2S.$$

其中 S 为区域 D 的面积.

例 9　设函数 $f(x)$ 在 $(-\infty,+\infty)$ 内具有一阶连续导数，L 是上半平面 $(y>0)$ 内的有向分段光滑曲线，其起点为 (a,b)，终点为 (c,d). 记

$$I = \int_L \frac{1}{y}(1+y^2f(xy))\mathrm{d}x + \frac{x}{y^2}(y^2f(xy)-1)\mathrm{d}y$$

（1）证明曲线积分 I 与路径 L 无关；（2）当 $ab=cd$ 时，求 I 的值.

解　（1）因为

$$\frac{\partial}{\partial x}\left(\frac{x}{y^2}(y^2f(xy)-1)\right) = f(xy) - \frac{1}{y^2} + xyf'(xy)$$

$$= \frac{\partial}{\partial y}\left(\frac{1}{y}(1+y^2f(xy))\right).$$

在上半平面 $(y>0)$ 处处成立，所以在上半平面 $(y>0)$ 内曲线积分 I 与路径 L 无关.

（2）由于曲线积分 I 与路径 L 无关，故可取积分路径 L 为由点 (a,b) 到点 (c,b) 再到点 (c,d) 的折线段，于是有

$$I = \int_a^c \frac{1}{b}(1+b^2f(bx))\mathrm{d}x + \int_b^d \frac{c}{y^2}(y^2f(cy)-1)\mathrm{d}y$$

$$= \frac{c-a}{b} + \int_a^c bf(bx)\mathrm{d}x + \int_b^d cf(cy)\mathrm{d}y + \frac{c}{d} - \frac{c}{b}$$

$$= \frac{c}{d} - \frac{a}{b} + \int_{ab}^{bc} f(u)\mathrm{d}u + \int_{bc}^{cd} f(u)\mathrm{d}u$$

$$= \frac{c}{d} - \frac{a}{b} + \int_{ab}^{cd} f(u)\mathrm{d}u.$$

由于当 $ab=cd$ 时，$\int_{ab}^{cd} f(u)\mathrm{d}u = 0$，所以 $I = \frac{c}{d} - \frac{a}{b}$.

四、练习题

1.（北京科技大学）　求

$$\int_L \frac{(x-y)\mathrm{d}x + (x+y)\mathrm{d}y}{x^2+y^2},$$

其中 L 为 $y=1-2x^2$ 自点 $A(-1,-1)$ 至点 $B(1,-1)$ 的弧段.

2.（北京科技大学）　证明：$5\mathrm{e}^{-\frac{9}{2}} \leqslant \int_c \mathrm{e}^{-\sqrt{x^3y}}\mathrm{d}s \leqslant 5$，其中 c 是直线 $3x+4y-12=0$ 介于两坐标轴之间的线段.

3.（西安电子科技大学）　设有曲线 $L: x^2+y^2+z^2=r^2$，$x+y+z=0$，求 $\oint_L x^2\mathrm{d}s$.

4.（中国海洋大学）　求

$$\int_L (y-z)\mathrm{d}x + (z-x)\mathrm{d}y + (x-y)\mathrm{d}z,$$

其中 L 为圆柱面 $x^2+y^2=a^2$ 和平面 $\frac{x}{a}+\frac{z}{h}=1(a>0,h>0)$ 的交线，从 x 轴的正向看去是逆时

针方向.

5.（华中科技大学）　求 $I = \int_L \dfrac{x\,\mathrm{d}y - y\,\mathrm{d}x}{x^2 + 4y^2}$，$L$ 是取反时针方向的单位圆周.

6.（华中科技大学）　设 L 为椭圆 $4x^2 + y^2 = 1$，$\boldsymbol{r} = (x, y)$. $r = \sqrt{x^2 + y^2}$，$\boldsymbol{L}$ 是 I 的单位切向量，指向逆时针方向，求 $I = \int_L \boldsymbol{r} \cdot \sin(\boldsymbol{r}, \boldsymbol{L})\,\mathrm{d}s$.

7. 计算积分 $\displaystyle\int_{AOB} (\mathrm{e}^y + 12xy)\,\mathrm{d}x + (x\mathrm{e}^y - \cos y)\,\mathrm{d}y$，其中 AOB 是从点 $A(-1,1)$ 沿曲线 $y = x^2$ 到原点 $O(0,0)$，再沿 Ox 轴到点 $B(3,0)$ 的路径.

8. 计算第二型曲线积分
$$\int_L \sqrt{x^2 + y^2}\,\mathrm{d}x + y(xy + \ln(x + \sqrt{x^2 + y^2}))\,\mathrm{d}y,$$
其中曲线 $L : y = \sin x$，$0 \leqslant x \leqslant \pi$，方向为 $(0,0) \to (\pi, 0)$.

9. 设椭圆 $\dfrac{x^2}{4} + \dfrac{y^2}{9} = 1$ 在 $A\left(1, \dfrac{3\sqrt{3}}{2}\right)$ 点的切线交 y 轴于 B 点，设 L 为从 A 点到 B 点的直线段，试计算:
$$\int_L \left(\frac{\sin y}{x+1} - \sqrt{3}\,y\right)\mathrm{d}x + (\cos y\ln(x+1) + 2\sqrt{3}\,x - \sqrt{3})\,\mathrm{d}y.$$

10. 试求指数 λ，使得 $\dfrac{x}{y} r^\lambda \mathrm{d}x - \dfrac{x^2}{y^2} r^\lambda \mathrm{d}y$ 为某个函数 $u(x, y)$ 的全微分，并求 $u(x, y)$，其中 $r = \sqrt{x^2 + y^2}$.

11. 设 $u(x, y)$，$v(x, y)$ 是具有二阶连续偏导数的函数，证明:

(1)（南京理工大学）$\displaystyle\iint_D v\left(\frac{\partial^2 u}{\partial x^2} + \frac{\partial^2 u}{\partial y^2}\right)\mathrm{d}\sigma = -\iint_D v\left(\frac{\partial u}{\partial x}\frac{\partial v}{\partial x} + \frac{\partial u}{\partial y}\frac{\partial v}{\partial y}\right)\mathrm{d}\sigma + \oint_L v\,\frac{\partial u}{\partial n}\mathrm{d}s$；

(2) $\displaystyle\iint_D \left[u\left(\frac{\partial^2 v}{\partial x^2} + \frac{\partial^2 v}{\partial y^2}\right) - v\left(\frac{\partial^2 u}{\partial x^2} + \frac{\partial^2 u}{\partial y^2}\right)\right]\mathrm{d}\sigma = \oint_L \left(u\,\frac{\partial v}{\partial n} - v\,\frac{\partial u}{\partial n}\right)\mathrm{d}s$，

其中 D 为光滑曲线 L 所围的平面区域，而 $\dfrac{\partial u}{\partial n}$，$\dfrac{\partial v}{\partial n}$ 分别为函数 $u(x, y)$，$v(x, y)$ 沿曲线 L 的外法线 $\boldsymbol{n}$ 的方向导数.

12.（中国科技大学）　设函数 $f(x)$ 在 R 上有连续的导函数，且曲线积分
$$\int_L (\mathrm{e}^x + f(x))y\,\mathrm{d}x + f(y)\,\mathrm{d}y$$
与积分路径无关，求
$$\int_{(0,0) \to (1,1)} (\mathrm{e}^x + f(x))y\,\mathrm{d}x + f(y)\,\mathrm{d}y.$$

8.4　曲面积分

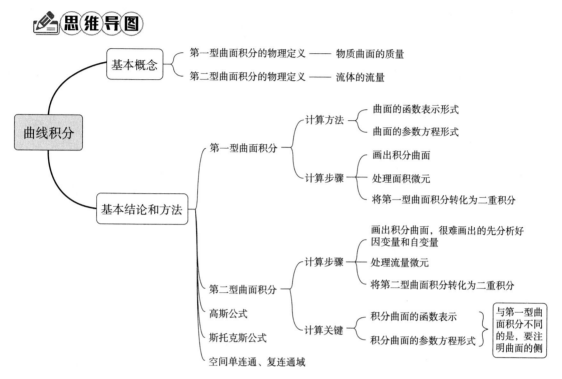

一、基本概念

第一型曲面积分和第二型曲面积分的定义与性质,参见华东师范大学出版的《数学分析》或其他基础教材.

二、基本结论和方法

(一)第一型曲面积分的计算

设有光滑曲面 $S: z = z(x, y)$, $(x, y) \in D$, $f(x, y, z)$ 为 S 上的连续函数,则

$$\iint\limits_{S} f(x, y, z) \mathrm{d}S = \iint\limits_{D} f(x, y, z(x, y)) \sqrt{1 + z_x^2 + z_y^2} \, \mathrm{d}x\mathrm{d}y.$$

注:(1)第一类曲面积分通过一个二重积分来定义,这就是为什么在第一类曲面积分中用"二重积分符"的原因.

(2)当 $f(x, y) \equiv 1$ 时,可得空间曲面面积的计算公式,即 $S = \iint\limits_{D} \sqrt{1 + z_x^2 + z_y^2} \mathrm{d}x\mathrm{d}y$.

(二)第二型曲面积分的计算

设 R 是定义在光滑曲面 $S: z = z(x, y)$, $(x, y) \in D_{xy}$ 上的连续函数,以 S 的上侧为正侧,则有

$$\iint\limits_{S} R(x, y, z) \mathrm{d}x\mathrm{d}y = \iint\limits_{D_{xy}} R(x, y, z(x, y)) \mathrm{d}x\mathrm{d}y.$$

注:计算积分 $\iint\limits_{S} P(x, y, z)\mathrm{d}y\mathrm{d}z + Q(x, y, z)\mathrm{d}z\mathrm{d}x + R(x, y, z)\mathrm{d}x\mathrm{d}y.$ 时,通常分开来计算三个积分

$$\iint_S P(x,y,z)\mathrm{d}y\mathrm{d}z, \quad \iint_S Q(x,y,z)\mathrm{d}z\mathrm{d}x, \quad \iint_S R(x,y,z)\mathrm{d}x\mathrm{d}y.$$

为此,分别把曲面 S 投影到 yOz 平面,zOx 平面和 xOy 平面上化为二重积分进行计算,投影域的侧由曲面 S 的方向决定.

素养教育:二重积分的积分区域是平面上的一个区域,当这一特殊的平面区域变为一般的曲面区域时,就衍生了曲面积分,体现了事物研究从一般到特殊,从特殊到一般的思维过程.

(三)高斯公式

设空间区域 V 由分片光滑的双侧封闭曲面 S 围成.若函数 P,Q,R 在 V 上连续,且有连续的一阶偏导数,则

$$\iiint_V \left(\frac{\partial P}{\partial x}+\frac{\partial Q}{\partial y}+\frac{\partial R}{\partial z}\right)\mathrm{d}x\mathrm{d}y\mathrm{d}z = \oiint_S P\mathrm{d}y\mathrm{d}z+Q\mathrm{d}z\mathrm{d}x+R\mathrm{d}x\mathrm{d}y,$$

其中 S 取外侧,称上述公式为高斯公式.

素养教育:高斯的故事激发学生进行科研的兴趣;同时高斯公式阐述了立体上的三重积分与其边界的曲面积分之间的关系,也体现了内部与外部的联系,结合高斯公式、斯托克斯公式进行理解;高斯公式也是考研的易考点.

(四)斯托克斯公式

设光滑曲面 S 的边界 L 是按段光滑的连续曲线,若函数 P,Q,R 在 S(连同 L)上连续,且有一阶连续的偏导数,则

$$\iint_S \begin{vmatrix} \mathrm{d}y\mathrm{d}z & \mathrm{d}z\mathrm{d}x & \mathrm{d}x\mathrm{d}y \\ \dfrac{\partial}{\partial x} & \dfrac{\partial}{\partial y} & \dfrac{\partial}{\partial z} \\ P & Q & R \end{vmatrix} = \int_L P\mathrm{d}x+Q\mathrm{d}y+R\mathrm{d}z.$$

其中 S 的侧与 L 的方向按右手法则确定,称该公式为斯托克斯公式.

素养教育:斯托克斯公式阐述曲面积分与边界的曲线积分之间的关系,体现了内部与外部的联系,结合格林公式、高斯公式进行理解.

(五)空间单连通、复连通域

在区域 V 内,如果任意封闭曲线可以不经过 V 以外的点而连续收缩到属于 V 的一点,则称区域 V 是单连通的;否则就是复连通的.

设 $\Omega \subset R^3$ 为空间单连通区域,若函数 P,Q,R 在 Ω 上连续,且有一阶连续的偏导数,则以下四个条件是等价的:

(1)对于 Ω 内任一按段光滑的封闭曲线 L,有 $\oint_L P\mathrm{d}x+Q\mathrm{d}y+R\mathrm{d}z = 0$;

(2)对于 Ω 内任一按段光滑的曲线 L,积分 $\int_L P\mathrm{d}x+Q\mathrm{d}y+R\mathrm{d}z$ 与路径无关;

(3)$P\mathrm{d}x+Q\mathrm{d}y+R\mathrm{d}z$ 是 Ω 内某一函数 u 的全微分,即 $\mathrm{d}u=P\mathrm{d}x+Q\mathrm{d}y+R\mathrm{d}z$;

(4)在 Ω 内处处成立 $\dfrac{\partial P}{\partial y}=\dfrac{\partial Q}{\partial x},\dfrac{\partial Q}{\partial z}=\dfrac{\partial R}{\partial y},\dfrac{\partial R}{\partial x}=\dfrac{\partial P}{\partial z}$.

三、例题选讲

例 1 计算 $\iint_S (x^2+y^2-z)\mathrm{d}S$,其中 S 为立体 $\sqrt{x^2+y^2} \leqslant z \leqslant 1$ 的边界曲面.

解 S 由两曲面构成:$S_1:\sqrt{x^2+y^2}=z$,$S_2:z=1$,两曲面在 xy 平面的投影区域 $D:x^2+y^2 \leqslant 1$.而

$$\iint\limits_{S_1}(x^2+y^2-z)\mathrm{d}S=\iint\limits_{D}(x^2+y^2-\sqrt{x^2+y^2})\cdot\sqrt{1+z_x^2+z_y^2}\,\mathrm{d}x\mathrm{d}y$$

$$=\iint\limits_{D}(x^2+y^2-\sqrt{x^2+y^2})\cdot\sqrt{2}\,\mathrm{d}x\mathrm{d}y$$

$$=\sqrt{2}\int_0^{2\pi}\mathrm{d}\theta\int_0^1(r^2-r)\cdot r\mathrm{d}r=\sqrt{2}\cdot2\pi\cdot\left(\frac{1}{4}-\frac{1}{3}\right)=-\frac{\sqrt{2}\pi}{6}.$$

$$\iint\limits_{S_2}(x^2+y^2-z)\mathrm{d}S=\iint\limits_{D}(x^2+y^2-1)\mathrm{d}x\mathrm{d}y=\int_0^{2\pi}\mathrm{d}\theta\int_0^1(r^2-1)\cdot r\mathrm{d}r=-\frac{\pi}{2},$$

所以

$$\iint\limits_{S}(x^2+y^2-z)\mathrm{d}S=\iint\limits_{S_1}(x^2+y^2-z)\mathrm{d}S+\iint\limits_{S_2}(x^2+y^2-z)\mathrm{d}S=-\frac{\pi}{6}(3+\sqrt{2}).$$

例 2　证明:对连续函数 $f(u)$,有 $\iint\limits_{S}f(z)\mathrm{d}S=2\pi\int_{-1}^1f(t)\mathrm{d}t$,其中 S 为球面 $x^2+y^2+z^2=1$.

证明　在 $z=u$ 平面上,将圆 $\begin{cases}x^2+y^2+z^2=1\\z=u\end{cases}$ 表示成参数方程

$$x=\sqrt{1-u^2}\cos v,\quad y=\sqrt{1-u^2}\sin v,\quad(0\leqslant v\leqslant2\pi)$$

则 $\mathrm{d}S=\sqrt{EG-F^2}\,\mathrm{d}u\mathrm{d}v=\mathrm{d}u\mathrm{d}v$,且

$$\iint\limits_{S}f(z)\mathrm{d}S=\int_0^{2\pi}\mathrm{d}v\int_{-1}^1f(u)\mathrm{d}u=2\pi\int_{-1}^1f(u)\mathrm{d}u.$$

例 3　计算曲面积分: $I=\iint\limits_{S}x^3\mathrm{d}y\mathrm{d}z+y^3\mathrm{d}z\mathrm{d}x+z^3\mathrm{d}x\mathrm{d}y$,其中 S 为旋转椭球面 $\dfrac{x^2}{a^2}+\dfrac{y^2}{b^2}+\dfrac{z^2}{c^2}=1$ 的外侧.

解　方法(一):S 由两曲面构成:$S_1:z=c\sqrt{1-\dfrac{x^2}{a^2}-\dfrac{y^2}{b^2}}$,$S_2:z=-c\sqrt{1-\dfrac{x^2}{a^2}-\dfrac{y^2}{b^2}}$,两曲面在 xy 平面的投影区域 $D:\dfrac{x^2}{a^2}+\dfrac{y^2}{b^2}\leqslant1$. 其中 S_1 的外法线与 z 轴正向的夹角是锐角,S_2 的外法线与 z 轴正向的夹角是钝角,于是

$$\iint\limits_{S}z^3\mathrm{d}x\mathrm{d}y=\iint\limits_{S_1}z^3\mathrm{d}x\mathrm{d}y+\iint\limits_{S_2}z^3\mathrm{d}x\mathrm{d}y$$

$$=\iint\limits_{D}\left(c\sqrt{1-\frac{x^2}{a^2}-\frac{y^2}{b^2}}\right)^3\mathrm{d}x\mathrm{d}y-\iint\limits_{D}\left(-c\sqrt{1-\frac{x^2}{a^2}-\frac{y^2}{b^2}}\right)^3\mathrm{d}x\mathrm{d}y$$

$$=2\iint\limits_{D}\left(c\sqrt{1-\frac{x^2}{a^2}-\frac{y^2}{b^2}}\right)^3\mathrm{d}x\mathrm{d}y(设\ x=ar\cos\varphi,y=br\sin\varphi)$$

$$=2abc^3\int_0^{2\pi}\mathrm{d}\varphi\int_0^1(1-r^2)^{\frac{3}{2}}r\mathrm{d}r=\frac{4}{5}abc^3\pi.$$

同法可得

$$\iint\limits_{S}x^3\mathrm{d}y\mathrm{d}z=\frac{4}{5}a^3bc\pi,\iint\limits_{S}y^3\mathrm{d}y\mathrm{d}z=\frac{4}{5}ab^3c\pi.$$

于是,有

$$I=\iint\limits_{S}x^3\mathrm{d}y\mathrm{d}z+y^3\mathrm{d}z\mathrm{d}x+z^3\mathrm{d}x\mathrm{d}y=\frac{4}{5}abc(a^2+b^2+c^2)\pi.$$

方法(二):利用高斯定理,得

$$I=\iint\limits_{S}x^3\mathrm{d}y\mathrm{d}z+y^3\mathrm{d}z\mathrm{d}x+z^3\mathrm{d}x\mathrm{d}y=3\iiint\limits_{V}(x^2+y^2+z^2)\mathrm{d}x\mathrm{d}y\mathrm{d}z,$$

其中 $V: \dfrac{x^2}{a^2} + \dfrac{y^2}{b^2} + \dfrac{z^2}{c^2} \leqslant 1$. 作广义球面坐标变换

$$T: x = ar\sin\varphi\cos\theta, y = br\sin\varphi\sin\theta, z = cr\cos\varphi, r \in [0,1], \theta \in [0,2\pi], \varphi \in [0,\pi]$$

得

$$I = 3abc \int_0^1 r^4 \, \mathrm{d}r \int_0^{2\pi} \mathrm{d}\theta \int_0^{\pi} \sin\varphi(a^2 \sin^2\varphi \sin^2\theta + b^2 \sin^2\varphi \cos^2\theta + c^2 \cos^2\varphi) \mathrm{d}\varphi$$

$$= \frac{4}{5}abc(a^2 + b^2 + c^2)\pi.$$

例 4 求曲面积分 $\oiint\limits_{S}(x - y + z)\mathrm{d}y\mathrm{d}z + (y - z + x)\mathrm{d}z\mathrm{d}x + (z - x + y)\mathrm{d}x\mathrm{d}y$,其中曲面 S 为 $|x - y + z| + |y - z + x| + |z - x + y| = 1$,外侧为正.

解 设闭曲面 S 所围立体为 V,由高斯公式,得

$$\oiint\limits_{S}(x - y + z)\mathrm{d}y\mathrm{d}z + (y - z + x)\mathrm{d}z\mathrm{d}x + (z - x + y)\mathrm{d}x\mathrm{d}y$$

$$= \oiiint\limits_{V}(1 + 1 + 1)\mathrm{d}x\mathrm{d}y\mathrm{d}z = 3\iiint\limits_{V}\mathrm{d}x\mathrm{d}y\mathrm{d}z.$$

作变量替换 $T: u = x - y + z, v = y - z + x, w = z - x + y$,则有

$$\frac{\partial(u,v,w)}{\partial(x,y,z)} = 4, \quad \frac{\partial(x,y,z)}{\partial(u,v,w)} = \frac{1}{4}.$$

且体 V 变为体 $V': |u| + |v| + |w| \leqslant 1$ 注意到体 V' 是由八个平面 $V': |u| + |v| + |w| = 1$ 围成的正八面体,显然体 V' 关于原点 $(0,0,0)$ 对称,其体积是 $8 \cdot \dfrac{1}{3} \cdot \dfrac{1}{2} = \dfrac{4}{3}$.

于是有

$$\oiint\limits_{S}(x - y + z)\mathrm{d}y\mathrm{d}z + (y - z + x)\mathrm{d}z\mathrm{d}x + (z - x + y)\mathrm{d}x\mathrm{d}y$$

$$= 3\iiint\limits_{V}\mathrm{d}x\mathrm{d}y\mathrm{d}z = 3\iiint\limits_{V'}\frac{1}{4}\mathrm{d}u\mathrm{d}v\mathrm{d}w = 1.$$

例 5 求曲面积分 $\iint\limits_{S} yz\mathrm{d}y\mathrm{d}z + (x^2 + z^2)y\mathrm{d}z\mathrm{d}x + xy\mathrm{d}x\mathrm{d}y$,其中曲面 S 为 $4 - y = x^2 + z^2$ 上 $y \geqslant 0$ 的部分,外侧为正.

解 添加曲面片 $S_1: x^2 + z^2 \leqslant 4, y = 0$,下侧为正则. 曲面 S 与 S_1 构成封闭曲面,所围立体为 V,由高斯公式,得

$$\iint\limits_{S+S_1} yz\mathrm{d}y\mathrm{d}z + (x^2 + z^2)y\mathrm{d}z\mathrm{d}x + xy\mathrm{d}x\mathrm{d}y$$

$$= \iiint\limits_{V}(x^2 + z^2)\mathrm{d}x\mathrm{d}y\mathrm{d}z$$

$$= \iint\limits_{x^2+z^2 \leqslant 4}(x^2 + z^2)\mathrm{d}x\mathrm{d}z \int_0^{4-x^2-z^2} \mathrm{d}y$$

$$= \iint\limits_{x^2+z^2 \leqslant 4}(4 - x^2 - z^2)(x^2 + z^2)\mathrm{d}x\mathrm{d}z$$

$$= \int_0^{2\pi} \mathrm{d}\theta \int_0^2 (4 - r^2) \cdot r^2 \cdot r\mathrm{d}r$$

$$= \pi \int_0^2 (4r^2 - r^4)\mathrm{d}r^2 = \frac{16\pi}{3}.$$

例 6 计算 $I = \iint\limits_S \dfrac{(x-1)\mathrm{d}y\mathrm{d}z + (y-1)\mathrm{d}z\mathrm{d}x + (z-1)\mathrm{d}x\mathrm{d}y}{((x-1)^2 + (y-1)^2 + (z-1)^2)^{\frac{3}{2}}}$，其中 S 是不通过点 $(1,1,1)$ 的球面 $x^2 + y^2 + z^2 = R^2$，外侧为正侧.

解 设 $I = \iint\limits_S P\mathrm{d}y\mathrm{d}z + Q\mathrm{d}z\mathrm{d}x + R\mathrm{d}x\mathrm{d}y$，则有

$$P = \frac{x-1}{((x-1)^2 + (y-1)^2 + (z-1)^2)^{\frac{3}{2}}},$$

$$Q = \frac{y-1}{((x-1)^2 + (y-1)^2 + (z-1)^2)^{\frac{3}{2}}},$$

$$R = \frac{z-1}{((x-1)^2 + (y-1)^2 + (z-1)^2)^{\frac{3}{2}}},$$

经计算得 $\dfrac{\partial P}{\partial x} + \dfrac{\partial Q}{\partial y} + \dfrac{\partial R}{\partial z} = 0$.

(1) 当 S 的内部不包含点 $(1,1,1)$ 时，根据高斯公式可知 $I = 0$.

(2) 当 S 的内部包含点 $(1,1,1)$ 时，作曲面 $S_1 : (x-1)^2 + (y-1)^2 + (z-1)^2 = a^2$，内侧为正侧. 选 a 充分小，使 S_1 完全被包含在 S 的内部，于是 S 和 S_1 是二连通区域 Ω 的边界曲面，根据高斯公式可知

$$\iiint\limits_{\Omega} \left(\frac{\partial P}{\partial x} + \frac{\partial Q}{\partial y} + \frac{\partial R}{\partial z} \right) \mathrm{d}V = 0,$$

即

$$\iint\limits_{S+S_1} \frac{(x-1)\mathrm{d}y\mathrm{d}z + (y-1)\mathrm{d}z\mathrm{d}x + (z-1)\mathrm{d}x\mathrm{d}y}{((x-1)^2 + (y-1)^2 + (z-1)^2)^{\frac{3}{2}}} = 0.$$

于是

$$\begin{aligned}
I &= \iint\limits_S \frac{(x-1)\mathrm{d}y\mathrm{d}z + (y-1)\mathrm{d}z\mathrm{d}x + (z-1)\mathrm{d}x\mathrm{d}y}{((x-1)^2 + (y-1)^2 + (z-1)^2)^{\frac{3}{2}}} \\
&= -\iint\limits_{S_1} \frac{(x-1)\mathrm{d}y\mathrm{d}z + (y-1)\mathrm{d}z\mathrm{d}x + (z-1)\mathrm{d}x\mathrm{d}y}{((x-1)^2 + (y-1)^2 + (z-1)^2)^{\frac{3}{2}}} \\
&= \iint\limits_{S_1^-} \frac{(x-1)\mathrm{d}y\mathrm{d}z + (y-1)\mathrm{d}z\mathrm{d}x + (z-1)\mathrm{d}x\mathrm{d}y}{((x-1)^2 + (y-1)^2 + (z-1)^2)^{\frac{3}{2}}}.
\end{aligned}$$

在 S_1^-（外侧）上 $(x-1)^2 + (y-1)^2 + (z-1)^2 = a^2$，故积分可以化简

$$I = \iint\limits_{S_1^-} \frac{(x-1)\mathrm{d}y\mathrm{d}z + (y-1)\mathrm{d}z\mathrm{d}x + (z-1)\mathrm{d}x\mathrm{d}y}{a^3}.$$

令 Ω_1 是以 S_1^-（外侧）为边界的空间区域 $(x-1)^2 + (y-1)^2 + (z-1)^2 \leqslant a^2$，用高斯公式

$$I = \frac{1}{a^3} \iiint\limits_{\Omega_1} 3\mathrm{d}v = \frac{3}{a^3} \cdot \frac{4}{3}\pi a^3 = 4\pi.$$

例 7 设曲面 S 是曲线 $\begin{cases} z = \mathrm{e}^y, \\ x = 0, \end{cases} (1 \leqslant y \leqslant 2)$ 绕 z 轴旋转一周所形成曲面的下侧，计算曲面积分 $I = \iint\limits_S 4zx\mathrm{d}y\mathrm{d}z - 2z\mathrm{d}z\mathrm{d}x + (1-z^2)\mathrm{d}x\mathrm{d}y$.

解 曲面 S 的方程为 $z = \mathrm{e}^{\sqrt{x^2+y^2}} (1 \leqslant x^2 + y^2 \leqslant 4)$. 补上平面 $S_1 : z = \mathrm{e}(x^2 + y^2 \leqslant 1)$，取下侧，和平面 $S_2 : z = \mathrm{e}^2(1 \leqslant x^2 + y^2 \leqslant 4)$，取上侧，利用高斯公式得

$$\iint\limits_{S+S_1+S_2} 4zx\,dydz - 2z\,dzdx + (1-z^2)\,dxdy = 2\iiint\limits_V z\,dV$$

$$= 2\int_e^{e^2} z\,dz\iint\limits_{D_z} dxdy = 2\pi\int_e^{e^2} z\ln^2 z\,dz = \frac{5\pi}{2}e^4 - \frac{\pi}{2}e^2.$$

其中 $D_z : e \leqslant x^2 + y^2 \leqslant e^2$.

$$\iint\limits_{S_1} 4zx\,dydz - 2z\,dzdx + (1-z^2)\,dxdy = -\iint\limits_{D_1}(1-e^2)\,dxdy = \pi(e^2-1),$$

$$\iint\limits_{S_2} 4zx\,dydz - 2z\,dzdx + (1-z^2)\,dxdy = \iint\limits_{D_2}(1-e^4)\,dxdy = 4\pi(1-e^4),$$

其中 $D_1 : x^2+y^2 \leqslant 1, D_2 : 1 \leqslant x^2+y^2 \leqslant 4$. 于是有

$$I = \iint\limits_{S+S_1+S_2} 4zx\,dydz - 2z\,dzdx + (1-z^2)\,dxdy - \iint\limits_{S_1} 4zx\,dydz - 2z\,dzdx + (1-z^2)\,dxdy$$

$$-\iint\limits_{S_2} 4zx\,dydz - 2z\,dzdx + (1-z^2)\,dxdy = \frac{13\pi}{2}e^4 - \frac{3\pi}{2}e^2 - 3\pi.$$

例 8 设曲面 S 是以 L 为边界的光滑曲面,试求可微函数 $\varphi(x)$ 使曲面积分

$$\iint\limits_S (1-x^2)\varphi(x)\,dydz + 4xy\varphi(x)\,dzdx + 4xz\,dxdy$$

与曲面 S 的形状无关.

解 设 S_1 和 S_2 是以 L 为边界的任意两个曲面,它们的法向量指向同一侧,由题意得

$$\iint\limits_{S_1} (1-x^2)\varphi(x)\,dydz + 4xy\varphi(x)\,dzdx + 4xz\,dxdy$$

$$= \iint\limits_{S_2} (1-x^2)\varphi(x)\,dydz + 4xy\varphi(x)\,dzdx + 4xz\,dxdy.$$

设 S_1 和 S_2 所围成的闭曲面是 S^*,取外侧,所围成的区域为 Ω,则有

$$\iint\limits_{S^*} (1-x^2)\varphi(x)\,dydz + 4xy\varphi(x)\,dzdx + 4xz\,dxdy$$

$$= \iint\limits_{S_1+S_2^-} (1-x^2)\varphi(x)\,dydz + 4xy\varphi(x)\,dzdx + 4xz\,dxdy$$

再由高斯公式得

$$\iiint\limits_\Omega (-2x\varphi(x) + (1-x^2)\varphi'(x) + 4x\varphi(x) + 4x)\,dV$$

$$= \iint\limits_{S^*} (1-x^2)\varphi(x)\,dydz + 4xy\varphi(x)\,dzdx + 4xz\,dxdy = 0,$$

由区域 Ω 的任意性可知应有

$$-2x\varphi(x) + (1-x^2)\varphi'(x) + 4x\varphi(x) + 4x = 0,$$
$$(1-x^2)\varphi'(x) + 2x\varphi(x) + 4x = 0,$$
$$\varphi'(x) = \frac{2x}{x^2-1}\varphi(x) - \frac{4x}{x^2-1}.$$

解齐次微分方程 $\varphi'(x) = \frac{2x}{x^2-1}\varphi(x)$,其通解为 $\varphi(x) = c(x^2-1)$.

利用常数变易法,设 $\varphi(x) = c(x)(x^2-1)$,代入到一阶线性微分方程得

$$c'(x)(x^2-1) + 2xc(x) = \frac{2x}{x^2-1}c(x)(x^2-1) - \frac{4x}{x^2-1}.$$

$$c'(x) = -\frac{4x}{(x^2-1)^2},$$

积分之，得 $c(x) = \frac{2}{x^2-1} + c$. 因此一阶线性微分方程通解为 $\varphi(x) = -cx^2 + c - 2$.

例 9 求 $I = \oint_C x\mathrm{d}y - y\mathrm{d}x$，其中 C 是上半球面 $x^2 + y^2 + z^2 = 1(z \geqslant 0)$ 与柱面 $x^2 + y^2 = x$ 的交线，从 z 轴正向看去是逆时针方向为正向.

解 令 Σ 是上半球面 $x^2 + y^2 + z^2 = 1(z \geqslant 0)$ 被柱面 $x^2 + y^2 = x$ 所围的一块，取上侧为正侧，则曲线 C 的取向 与 Σ 的 取侧相容. 应用斯托克斯公式，得

$$I = \oint_C x\mathrm{d}y - y\mathrm{d}x = 2\iint\limits_{\Sigma} \mathrm{d}x\mathrm{d}y.$$

曲面 Σ 方程是 $z = \sqrt{1-x^2-y^2}$，Σ 在 xOy 投影区域为 $D : x^2 + y^2 \leqslant x$. 于是有

$$\iint\limits_{\Sigma} \mathrm{d}x\mathrm{d}y = \iint\limits_{x^2+y^2 \leqslant x} \mathrm{d}x\mathrm{d}y = \left(\frac{1}{2}\right)^2 \cdot \pi = \frac{1}{4}\pi.$$

因此 $I = 2\iint\limits_{\Sigma} \mathrm{d}x\mathrm{d}y = \frac{\pi}{2}$.

例 10 求 $\oint_C (y^2 - z^2)\mathrm{d}x + (z^2 - x^2)\mathrm{d}y + (x^2 - y^2)\mathrm{d}z$，其中 C 是立体

$$\{(x, y, z) : 0 \leqslant x \leqslant a, 0 \leqslant y \leqslant a, 0 \leqslant z \leqslant a\}$$

的表面与平面 $x + y + z = \frac{3}{2}a$ 的交线，取从 z 轴正向看去是逆时针方向为正向.

解 令 Σ 是平面 $x + y + z = \frac{3}{2}a$ 被曲线 C 所围的一块，取上侧为正侧，则曲线 C 的取向与 Σ 的取侧相容，应用斯托克斯公式，得

$$\oint_C (y^2 - z^2)\mathrm{d}x + (z^2 - x^2)\mathrm{d}y + (x^2 - y^2)\mathrm{d}z$$
$$= -2\iint\limits_{\Sigma} (y+z)\mathrm{d}y\mathrm{d}z + (z+x)\mathrm{d}z\mathrm{d}x + (x+y)\mathrm{d}x\mathrm{d}y$$

又由于 Σ 的法线 $\boldsymbol{n}$ 与三个坐标轴正向夹角为锐角，有

$$\cos(\boldsymbol{n}, \boldsymbol{x}) = \cos(\boldsymbol{n}, \boldsymbol{y}) = \cos(\boldsymbol{n}, \boldsymbol{z}) = \frac{1}{\sqrt{3}}.$$

于是，应用第一型曲线积分与第二型曲线积分之间的关系有

$$\iint\limits_{\Sigma} (y+z)\mathrm{d}y\mathrm{d}z + (z+x)\mathrm{d}z\mathrm{d}x + (x+y)\mathrm{d}x\mathrm{d}y$$
$$= \iint\limits_{\Sigma} [(y+z)\cos(\boldsymbol{n}, \boldsymbol{x}) + (z+x)\cos(\boldsymbol{n}, \boldsymbol{y}) + (x+y)\cos(\boldsymbol{n}, \boldsymbol{z})]\mathrm{d}S$$
$$= \frac{2}{\sqrt{3}}\iint\limits_{\Sigma} (x+y+z)\mathrm{d}S = \frac{2}{\sqrt{3}}\iint\limits_{\Sigma} \frac{3}{2}a \cdot \mathrm{d}S = \frac{3a}{\sqrt{3}}\iint\limits_{\Sigma} \mathrm{d}S.$$

平面 Σ 的方程是 $z = \frac{3}{2}a - x - y$，$\mathrm{d}S = \sqrt{3}\,\mathrm{d}x\mathrm{d}y$，$\Sigma$ 在 xOy 的投影区域为

$$D = \{(x, y) : x + y = 1, x \geqslant 0, y \geqslant 0\},$$

区域 D 的面积为 $\frac{3}{4}a^2$，于是有

$$\iint\limits_{\Sigma} \mathrm{d}S = \iint\limits_{D} \sqrt{3}\,\mathrm{d}x\mathrm{d}y = \frac{3\sqrt{3}}{4}a^3,$$

因此

$$\oint_C (y^2 - z^2)\mathrm{d}x + (z^2 - x^2)\mathrm{d}y + (x^2 - y^2)\mathrm{d}z = -2 \cdot \frac{3a}{\sqrt{3}} \iint_{\Sigma} \mathrm{d}S = -\frac{9}{2}a^3.$$

四、练习题

1. 求曲面积分

$$\iint_S f(x,y,z)\mathrm{d}S(a > 0),\text{其中 } S = \{(x,y,z) : x^2 + y^2 + z^2 = a^2\},$$

当 $z \geqslant x^2 + y^2$ 时，$f(x,y,z) = x^2 + y^2$；当 $z < x^2 + y^2$ 时，$f(x,y,z) = 0$.

2. 计算曲面积分 $\iint_S z\mathrm{d}x\mathrm{d}y$，其中 $S = \{(x,y,z) : x,y,z \geqslant 0, x + y + z = 1\}$，其法方向与 $(1,1,1)$ 相同.

3. （湖北大学） 计算第二型面积分

$$\iint_S (y - z)\mathrm{d}y\mathrm{d}z + (z - x)\mathrm{d}x\mathrm{d}z + (x - y)\mathrm{d}x\mathrm{d}y,$$

其中 S 为圆锥曲面 $x^2 + y^2 = z^2 (0 \leqslant z \leqslant h)$ 的外表面.

4. （南京师范大学） 计算 $\iint_S yz\mathrm{d}y\mathrm{d}z + (x^2 + z^2)y\mathrm{d}z\mathrm{d}x + xy\mathrm{d}x\mathrm{d}y$，其中 S 为曲面. $4 - y = x^2 + z^2$ 上 $y \geqslant 0$ 的部分，并取正侧.

5. （大连理工大学） 求曲面积分

$$\oiint_s (3x - y + z^{12})\mathrm{d}y\mathrm{d}z + (2y + \cos z + x^{12})\mathrm{d}z\mathrm{d}x + (3z + \mathrm{e}^{x + y^{12}})\mathrm{d}x\mathrm{d}y,$$

其中曲面 S 为 $|x - y + z| + |y - z + x| + |z - x + y| = 1$ 的外表面.

6. 计算 $\displaystyle\iint_{x^2 + y^2 + z^2 = 1} \frac{x\mathrm{d}y\mathrm{d}z + y\mathrm{d}z\mathrm{d}x + z\mathrm{d}x\mathrm{d}y}{(ax^2 + by^2 + cz^2)^{3/2}}, a > 0, b > 0, c > 0.$

7. （中国科技大学） 设 a, b, c 均为正数，求曲面积分

$$\iint_S x^3\mathrm{d}y\mathrm{d}z + y^3\mathrm{d}z\mathrm{d}x + z^3\mathrm{d}x\mathrm{d}y,$$

其中曲面 S 为上半椭球面 $\dfrac{x^2}{a^2} + \dfrac{y^2}{b^2} + \dfrac{z^2}{c^2} = 1, z \geqslant 0$，上侧为正.

8. （武汉大学） 计算 $I = \displaystyle\int_\Gamma (y^2 - z)\mathrm{d}x + (x - 2yz)\mathrm{d}y + (x - y^2)\mathrm{d}z$，其中 Γ 为曲线 $\begin{cases} x^2 + y^2 + z^2 = a^2 \\ x^2 + y^2 = 2bx \end{cases}, z \geqslant 0, 0 < 2b < a$，从 z 轴的正方向看过去，Γ 是逆时针方向.

9. 求 $I = \displaystyle\oint_c (x + \sqrt{2}y^3 z)\mathrm{d}x + (x - \sqrt{2}y)\mathrm{d}y + (x + y + z)\mathrm{d}z$，其中 c 为 $x^2 + 2y^2 = 1$ 与 $x^2 + 2y^2 = -z$ 的交线，从原点看去是逆时针方向

10. 证明：若 S 为封闭曲面，$\boldsymbol{l}$ 为任何固定方向，则 $\displaystyle\oiint_S \cos(\boldsymbol{n}, \boldsymbol{l})\mathrm{d}S = 0$，其中 $\boldsymbol{n}$ 为曲面 S 的外法线方向.

11. 证明公式 $\displaystyle\iiint_V \frac{\mathrm{d}x\mathrm{d}y\mathrm{d}z}{r} = \frac{1}{2}\oiint_S \cos(\boldsymbol{r}, \boldsymbol{n})\mathrm{d}s$. 其中 S 是包围 V 的曲面，$\boldsymbol{n}$ 是 S 的外法线方向，

$r = \sqrt{x^2 + y^2 + z^2}$.

12. 若 L 是平面 $x\cos\alpha + y\cos\beta + z\cos\gamma - p = 0$ 上的闭曲线,它所包围区域的面积为 S,求

$$\oint_L \begin{vmatrix} dx & dy & dz \\ \cos\alpha & \cos\beta & \cos\gamma \\ x & y & z \end{vmatrix}$$

其中 L 依正向进行.

13.(北京科技大学)　求 $I = \iint\limits_{\Sigma} x^2\,dy\,dz + y^2\,dz\,dx + z^2\,dx\,dy$,其中 $\Sigma : x^2 + y^2 + z^2 = 1$ $(z \geqslant 0)$ 取外侧.

附　　录

中南大学硕士学位研究生入学考试试题

一、判断题:(正确的打√,错误的打×,每题 5 分,共 25 分)

1. 若函数 $f(x)$ 在闭区间 $[a,b]$ 上一致连续,则 $f(x)$ 在开区间 (a,b) 内可导. 　　　　( )

2. 设 $f(x)$ 在闭区间 $[a,b]$ 上连续,在 (a,b) 内每一点存在有限的左导数,且 $f(a)=f(b)$,则至少存在一点 $c\in(a,b)$ 使得 $f(x)$ 在 $x=c$ 处的左导数等于 0. 　　　　( )

3. 若序列 $\{x_n+y_n\}$ 和序列 $\{x_n-y_n\}$ 都收敛,则序列 $\{x_n\}$ 和序列 $\{y_n\}$ 必收敛. 　　( )

4. 若函数 $f(x)$ 是在区间 (a,b) 上的连续递增函数,则 $f(x)$ 在 (a,b) 内可导且 $f'(x)\geqslant 0$. ( )

5. 若序列 x_n 收敛,则它一定有界. 　　　　　　　　　　　　　　　　　　　　( )

二、计算题(每小题 10 分,共 20 分)

1. 求级数 $\displaystyle\sum_{k=1}^{\infty}\frac{k^2}{k!}$.

2. 求积分 $\displaystyle\int_0^{\infty}\mathrm{e}^{-x^2}\mathrm{d}x$.

三、(20 分)在什么条件下三次抛物线 $y=x^3+px+q$ 与 Ox 轴相切?并求出其切点.

四、(15 分)设函数 $f(x)$ 在区间 (a,b) 内有有界的导函数 $f'(x)$,证明 $f(x)$ 在区间 (a,b) 内一致连续.

五、(20 分)若 $f(x)$ 在区间 $(x_0,+\infty)$ 内可导,且 $\lim\limits_{x\to+\infty}f'(x)=0$,证明 $\lim\limits_{x\to+\infty}\dfrac{f(x)}{x}=0$.

六、(25 分)设 $f(x)$:(1)在闭区间 $[a,b]$ 上有二阶连续导数;(2)在区间 (a,b) 内有三阶导数;(3)等式 $f(a)=f'(a)=0$ 及 $f(b)=f'(b)=0$ 成立,证明在区间 (a,b) 内存在一点 c 使得 $f'''(c)=0$.

七、(25 分)设 $a_k>0(k\geqslant 0)$ 且 $\displaystyle\sum_{k=0}^{\infty}a_k=1$,定义函数 $f(x)=\displaystyle\sum_{k=0}^{\infty}a_kx^k-x$. 证明:

(1) $f(x)$ 是 $[0,1]$ 内的下凸函数.

(2) $f(x)=0$ 在 $[0,1)$ 内有根的充要条件是 $f'(1)>0$.

湖北大学硕士学位研究生入学考试试题(A 卷)

1. 从条件 $\lim\limits_{x\to\infty}\left(\dfrac{x^2+1}{x+1}-ax-b\right)=0$,求常数 a 和 b. (15 分)

2. 设函数 f 在 $(0,+\infty)$ 上满足方程 $f(2x)=f(x)$,且 $\lim\limits_{x\to+\infty}f(x)=A$,证明 $f(x)\equiv A$. (15 分)

3. 设 $f(x)=|x-a|\varphi(x),\varphi(x)$ 为连续函数,讨论 $f'(a)$ 是否存在,若存在,求出其值. (15 分)

4. 研究函数序列 $f_n(x)=\dfrac{2nx}{1+n^2x^2}$ 在区间 $[0,1]$ 上的一致收敛性. (15 分)

5. 若 $F(x)=\displaystyle\int_x^{x^2}\mathrm{e}^{-xy^2}\mathrm{d}y$,求 $F'(x)$. (15 分)

6. 进行适当的变数代换,化二重积分 $\displaystyle\iint\limits_{|x|+|y|\leqslant1}f(x+y)\mathrm{d}x\mathrm{d}y$ 为定积分. (15 分)

7. 计算第二型面积分 $\displaystyle\iint\limits_{S}(y-z)\mathrm{d}y\mathrm{d}z+(z-x)\mathrm{d}z\mathrm{d}x+(x-y)\mathrm{d}x\mathrm{d}y$,其中 S 为圆锥曲面 $x^2+y^2=z^2(0\leqslant z\leqslant h)$ 的外表面. (15 分)

8. 试问 a 为何值时,函数 $f(x)=a\sin x+\dfrac{1}{3}\sin 3x$ 在 $x=\dfrac{\pi}{3}$ 处取极值? 是极大值还是极小值? 并求出极值. (15 分)

9. 设函数 $f(x)$ 在 $[0,a]$ 上连续,在 $(0,a)$ 内可导,且 $f(a)=0$,证明至少存在一个点 $\xi\in(0,a)$,使得 $f(\xi)+\xi f'(\xi)=0$. (15 分)

10. 证明:若函数 $f(x)$ 在 $[a,b]$ 上可积,则有连续函数序列 $\varphi_n(x)$,使得
$$\lim_{n\to+\infty}\int_a^b\varphi_n(x)\mathrm{d}x=\int_a^b f(x)\mathrm{d}x. \quad (15\ 分)$$

哈尔滨工业大学硕士学位研究生入学考试试题

一、(15 分)设 $f(x)\in C(-\infty,+\infty)$, $\lim\limits_{x\to\infty}f(f(x))=+\infty$,且 $f(x)$ 的最小值 $f(a)<a$,则 $f(f)x$ 至少在两个点处取到它的最小值.

二、(15 分)设 $\lim\limits_{x\to0}f(x)=0$ 且 $\lim\limits_{x\to0}\dfrac{f(x)-f\left(\dfrac{x}{2\ 008}\right)}{x}=0$,求 $\lim\limits_{x\to0}\dfrac{f(x)}{x}$.

三、(15 分)设 $f(x)$ 在 $[a,b]$ 上单调增加,证明 $\displaystyle\int_a^x f(t)\mathrm{d}t$ 在 $[a,b]$ 上可导且导函数为 $f(x)$ 的充分条件是 $f(x)$ 在 $[a,b]$ 上连续.

四、(15 分)设 $f(x)$ 在 $[a,b]$ 上连续, $f(a)<0$, $f(b)>0$,在不利用确界存在定理的情况下证明: $\exists x_0\in(a,b)$,使 $f(x_0)=0$ 且 $f(x)>0(x_0<x\leqslant b)$.

五、(15 分)设 $u_n(x)$ 在 $[a,b]$ 上满足条件: $|u_n(x)-u_n(y)|\leqslant\dfrac{1}{2^n}|x-y|(n=1,2,\cdots)$,且在 $[a,b]$ 上 $\displaystyle\sum_{n=1}^{\infty}u_n(x)$ 逐点收敛,则 $\displaystyle\sum_{n=1}^{\infty}u_n(x)$ 在 $[a,b]$ 上一致收敛.

六、(15 分)若 $\displaystyle\sum_{n=1}^{\infty}\dfrac{a_n}{\mathrm{e}^n}$ 收敛,令 $S_n=\displaystyle\sum_{k=1}^{n}a_k$,证明 $\displaystyle\sum_{n=1}^{\infty}\dfrac{S_n}{\mathrm{e}^n}$ 收敛.

七、(15 分)设 $f(x)$ 在 $[0,+\infty)$ 上连续,且 $\forall h>0$, $\lim\limits_{n\to\infty}f(nh)$ 收敛,则 $f(x)$ 在 $[0,+\infty)$ 上一致连续当且仅当 $\lim\limits_{x\to+\infty}f(x)$ 存在.

八、(15 分)设 $f(x)$ 在 a 的某邻域 $(a-\delta,a+\delta)$ 内有 n 阶连续导数,且 $f^{(n)}(a)\neq0$ 与 $f'(a)=f'''(a)=\cdots=f^{(n-1)}(a)=0$,由微分中值定理
$$f(a+h)-f(a)=f'(a+\theta h)h, \quad (0<\theta<1,-\delta<h<\delta)$$
求证: $\lim\limits_{h\to0}\theta=\dfrac{1}{\sqrt[n-1]{n}}$.

九、(1)求函数 $z=xy+1$ 在约束 $x+y=1$ 的条件极值点.

(2)设 $F(x)=\dfrac{1}{h^2}\displaystyle\int_0^h\mathrm{d}\xi\int_0^h\mathrm{e}^{-(x+\xi+\eta)^2}\mathrm{d}\eta(h>0)$,求 $F''(x)$.

十、计算下列各题：

(1)$\oint_{\Gamma}(x+y)^2\mathrm{d}x-(x^2+y^2)\mathrm{d}y$，其中 Γ 为依正方向以 $A(1,1)$，$B(3,2)$，$C(2,5)$ 为顶点的三角形三边围成的闭曲线．

(2)$\int_{AB}(x^2-yz)\mathrm{d}x+(y^2-xz)\mathrm{d}y+(z^2-xy)\mathrm{d}z$，其中 AB 为从点 $A(a,0,0)$ 到点 $B(a,0,h)$ 沿着 $x=a\cos\phi,y=a\sin\phi,z=\dfrac{h}{2\pi}\phi$ 所取的空间曲线．

(3)$\iint_{S}(x^2\cos\alpha+y^2\cos\beta+z^2\cos\gamma)\mathrm{d}S$，其中 S 为圆锥曲面 $x^2+y^2=z^2(0\leqslant z\leqslant h)$ 的一部分，$\cos\alpha,\cos\beta,\cos\gamma$ 为此曲面外法线的方向余弦．

南京师范大学硕士学位研究生入学考试试题

一、(每小题 8 分,共 16 分)判断下列命题是否正确？并简要说明理由．

1. 牛顿-莱布尼茨公式可叙述为：若 $f(x)$ 在区间 $[a,b]$ 上连续,且存在原函数 $F(x)$,则 $f(x)$ 在区间 $[a,b]$ 上可积,且 $\int_{a}^{b}f(x)\mathrm{d}x=F(b)-F(a)$．现将条件减弱为：$f(x)$ 在区间 $[a,b]$ 上连续,但 $F(x)$ 仅在 (a,b) 内为 $f(x)$ 的原函数,则原结论仍然成立．

2. 设 $\int_{a}^{+\infty}f(x)\mathrm{d}x$ 收敛,且 $f(x)$ 在 $[a,+\infty)$ 连续恒正,则 $\lim\limits_{x\to+\infty}f(x)=0$．

二、(每小题 8 分,共 24 分)计算下列各题：

1. 讨论极限 $\lim\limits_{a\to 0}\int_{-a}^{a}\dfrac{|x|}{a^2}\cos(b-x)\mathrm{d}x$ 的存在性．

2. $\lim\limits_{n\to\infty}\dfrac{\mathrm{e}^{\frac{1}{n}}-\mathrm{e}^{\tan\frac{1}{n}}}{\frac{1}{n}-\tan\frac{1}{n}}$．

3. 设 $F(x)=\int_{a}^{b}f(y)|x-y|\mathrm{d}y$,其中 $a<b,f(x)$ 连续,求 $F''(x)$．

三、(15 分)设 $a>0$,我们知道,当 α,β 为有理数时,有 $a^{\alpha}\cdot a^{\beta}=a^{\alpha+\beta}$,试证明当 α,β 为无理数时,上述等式也成立．

四、(15 分)已知 $b>a>0$,证明：存在 $\xi\in(-1,1)$,使得 $\int_{a}^{b}\dfrac{\mathrm{e}^{-2x}\cos 2x}{x}\mathrm{d}x=\dfrac{\xi}{a}$．

五、(15 分)设 $\{f_n(x)\}$ 是定义在实数集 E 上的函数列,$f(x)$ 在 E 上有定义．

1. 请写出 $\{f_n(x)\}$ 在 E 上不一致收敛于 $f(x)$ 的正面定义．

2. 若 $\{f_n(x)\}$ 在 E 上一致收敛于 $f(x)$,x_0 是 E 的聚点,且 $\lim\limits_{x\to x_0}f_n(x)=A_n(n=1,2,\cdots)$,则 $\{A_n\}$ 收敛,且 $\lim\limits_{x\to x_0}\lim\limits_{n\to\infty}f_n(x)=\lim\limits_{n\to\infty}\lim\limits_{x\to x_0}f_n(x)$．

六、(15 分)设 $f(x)$ 在区间 $[a,b]$ 上有连续的导函数,$f(a)=0$,证明：

$$\int_{a}^{b}|f(x)f'(x)|\mathrm{d}x\leqslant\dfrac{b-a}{2}\int_{a}^{b}(f'(x))^2\mathrm{d}x.$$

七、(20 分)设 $f(x,y)=\begin{cases}\dfrac{xy}{\sqrt{x^2+y^2}}&(x,y)\neq(0,0)\\0&(x,y)=(0,0)\end{cases}$,问：(1) $f(x,y)$ 在点 $(0,0)$ 是否连续？

(2)$f(x,y)$ 在点 $(0,0)$ 是否可微？**请证明你的结论．**

八、(15 分)计算：$\iint\limits_{S} yz\mathrm{d}y\mathrm{d}z+(x^2+z^2)y\mathrm{d}z\mathrm{d}x+xy\mathrm{d}x\mathrm{d}y$，其中 S 为曲面 $4-y=x^2+z^2$ 上 $y\geqslant 0$ 的部分并取正侧．

九、(15 分)设 $\{u_n(x)\}$ 是 $[a,b]$ 上的正值递减(即对固定的 $x\in[a,b]$，$u_{n+1}(x)\leqslant u_n(x)$，$n=1,2,\cdots$)且收敛于零的函数列，而对每个固定的 n，$u_n(x)$ 均是 $[a,b]$ 的上递增函数，证明级数 $\sum\limits_{n=1}^{\infty}(-1)^{n-1}u_n(x)$ 在 $[a,b]$ 上一致收敛．

武汉大学硕士学位研究生入学考试试题

一、(每小题 8 分，共 40 分)

1. $\lim\limits_{x\to 0^+}\ln x\ln(1-x)$.

2. $\lim\limits_{x\to 1}(1-x)^{1-n}(1-\sqrt{x})(1-\sqrt[3]{x})\cdots(1-\sqrt[n]{x})$，(其中 $n\geqslant 2$ 为整数).

3. $\begin{cases} x=t^3+t \\ y=\sin t \end{cases}$，求 $\dfrac{\mathrm{d}y}{\mathrm{d}x}$ 和 $\dfrac{\mathrm{d}^2 y}{\mathrm{d}x^2}$.

4. $f(x)=\mathrm{e}^{ax}\sin bx$，求 $f^{(n)}(x)$

5. 计算 $\lim\limits_{n\to+\infty}\sum\limits_{k=1}^{\infty}\dfrac{n}{n^2+k^2}$

二、(本题 14 分)设函数 $f(x)$ 在区间 $(0,1]$ 上连续，可导，且 $\lim\limits_{x\to 0^+}\sqrt{x}f'(x)=a$，求证：$f(x)$ 在区间 $(0,1]$ 上一致连续．

三、(本题 14 分)设 $f(x)$ 为定义在 $[a,b]$ 上的正值连续函数，求证：

$$\lim_{n\to\infty}\left(\int_a^b (f(x))^n\mathrm{d}x\right)^{\frac{1}{n}}=\max_{x\in[a,b]}f(x).$$

四、(本题 24 分)设 $f(x)=\sum\limits_{n=0}^{+\infty}\mathrm{e}^{-n}\cos(n^2 x)$.

1. 证明函数项级数 $\sum\limits_{n=0}^{+\infty}\mathrm{e}^{-n}\cos(n^2 x)$ 在 $(-\infty,+\infty)$ 上一致收敛.

2. 证明 $\sum\limits_{n=0}^{+\infty}\mathrm{e}^{-n}\dfrac{\mathrm{d}^k}{\mathrm{d}x^k}\cos(n^2 x)$，$k=1,2,\cdots$ 在 $(-\infty,+\infty)$ 上一致收敛.

3. 试求 $f(x)$ 在 $x=0$ 的泰勒级数.

4. 证明 $f(x)$ 在 $x=0$ 的泰勒级数的收敛半径为 0.

五、(本题 16 分)设函数列 $\{f_n(x)\}$ 在 $[a,b]$ 上收敛于 $f(x)$，其中每个 $f_n(x)$ 都是单调函数，若 $f(x)$ 连续，则 $\{f_n(x)\}$ 在 $[a,b]$ 上一致收敛于 $f(x)$.

六、(本题 14 分)设 $F(u,v)$ 是具有连续偏导数的二元函数．

1. 验证 $w=F(xy,yz)$ 满足方程 $x\dfrac{\partial w}{\partial x}+z\dfrac{\partial w}{\partial z}=y\dfrac{\partial w}{\partial y}$(这时，$F(xy,yz)$ 称为以上偏微分方程的完全积分).

2. 利用猜试法求出以下偏微分方程的完全积分：$x_1\dfrac{\partial w}{\partial x_1}+\cdots+x_m\dfrac{\partial w}{\partial x_m}=y\dfrac{\partial w}{\partial y}$.

七、(本题 14 分)设 $F(t)=\int_0^{t^2}\mathrm{d}x\int_{x-t}^{x+t}\sin(x^2+y^2-t^2)\mathrm{d}y$，求 $F'(t)$.

八、(本题 14 分)计算积分 $I = \oiint\limits_{S} xz\mathrm{d}y\mathrm{d}z + yz\mathrm{d}z\mathrm{d}x + z\sqrt{x^2+y^2}\mathrm{d}x\mathrm{d}y$,其中 S 是 $x^2+y^2+z^2 = a^2$, $x^2+y^2+z^2 = 4a^2$, $x^2+y^2 = z^2$, $z > 0$ 所围立体边界曲面的外侧($a > 0$).

浙江大学硕士研究生入学考试试题

一、(30 分)证明:

1. $e^x\sin x - x(1+x) = O(x^3)$, $(x \to 0)$.

2. $\cos x + \sin x > 1 + x - x^2$, $x \in (0, +\infty)$.

3. 设 f 是 $[-1,1]$ 上的可积函数,则有

$$\iiint\limits_{x^2+y^2+z^2 \leqslant 1} f(z)\mathrm{d}x\mathrm{d}y\mathrm{d}z = \pi\int_{-1}^{1} f(u)(1-u^2)\mathrm{d}u.$$

二、(30 分)

1. 叙述数集的上确界及下确界的定义.

2. 设 S 是一个有上界的数集,用 S_a 表示 S 的一个平移,即 $S_a = \{x+a \mid x \in S\}$. 其中 a 是一个实数,试证明 $\sup S_a = \sup S + a$.

3. 确定数集 $\{(-1)^n \dfrac{3n^2-1}{2n^2} \mid n = 1,2,3,\cdots\}$ 的上确界和下确界(必须用定义加以验证).

三、(20 分)狄利克雷函数 $D(x) = \begin{cases} 1 & x \text{ 为有理数} \\ 0 & x \text{ 为无理数} \end{cases}$,试分别用(1)极限定义;(2)柯西收敛准则,证明当 $x \to 1$ 时,$D(x)$ 的极限不存在.

四、(20 分)

1. 设函数列 $\{f_n(x)\}$ 与 $\{g_n(x)\}$ 在区间 I 上分别一致收敛于 $f(x)$ 与 $g(x)$,且假定 $f(x)$ 与 $g(x)$ 都在 I 上有界. 试证明:$\{f_n(x) \cdot g_n(x)\}$ 在区间 I 上一致收敛于 $f(x) \cdot g(x)$.

2. 如果只给出条件:$\{f_n(x)\}$ 与 $\{g_n(x)\}$ 分别一致收敛于 $f(x)$ 与 $g(x)$,能否保证必有 $\{f_n(x) \cdot g_n(x)\}$ 一致收敛于 $f(x) \cdot g(x)$?请说明理由.

五、(15 分)设 $f(x)$ 在 $[a,b]$ 上可积,并且在 $x=b$ 处连续. 证明:

$$\lim_{n \to \infty} \frac{n+1}{(b-a)^{n+1}} \int_a^b (x-a)^n f(x)\mathrm{d}x = f(b).$$

六、(15 分)设 $a_1 > 0$, $a_{n+1} = 1 + \dfrac{3a_n}{4+a_n}$, $n = 1,2,3,\cdots$,证明:数列 $\{a_n\}$ 有极限,并求其值.

七、(20 分)设

$$f(x) = \sum_{n=1}^{\infty} \frac{1}{n^2\ln(1+n)} x^n.$$

证明:(1)$f(x)$ 在 $[-1,1]$ 上连续;(2)$f(x)$ 在 $x=-1$ 处可导;(3)$\lim\limits_{x \to 1^-} f'(x) = +\infty$;(4)$f(x)$ 在 $x=1$ 处不可导.

重庆大学硕士研究生入学考试试题

一、(12分)设$\{a_n\}$和$\{b_n\}$是两个数列,a,b是两个实数.

(1)叙述$\lim\limits_{n\to\infty}a_n=a$的定义.

(2)设$\lim\limits_{n\to\infty}a_n=a,\lim\limits_{n\to\infty}b_n=b$,且$a>b$,证明:存在正整数$N>0$,当$n>N$时,$a_n>b_n$.

二、(12分)

(1)叙述有限覆盖定理.

(2)利用有限覆盖定理证明:若$f(x)$在闭区间$[a,b]$连续,则$f(x)$在$[a,b]$有界.

三、(12分)设二元函数

$$f(x,y)=\begin{cases}1 & (x,y)\in\{(x,y)\in R^2\mid 0<y<x^2\}\\ 0 & (x,y)\in R^2-\{(x,y)\in R^2\mid 0<y<x^2\}\end{cases},$$

证明:$f(x,y)$在$(0,0)$点极限不存在.

四、(12分)如果二元函数$f(x,y)$存在偏导数,但是不可微,那么复合函数的导数公式

$$\frac{\mathrm{d}f}{\mathrm{d}t}=\frac{\partial f}{\partial x}\frac{\mathrm{d}x}{\mathrm{d}t}+\frac{\partial f}{\partial y}\frac{\mathrm{d}y}{\mathrm{d}t}$$

其中:$x=x(t),y=y(t)$(可导)是否成立? 以函数

$$f(x,y)=\begin{cases}\dfrac{x\mid y\mid}{\sqrt{x^2+y^2}} & x^2+y^2\neq0\\ 0 & x^2+y^2=0\end{cases}$$

为例进行研究.

五、(12分)设函数$f(x)$在$[0,M+1]$上连续$(M>0)$,记

$$f_n(x)=n\left(\int_0^{x+\frac{1}{n}}f(t)\mathrm{d}t-\int_0^x f(t)\mathrm{d}t\right),\forall x\in[0,M]$$

证明:$f_n(x)$在$[0,M]$上一致收敛于$f(x)$.

六、(12分)计算不定积分:$\displaystyle\int\frac{x\mathrm{d}x}{x^2-2x\cos\alpha+1}$（常数$\alpha\neq k\pi,k\in\mathbf{Z}$）.

七、(12分)计算积分$\displaystyle\iint\limits_{\Sigma}x^3\mathrm{d}y\mathrm{d}z+y^3\mathrm{d}x\mathrm{d}z+z^3\mathrm{d}x\mathrm{d}y$. 其中,$\Sigma$为上半单位球外表面.

八、(14分)设函数$f(x)$在闭区间$[a,b]$上可微,$f(a)=0$。若存在常数$\alpha>0$,使得

$$|f'(x)|\leqslant\alpha|f(x)|,\forall x\in[a,b].$$

证明:(1)当$0<\alpha<1$时,$f(x)\equiv0,\forall x\in[a,b]$;

(2)对于任意$\alpha>0$,$f(x)\equiv0,\forall x\in[a,b]$.

九、(12分)讨论广义积分$\displaystyle\int_0^{+\infty}\frac{\sin x}{x^\lambda}\mathrm{d}x$的绝对与条件收敛性。其中,$\lambda$为实常数.

十、(14分)设函数$f(x)$在区间$[0,+\infty)$上可微,且$f'(x)\geqslant K>0$. 证明:

(1) $\lim\limits_{x\to+\infty}f(x)=+\infty$;

(2) $\displaystyle\sum_{n=1}^{+\infty}\frac{1}{1+f^2(n)}$收敛.

十一、(12分)设数列$x_n=1+\dfrac{1}{\sqrt{2}}+\dfrac{1}{\sqrt{3}}+\dfrac{1}{\sqrt{4}}+\cdots+\dfrac{1}{\sqrt{n}}-2\sqrt{n}$,证明:$\lim\limits_{n\to\infty}x_n$存在.

十二、(14 分)

(1)叙述函数 $f(x)$ 区间 $[a,b]$ 上可积的第一充要条件.

(2)设函数列 $\{f_n(x)\}$ 在 $[a,b]$ 上定义,且 $f_n(x)$ 在 $[a,b]$ 上一致收敛于 $f(x)$. 证明:若 $f_n(x)$ 在 $[a,b]$ 上可积,则 $f(x)$ 在 $[a,b]$ 上可积.

北京科技大学硕士学位研究生入学考试试题

一、(15 分)设 $f(x)$ 在区间 $[a,+\infty)$ 上二阶可导,且 $f(a)>0$,$f'(a)<0$,而当 $x>a$ 时,$f''(x)\leqslant 0$,证明:在 $(a,+\infty)$ 内,方程 $f(x)=0$ 有且仅有一个实根.

二、(15 分)设 $f(x)$ 有连续的二阶导数,$f(0)=f'(0)=0$,且 $f''(x)>0$,求 $\lim\limits_{x\to 0^+}\dfrac{\int_0^{u(x)}f(t)\mathrm{d}t}{\int_0^x f(t)\mathrm{d}t}$,其中 $u(x)$ 是曲线 $y=f(x)$ 在点 $(x,f(x))$ 处的切线在 x 轴上的截距.

三、(15 分)函数 $f(x)$ 在区间 $[a,b]$ 上连续,$F(x)=\int_a^x f(t)\mathrm{d}t$,证明 $F(x)$ 可导,且 $F'(x)=f(x)$.

四、(15 分)设函数 $f(x)$ 在区间 $[0,1]$ 上连续,证明:$\int_0^1\dfrac{f(x)}{t^2+x^2}\mathrm{d}x^2\leqslant\dfrac{\pi}{2t}\int_0^1\dfrac{f^2(x)}{t^2+x^2}\mathrm{d}x,(t>0)$.

五、(15 分)用有限覆盖定理证明根的存在性定理.

六、(15 分)计算二重积分 $\iint\limits_D e^{\frac{x}{x+y}}\mathrm{d}x\mathrm{d}y$,其中 D 是由 $x=0,y=0,x+y=1$ 所围成的区域.

七、(15 分)讨论函数序列 $\{f_n(x)=n^2xe^{-n^2x^2}\}$,$x\in[0,1]$ 的一致收敛性.

八、(15 分)求幂级数 $\sum\limits_{n=1}^{\infty}\dfrac{x^{2n}}{n-3^{2n}}$ 的收敛半径和收敛区域.

九、(15 分)求 $\int_L\dfrac{(x-y)\mathrm{d}x+(x+y)\mathrm{d}y}{x^2+y^2}$,其中 L 为 $y=1-2x^2$ 自点 $A(-1,-1)$ 至点 $B(1,-1)$ 的弧段.

十、(15 分)证明:$5e^{-\frac{9}{2}}\leqslant\int_c e^{-\sqrt{x^3y}}\mathrm{d}s\leqslant 5$,其中 c 是直线 $3x+4y-12=0$ 介于两坐标轴之间的线段.

河北工业大学硕士学位研究生入学考试试题

一、证明:$\lim\limits_{n\to\infty}n\sin(2\pi en!)=2\pi$. (15 分)

二、证明方程 $F(x+zy^{-1},y+zx^{-1})=0$ 所确定的隐函数 $z=z(x,y)$ 满足方程 $x\dfrac{\partial z}{\partial x}+y\dfrac{\partial z}{\partial y}=z-xy$. (15 分)

三、证明:若函数 $f(x)$ 在 I 上一致连续,$\{x_n\}$ 是 I 内任意的柯西序列,则 $\{f(x_n)\}$ 也是柯西序列;反之,若函数 $f(x)$ 把有界集 I 内的任意柯西序列变为柯西序列,则函数 $f(x)$ 在 I 上一致连续. (15 分)

四、设函数 $f(x)$ 在 $(0,1]$ 上连续可导,且 $\lim\limits_{x\to0^+}\sqrt{x}f'(x)=a$,证明函数 $f(x)$ 在 $(0,1]$ 上一致连续.（15 分）

五、计算曲面积分 $\iint\limits_{S}2(y^2+x^2)\mathrm{d}y\mathrm{d}z-(8xy+1)\mathrm{d}z\mathrm{d}x+4zx\mathrm{d}x\mathrm{d}y$,其中 S 是锥面 $z=\sqrt{x^2+y^2}$ 介于 $z=1$ 与 $z=2$ 之间部分的外侧表面.（15 分）

六、设函数 $f(x)$ 在 $[a,b]$ 上可积,在 $[a,b]$ 外保持有界,证明：$\lim\limits_{h\to0}\int_a^b|f(x+h)-f(x)|\mathrm{d}x=0.$ （15 分）

七、设 函 数 $f(x)$ 在 $[a,b]$ 上 连 续 且 恒 大 于 零,M 表 示 其 最 大 值,证 明：$M=\lim\limits_{p\to+\infty}\left(\int_a^b\left(f(x)\right)^p\mathrm{d}x\right)^{\frac{1}{p}}.$ （15 分）

八、设函数 $f(x)$ 满足 $\lim\limits_{x\to+\infty}f(x)=A$ 且 $f''(x)>0$,证明 $\sum\limits_{n=1}^{\infty}(f(n+1)-f(n))$ 及 $\sum\limits_{n=1}^{\infty}f'(n)$ 都收敛.（15 分）

九、计算 $\int_0^{+\infty}\mathrm{e}^{-x^2}\cos2bx\mathrm{d}x.$ （15 分）

十、叙述并证明含参变量无穷限广义积分一致收敛的阿贝尔判别法.（15 分）

上海理工大学硕士学位研究生入学考试试题

一、填空题（每小题 4 分,共 40 分）

1. 若当 $x\to0$ 时,$y=\mathrm{e}^x-ax^2-x-1$ 是比 x^2 高阶的无穷小,则 $a=$ _____.

2. 用 ε-δ 语言表述 $\lim\limits_{x\to x_0}f(x)\ne A$ 为 _____.

3. 设 $f(a)=2,f'(a)=3$,则 $\lim\limits_{h\to0}\dfrac{f^2(a+2h)-f^2(a-h)}{h}=$ _____.

4. 设 $f(x)$ 在 $[-a,a]$ 上连续,则 $\int_{-a}^a x(f(x)+f(-x))\mathrm{d}x=$ _____.

5. 若无穷积分 $\int_0^{+\infty}\dfrac{x}{1+x^m}\mathrm{d}x$ 收敛,则 m 满足 _____.

6. 若级数 $\sum\limits_{n=1}^{\infty}(2-a_n)$ 收敛,则 $\lim\limits_{n\to\infty}a_n=$ _____.

7. 如果幂级数 $\sum\limits_{n=0}^{\infty}a_nx^n$ 在点 $x=x_0$ 处收敛,则当 _____ 时幂级数 $\sum\limits_{n=0}^{\infty}a_nx^n$ 绝对收敛.

8. $\lim\limits_{\alpha\to0^+}\int_a^{1+\alpha}\dfrac{1}{\sqrt{4+\alpha^2-x^2}}\mathrm{d}x=$ _____.

9. 设 L 为闭曲线 $|x|+|y|=1$,取逆时针方向,则曲线积分 $\oint_L(\sin y-y)\mathrm{d}x+(x\cos y-1)\mathrm{d}y=$ _____.

10. 设 $f(x)=\int_x^1\mathrm{e}^{\frac{2x}{y}}\mathrm{d}y$,则 $\int_0^1f(x)\mathrm{d}x=$ _____.

二、（每小题共 8 分,共 80 分）解答下列各题

1. 求 $\lim\limits_{x\to+\infty}(\sqrt{x+2}-2\sqrt{x+1}+\sqrt{x})$.

2. 设 $y=(x+1)(x^2+2)\cdots(x^n+n)$,求 $y'|_{x=0}$.

3. 求 $\int_0^{\frac{\pi}{2}} e^{2x} \sin x \, dx$.

4. 讨论函数 $f(x,y) = \begin{cases} \dfrac{\sin(x^2+y^2)}{x^2+y^2} & (x,y) \neq (0,0) \\ 1 & (x,y) = (0,0) \end{cases}$ 在 $(0,0)$ 点处的可微性.

5. 设 $z = \dfrac{y}{f(x^2-y^2)}$, 其中 f 为可微函数, 证明: $\dfrac{1}{x} \dfrac{\partial z}{\partial x} + \dfrac{1}{y} \dfrac{\partial z}{\partial y} = \dfrac{z}{y^2}$.

6. 设 $a_1 = 2, a_{n+1} = \dfrac{1}{2} \left(a_n + \dfrac{1}{a_n} \right), n = 1, 2, \cdots$, 证明: (1) $\lim\limits_{n \to \infty} a_n$ 存在; (2) 级数 $\sum\limits_{n=1}^{\infty} \left(\dfrac{a_n}{a_{n+1}} - 1 \right)$ 收敛.

7. 将 $f(x) = \int_0^x e^t \, dt$ 展开成 x, 的幂级数.

8. 设 f, g 为可微函数, 求由方程组 $\begin{cases} u = f(ux, v+y) \\ v = g(u-x, v^2 y) \end{cases}$ 所确定的隐函数的偏导数 $\dfrac{\partial u}{\partial x}, \dfrac{\partial v}{\partial x}$.

9. 求 $\lim\limits_{\rho \to 0} \dfrac{1}{\pi \rho^2} \iint\limits_{x^2+y^2 \leqslant \rho^2} f(x,y) \, dx \, dy$, 其中 $f(x,y)$ 为连续函数.

10. 计算曲面积分 $\iint\limits_S (x+y^2) dy \, dz + (y+z^2) dz \, dx + (z+x^2) dx \, dy$, 其中 S 为上半球面 $z = \sqrt{1-x^2-y^2}$ 的上侧.

三、(本题 12 分) 设函数 $f(x)$ 在 $(-\infty, +\infty)$ 上二次可微, 且对任意 $x \in (-\infty, +\infty)$ 有 $|f(x)| \leqslant M_0$, $|f''(x)| \leqslant M_1$. (1) 写出 $f(x+h), f(x-h)$ 关于 h 的带拉格朗日余项的泰勒公式; (2) 证明: 对任意 $h > 0$, 有 $|f'(x)| \leqslant \dfrac{M_0}{h} + \dfrac{h}{2} M_1$; (3) 证明: $|f'(x)| \leqslant \sqrt{2 M_0 M_1}$.

四、(本题 12 分) 设 $f(x)$ 在 (a,b) 上可导, 且 $f'(x)$ 在 (a,b) 有界 (即存在 $M > 0$, 对任意 $x \in (a,b)$, 有 $|f'(x)| \leqslant M$), 证明: (1) $f(x)$ 在 (a,b) 上一致连续; (2) $\lim\limits_{x \to a^+} f(x), \lim\limits_{x \to b^-} f(x)$ 都存在; (3) 记 $\lim\limits_{x \to a^+} f(x) = A$, $\lim\limits_{x \to b^-} f(x) = B$, 则存在 $\xi \in (a,b)$, 使得

$$B - A = f'(\xi) e^{-\xi} (e^b - e^a).$$

五、(本题 6 分) 若 $f(x)$ 为 $[a,b]$ 上的单调函数, 证明 $f(x)$ 在 $[a,b]$ 上可积.

上海大学硕士学位研究生入学考试试题

一、计算极限

1. $I_1 = \lim\limits_{n \to \infty} \left(\dfrac{1}{n+\sqrt{1}} + \dfrac{1}{n+\sqrt{2}} + \cdots + \dfrac{1}{n+\sqrt{n}} \right)$.

2. $I_2 = \lim\limits_{x \to 0} (1 + x - \sin x)^{\frac{1}{x^3}}$.

二、假设数列 $\{x_n\}$ 是一个无界数列, 而且数列 $\left\{ \dfrac{1}{x_n} \right\}$ 不收敛, 证明存在 $\{x_n\}$ 的两个子列 $\{x_{n_k}^{(1)}\}$ 和 $\{x_{n_k}^{(2)}\}$, 使得 $\{x_{n_k}^{(1)}\}$ 收敛, 而 $\{x_{n_k}^{(2)}\}$ 是无穷大量.

三、如果极限 $\lim\limits_{x \to \infty} (\sqrt[3]{\delta x^3 + 3x^2 + 2010x \sin x + 4} - kx - b) = 0$ (其中 δ 为常数), 请计算出这里的常数 k, b (用 δ 表示).

四、假设 $f(x)$ 是闭区间 $[a,b]$ 上的连续函数, $f(a) = f(b)$, 在端点处有单侧导数且 $f'(a) f'(b) > 0$, 证明存在一个点 $\xi \in (a,b)$ 使得 $f(a) = f(\xi)$.

五、假设 $f(x)$ 在区间 $[0,1]$ 内可导(端点处存在单侧导数). (1)问导函数 $f'(x)$ 是否在区间 $[0,1]$ 内连续?若连续请证明,不连续举出反例;(2)进一步如果 $f'(x) \geqslant 0$,问 $f(x)$ 是否在区间 $[0,1]$ 内严格单调增加?证明你的结论.

六、假设 $f(x)$ 在区间 $(0,+\infty)$ 内连续,而且 $f(x) = \ln x - \int_1^{e^2} f(x)\mathrm{d}x$,请计算 $\int_1^{e^2} f(x)\mathrm{d}x$ 以及 $f(x)$.

七、假设 $f(x)$ 在原点附近无穷阶可导,而且 $f(0) = 0$,$\lim\limits_{x \to 0} \dfrac{f(x)}{x} = 0$,证明幂函数 $\sum\limits_{n=1}^{\infty} a_n x^n$ 的收敛半径 $R \geqslant 1$.

八、假设 $f(x)$ 是 $[1,+\infty)$ 上的连续函数,而且 $\lim\limits_{x \to 0} f(x) = 0$. (1)如果 $\int_1^{\infty} (f(x))^2 \mathrm{d}x$ 收敛,问 $\int_1^{\infty} f(x)\mathrm{d}x$ 是否收敛?(2)反过来如果 $\int_1^{\infty} f(x)\mathrm{d}x$ 收敛,问 $\int_1^{\infty} (f(x))^2 \mathrm{d}x$ 是否还是收敛的?

九、请先写出函数列 $\{f_n(x)\}$ 在区间 I 内一致有界的定义,其次对于 $[0,1]$ 上的连续函数列 $\{f_n(x)\}$,如果一致收敛到 $f(x)$,证明这个函数列 $\{f_n(x)\}$ 在 $[0,1]$ 上是一致有界的.

十、假设函数
$$f(x,y) = \begin{cases} xy\sin\dfrac{1}{\sqrt{x^2+y^2}} & x^2+y^2 \neq 0 \\ 0 & x^2+y^2 = 0 \end{cases}.$$
试通过详细过程讨论:(1)函数 $f(x,y)$ 在原点 $(0,0)$ 连续吗?(2)函数 $f(x,y)$ 在原点 $(0,0)$ 的偏导数 $f_x(0,0)$,$f_y(0,0)$ 是多少?(3)函数 $f(x,y)$ 在原点 $(0,0)$ 可微吗?

十一、记曲面 $S: x^2 - 3y^2 - z = 1$. (1)详细验证是否有:$P_0(1,2,-12) \in S$;(2)问过点 P_0 处是否有平面与曲面 S 相切,若有请求出该切平面 π 和过 P_0 点 π 的法线方程;若没有切平面也请证明.

十二、讨论广义积分 $I(y) = \int_0^{\infty} \mathrm{e}^{-xy} \dfrac{\sin x}{x} \mathrm{d}x$ 的收敛性,并由此计算狄利克雷积分
$$I(0) = \int_0^{\infty} \frac{\sin x}{x} \mathrm{d}x.$$

十三、计算曲线积分 $I = \oint_L \dfrac{x\mathrm{d}y - y\mathrm{d}x}{x^2 + y^2}$,其中曲线 $L: |x| + |y| = 1$ 沿着逆时针方向.

十四、求立体 $V: (x^2 + y^2 + z^2 + 8)^2 \leqslant 36(x^2 + y^2)$ 的体积.

十五、假设 $f(x)$ 是以 2π 为周期的函数,具有二阶连续的导数,请证明 $f(x)$ 的傅里叶级数在整个实数轴上一致收敛于 $f(x)$ 本身.